国外油气勘探开发新进展丛书(八)

天然气输送与处理手册

[加] 赛德·莫克哈塔布
威廉 A. 波
詹姆斯 G. 斯佩特 等著

何顺利 顾岱鸿 刘广峰 等译

石油工业出版社

内 容 提 要

本书主要介绍了天然气基础知识、天然气价格、湿气的输送、天然气处理的基本原理、相分离、凝析液稳定、酸气处理、天然气压缩、天然气脱水、天然气凝液回收、天然气销售输送、天然气处理装置的控制及其自动化、天然气处理装置的动态模拟、天然气加工及使用对环境的影响、天然气装置收益最大化、天然气装置的项目管理等内容。

本书适合从事天然气输送、加工和研究的技术人员、设计人员及管理人员参考。

图书在版编目（CIP）数据

天然气输送与处理手册/［加］赛德·莫克哈塔布等著；何顺利等译．—北京：石油工业出版社，2011.4
（国外油气勘探开发新进展丛书：8）
书名原文：Handbook of Natural Gas Transmission and Processing
ISBN 978 -7 -5021 -8065 -2

Ⅰ．天…
Ⅱ．①莫…　②何…
Ⅲ．①天然气输送　②天然气－处理
Ⅳ．①TE83　②TE64

中国版本图书馆 CIP 数据核字（2010）第 194600 号

出版发行：石油工业出版社
（北京安定门外安华里 2 区 1 号　100011）
网　址：www. petropub. com. cn
编辑部：（010）64523562　发行部：（010）64523620
经　　销：全国新华书店
印　　刷：中国石油报社印刷厂

2011 年 4 月第 1 版　2011 年 4 月第 1 次印刷
787 ×1092 毫米　开本：1/16　印张：22
字数：527 千字

定价：98.00 元
（如出现印装质量问题，我社发行部负责调换）

《国外油气勘探开发新进展丛书（八）》

编　委　会

序

为了及时学习国外油气勘探开发新理论、新技术和新工艺，推动中国石油上游业务技术进步，本着先进、实用、有效的原则，中国石油勘探与生产分公司和石油工业出版社组织多方力量，对国外著名出版社和知名学者最新出版的、代表最先进理论和技术水平的著作进行了引进，并翻译和出版。

从2001年起，在跟踪国外油气勘探、开发最新理论新技术发展和最新出版动态基础上，从生产需求出发，通过优中选优已经翻译出版了7辑40多本专著。在这套系列丛书中，有些代表了某一专业的最先进理论和技术水平，有些非常具有实用性，也是生产中所亟需。这些译著发行后，得到了企业和科研院校广大生产管理、科技人员的欢迎，并在实用中发挥了重要作用，达到了促进生产、更新知识、提高业务水平的目的。部分石油单位统一购买并配发到了相关的技术人员手中，例如中国石油勘探开发研究院最近就购买了部分实用手册类图书配发给技术骨干人员。同时中国石油总部也筛选了部分适合基层员工学习参考的图书，列入“千万图书送基层，百万员工品书香”活动的书目，配发到中国石油所属的基层队站。该套系列丛书也获得了我国出版界的认可，三次获得了中国出版工作者协会的“引进版科技类优秀图书奖”，产生了很好的社会效益。

2010年在前7辑出版的基础上，经过多次调研、筛选，又推选出了国外最新出版的6本专著，即《海上井喷与井控》、《天然气传输与处理手册》、《石油（第六版）》、《气藏工程》、《石油工程环境保护》、《现代石油技术（卷一：上游）（第六版）》，以飨读者。

在本套丛书的引进、翻译和出版过程中，中国石油勘探与生产分公司和石油工业出版社组织了一批著名专家、教授和有丰富实践经验的工程技术人员担任翻译和审校人员，使得该套丛书能以较高的质量和效率翻译出版，并和广大读者见面。

希望该套丛书在相关企业、科研单位、院校的生产和科研中发挥应有的作用。

中国石油天然气股份有限公司副总裁

（签名）

译者前言

本书译自赛德·莫克哈塔布、威廉 A. 波和詹姆斯 G. 斯佩特所著的《天然气输送与处理手册》(《Handbook of Natural Gas Transmission and Processing》)。赛德·莫克哈塔布是加拿大 EMERTEC 研究和发展有限责任公司国际咨询委员会成员、美国怀俄明大学化学与石油工程系天然气工程研究项目顾问，主要研究领域为水力设计、多相管流以及天然气加工。

全书共分为 16 章，内容系统详尽，涉及了天然气输送与处理整个工艺过程的各个方面，注重对工艺新技术、新设备的应用介绍，强调节能和环保的理念，并对影响天然气集输的一些产业政策、项目和资产管理方法也做了介绍。本书具有较强的综合性和实践性，对于从事天然气集输处理工作的入门者是一本从宏观上系统了解工艺流程的详尽指南，对于经验丰富的技术和管理人员也是细化和提高设计运行水平的生要参考手册。

本书由何顺利、顾岱鸿组织中国石油大学（北京）油气工程海外研究中心有关人员翻译，其中：序、前言和第 1 章由何顺利翻译，第 2 章至第 8 章由顾岱鸿翻译，第 9 章、第 15 章、第 16 章、附录由刘广峰翻译，第 10 章、第 11 章由田冷翻译，第 12 章至第 14 章由田树宝翻译。全书由顾岱鸿、刘广峰统一校对。油气工程海外研究中心部分研究生做了大量辅助工作，在此表示感谢。

限于译者水平，翻译错误与不当之处在所难免，望读者批评指正。

译　者

2010 年 8 月

谨以此书献给各位先驱，这些专家学者们丰富了我们的学识；

感谢我的家人，感谢你们对我精神上的鼓励。

原书序

始于两个世纪前的燃料去碳化进程，将天然气定位于世界经济发展的下一个主要能源，这似乎与激进环境保护主义者的倡议没有多少关系。在北美的引领下，世界各国开始利用天然气取代煤和石油来发电。核能虽然也颇具竞争力，但由于其过多的负面宣传、巨大的前期投资以及经济规模等因素的限制而有所逊色。天然气使用上的真正突破是在交通领域，这并不是指直接用压缩天然气作为发动机燃料，而是用它间接地为电动化的交通工具提供动力。世界天然气能源供给充足，而且分布较分散。从地缘政治角度讲，这使得天然气比石油更具吸引力。非欧佩克成员国的俄罗斯拥有世界上最大的天然气储量。现存和潜在的能源消耗大户，比如中国、印度以及一向能源需求极大的美国等国的天然气需求，加上日渐成熟的美国国内天然气生产等因素，对从输出国到输入国的天然气输送提出了更高的要求。相比石油而言，天然气的控制、加工、输送和储存难度更大。天然气的输送通常有两种途径：管线和液化气（LNG）。针对海上运输的压缩天然气也逐渐浮出水面。在海上利用管线输送天然气时，极限距离是500mile。这是近年来世界各国重视 LNG 技术的主要原因。一旦大规模 LNG 贸易成形，几十年内，天然气价格对消费国来说是可以接受的。

现在关于上游天然气工程的书籍较多，但缺少一本包括输送和加工在内的整个天然气产业链的综合性图书。基于此，本书将综合多学科系统地讨论天然气工业采集、处理、运输的各个方面。这本书更偏重于工程而不是学术。书中采用油田数据，并把数据转换成对操作工程师和研究人员都方便应用的格式。书中还有一章对气价进行了全面的论述。气价问题，大家一直在讨论，但很少有人给出一个气价预测理论，更谈不上其中涉及的全方位经济政治基础，气价这一章告诉我们任何时候纠正过去的误解都不晚，当前还没有国际气价形成机理的事实，但并不意味着我们对此不进行理论研究。

天然气是任何环保倡议中非常重要的一个方面。考虑到这一点，本书还描述了天然气工业减轻在天然气处理过程中对环境影响的一些努力，也对使用天然气过程中的环境影响进行了讨论，包括天然气与其他矿物燃料的排放对比。最后，本书还对一些外围但比较重要的领域，如自动化、操作、模拟、资产管理、优化和项目管理进行了探讨。讨论了这些领域中天然气工业的特殊要求，并介绍了当前最新的技术和科技应用。

本书对于正在形成的能源新格局中非常重要的天然气领域，是一个重要的专业论著，对于上游天然气工程师、研究人员，尤其是工作在中游和下游天然气利用领域的工程师，也很有用。书中还包括了大量的研究材料，因此也可以作为大学研究生的教科书和工业界的高级培训用书。

Michael J. Economides
美国得克萨斯州休斯敦大学化学工程系

原书前言

与其他矿物燃料相比，天然气排放的有害物质少，符合环保要求，成为能源界的新宠。大的跨国石油天然气企业都增加了在偏远地区以及深海领域的天然气勘探活动。气田发现后，就需要进行开发、集输、处理、输送的工作。天然气远距离管道输送是件很棘手的事。此外，为了满足客户端不同的要求，天然气处理厂流程还要进行特殊的处理过程设计。

本书以宽广的视角，囊括了天然气输送与处理各个方面的经验，希望本书能够成为一本综合性的技术手册。该书的使用对象可以是初学者，也可以是天然气工程领域的专业技术人员。书中重点强调了基本概念、工具和方法及基本应用案例，以满足工程应用需要。为了使书中内容更加充实，文中引用了近年来各类文献中出现的新成果，还有部分材料来自于编者自己的研究成果，此外，书中大量借鉴了各类权威出版物以及一些研究机构推荐的行业标准。所以，我们强烈建议读者查阅书中列出的参考文献去了解更多的相关细节。

本书“天然气价格”一章与加拿大 Dalhousie 大学加里·特扎曼、M. R. 伊斯拉姆合著，“天然气处理装置的动态模拟”一章与比利时的威姆·范瓦森霍夫合著，在此对他们表示感谢。

这是一本综合、简明而实用的参考书。如果通过阅读本书读者能更好地理解和解决工程中所出现的一些问题，这对编著者就是最大的回报。

赛德·莫克哈塔布

威廉 A. 波

詹姆斯 G. 斯佩特

目　录

1 天然气基础知识

1.1 导言

天然气常被用作燃料和生产原料，在家里用天然气做饭、烧水；在工厂里，天然气作为燃料用来烧砖、水泥、陶瓷和玻璃，或者加热锅炉产生蒸汽；也可以作为清洁热源进行器械消毒，加工食品等。天然气是重要的工业原料，常用于制作氢气、硫、炭黑以及氨等。氨不仅是应用广泛的肥料，还是制作其他化学用品的中间原料，比如硝酸、尿素等。另外，从天然气中还可以获取一种重要的化工原料——乙烯。

和其他矿物燃料诸如煤和石油相比，天然气更加环保，因为它的燃烧排放物中二氧化硫几乎可以忽略不计，而二氧化碳与有毒的一氧化二氮的排放量则更少。这有助于缓解酸雨、臭氧层破坏以及温室效应等问题。从运输、储存、使用的角度讲，天然气的安全性是较高的。

本章从天然气的形成、组成、来源、相态、性质以及运输等方面介绍天然气的一些基本技术要点。

1.2 天然气简史

天然气的发现始于中东。数千年之前，人们点燃渗滤到地面的天然气气苗形成“燃烧的泉”。在波斯、希腊、印度等国，人们在火苗旁建立寺庙顶礼膜拜，为这些“永恒的火苗”添上了一丝宗教色彩。然而，天然气的能源价值直到公元前900年才被人们发现，这方面的先驱是中国。中国人在公元前200年就钻成了世界第一口天然气井。在欧洲，人们在1659年英国发现天然气后才开始了解天然气，而天然气的商业化则在100多年后的1790年才实现。1821年，在美国Fredonia，人们发现一条小溪里面往外冒气泡，之后，美国人William Hart钻成了北美的第一口天然气井，而Hart本人也被尊称为美国“天然气之父”(Speight,1993)。

历史上人们把天然气和石油勘探联系在一起。天然气曾是不受欢迎的副产品。在钻井过程中钻遇气藏时，钻井工人不得不停钻，以便让天然气排放到大气中。当今，尤其是20世纪70年代石油危机以来，天然气在能源领域的地位才日益凸显。在整个19世纪，天然气的唯一用途就是用来照明。设施的欠缺限制了天然气的远距离输送，因此天然气的利用只是局限于一定区域内。直到1890年防漏管线接口的发明，这种现象才有所改观。受益于管线技术的进步，到1920年将天然气输送至客户端得以实现。第二次世界大战之后管网和储存技术的进步促使天然气的使用快速增长。

1.3 天然气形成与组分

天然气以溶解于重烃和水或游离态等形式在一定压力下储存于地壳的岩石中。天然气的开采方式和石油相似，一些情况下则油气同采。天然气是亿万年前有机质的降解而形成的。有机质的降解机理主要有两个：生物降解和热降解(Rojey等，1997)。生物气是浅层气，温度较低，是厌氧菌分解沉积有机质形成的。相比而言，热降解在深层发生，过程可以分为如下两步：

①有机质裂解为液态和气态的碳氢化合物(和液态烃同时生产的气体称为原生热成因气);

②高温下液态烃热裂解为气体(次生热成因气)和焦沥青。和生物成因气不同,热成因气还含有大量的乙烷、丙烷、丁烷以及重烃等。盆地中液态烃的存在是判别天然气是生物成因还是热成因的关键依据。

天然气的主要成分是甲烷,其他组分主要是烷烃如乙烷、丙烷和丁烷等。很多天然气藏还含有氮气、二氧化碳、硫化氢,有的天然气中还可能有微量的氩、氢、氦等。天然气的组分差别巨大。表1-1列出了天然气在处理之前的典型组分。一些情况下,天然气还含有 C_5 以上的碳氢化合物,分离后这些重组分可作为轻质汽油。有时芳香族化合物如苯、甲苯、二甲苯等也会出现在天然气中。芳香族化合物有毒,这给天然气生产输送等带来了安全隐患。天然气中还可能含有其他有毒物,比如少量酸性杂质碳基硫化物硫醇(R-SH)、羰基硫化物COS和 CS_2 等。一些天然气组分中,汞以蒸气的形式存在于气相中或以有机金属化合物的形式存在于液相中。尽管汞浓度很低,但由于其毒性和腐蚀性强(和铝合金反应),危害性还是很大的。

表1-1 天然气典型组分

名称	分子式	体积分数(%)
甲烷	CH_4	>85
乙烷	C_2H_6	3~8
丙烷	C_3H_8	1~2
丁烷	C_4H_{10}	<1
戊烷	C_5H_{12}	<1
二氧化碳	CO_2	1~2
硫化氢	H_2S	<1
氮气	N_2	1~5
氦	He	<0.5

天然气组分接近于纯甲烷,仅含有极少量伴生重烃时,称为“干气”;当其他烃类含量较多时,称为“湿气”。不同的油田,不同的地层,其天然气的组分是不同的,所以人们设计了标准测试方法来确定天然气的组分以便应用。这些方法在相关文献中都能查阅,本书不再赘述(Speight,2002)。

1.4 天然气来源

天然气成分极其复杂,大致可以分为以下三大类:①常规气田的非伴生气;②常规油田的伴生气;③非常规气藏。非常规气藏包括低渗透致密砂岩气藏、煤形成过程中伴生的煤层气(CBM)、深层高温高压盐水层中溶解的天然气、永久冻土带下类似冰结构的天然气水合物以及比常规气藏埋深更深的深层气藏。对于深层气藏,学术界至今没有定论。一些人认为深层气是无机成因的,是在地球形成过程中形成的,所以分布广泛。非常规天然气中,对天然气集输工业最为重要的是煤层气。

1.4.1 非伴生气

典型非伴生气(有时称为气井气)中重烃(凝析气)含量小于甲烷含量,非伴生气中有时含有非烃物质如二氧化碳、硫化氢等。生产过程中,直接调整地面阀门就可以控制非伴生气,可控性较高。气流在地层能量下流出井筒,通过地面控制阀和输气管线进入处理厂。处理时整个流程的温度需要根据管线中的压力降至某一数值,保证重烃组分在该温度和压力下凝结,以便分离。

1.4.2 伴生气

伴生气是与原油伴生的、在原油开采过程中一同被采出的气体。原油开采过程中,不可能只采油不采气,气体总是会随着井筒压力的下降而从原油中析出。提高完井质量改善油气藏管理可以防止气体析出,保持地层能量,从而提高最终原油采收率。只有极少数的油藏不含溶解气,这样的油藏,因为地层驱动力较小,开发难度往往较大。

地层产液到达地面后,在井场附近的油罐中被分离为油流(原油或凝析液)、水流(盐水)和气流,分离后的气流富含天然气凝析液(NGL)。天然气液包括乙烷、丙烷、丁烷、戊烷和相对分子质量更大的重烃(C_6以上),天然气中的重烃一般称为天然汽油。

天然气油中的天然气液一般用 gal/ft^3 来计量,根据重组分的含量,天然气可以分为富气(大于等于 5~6gal/ft^3 可采油气量)和贫气(小于 1gal/ft^3 可采油气量)。在天然气处理中,富气和贫气的概念并不是指天然气质量的好坏,而是反映天然气中液态烃相对含量的多少。

伴生气在井筒中可以起到提升原油的效果(Speight,1993)。所以,人们将气体从环空中注入,通过气举阀将气体从井底附近注进油管。在井口附近油气水混合物通过一个压力接近大气压的分离器进行分离,这个过程通常分为两步。油水混合物从压力较低的分离器底部进入油罐进行油水分离。分离器中的气体和原油中析出的气体(剩余气)经过处理变成 NGL,产出的 NGL 在处理厂被分离出丙烷和丁烷或者二者的混合物(又称为液化石油气,LPG)。丙烷和丁烷分离后,相对分子质量更大的组分变成凝析液,这些凝析液和原油一起产出或者单独产出。此时的气体就是干气了,经过压缩,可以和非伴生气一起混入天然气输送系统。其他气田的天然气经过这个步骤的预处理后也可以进入天然气体系(Manning 和 Thompson,1991)。伴生气经过洁净化处理并控制在一定的压力后,还可以作为现场燃气涡轮机的燃料。涡轮机启动时用主天然气系统中干净的气,如果现场能够用简单的设备从其他处理厂收集并处理低压气体后供涡轮机运行,会更经济一些。

现在各国政府要求企业停止燃烧伴生气,因为人们认为这是在浪费不可再生资源。回注的气体最终还要被采出,所以通常有条款规定了什么时候气体能够回注,什么时候用火炬烧掉。按照这些规定,如果伴生气不能外排或者返注,油井不能生产。

1.4.3 煤层气

煤层气是指储存在煤中的甲烷气。通过直井、斜井或者水平井中泵的抽汲,煤层的水压下降,煤层气释放排出。漫长的地质史中,上覆沉积有机质和无机质的堆积,使沉积有机质的埋深不断增加,温度压力相应提高,有机质慢慢地变成煤,甲烷主要是在成煤过程中形成的。这就是所谓的热成因煤层甲烷气。更多的情况是在浅层未成熟的煤层中,细菌活动(包括大气降水从露头或潜伏露头中带入的细菌)控制了煤层气的生成。这被称为晚期生物成因煤层气。

煤形成过程中发生的一系列化学反应均会生成煤层气,这些气体的大部分进入上覆岩层或下覆岩层,最后被煤封闭。常规气藏中气体被圈闭在孔隙里,而煤层气则不同,在地层压力下煤层气实际上是被吸附在煤颗粒表面或微孔隙中。由于微孔隙的表面积很大,所以单位体积的煤表面吸附的甲烷要比绝大多数砂岩吸附得多。

煤层气的产量与煤化程度以及煤的埋深联系紧密。一般来说,煤化程度越高,埋深越大,生气潜力越大,保存条件越好。煤的比表面积很大,达到 $1\times10^9 ft^2/t$,和常规的砂岩储层相比,相同的深度和压力下煤层的平均储气量是常规砂岩的3倍。要使煤层气解吸附出来,就必须降低地层压力,因此需要排出煤层中的水。气体从煤表面释放后,通过煤骨架运移到达天然裂缝网络。煤层中的这些天然裂缝通常被称为割理,气体就顺着这些裂缝或割理流入井底。

煤层气的成分单一,只含有甲烷,不像常规天然气中含有乙烷等,所以煤层气几乎不需要经过加工处理。煤层气的热值要比常规天然气稍高。

1.5 天然气相态特性

天然气相态特性由压力与温度曲线来表征,通过压力-温度曲线可以确定一定温度和压力下的气流是单一的气相还是气液两相。组分一定的天然气相态特征用相图表示,典型相图如图1-1所示。图中曲线的左半部分是泡点线,即液相和气液两相区的分割线;曲线的右半部分是露点线,即气相和气液两相的分割线。泡点线和露点线的交点成为临界点,在这一点上,气液两相的特性消失。值得注意的是,给定一个压力可以对应两个露点温度;给定一个温度,可以对应两个露点压力,这就是所谓的"反凝析"现象。能形成液相的最大压力(P_{max})称为临界凝析压力,最高温度(T_{max})称为临界凝析温度。

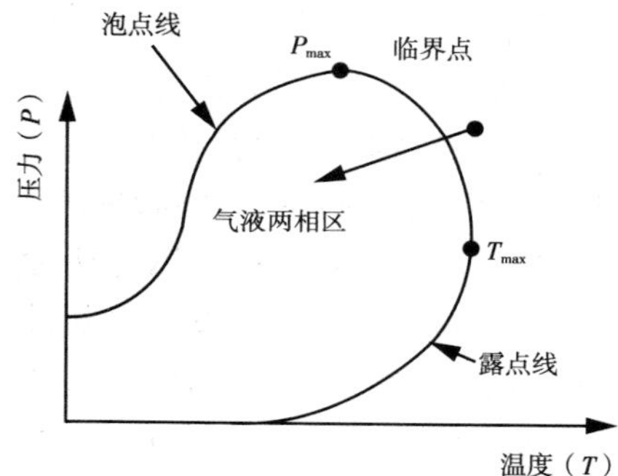

图1-1 典型天然气混合物的压力-温度曲线

天然气相态特征受天然气组分的影响,重烃的浓度对天然气相态特征的影响很大,尤其是 C_6 以上的烃类。重烃的存在会扩大相包络线,计算时不考虑重烃会使包络线范围减小。

1.6 天然气性质

1.6.1 天然气物理性质和化学性质

天然气无色、无味、无形,密度比空气小(如表1-2所示)。天然气在销售之前,要经过去酸、添味、油气水露点调整等处理,处理后的天然气达到规定的压力、发热量或Wobbe指数后方可销售。Wobbe指数(发热量与重度的比值)表征在一定压力下通过给定的孔径进入燃气设备的热量。以Wobbe指数为纵坐标、火焰速度因子为横坐标,就可以绘出某一燃气设备的燃烧图版,经过一定的气体测试可以做出一系列燃气设备的燃烧图版。如果不存在不完全燃烧、火焰上升(flame lift)、预火回燃(lighting back of preaerated flames)等情况,燃烧图版显示某一区域,在这个区域内Wobbe指数和燃烧速度因子的值存在相关关系。这种方法可以预测燃烧特征,但不够准确,有些时候仍然需要对新的气体进行实际燃烧测试。

表 1-2 天然气性质

性质	范围
相对摩尔质量	17～20
碳含量(%)	73.3
氢含量(%)	23.9
氧含量(%)	0.4
氢/碳原子值	3.0～4.0
相对密度(15℃)	0.72～0.81
沸点(℃)	-162
自燃温度(℃)	540～560
辛烷值	120～130
甲烷值	69～99
化学当量空气/燃料值	17.2
蒸气燃烧极限(%)	5～15
燃烧极限	0.7～2.1
低热值(MJ/kg)	38～50
化学当量低热值(MJ/kg)	2.75
甲烷浓度(%)	80～99
乙烷浓度(%)	2.7～4.6
氮气浓度(%)	0.1～15
二氧化碳浓度(%)	1～5
硫浓度(10^{-2}ppm①)	<5
二氧化碳相对密度(MJ/kg)	38～50

①1ppm = 10^{-6}。

由于管路输送的天然气无色无味，所以一些规定通常要求在天然气中加入特定的气味，这样一旦天然气发生泄漏，就可以立即被发现。在天然气到达客户端之前，通常是在天然气中加入一些有机含硫化合物来达到添味的目的。添加了含硫化合物（一种化学添味剂，通用化学表达式为 R-SH 的硫醇，有臭鸡蛋气味）的天然气一旦发生泄漏就可以发现。行业标准是当空气中的天然气浓度达到 1% 时，用户通过气味就可以判断出来。天然气的自燃下限是 5%，因此，行业标准数值只是此下限值的 1/5，这样微量的添味剂即使燃烧也不会因为硫的存在而造成严重后果或者中毒事件。

下面将讨论天然气的几个重要性质，包括重度、压缩因子、地层体积系数、密度、等温压缩系数和黏度。

1.6.2 天然气的相对密度

天然气的相对密度定义为：

$$\gamma_g = \frac{M}{M_{air}} \tag{1-1}$$

式中,M_{air}表示空气的摩尔质量,值为29。

因此,只要计算出混合物的摩尔质量,就可以算出混合物的相对密度。混合物的摩尔质量可以用下式计算:

$$M = \sum_{i=1}^{n} y_i M_i \tag{1-2}$$

式中,M_i 表示组分 i 的摩尔质量;y_i 指组分 i 所占的百分比;n 为组分数。

表1-3列出了不同气体的性质,包括纯组分的摩尔质量。

表1-3 纯组分物性常数(Whitson 和 Brule,2000)

组分	分子式	摩尔质量	临界常数			
			P_c(psi)[kPa]	T_c(°R)[K]	V_c(ft³/lb)[m³/kg]	e
甲烷	CH_4	16.043	667.8[4604]	343[190.6]	0.0991[0.0062]	0.28884
乙烷	C_2H_6	30.070	707.8[4880]	549.8[369.8]	0.0788[0.00492]	0.2843
丙烷	C_3H_8	44.097	6163[4,249]	665.7[369.8]	0.0737[0.0046]	0.2804
正丁烷	C_4H_{10}	58.124	550.7[3797]	765.3[425.2]	0.702[0.00438]	0.2736
异丁烷	C_4H_{10}	58.124	529.1[3648]	734.7[408.2]	0.0724[0.00452]	0.2824
正戊烷	C_5H_{12}	72.151	488.6[3369]	845.4[469.7]	0.0675[0.00422]	0.2623
异戊烷	C_5H_{12}	72.151	490.4[3381]	828.8[460.4]	0.0679[0.00424]	0.2701
新戊烷	C_5H_{12}	72.151	464.0[3199]	781.11[434.0]	0.0674[0.00421]	0.2537
正己烷	C_6H_{14}	86.178	436.9[3012]	913.4[507.4]	0.0688[0.0043]	0.2643
正庚烷	C_7H_{16}	100.205	396.8[2736]	972.5[5403]	0.0691[0.00432]	0.2633
正辛烷	C_8H_{18}	114.232	360.6[2486]	1023.9[568.8]	0.0690[0.0043]	0.2587
正壬烷	C_9H_{20}	128.3	332[2289]	1070.3[594.6]	0.0684[0.00427]	0.2536
正癸烷	$C_{10}H_{22}$	142.3	304[2096]	1111.8[617.7]	0.0679[0.00424]	0.2462
乙烯	C_2H_4	28.054	729.8[5032]	508.6[282.6]	0.0737[0.0046]	0.2765
丙烯	C_3H_6	42.081	699[4613]	6569[364.9]	0.0689[0.0043]	0.2752
乙炔	C_2H_2	26.038	890.4[6139]	555.3[308.5]	0.0695[0.00434]	0.2704
二氧化碳	CO_2	44.010	1071[7382]	547.6[304.2]	0.0342[0.00214]	0.2742
硫化氢	H_2S	34.076	1306[9005]	672.4[373.6]	0.0459[0.00287]	0.2831
二氧化硫	SO_2	64.059	1145[7894]	775.5[430.8]	0.0306[0.00191]	0.2697
氮气	N_2	28.013	493[3399]	227.3[126.3]	0.0514[0.00321]	0.2916
水	H_2O	18.015	3208[22105]	11650[647.2]	0.0500[0.00312]	0.2350

1.6.3 理想气体定律与实际气体定律

实际气体的体积比理想气体的体积小,因此实际气体是超压缩的。实际气体与理想气体体积之比称为超压缩因子,表示实际气体偏离理想气体的程度,有时简称为压缩因子。压缩因子也称为偏差因子,用 Z 表示。由定义可以看出,偏差因子是一定压力和温度下气体的实际体积与相同压力、温度下理想气体体积的比值。

实际气体的状态方程可以写成：

$$pV = ZnRT \tag{1-3}$$

式中，p 表示压力；V 表示体积；T 表示热力学温度；Z 表示压缩因子；n 表示气体物质的量；R 为常数。

气体偏差因子在低压高温下接近 1，这就是说在低压高温下实际气体接近理想气体。在标准情况或大气状态下，气体的偏差因子可认为是 1。

根据对比状态原理，其他的 Z 因子是折算压力和折算温度的函数。对比压力和对比温度定义为：

$$p_r = \frac{p}{p_c}; T_r = \frac{T}{T_c} \tag{1-4}$$

式中，p_r 和 T_r 分别表示对比压力和对比温度；p_c 和 T_c 分别表示气体的临界压力和临界温度。

如果各组分以及各组分的临界性质已知，可以用下式计算临界压力和临界温度。

$$p_c = \sum_i^n p_{ci} y_i; T_c = \sum_i^n p_{ci} y_i \tag{1-5}$$

式中，p_{ci} 和 T_{ci} 分别表示组分 i 的临界压力和临界温度；y_i 是组分 i 所占百分比。

用式(1-5)计算出气体临界特性参数后，可以利用式(1-4)计算出混合物的对比压力和对比温度。

在不清楚气体的组成和临界特性的情况下，可以利用气体的相对密度计算临界压力和临界温度。这种方法利用相关性由相对密度计算出拟压力和拟温度值。相关系数较多，但最常用的是 Sutton 提出的(1985)。Sutton 分析了 264 种不同的气体样本，回归分析得出了拟压力和拟温度与相对密度的二次相关式：

$$p_{pc} = 756.8 - 131.07\gamma_g - 3.6\gamma_g^2; \tag{1-6}$$

$$T_{pc} = 169.2 + 349.5\gamma_g - 74.0\gamma_g^2 \tag{1-7}$$

根据 Sutton 的分析，在 $0.57 < \gamma_g < 1.68$ 时，上式是适用的。

最常用的估算 Z 因子的方法是 Standing 和 Katz 提出的图版法(1942)，Z 因子图版如图 1-2所示。图版中，折算压力的范围是 0~15，折算温度的范围是 1.05~3。

Standing 和 Katz 提出的图版只能计算气态烃，Wichert 和 Aziz(1972)对 Standing 和 Katz 的图版进行了修正，修正后的图版考虑了酸性气体相对密度较大尤其是气体中混有 CO_2 和 H_2S 时情况。Wichert 和 Aziz(1972)的方法校正了拟压力和拟温度值。确定了气体的临界性质后，可以利用图 1-2 计算气体的拟临界折算性质参数和 Z 因子。

Wichert 和 Aziz(1972)法首先计算视临界温度的校正系数 ε：

$$\varepsilon = 120(A^{0.9} - A^{1.6}) + 15(B^{0.5} - B^4) \tag{1-8}$$

式中，A 是气体混合物中 CO_2 和 H_2S 摩尔百分含量之和；B 是气体混合物中 H_2S 摩尔百分

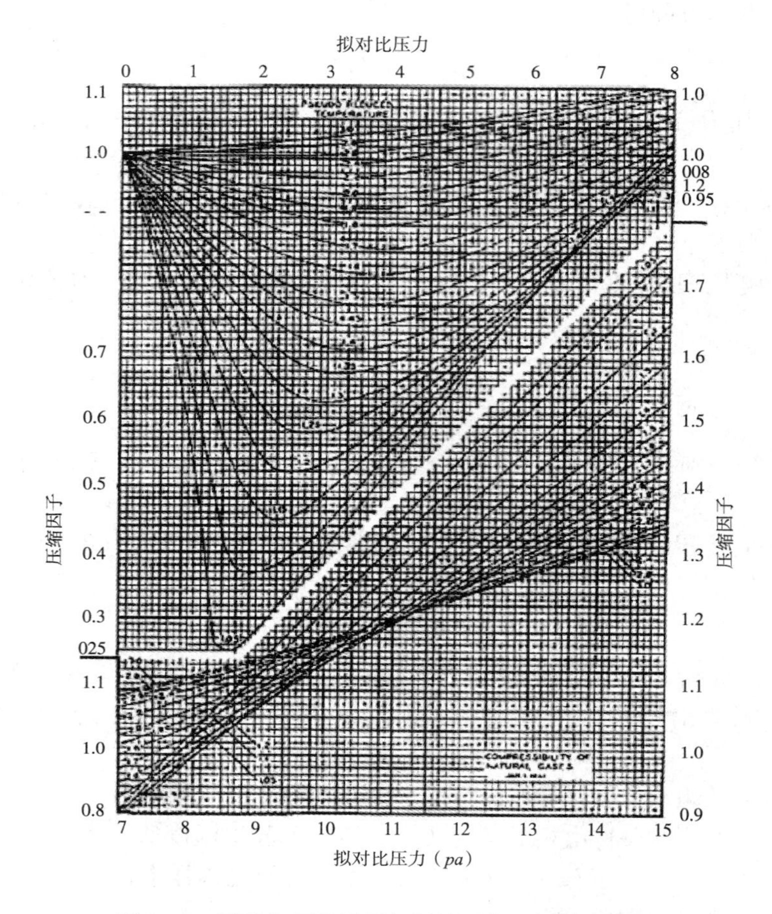

图 1-2 天然气压缩因子与折算压力和折算温度关系

含量。

计算出来的 ε 用于求出修正拟压力和拟温度:

$$T_{pc}{'} = T_{pc} - \varepsilon \tag{1-9}$$

$$p_{pc}{'} = \frac{p_{pc}T_{pc}{'}}{T_{pc} - B(1-B)\varepsilon} \tag{1-10}$$

当 CO_2 的摩尔百分含量小于 54.4%、H_2S 的摩尔百分含量小于 73.8%时,上式适用。Wichert 和 Aziz 通过计算得出 154psi $< p <$ 7026psi、40℉ $< T <$ 300℉时的平均绝对误差仅为 0.97%。

1.6.4 天然气体积系数

天然气地层压缩系数定义为一定温度、压力下 1mol 气体体积与标准状态下(p_S 和 T_S)1mol 气体体积的比值。假设标准状态下 Z 的值为 1,由实际气体状态方程,体积系数可以表示为:

$$B_g = \frac{V_R}{V_S} = \frac{nZRT}{p}\frac{p_S}{nZ_SRT_S} = \frac{p_SZT}{T_Sp} \tag{1-11}$$

p_S 表示大气压(14.6959psi 或 101.325kPa),T_S 为 60℉(519.67°R 或 288.71℃K)时,方程可以写为 3 种形式:

$$B_g = 0.0283 \frac{ZT}{p} \quad (1-11-1)$$

此时,B_g 的单位为 ft^3/SCF;p 的单位为 psi;T 的单位为°R。

$$B_g = 0.3507 \frac{ZT}{p} \quad (1-11-2)$$

此时,B_g 的单位为 m^3/Nm^3;p 的单位为 kPa;T 的单位为℃K。

一些情况下,B_g 的单位用 bbl/SCF 更方便,此时,上式变为:

$$B_g = 0.005 \frac{ZT}{p} \quad (1-11-3)$$

此时,p 的单位为 psi;T 的单位为°R。

1.6.5 天然气密度

气体密度定义为单位体积气体的质量,由实际气体状态方程可得:

$$\rho_g = \frac{m}{V} = \frac{PM}{ZRT} \quad (1-12)$$

已知气体的摩尔质量是相对密度和空气摩尔质量的乘积,油田单位制下 R 的值为 10.73(SI 单位制下值为 8.314)。式(1-12)可写为:

$$\rho_g = 2.7 \frac{p\gamma_g}{ZT} \quad (1-12-1)$$

式中,ρ_g 的单位是 lb_m/ft^3;p 的单位为 kPa;T 的单位为℃K。

$$\rho_g = 3.49 \frac{p\gamma_g}{ZT} \quad (1-12-2)$$

式中,ρ_g 的单位是 kg/m^3;p 的单位为 kPa;T 的单位为℃K。

密度可以写为:

$$\rho_g = 0.0764 \frac{\gamma_g}{B_g} \quad (1-12-3)$$

式中,ρ_g 的单位是 kg/ft^3;B_g 的单位为 m^3/Nm^3。也可以写为:

$$\rho_g = 1.224 \frac{\gamma_g}{B_g} \quad (1-12-4)$$

式中,ρ_g 的单位是 kg/m^3;B_g 的单位为 m^3/Nm^3。

1.6.6 天然气等温压缩系数

天然气等温压缩系数 C_g 在表征储层压缩特性时非常实用,等温压缩系数也称为体积弹性模量。气体是地层中最容易被压缩的介质。要注意不能将等温压缩系数和偏差因子 Z 混为一谈,偏差因子有时也称为超压缩性因子。

$$C_g = -\frac{1}{V_g}\left(\frac{\partial V_g}{\partial p}\right)_T \tag{1-13}$$

式中,v 和 p 分别表示体积和压力;T 表示热力学温度。

对于理想气体,压缩系数可以定义为:

$$C_g = \frac{1}{p} \tag{1-13-1}$$

对于实际气体,压缩系数可以写为:

$$C_g = \frac{1}{p} - \frac{1}{Z}\left(\frac{\partial V_g}{\partial p}\right)_T \tag{1-13-2}$$

如果一定温度下 Z 因子与压力的关系已知,压缩系数就可以计算出来。因为有了 Z 因子与压力的关系,就可以求出式中的偏微分,从而求出压缩系数。

1.6.7 天然气黏度

天然气的压缩系数要远大于油、水或岩石的,但天然气的黏度要比油或水小好几个数量级,因此在地层中气体比油水流动更容易。从图版中可以估算某一纯组分天然气的黏度,因此在油藏温度、一个大气压下可由气体混合物组分计算出气体混合物的黏度:

$$\mu_{ga} = \frac{\sum_{i=1}^{N} y_i \mu_i \sqrt{M_{gi}}}{\sum_{i=1}^{N} y_i \sqrt{M_{gi}}} \tag{1-14}$$

式中,μ_{ga}是一定温度、1atm 下气体混合物黏度;y_i 是组分 i 的摩尔百分数;μ_i 是一定温度、1atm 下组分 i 的黏度;M_{gi}是组分 i 的摩尔质量;N 是气体混合物的组分数。

上述黏度乘以黏度系数就可以得到油藏压力与油藏温度下的天然气黏度。

1.7 天然气的品质

单位体积天然气燃烧释放的能量由英制热量单位 Btu 来计量。天然气的内能由其组分内能的累积值决定,而累积值关键在于不同内能气体的种类和含量。一般天然气组分中不易燃烧的组分越多,其内能越小。此外,气体的体积质量也影响天然气的内能值。碳氢化合物中碳原子含量越高,内能值越大。在天然气供给链的每一环节,其内能值总需要进行测量。气体色谱分析仪可用来分析天然气组分,组分及其含量最终被转化为总热值,用 Btu/ft^3 表示。

一般情况下,在处理前天然气是不能用管道输送或作商业应用的,管道输送时对天然气的性质有特殊的规定。天然气必须经过加工处理,去除不需要的水蒸气、固相颗粒或者其他杂质以获得具有较高热值的各种烃类产物。

1.8 天然气集输

由于储存困难,天然气在采出之后必须立即输送至一定的区域(Cranmore 和 Stanton,2000),可供选择的输送方法很多(Rojey 等,1997;Thomas 和 Dawe,2003),包括管线输送、液化天然气技术(LNG)、压缩天然气技术(CNG)、气体液化技术(GTL)以及将天然气转化为水合物、动力(GTP)、电力等。此外,还可以将天然气转化为大量的其他产品,如洁净的燃料,塑料原料,甲醇和气体的间接商品(gas to commodity,GTC),比如铝、玻璃、水泥、铁等。下面的几节将分别讨论各种天然气集输技术。

1.8.1 管道

天然气在从气源到终端的输送中用管道输送非常便利,但却不够灵活(Cranmore 和 Stanton,2000)。由于气体不容易储存,除非适当地增加管线压力,否则管线出现故障,气井、集气站、处理厂都得停工。

过去的10年中,全世界平均每年新建12000mile的输气管线,其中绝大多数是跨国的。从长远来看,只要政局稳定,管线输送是最好的途径。比如修建从阿曼到印度深水管线的提案就是一个例子(EIA,2002)。然而,修建这样一条管线的成本还不清楚。就目前而言,修建超过2000mile的海底管线是不经济的,因为海底地形复杂,管线的铺修和维护费用相当昂贵,而且沿管线的再压缩非常困难,至今还没有很好的解决方法。如果技术和经济问题得到解决,这种海底管线输送将会非常高效。

1.8.2 液化天然气

20世纪70年代中期,液化天然气技术成效显著。LNG是液态的天然气。天然气在大约-162℃时开始液化,液化后的体积只有室温下体积的1/600。但是,天然气的液化需要复杂的可移动设备,还需要有制冷功能的货轮来运输液化气(Cranmore 和 Stanton,2000)。自20世纪80年代中期以来,由于热动力学的发展,液化天然气的成本下降,这使得LNG技术成为备受世界各国青睐的天然气输送方式。现在,许多LNG工厂扩张规模,更多的厂家正在建设。

天然气储存需要大型低温储罐,通常的储罐直径70m、高45m,能储存100000m^3的液化气,在客户终端,也需要建立对LNG气体再处理的配套基础设施,这些设施昂贵且难以维护。目前,世界上最大的低温冷藏罐能够容纳135000m^3的液化气,相当于28.6×10^8SCF天然气,但是其需要的费用很高。LNG技术是基于大批量输送和连续运行来提高效率降低成本的,对于孤立的储层(如海上)或者需求较小的用户,LNG技术的推广应用难度较大。因此,间歇供气的小型气源对于LNG销售商是没有吸引力的。现在正在考察一种密封隔热性能良好的LNG储罐商业运行的可行性,如果可行,小批量的天然气也可以从LNG储存地向外运输,就像现在的油罐车模式。即便如此,但要保证液化天然气在没有蒸发逸失的情况下储存一定时间(几个月),难度是很大的。

开发天然气的好处是多方面的,既能保证能源安全、增加国内油气储备,又有利于环境保护。随着世界各国尤其是原油净进口国对开发天然气的日益重视,LNG技术在大型气田开发过程中的重要地位日益凸显。

1.8.3 压缩天然气

高度压缩的天然气可以储存在油罐中。一般来讲,富气(富含乙烷、丙烷等)压力为1800psi,贫气(主要为甲烷)大概为3600psi。这些压力下的气体可以称为压缩天然气。一些国家将压缩天然气(CNG)用于交通以替代常规燃料(如汽油或柴油)。加气站可以通过管线来供应,但能将天然气加压到3000psi的压缩机的售价、维护和运作费用都是非常昂贵的。

另外一种方法是用货轮直接装载大直径的长形的储罐,但气体必须经过干燥、压缩、冷却。在精确的温度控制下,根据货轮的负载能力(即容积限制、管线的材料压力安全限制),尽可能多地输送气体。此外,还需要压缩机与冷却机,这些普通的设备要比液化机便宜,能大大降低成本。一些人还认为,终端装置较简单,因此成本要低一些。两家公司对各自的新型 CNG 输送方式作了改进,如下所述(Fischer,2001)。

VOTRANS 是 EnerSea 运输公司开发的一种新型 CNG 海洋运输技术。工程研究表明,使用这项技术每艘货轮可以将 $2\times10^8 ft^3$ CNG 输送 4000mile,而且成本远低于 LNG。这项技术需要大量大直径的的管汇叠置,实际上相当于海上可移动的管道。为了维持温度,这些管线都封存在充满氮气、绝热的容器内。这项技术储存效率要高于 LNG,所需压力更低(只有 LNG 的 40%),储存量更大,成本也较低,而且对贫气和富气都适用。在输送加工过程中,VOTRANS 技术将气体逸失量从 LNG 技术的 20% 降低到 7%。

Coselle 是 Cran&Stenning 技术公司开发的 CNG 运输技术。这个系统中采用常规的长为 10.6mile、直径为 6in、壁厚 1/4in 的大型盘管。整个流程共有 108 根盘管,输送能力为 330MMsfg,3000psi 下储气温度为 50℉。美国运输局和 Det Norske Veritas 对这项技术的评定为"至少和常规输气一样安全"。船只可以在较简便的海上设施上装载,比如海上锚系装置,这种装置通常与岸上或者平台上的压缩机站的软管相连接(Stenning 和 Cran,2000)。

Coselle 和 VOTRANS 也许会即将成为 CNG 高压集输的商业化方法。Economides 等(2005)对这两项技术进行了技术和经济分析。

CNG 技术使天然气短程输送成为可能。这项技术旨在使一些由于输送技术的局限或者 LNG 过于昂贵而没能开发的海上油田具备商业价值。从技术的角度讲,CNG 对设备和基础设施的要求较低。结果表明,在 2500mile 范围内 LNG 输送天然气的成本为 1.5 ~ 2.5 美元/MMBtu,而 CNG 输送成本为 0.93 ~ 2.23 美元/MMBtu;在 2500mile 范围外由于 CNG 输送量要比 LNG 小,导致其输送成本要略高于 LNG(Economides 等,2005)。

1.8.4 气体的固化

气体可以在固化后进行输送,即所谓的天然气水合物(Borrehaug 与 Gudmundsson,1996;Gudmundsson 与 Borrehaug,1995;Gudmundsson 等,1997)。天然气水合物(NGH)是天然气与水形成的冰状物质。关于天然气水合物输送的研究仍然处于起步阶段,但普遍认为这项技术将取代液化天然气或管线输送。

天然气的固化包括三个步骤:生产、运输、再汽化。天然气水合物是天然气中的小分子如甲烷、乙烷、丙烷在水的氢键作用下形成的稳定的三维笼状结构物质。若干水分子在氢键的作用下形成笼子,气体分子则被圈在笼中。当压力高于气－水两相相态图中平衡线、温度低于平衡线时,天然气与水形成雪花状的水合物。

在石油天然气领域,水合物对管线输送危害极大,在输送的过程中必须非常小心,防止水合物生成。如果未采取措施如注入甲醇,管线可能被堵。然而,在永久冻土带和浅于 500m 的海底发现了大量的天然气水合物,如果开发方式得当,天然气水合物将会成为未来 30 年的主要能源。

为了便于运输,可在 80 ~ 100bar 的压力、2 ~ 10℃时使天然气和水形成水合物。如果保持在 －15℃,即便在大气压下水合物分解也十分缓慢,这样就可以用隔热性能非常好,接近绝热的状态下的简便储气罐运输。在目的地,通过控制升温,水合物融化,分解成水和气,气体经过干燥处理后就可用于发电或其他用途。每吨水合物能释放出大约 $160m^3$ 天然气,这取决于加工处理过程。天然气在经过简单的处理(如净化)后方能进行水合物生产。陆地上是通过一些可移动的设备,海上可使用浮动的生产、储存和卸载船来实现,这种方法具有很大的商业价值。

水合物的生产看起来似乎就是将凉水和天然气混在一起而已,实际上,整个过程是在加工中经过一系列转换才完成的。制成的水合物被储存最后装载到货轮,到了目的地后,水合物分解利用。如果目的地需要水,从水合物中分离出来的水可以派上用场,否则就作为压舱物返回;分离出来的水饱和了气体,对气体的再溶解能力较小。

在压力为1~10atm下,水合物可以在常温下储存(-10~0℃),此时1m^3水合物可以容纳大概160m^3气体,这还是比较有吸引力的,虽然压缩天然气在3000psi的高压下可以容纳200m^3的气,液化天然气在-162℃的低温下可以容纳637m^3气体,但天然气水合物容易制成,而且更安全更经济。

水合物储气在低温下更容易实现,即低温下单位体积所含有的气体比压力下降时自由状态或压缩状态下所含有的气体要多。输送环境较恶劣的情况下,和管线输送与液化天然气输送相比,水合物输送的成本较低。由于水合物储存与输送不需要低温或高压,因此较有前景。每立方米液化天然气含637m^3天然气,而水合物只有160m^3。单独来看这是水合物的劣势;但考虑到水合物运输成本较低,所以水合物还是比较经济的。

1.8.5 气体转化为电力

目前,输送的天然气很大部分用来发电。在距离气源较近的地方发电并用电缆输送到用户端是完全可行的。所以,在海上产出的天然气供应给海上发电厂(可能在较浅的水域),发出的电可供陆地或者海上用户使用。但是,由于在海上架设高压电缆的费用和铺设管线的费用一样昂贵,气转电输送天然气的可能变得很渺茫。在长距离电缆输送电力的过程中,能量损耗非常大,交流电的输送比直流电的输送更耗能。此外,在交流电转变为直流电时,要消耗能量;将输送时的高压转换为用户需求的低压电时同样有损耗。

一些人认为对用户来讲,天然气能源的好处是灵活性较高,热量利用效率高,因为废气可用于本地供热或者海水淡化。这种观点在经济上得到了印证,发电厂发10MW电每天才约消耗1×10^6SCF天然气,即使发电量很大,但对大油田来说天然气的用量也不算大,对产气单位也不会带来较大的利润。尽管如此,气发电还一直是美国将阿拉斯加油气田的能量传送到人口稠密区的一个重点考虑方案。

还有一些实际的问题需要考虑。比如对于伴生气,如果除了转化为电力以外没有其他处理途径,那么一旦发电机不能工作,整个采油系统都必须停工,或者把伴生气排放到大气中燃烧。如果发电厂的设备出现了故障,必须尽快关闭(在60s之内),防止问题进一步扩大。然而,为保证关闭系统的安全性,结构复杂的系统,在关闭前还需要冷却循环或者要作洁净化处理,显然这不适合作为快速关闭系统(Ballard,1965)。最后一点,如果发电厂设备不能简单地关闭并在很短的时间(1h)里启动,操作人员会考虑到电网售电方的经济索赔而不敢轻易停产。

1.8.6 气体转化为液体

天然气转化为液体,比如合成原油、甲醇和氨,然后再运输(Knott,1997;Skrebowski,1998;Gaffney Cline等,2001)的过程称为GTL。GTL并不是新技术。首先在甲烷中混入蒸气,在适当的催化剂作用之下可以生成合成气(一氧化碳和氢气的混合物,Cramore 和 Stanton,2000);然后利用 Fischer - Tropsch 过程(加入催化剂)或者加氧法(在一定催化剂的作用下将氧气加入合成气中)把合成气转化为液体;产出液可以是燃料,通常是洁净的动力燃料(合成石油)或润滑剂、氨、甲醇、制造塑料的原料(如尿素、二乙醚等,同时还是重要的交通燃料、LPG 替代品、发电原料以及化工原料)。人们对这个复杂、能量密集型的过程进行了多次改进,已经产生了成百上千的专利。今天,这项技术仍然处于发展之中。近年来的改进主要集中在降低成本、减少过程能耗,尤其是催化剂的合理使用与氧气的加入方式上。

从 20 世纪 40 年代中期以来,甲醇一直是气体液化的主要选择。早期,气体转化为甲醇的效率很低,后来技术发展使这个问题得到解决。甲醇可以作为内燃机的燃料。但目前甲醇燃料市场很有限,机动车燃料电池的出现也许能解决这个问题。目前甲醇的主要用途是生产塑料的基础化工原料。

GTL 的另一用途是生产清洁燃料,比如合成原油、柴油或者其他产品,包括润滑油、蜡。但是生产这些产品的化工厂需要复杂昂贵的设备以及过硬的催化技术。

1.8.7 气体产品

铝、玻璃、砖以及铁在制造的过程中都要消耗大量的能量。气体产品(GTC)的定义是指天然气在这些产品生产过程中提供热量或电力,生产的产品在市场上销售,与气体转化为液体(GTL)的概念不同。在 GTC 中,能量来自于气体发电或者直接燃烧生热,从本质上讲,气体能量是通过产品转化的,这就会在市场中存在着很多风险,需要具体评估。GTC 过程成本很高,所需的原材料比如铝土、硅石和灰岩等要运进场地是很困难的。所以,在项目开始之前,必须做大量的研究工作并作好经济评价(Thomas 和 Dawe,2003)。

前面讨论了多种将天然气从油气田输送到市场的途径,任何一种方法都需要在基础设施方面进行大量的投资,此外还需要签署至少 20 年的可靠协议。到底哪一种方法是最经济有效的呢?这是主要产气国现在所面临的问题。对于没有下游市场的气藏、伴生气(陆上或海上),既不能燃烧又不能返注的气藏或者没有商业价值的小气藏,上面提到的技术也许可以使其在市场上占有一席之地。天然气水合物和 CNG 价格比 LNG 低廉,在不能进行管道输送的地方被人们看好。GTS 和 CNG 与其他非管道输送技术相比,好处是制作简单、成本低廉。政府和企业在选择输送方式的时候不能仅仅考虑经济风险,还应该考虑长期内可能存在的恐怖活动、政治变化、贸易禁运等负面因素。对此,Thomas 和 Dawe(2003)曾提出了产气国在国内供给过剩而出口天然气时需要考虑的一些技术和经济要点。

参考文献

Ballard, D., How to operate quick - cycle plants, Hydrocarbon Proc. 44(4),131 (1965).

Børrehaug, A., and Gudmundsson, J. S., Gas transportation in hydrate form, "In Proceeding of EUROGAS 96," pp. 35 - 41, Trondheim(June 3 - 5, 1996).

Cranmore, R. G., and Stanton, E., Natural gas, In Modern Petroleum Technology,(R. A. Dawe, ed.), Chapter 9. Wiley, Hoboken, NJ (2000a).

Cranmore, R. G., and Stanton, E., Transport, In Modern Petroleum Technology, (R. A. Dawe, ed.,) Chapter 10. Wiley, Hoboken, NJ (2000b).

Economides, M. J., Sun, K., and Subero, G., "Compressed Natural Gas(CNG): An Alternative to Liquid Natural

Gas (LNG)," SPE 92047, Paper presented at the Asia Pacific Oil and Gas Conference and Exhibition, Jakarta, Indonesia (April 5 - 7, 2005).

EIA, "Natural Gas Monthly" (August 1997), downloaded from Energy Information Administration (EIA) web site: http://www.eia.gov (2002).

Fischer, P. A., How operators will bring worthless gas to market, *Natural Gas*, Part 8, Monetizing Stranded Gas, World Oil 222, 11 (2001).

Gaffney Cline and Associates, "GTL Discussion," Paper prepared for the Gas to Liquids Taskforce, Australian Department of Industry, Science & Resources, Commonwealth of Australia (June 2001).

Gudmundsson, J. S., "Method for Production of Gas Hydrate for Transportation and Storage," U. S. Patent No. 5, 536, 893 (1996).

Gudmundsson, J. S., Hveding, F., and Børrehaug, A., Transport of natural gas as frozen hydrate, "In Proceeding of the 5th International Offshore and Polar Engineering Conference," Vol. I, pp. 282 - 288, The Hague, The Netherlands (June 11 - 16, 1995).

Gudmundsson, J. S., and Børrehaug, A., Frozen hydrate for transport of natural gas, "In Proceeding of the 2nd International Conference on Natural Gas Hydrates," pp. 415 - 422, Toulouse (June 2 - 6, 1996).

Gudmundsson, J. S., Andersson, V., and Levik, O. I., "Gas Storage and Transport Using Hydrates," paper presented at the Offshore Mediterranean Conference, Ravenna (March 19 - 21, 1997).

Knott, D., Gas - to - liquids projects gaining momentum as process list grows, *Oil Gas J*, 16 - 21 (June 23, 1997).

Manning, F. S., and Thompson, R. E., "Oil Field Processing of Petroleum," Vol. 1. Pennwell Publishing Company, Tulsa, OK (1991).

Rojey, A., Jaffret, C., Cornot - Gandolph, S., Durand, B., Jullin, S., and Valais, M., "Natural Gas Production, Processing, Transport, Editions Technip, Paris, France (1997).

Skrebowski, C., Gas - to - liquids or LNG? *Petroleum Rev.* 38 - 39 (Jan. 1998).

Speight, J. G., "Gas Processing: Environmental Aspects and Methods," Butterworth Heinemann, Oxford, England (1993).

Speight, J. G., "Handbook of Petroleum Product Analysis," Wiley, Hoboken, NJ (2002).

Standing, M. B., and Katz, D. L., Density of natural gases, *Trans. AIME* 142, 140 - 149 (1942).

Stenning, D. G., and Cran, J. A., "Coselle CNG Economics and Opportunities: A New Way to Ship Natural Gas by Sea," Paper presented at the Gastech 2000 Conference, Houston, TX (Nov. 14 - 17, 2000).

Sutton, R. P., "Compressibility Factor for High Molecular Weight Reservoir Gases," SPE 14265. Paper presented at the SPE Annual Technical Conference and Exhibition, Las Vegas, NV (Sept. 22 - 25, 1985).

Thomas, M., Water into wine: Gas - to - liquids technology the key to unlocking future reserves, *Euroil* (May 17 - 21, 1998).

Thomas, S., and Dawe, R. A., Review of ways to transport natural gas energy from countries which do not need the gas for domestic use, *Energy Int. J.* 28, 1461 - 1477 (2003).

Whitson, C. H., and Brule, M. R., "Phase Behavior," SPE Monograph No. 20, Richardson, TX (2000).

Wichert, E., and Aziz, K., Calculate Z's for sour gases, *Hydrocarbon Proc.* 51, 119 - 122 (May 1972).

2 天然气价格

2.1 导言

天然气是一种能源商品，其价格呈现出与历史重大事件相关的特点。在油气资源开发过程中，这些关系到政治和经济的历史因素具有重要的意义。天然气作为原油和从原油中提炼出来的汽油以及其他副产品的替代品，其地位日益提高。与此同时，一些非历史性的因素也会影响天然气的价格构成。其中的某些因素，尤其在环境污染方面，尽管人们很难弄清楚它们在天然气定价中的作用，但它们确实在无形之中影响着它。那些有作为的工程师如果采取得当的措施，是可以保护好人们所生存的环境并使人们远离危害的。本章内容的立足点是：没有什么比人的生命更宝贵，就算是能源也不例外。总的来讲，目前的能源开发技术已经造成了一些环境问题，但治理和判定这些环境问题的方法及其有效性不在本章讨论之列，同时也不是天然气定价时所要考虑的因素。但本章会提到一些解除生产中所遇到的技术障碍的解决方法，这些方法具有创新性，而且经济有效，有利于环保，并能体现良好的社会责任感。本章的主要目的是讨论天然气价格制定，同时回答以下问题：从工程师的角度而言，所谓不可再生的能源产品，其实际潜力和供需的结构、变化、趋势是如何统一的？

2.2 天然气价格，供给与需求

近年来，人们逐渐认识到，从商品的供给与需求角度来讲，能源产品实际的供给与需求和传统经济学所讲述的供给与需求相去甚远（Islam 与 Zatzman，2004、2005）。天然气作为世界能源市场中一种具有战略意义的资源，人们对其做了大量的研究工作，并试图阐述其不同于其他产品的原因。由于现有的经济学理论无法解释或预测能源这种特殊商品的流通规律，所以研究工作至今迟滞不前。目前，能源产品的营销和定价存在着很多矛盾，如果不能从理论层面上把握其规律，要想找到解决这些问题的途径相当困难，甚至于不可能。

这些需要考虑的因素和天然气的价格有什么关系呢？看看从天然气中回收 H_2S 的情况：回收的 H_2S 气体是“废物管理”的对象，通常要么排放，要么当废气燃烧或现代化的无烟火炬焚化，或者用来制作硫和硫酸”（EPA，1995）。前三种处理方式都具有潜在的危害性，应予以管制。现在倡导的技术方法也给社会带来了经济负担，但这个负担主要是由于追求尽可能提高天然气净化效率的技术所致，而不是由于革新输送系统转变废物处理源头引起的。为了符合美国环保署（EPA）的标准，废物管理费用对于天然气销售商来说实际上意味着要增加包括运费在内的产品成本（第四种处理方式中，天然气可以作为其他原材料的来源，增加其产出，进而创造新的利润，但这些在 EPA 的体系内根本没有作为天然气处理过程的一部分进行讨论）。

天然气中的 H_2S 如果不作商业利用，就会通入尾气焚化炉。H_2S 在焚化炉中氧化为 SO_2，最终被排放到大气中（Mullins，1975）。烟囱废气危害人类身体健康，局部危害大，是现代生活中环境危害之一。未来的天然气工程也许会注意到这个问题，并相应地提出有经济效益的废物转换计划,降低天然气的生产与输送成本或者有效地抑制成本增长的势头。这些废气可以导致儿童和很多成人群体哮喘病比例显著回升。在美国和加拿大,俄亥俄峡谷地区的烟囱废气造成了众所周知的酸雨。尽管人们采取了很多方法来遏制酸雨的负面效应,但酸雨的负面影响波及面仍然很广,从地表水的质量到覆盖北美东部的森林植被,尤其是影响到其中的枫树和其他阔叶树的成长。受酸雨影响的地区包括印第安那州的东部、密歇根州的南部、俄亥俄州的俄亥俄峡谷下游地区,安大略的西南部以及加拿大中部魁北克省的南部与东部,美国东北部的纽约的北部、佛蒙特州、新罕布什尔州、缅因州圣约翰河流系统的下游地区,魁北克、新不伦瑞克以及新斯科舍北部的科伯奎德山区。合理地算一算受酸雨危害的地区由于烟囱废气所造成的损失和收集这些气体用于生产纳米材料所带来的收益,结果肯定是非常具有启发性的,从中也可以看出目前天然气的生产、输送与定价行为体系有多么僵硬。

科技发展问题越来越缺乏对人类社会生活的整体目标和需要的理性思考,这种缺乏导致的非连贯性是如今的“信息时代”所无法容忍的;信息是知识的基本单元,在信息时代,人们获取一定的信息量和信息细节变得空前地容易,但是如何将这些信息连贯起来,并将之转变为有用且易于理解的研究确实少见。那些有作为的工程师们永远不要忘了替代品的存在。值得一提的是,在 EPA 网站上搜索主题词为“乙二醇与天然气加工”的文章时可以出现 5443 个链接,而搜索“乙二醇替代品”时却只出现 2 个。

在本章探讨天然气价格问题时将会提到一些关于再生和不可再生能源的错误观点。能源商品的价格机制绝不仅仅取决于它们作为原材料与生俱来的特征,也不取决于它们作为能源商品的特有性质;能源商品的价格机制也绝非纯粹取决于开发的这种能源的难易程度。第一次世界大战末期,在国际政治经济风云变幻的大背景下,能源价格机制以及价格的变化很大程度取决于当时的环境,而不是价格本身。当时的时代背景还在很大程度上影响了整体经济系统在价格机制与价格形成过程中的决定作用,这种现象一直延续至今。整体经济系统的主导特征对开发这些能源的工程技术方法的影响已经失真了。工程师在考虑问题时必须很务实,解决能源供应和人类可持续发展之间免不了会有冲突,但我们相信凭借历史经验最终会找到解决目前能源供需难题的方法。

2.3 天然气的可持续性与不断增长的工商业潜力

交通运输、供热、餐饮、工业供电、居民供电等都以矿物燃料为主要能源,而能源的生产和输送这些构成价格的因素会随时间而变化,所有这些经济产业的可持续发展都将受到这些变化的影响。目前的能源价格似乎还可以接受,人们仍愿意继续开发利用这类资源。因此,尽管价格与生产成本在短期之内的变化可能会对包括定价机制有一些影响,但从长远来看,价格机制应该不会在能源替代品的抉择中起决定性作用,而是由其自己决定。从长远考虑正是可持续的确切含义,种种证据表明:正在开发的或已经开发的常规资源在储量上都存在极限,人们开始思考在石油生产高峰之后世界将何去何从。风险评估常常不会考虑到这类问题,从而导致对价格的走向及能源的“未来”预测变得非常困难。这样一来,有些长期协议,比如最近中国和伊朗签订为期 30 年的关于世界最大气田产量分配的协议,就应该把可持续性因素考虑在内。北美的天然气供应也受到了可持续问题的影响:加拿大供给美国的 LNG 是通过管线输送上岸的,这些管线连接了加拿大在大西洋、太平洋以及圣劳伦斯河港口的输出端与美国接收中心,如果现有的计划在未来的10~15年内能得以实现的话,美国从加拿大进口的天然气将会翻一番,但是与其说是通过增加加拿大的天然气产气量实现的,不如说是通过增加输送LNG管线量实现的。有趣的是,美国能源信息部门最近对加拿大供应给美国的天然气量评估的结果显示,由于天然气可以作为重油提炼工艺的原材料用于从油砂沥青质中提取“合成原油”,加拿大阿尔伯达供应给美国的天然气量极有可能会因此而减少。美国在考虑加拿大供应的天然气量对自己可持续发展问题的影响时,还要考虑到与加拿大的实际的市场合并以及加拿大的经济发展政策。巩固从加拿大到美国的天然气输送量有利于扩大加拿大的经济规模,并降低美国的天然气价格,至少会遏制其天然气价格增长的趋势,但是,从加拿大的角度来看,这种情形却截然不同。举个例子,尽管从塞布尔岛气田通往美国新英格兰的管线途经加拿大的新斯科舍省,通往美国埃弗里特和马萨诸塞州的管道也经过加拿大的部分省份,但这些管线中的天然气几乎没有分配给加拿大的地方天然气市场。如果明年加拿大预计的天然气增产量仍然有限,而且不进行重新部署,那么加拿大还可以将这种发展方式维持多久?结果对双方消费者来说都是无法想象的。

这些迹象表明:为了保证能源的持续供应,未来天然气定价方式如果仍然以现有的定价方式为基础,天然气的价格可能会高得让消费者无法接受。从更基本的技术层面上讲,许诺从炼油转向加工天然气从而实现可持续发展的愿望只不过是个狂想。到目前为止,能源供应的发展历程可以简单地描述为“木材-石油-天然气”,这主要是由能源输送方式和提取能源内涵方面的技术进步而形成的。然而,形成这三种能源的原料按时间排列却正好相反:天然气在地质史上形成于腐烂的植物,年代最古老;石油仅次于天然气;而木材最年轻。从自然机械学角度来讲,能源越年轻,燃烧越洁净,周围环境处理其废弃物的能力越强。所以,从长远角度来看,不断改进的处理与输送技术根本不能解决可持续发展的问题。这些问题的确切答案还需要进一步的研究,但这些问题本身涉及技术问题的本质,即不是能应用就保证没有“后遗症”。

2.4 天然气的可再生性

天然气和石油一样,通常认为是有限的、不可再生的(而太阳能和风能则不然)。人们总是把天然气归类于矿物燃料,而矿物燃料的不可再生性决定了天然气也是不可再生的。然而,将天然气划归为矿物燃料会引发很多的混淆。天然气的确总是和原油有关,而原油是由古植物群残体腐烂后沉积形成的,因此总是在古老的沉积岩层中发现石油,在这些岩层中也常常可以发现化石遗迹。

其实,作为能源的“天然气”的有价值部分是甲烷。甲烷在整个银河系都普遍存在,是组成天体的重要物质,比如木星就是由巨大的气体物质组成的。在地球上,许多地方的甲烷气和地质史上的矿物岩层没有关系,比如垃圾掩埋产生的甲烷。无论是陆地还是海洋,在一定的深度总有大量被圈闭的气体寻求散逸到大气的通道。此外,原油是碳原子与氢原子按不同比例形成的多种化合物混合而成的非均质液体,没有固定的化学式;而甲烷的化学式是固定的——CH_4,而且甲烷这种由1个碳原子与4个氢原子形成的化学键非常稳定。甲烷的结构只有在一定的压力与温度条件下遭到破坏才会变得不稳定。

矿物燃料的不可再生,是指储层失去商业价值后——通常只采出了储层油气总量的20%~40%——在一定的时间范围内不能再为人类所利用。矿物燃料是在亿万年的地质时期形成的，但从目前经济活动来看，即便是世界上最大的油气田寿命也不会超过200年。

当然，也有很多天然气形成于漫长的地质时期，存在于不同压力下的地球内部岩层。不同的是，石油的形成必须经过漫长的地质史，而各处腐烂的有机物都可以形成天然气的主要成分甲烷。天然气这种能源除了在地层中可以找到外，还可以从废弃物转化产物中提取。

另一个更常见的天然气来源是垃圾埋存。现代社会中垃圾埋存似乎是一条必选之路，它可以不只是社会的负担，也可以被人类利用。俄罗斯拥有世界上最大的常规天然气储量，但它垃圾埋存形成的储量也很可观。欧洲大量的垃圾是通过焚烧来处理的，目前最大的两个生物气体系都是在莫斯科郊区（Izrael 等，1997）。

一些观察家认为，天然气成为石油替代品的趋势是必然下降的，主要原因是石油产业的卡特尔化（组成企业联盟——译者注）。但一些人坚持认为，只要行业不断发展，在竞争性的、没有管制、非卡特尔的基础上天然气会弥补这个代沟。这种观点是形成另一个误区的原因。天然气产量和分配的实际模式是根据美国率先提出的非管制模型组织，这种模型的前提是在政府奖励下投资由大石油公司向天然气转移时大石油公司能"软着陆"。这并不是让独立的商业实体进行自由竞争并把政府定位为仲裁人的角色。金融利益成就了大石油公司也把这些公司拖进了如今的僵局，倘若金融利益失去导向作用或者左右了天然气替代成品油这个过程，这对消费者来说没有一点好处。事实上，这只能使消费者变得更加无所适从。现在有足够的证据表明能源产业众多董事会之间有着千丝万缕的关系，而要求那些在天然气处理和输送方面投资的石油公司或经济实体之间"保持一定距离"的说法也仅仅是名存实亡。早在1993年，为EPA做的一份调查显示现在美国天然气生产和销售市场越来越集中在从事勘探、开发、加工等业务的极少一部分企业手中，这个调查研究的结果到1999年才公开。这到底是管理天然气行业的非管制性体制的不足还是非管制性体制从来没有考虑到"外部因素"？抑或这仅仅是非管制性体制想极力隐藏的东西？

一旦研究清楚天然气最充足、最公平的来源，即废弃物或废弃的煤层中的甲烷，紧接着用常规方法开发还是新方法开发更经济的问题将会迎刃而解。对天然气开发历史的研究非常重要，它澄清了一些思想误区，有些想法很容易陷入其中，尤其是这样的想法：原油这种不可再生的矿物燃料，只需要对其进行简单的处理就可以勉强作为天然气利用。

另外一个更容易弄混的概念是"天然气"中的"天然"这个词。奶牛排出来的"甲烷"和在地层下面埋藏了数十亿年的甲烷无疑都可以称为"天然的"，但是它们作为可用能源的实际潜力是完全一样的吗？指出它们都含有 CH_4 真的就能阻止人们进一步讨论这些化合物形成的特征吗？

在油气工业及其相关的工程领域所说的天然气大多数是指从原油中分离出来的天然气，这些天然气一般都是由用油公司建设的管线系统输送。从世界范围来看，能源这种一次性的战略商品隐含着政治和经济的因素，从这种整体角度来考虑，能源作为全局的一个突出特点显得尤为重要。本节所讨论的主题纯粹是从工程技术的角度来考虑的，从这个角度来讲，能源其实很普通。但是，工程问题如果不考虑经济和政治的因素又会使得一些易混淆的概念演化成一种完全错误的信息，其中两个主要的错误认识是：①大自然拥有的资源量是有限的，要用有限的资源去满足人类日益膨胀的需求，油气公司受自然的制约；②由于没有可以替代石油的资源，在不久的将来，人类将会成为石油工业的奴隶。

2.5 美国天然气的定价、市场、风险管理和供给

2.5.1 目前美国天然气价格的几个特征

天然气定价首要的特点是尚未形成一个全球统一的价格。然而,天然气涨价或降价的幅度主要和世界石油价格的变化有关。

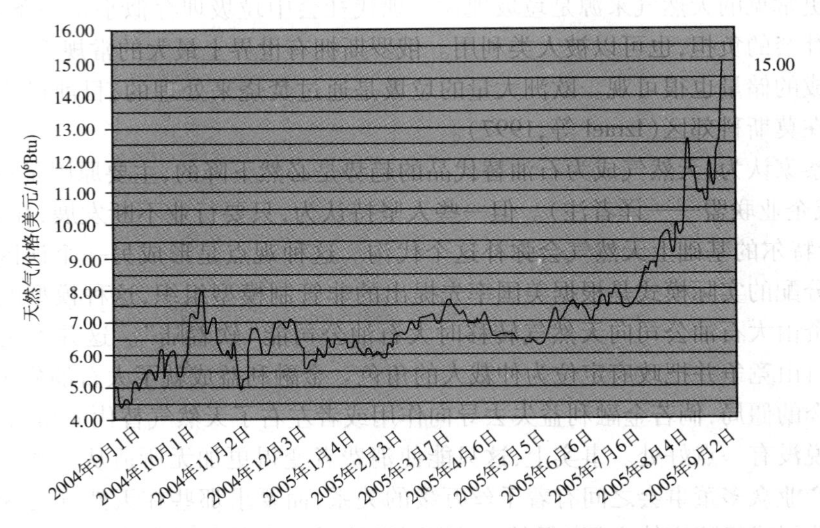

图2-1 2004年9月1日至2005年9月1日之间的亨利港天然气的现货市场价格

(资料来源:WTRG经济)

如图2-1所示,2005年8月底至9月间,天然气的亨利港现货价格短期内上涨了3倍,这种现象揭示了短期突发事件对天然气价格潜在的极端影响。这次价格的飙升主要是受飓风卡特里娜的影响,但后来发现飓风没有对经过亨利港的路易斯安那州海岸的天然气管线造成严重损坏,在路易斯安那州的亨利港天然气交易市场上形成了亨利港价格。由于市场预期这场飓风可能对墨西哥湾造成灾难,在飓风来临之前、期间及过后的这段时间,亨利港天然气价格从5~7.5美元/10^3ft^3飙升到15.5美元/10^3ft^3,而从2004年9月1日到2005年8月的前3个星期天然气的价格还一直停留在5~7.5美元/10^3ft^3一带。如果世界天然气价格能形成一个统一的价格的话,天然气的价格就不会出现这样的剧烈波动。相比之下,原油价格也在这段时间内只出现了非常短期的"投机性上涨",从65美元/bbl上涨到70美元/bbl,确切地说,这种增长持续了不到72h,因为原油形成了世界统一的价格,可以减小这类事件的影响。

图2-2~图2-6记录的是从2001—2005年,每年11月之前的2~3个月内,天然气和石油价格的波动情况,从中可以清楚地看到天然气价格的形成与原油的价格关系密切相关。

很明显,天然气的价格与原油的价格密切相关。以油气当量来作比较,原油与天然气的价格很接近,但是,考虑到工业生产对原材料的广泛需求,估计原油的价格应该会更高一些。图2-3中2002年的11月也可以看出相同的趋势。

到2003年秋之前,天然气的价格已经接近原油,但是天然气随原油价格涨跌的基本趋势仍然没有变。

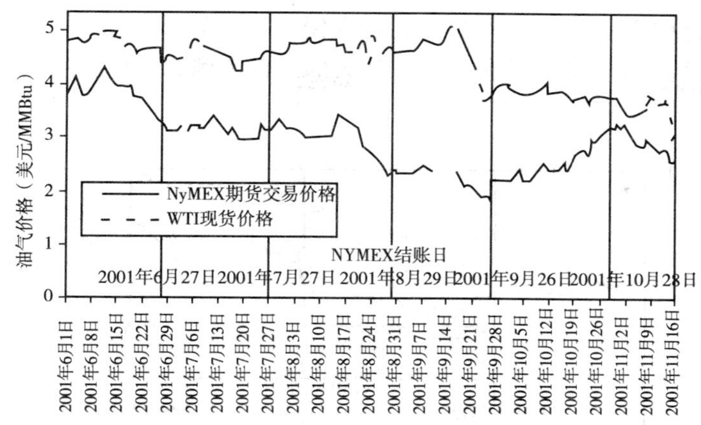

图2-2　2001年6月1日到11月1日的油气价格(资料来源:路透社情报服务机构)

WTI原油价格,用一个转换因子 5.80×10^6 Btu/桶将美元/桶转换成美元/MMBtu。垂直线标注的日期是NYMEX近月合同期货交易的日期。NYMEX在9月11日和9月13日关闭。

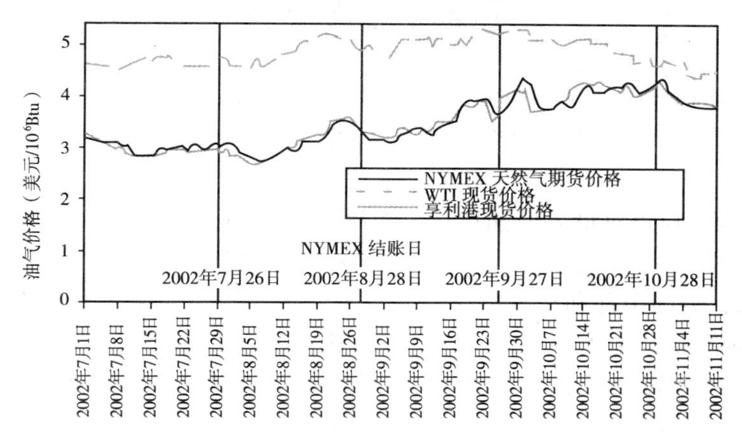

图2-3　2002年7月1日到11月11日的油气价格[来源:NGI的每日价格指数(http://Intelligencepress.com]

WTI原油价格,用一个转换因子5.80MMBtu/桶将美元每桶转换成美元/MMBtu。用垂直线标注的日期是NYMEX近月合同期货交易的日期。

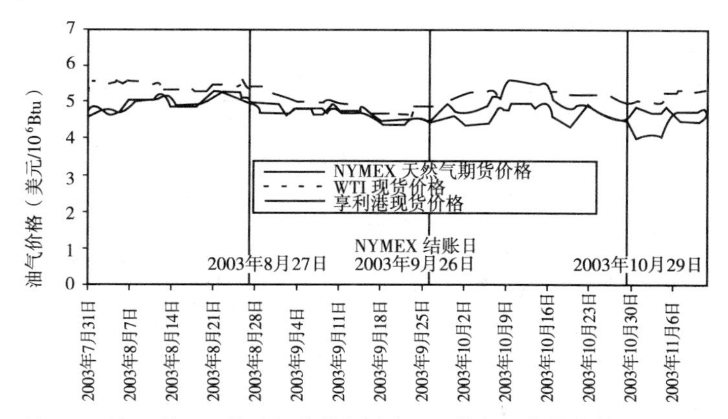

图2-4　2003年7月31日到11月6日的油气价格[来源:NGI的每日价格指数(http://Intelligencepress.com]

WTI原油价格,用一个转换因子5.80MMBtu每桶将美元每桶转换成美元/MMBtu。用垂直线标注的日期是NYMEX近月合同期货交易的日期。

考虑到原油供应缩减和美国联军出于利益入侵伊拉克的影响,原油价格开始上升。反映天气变化的一个典型例子是天然气价格会在秋天的时候上涨,尤其是冬季异常寒冷或来得较早的时候更加明显(图 2 - 5)。

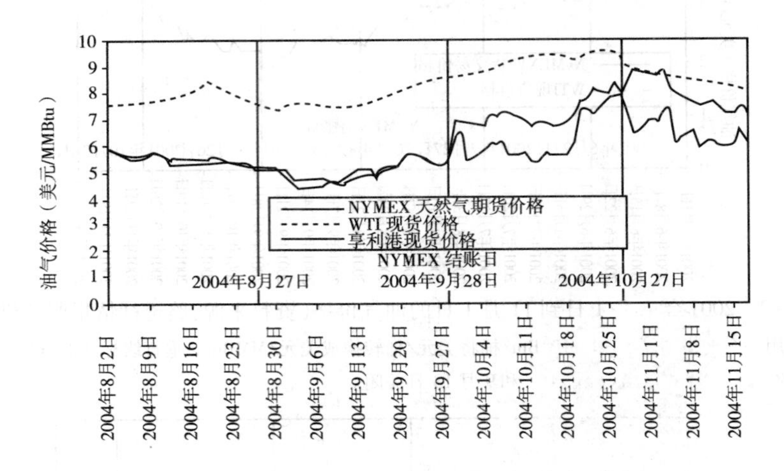

图 2 - 5 2004 年 8 月 2 日到 11 月 15 日的油气价格[来源:NGI 的每日价格指数(http://Intelligencepress.com)]
WTI 原油价格,用一个转换因子 5.80MMBtu 每桶将美元每桶转换成美元/MMBtu。用垂直线标注的日期是 NYMEX 近月合同期货交易的日期。

美国联军占领伊拉克对世界原油市场供应稳定性和随后未来原油价格都造成了明显影响,这种影响通过图 2 - 6 中的原油价格趋势和前些年的原油价格趋势(图 2 - 2 ~ 图 2 - 5)的对比可以看出来。美国中部和东部的油气主要来自墨西哥湾的油气集输中心,2005 年 8 月底,飓风卡特里娜袭击了美国墨西哥湾沿岸,致使这一地区造成了严重的损失。这次飓风还淹没了整个新奥尔良市,其损失更大。这件事反映在天然气价格上,表现为天然气的价格在一段时间内超过了原油的价格,一直到 10 月底才降到原油价格之下。

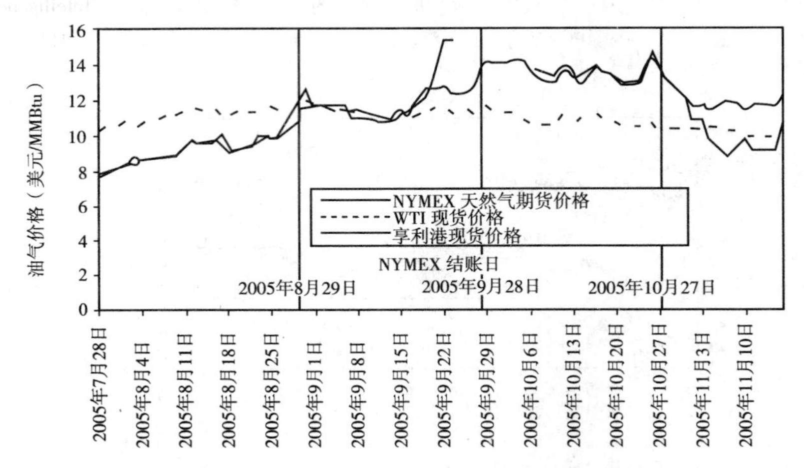

图 2 - 6 2005 年 7 月 28 号到 11 月 10 号的油气价格[来源:NGI 的每日价格指数(http://Intelligencepress.com)]
WTI 原油价格,用一个转换因子 5.80MMBtu 每桶将美元每桶转换成美元/MMBtu。用垂直线标注的日期是 NYMEX 近月合同期货交易的日期。

上述图中的数据表明，把能源市场简单地看作一个依靠买卖双方来定价交易的市场，是很不完善的。这样做易引起误导并造成潜在的重大影响。一般来说，气价跟随油价变化，而原油形成了全球统一的市场价格，可以减缓短暂动荡或者融合长期动乱（如伊拉克战争）的影响。虽然偶尔有些时候在天然气市场中会出现一些短期的强烈波动，但也正是在这些时候，显示出市场内在的混乱性。因此，与人们所设想的正好相反，解除对天然气和电的价格的管制不能给天然气市场带来明显的秩序。事实上，只要稍微想想安然公司的破产所造成的金融动荡，就会对此产生怀疑，"非管制市场"上的大玩家安然的破产导致了多种后果和连锁反应，影响到北美的很多公司。

2.5.2 美国的能源市场：管制和无管制的共同体

从表2-1可以看出，在美国能源供应的格局中，天然气的重要性与日俱增，天然气不能长期脱离管制，事实上，天然气的发展已经对现有的能源管理体制提出了重要挑战。这个发展进程的前30年，天然气是作为民用住宅配套服务（比如电）来进行管理的，主要是防止州际管线出现紧急问题，还有控制垄断企业妨碍自由竞争的行为。由于战争时，石油供应主要用于陆上、海上和空中的现代化机动作战设备，天然气才开始作为原油的替代品来满足工业和当地公用事业的需要。到20世纪50年代，对天然气的管理重点发生改变，从以前约束生产者、输送者和供应者的垄断行为转到管理这些企业的跨业经营方面。传统经济学认为天然气的生产和运输具有"天然垄断"的特征，进入这个行业并维持其运转所需要的费用很高，而且多一个竞争者加入，就会减少另一个企业的边际利润，这些因素都不利于在同一个市场形成竞争性生态。但这一点不能解释过去的事实，实际上还使人们对天然气发展的历史感到困惑：过去天然气输送管线被多家小的地方经销商经营的时候，管制严格；而如今天然气管网系统被控制在少部分大公司手里，却没有管制。

表2-1 美国天然气的早期开发与管制年代表

时间	天然气的开发与调整
1859年	美国陆军上校 Drake 在宾夕法尼亚的 Spindletop 地区钻了第一口商业油井，周围又迅速发现了很多天然气藏。这项技术在第二次世界大战爆发以前主要应用于石油领域
20世纪初	起始于纽约和威斯康星，市政府把天然气管网扩展到了城郊地区，天然气开始成为煤的替代品，用于做饭和取暖
1935年	美国联邦贸易委员会发表了一份关于电力和天然气等公益行业的经济利益正在逐渐增长的报告，并且建议从消费者的利益出发对行业进行管制
1938年	由于没有竞争，加上当时资源短缺，公共企业联盟提高了这种能源必需品的价格，从而激起了公众的普遍不满，响应美国联邦贸易委员会的建议，美国国会出台了《天然气法案》。为了抑制供应公用能源的企业过度集中所带来的负面影响，美国联邦贸易委员会根据1913年通过的《州际商业委员会法案》授权联邦动力委员会来管理州际天然气管网建设和天然气的销售
1941—1945年	美国与日本开战。美国清楚地认识到战争需要石油，尤其是军舰需要石油，于是，美国政府下令：战争期间，国内的任何产业只要能用天然气代替石油，都必须使用已经普及了的天然气。美国最高法院规定了天然气的井口价格，并把井口的设备和管线也作为会计核算

续表

时间	天然气的开发与调整
1954 年	美国最高法院对威斯康星的菲利普斯石油公司做出了判决(347U. S. 672[1954])。在这个决议中,最高法院根据《天然气法案》规定:任何一个通过州际管线销售天然气的生产企业都属于“天然气公司”,必须长期接受联邦动力委员会的监管,而且,生产企业通过州际管线出售到州外市场的天然气量和出售到地方市场的天然气量都必须受到管制。这个决议的出台戏剧性地揭开了撤销管制问题的一幕,天然气生产企业即将从联邦动力委员会对管线公司的掌控中解放出来
1970 年	美国国内石油的产量到达了顶峰,产量一直下滑到现在。从那以后,其国内能源供应的计划只能寄希望于天然气了
1998 年	石油占全球商用能源的比例大概已经降到了 40%,而天然气则已经上升到 22%。大约 60% 的原油用于铁路、航海和航空等运输系统

注:摘自 Fleay(1998)和天然气组织(2005)。

由于天然气市场饱和,投资天然气的生产、处理、输送的赢利峰值时期已过,在 1970 年以后,取消对天然气行业进行管制压力明显增大,因为这时美国国内的石油生产已经不能保持增长。表 2-2 的资料显示的是从 1978—1985 年取消管制政策之后的情况。

表 2-2 来自美国 LIHEAP 票据交易所的关于撤销对天然气的管制的实时报道(2005)

时间	撤销管制的实时专题报道
1978 年至 1985 年 1 月 1 日	《天然气政策法案》结束了对新井的天然气井口价格的联合控制,但是仍然保持着对老井的天然气井口价格的控制。美国天然气协会是领导美国天然气生产企业的联盟,按照美国天然气协会的说法,除了对井口价格的控制外,由于现有的一些政策性的变化,“供求原理又开始在天然气产业内起作用了”
1985 年	联邦能源管理委员会(FREC)颁布的《第 436 号法令》制定了一个自愿条款。该条款鼓励天然气管线向用户开放,成为开放式接入管线。这个法令打破了管线商人对天然气输送的垄断,进而引发天然气工业管制体系的改组
1989 年	《天然气管制撤销法案》取消了对所有天然气井口价格的管制
1992 年	联邦能源管理委员会《第 636 号法令》规定:必须“拆分”州际天然气管线,或者州际天然气的销售、运输和储集等服务必须分开进行。这个法令的目的是确保所有的天然气供应商都能在平等的基础上来争取天然气用户
1996 年	第一套住宅天然气客户选择方案开始实施。到 1997 年,哥伦比亚地区和 17 个州的天然气公用企业已经采用或者正在试验这套住宅客户选择方案
1996 年	美国人口最多的加利福尼亚州的萨科拉曼多的立法机关批准从 1998 年 1 月 1 日起撤销对电力定价管制
1999—2000 年	加利福尼亚有史以来最热的一个夏天,得克萨斯州休斯顿的一家叫安然的私人公司从某些电力资源不受管制的地区购买了电力又把他转售给其他不受管制的地区用户,从而把加利福尼亚市场逼上绝路,电费价格开始猛涨。出现了前所未有的用电紧缺,不得不人为限制供电,华盛顿电力工程企业联盟的游说家以此作为需要大规模增加供电能力的证据,提出方案要求增加联邦政府补贴和奖金,用于在美国新建发电站。2000 年末,一场始料未及的寒流袭击了美国东海岸和东南部几个人口众多的地区,经联邦能源管理委员会允许,天然气的井口价格(亨利港价格)比原来增长了 4 倍,天然气可能会成为未来发电厂的主要原料

2.5.3 能源价格的波动性与金融衍生品

很久以前大家就清楚,如果问题涉及能源,只靠市场自身无法实现上游投资与下游收益之间的平衡。解决这个问题的一种主要方法是完善风险管理,把其作为对能源市场进行全局性干预的主要手段。通常将金融衍生品定义为"一种金融凭据(合约),它并不表示对某些资产具有所有权,而是指可以从其他一些潜在商品或者资产中派生出来的价值"。大概从 19 世纪末开始,这种凭据在美国是一种可交易的农产品,最著名的例子可能就是"五花肉"合同了(EIA,2002)。如前文所述,有些事件很容易过度刺激了天然气和电力的销售与定价,在这种背景下,尤其是在像电力和天然气这样的目前无管制的能源市场里,金融衍生品市场迅速发展起来,成为一种降低投资实体风险的工具。

现代化的、流水线式的金融衍生品贸易,尤其是与之相关指数套利和所谓的"程序交易"(即指银行、投资贸易商以及其他大股东等财团通常会在财务季度报告末期,按预设的程序,由电脑自动进行抛售数以百万计的各类资产的证券),这类交易第一次大规模地出现在 1987 年 10 月美国股票崩盘过程中。不久,Michael Milken、Ivan Boesky 和其他内部交易人员由于滥用市场新领域的风险控制权遭到起诉并获罪,但这并没有阻碍金融衍生品贸易发展,投机者又把兴趣转移到驾驭并稳定市场方面来吸引新的进入者。由于下述原因,这里面所包含的风险大大增加了。①各方之间建立契约承诺彼此互惠,契约关系变得错综复杂。②法制系统一般采取的态度是:除非引起诉讼,否则合法实体之间可以自由地建立合同,质询或证明合同中所涉及的术语或条款的合法性是企业自己的事,与其他人无关。

1997—2001 年,安然公司(以金融衍生品为基础的能源商)在得克萨斯州休斯敦迅速崛起,又戏剧性地倒闭了。仅仅从这个极端的例子中就可以看出如果草草地建立这些"合同"而不予以履行的话,会出现什么后果。在安然公司破产后,能源信息行政部(EIA)展开了一项权威性的研究,提交了一份名为"能源产业的金融衍生品和风险管理"的报告,报告记录了这场灾难的整个过程,并指出灾难的发生与金融衍生品贸易本身没有任何关系,在逐渐解除对能源商品市场的管制后,衍生品交易商如虎添翼,大胆冒进,这时悲剧已经渐露端倪。

虽然衍生品符合法律要求,但是它们面临着巨大风险。例如,1993 年,加利福尼亚的 Orange 郡损失了 17 亿美元,Metallgesellschaft 公司在 1993 年的能源交易中损失了 13 亿美元;1998 年,纽约的联邦储备银行为了避免对国际金融市场造成动乱,组织了一次长期资金管理的救市活动;2001 年,安然公司倒闭成为美国历史上最大的破产案,安然公司是金融衍生工具的大用户和促进者,虽然安然公司的失败并不是由金融衍生工具造成的,但是它的破产引起了许多能源公司对相应(信贷)风险和财务报告的关注。

下面这份报告从政府的角度简要解释了能源商品风险管理和金融衍生品的总体情况。

天然气、石油管线和民用天然气的价格仍然受到管制。20 世纪 80 年代,掀起了一股撤销管制的浪潮,但在此之前,由于有政府的管制和保护,这些产业的运行并不需要风险管理。大概也是从 20 世纪 80 年代开始,现代风险管理工具开始使用。

所有企业都会遇到的基本风险类型有五种:市场风险(利率、汇率、证券价格或者商品价格意想不到的变化);信用/违约风险;运行风险(设备故障,欺诈);流动性风险(无法按询价购买或出售商品);政治风险(新的规则,没收)。石油、天然气和电力的商业运行特别容易受到市场风险的影响,或者更准确地说更容易受到价格风险的影响,由于能源商品价格变化得反复无常,尤其是电力价格实质上比其他商品价格变化更无常(EIA,2002)。

天然气是发电厂的一种新燃料,随着其使用量的增加,又加上电费价格的变化和天然气价格变化会彼此影响,使原来的多种风险投资方案很难说清楚投资收益。

商品价格的波动是由商品供求关系的变化引起的。由于多种原因,气价和批发电价变化尤其快。需求受天气的影响很明显,超负荷生产有限,且代价不菲。此外,通常情况下电和天然气很难及时送到需求量急剧增加的地区,而能源本地储存,一般情况下不可行,尤其是电(EIA,2002)。

表2-3选取部分商品并对其现货市场价格变化进行了比较,结果表明:如果在美国市场做投资,某些电力市场短期投资的赢利潜力超过其他任何大宗商品的交易。

表2-3 部分商品价格的现货市场价格变化率(EIA,2002)

时间	商品种类	年平均变化率(%)	行情
	电力		
1996—2001	加利福尼亚—俄勒冈边界	309.9	最高现价
1996—2001	辛辛那提能源	435.7	最高现价
1996—2001	帕洛弗迪核电站	304.5	最高现价
1996—2001	美国电力市场	389.1	最高现价
	天然气和原油		
1989—2001	轻质低硫原油(路易斯安那)轻质低硫原油	38.3	现价
1989—2001	动力汽油(NYH)	39.1	现价
1989—2001	民用燃料油(NYH)	38.5	现价
1992—2001	天然气	78.0	现价
	财政		
1989—2001	政府基金价格	85.7	现价
1989—2001	证券指数(标准普尔500)	15.1	现价
1989—2001	国库券(30年)	12.6	现价
	金属		
1989.1—2001.8	铜(LME A级)	32.3	现价
1989—2001	金(美国高技术不锈钢管产品制造商哈迪哈曼,纽约)	12.0	现价
1989.1—2001.8	银(美国高技术不锈钢管产品制造商哈迪哈曼,纽约)	20.2	现价
1989.1—2001.8	铂	22.6	现价
	农业		
1989.1—2001.8	咖啡(巴林阿曼阿拉伯)	37.3	现价
1989.1—2001.8	糖(世界各地)	99.0	现价
1994—2001	玉米(北,伊利诺伊河)	37.7	现价
1994—2001	豆类(北,伊利诺伊河)	23.8	现价
1989.1—2001.8	棉花(得克萨斯州和俄克拉荷马州)	76.2	现价
1998.9—2001.12	FCOJ(佛罗里达柑橘类)	20.3	现价
	肉类		
1989.1—2001.8	牛肉(阿马里洛)	13.3	现价
1989.1—1999.8	猪肚	71.8	现价

在美国能源市场中，风险管理策略的定义经常改变，由于大家对采用博弈论解释市场不确定性的经济计量学兴趣与日俱增，使得风险管理策略的内涵不断变化。John F. Nash 由于在这个领域的贡献获得了 1994 年的诺贝尔经济学奖，Thomas Schelling 和 Robert J. Aumann 也因为在这一领域做了巨大贡献（Aumann，1964、1974；Aumann 和 Branderburger，1987；Aumann 和 Hart，1992、1994、2002）而获得了 2006 年的诺贝尔经济学奖。

2.5.4 北美洲天然气的供应

从上面描述美国的情况可以看出，国家在天然气生产、销售和定价 3 个领域扮演的角色迥异。目前在美国已形成了一种卡特尔企业联盟的模式，但在很多方面，这种模式并不通用，也不能说明它是无管制下高度竞争的结果。图 2－7 说明了美国能源市场的供应方式，从中也可以看出美国的能源供应是如何把本国经济和其他国家经济联系在一起的，特别是它的邻国加拿大和墨西哥。

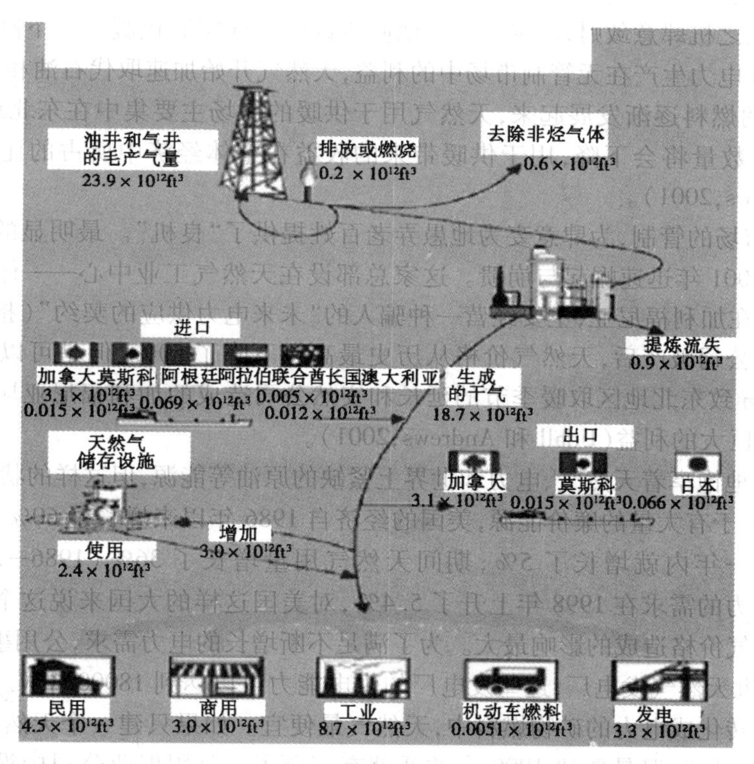

图 2－7 1998 年美国的天然气生产、销售、进口和出口情况（来源：能源信息行政局）

2.5.4.1 美国的特殊地位

美国天然气的年市场消耗量在 1949 年为 $5\times10^{12}ft^3$，到 1973 年超过 $22\times10^{12}ft^3$，达到阶段峰值，20 世纪 80—90 年代整体上呈下降的趋势，随后又开始稳步上升，2000 年达到新的峰值，大约为 $23.3\times10^{12}ft^3$（美国能源部，2005）。

第二次世界大战后天然气用量增长的大部分是由以下两个因素造成的：一是美国房地产市场的蓬勃发展，特别是在“婴儿潮”的十几年内（1945—1960 年）；二是中间产业和重工业的扩展，从美国的东北部和北美五大湖的煤炭－钢铁生产基地一直扩展到西海沿岸的城市化中心,以及施行“工作权力(right to work)”法律的南部各州,还有人口和工业都大规模扩张的得克萨斯和佛罗里达州。

到20世纪90年代中期,美国新建住宅中已经有70%使用天然气取暖,天然气市场已经饱和。与此同时,随着1978年开始实施的天然气价格“无管制”措施在1985年之后开始见效,由于禁止天然气生产商对管线或管网以及其他基础设施进行大规模投资,原有的卡特尔企业联盟模式也就名存实亡了(Udall 和 Andrews,2001)。

鉴于当时用户需求逐渐减少的情况,天然气生产商不断呼吁能够得到一些补偿,以应对未来收入的下降,结果获得了可以自由地联合确定井口气价的权利。结果在2000年,亨利港的气价上涨了4倍。所谓的亨利港价格,是根据经墨西哥湾海岸亨利港口输送的天然气来制定的,该港口输送天然气量大概占全美天然气总产量的60%。当时由于对电力价格取消了管制,从加利福尼亚开始,一些人口众多的城市出现了严重的电力短缺,这些天然气生产商实际上是趁电力紧缺之机肆意敛财,而绝不是像他们所说的那样家庭供暖需求下降会对他们造成损失。为了保证电力生产在无管制市场中的利益,天然气开始加速取代石油和煤炭。随后,天然气作为发电的燃料逐渐发展起来,天然气用于供暖的市场主要集中在东北地区,从长远来看,这里的人口数量将会下降,用于供暖带来的收益在整体经济中所占的比例也正在下降(Udall 和 Andrews,2001)。

取消供电市场的管制,为肆意妄为地愚弄老百姓提供了“良机”。最明显的例子就是安然公司在2000—2001年迅速崛起与崩溃。这家总部设在天然气工业中心——休斯顿的能源公司,主营业务却在加利福尼亚,主要经营一种骗人的“未来电力供应的契约”(指的是金融衍生品)交易。安然公司破产后,天然气价格从历史最高点下降了50%,但是可以看出从2000—2001年的严冬导致东北地区取暖季节的延长和安然公司造成的加利福尼亚居民用电短缺等事件,都潜藏着巨大的利益(Udall 和 Andrews,2001)。

美国“长期地饱享着天然气、电力和世界上紧缺的原油等能源,但这样的状况在2000年春天很快逆转。由于有大量的廉价能源,美国的经济自1986年以来增长了60%,更不可思议的是仅在2000年一年内就增长了5%,期间天然气用量增长了36%(1986—2000年增长了43.8%)。对电力的需求在1998年上升了5.4%,对美国这样的大国来说这个数字的确让人吃惊,这对天然气价格造成的影响最大。为了满足不断增长的电力需求,公用事业公司计划到2005年新建一批天然气发电厂,这些发电厂的供电能力可以达到180000MW。这样做比较划算:在所有可以转化成电力的矿物燃料中,天然气最便宜。如果只建一个天然气发电厂的话,应该一点困难也没有,但是要建1000个的话就有问题了。公用事业公司中没有人问这个问题:将来天然气产量是否能满足所有设备运转?许多专家的回答是不可能。以前出版的《关于美国天然气二十年(1997—2017)用量预测方案》中按相对平稳的增长速度,估算了这段时期每年的工业用气量(从$8.7\times10^{12}ft^3$ 到$9\times10^{12}ft^3$ 多一点)、居民使用量[$(5\sim5.5)\times10^{12}ft^3$]和商业消耗量[$(3.2\sim3.5)\times10^{12}ft^3$]。而实际情况是,用于发电的天然气量在这段时间内增长了3倍,从每年大约$3.2\times10^{12}ft^3$ 到每年超过$9.1\times10^{12}ft^3$(Udall 和 Andrews,2001)。

输气管网对于天然气的利用来说,其价值再怎么被夸大都不过分。

没有管线,天然气就没法利用,中国人首先认识到这个真理。他们从公元1000年就开始钻井采气……但是那时候他们只是用竹子作为天然气管线的原材料。美国现在的管线总长度可以延伸到月球。这些管线多数是在第二次世界大战之后修建的，那时墨西哥湾沿岸的天然气供应商试图在美国中西部和新英格兰岛开拓市场。由于管线很容易腐蚀，人们发明了一种非常小而且形状像啤酒桶一样的诊断工具，并给它取了个名字叫“猪猪”，把它通入管线内可以检测管壁的漏点，但不总是能及时检测到。2000 年 8 月，新墨西哥的一条管线的爆炸导致了 10 人死亡，并且阻碍了向加利福尼亚的天然气输送。许多管线已经老化了，需要重建、更换或加粗，这样才能向那些新建的天然气发电厂所在的城市输送更多的天然气。2000 年 12 月，输送到洛杉矶的天然气价格达到了 69 美元，相当于用 400 美元买一桶原油（Udall 和 Andrews，2001）。

2.5.4.2 加拿大是北美的天然气供应商

塞布尔岛气田位于加拿大新斯科舍省大西洋沿岸的溪谷地带，该气田主要由美国的天然气公司开发。这个气田开发建设时就考虑到前面所说的管线问题可能带来的影响。由于该气田天然气全部是供应美国市场，而且气田只能开采约 20 年，所以气田建设的主要长期资产就是两条管线，一条是海底管线（Maritime），一条是陆上的东北（Northeast）管线。该东北管线起自加拿大新斯科舍省 Guysborough 县 Goldboro 地区，这里是塞布尔岛气田天然气的上岸点，这条管线（图 2－8 中的实线）穿过新斯科舍的中部和北部，又横跨其邻省不伦瑞克，越过缅因州的美加国界到达马萨诸塞州 Everett 郊区，属波士顿的西南地区。

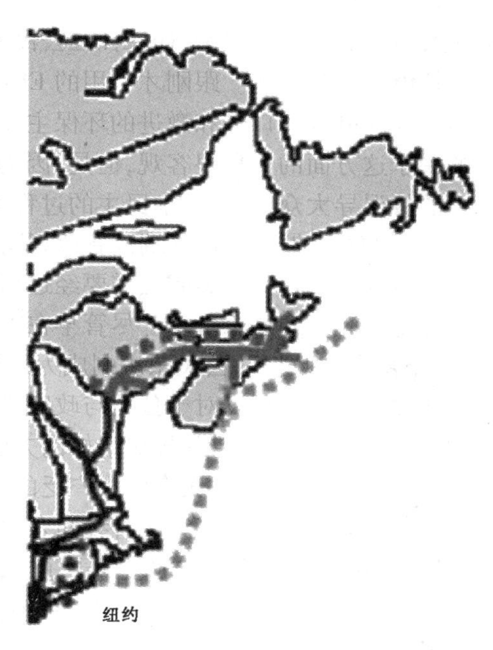

图 2－8 加拿大联邦能源部和自然资源协会披露了美国天然气管道包围加拿大东岸 200mile 长的国界的细节（加拿大自然资源协会，2004）

这给出了为什么美国对 LNG 越来越感兴趣的鲜为人知的一些原因。在大城市中心的港口附近假设储气设施是一种方案，但是在东岸北部的许多港口和波士顿与波特兰中间地带建设储气设施，一直没能被地方公民投票通过；利用现有管道也是一个方案，比如加拿大海底管线和东北管道。

图 2－8 中最有趣的是虚线标示的管线，这条管线方案由 ELPaso 团队提出，它从塞布尔（Sable）岛气田延伸到美国康涅狄格州。这条管线在新斯科舍省谢尔本郡附近有个停靠点，但不供应当地天然气。比较稀奇的是，私营企业可以起诉加拿大政府，其依据是北美自由贸易协议的第 11 章的条款，按条款加拿大政府应该保证美国天然气用户不得因此而受到影响。无论现在还是将来，加拿大新斯科舍省谢尔本郡及附近地区都不会成为工业的中心，就算管线设计成这样，也不会对美国的天然气供应造成什么影响。其实本来还有一条更直接、更便宜的设计路线：直接铺设一条海底管道连接在新英格兰和加拿大的天然气产地。没这样做唯一合理的解释就是在图 2－8 中还画有一套备用路线，这套备用方案表明美国将会用管线把邻国加拿大的长达 200mile 的沿海国界包围起来，为大规模从加拿大进口油气资源打下基础。由于领地“兼并”的意图过于明显，美国也不得不考虑后果。因此，美国加快了对乔治亚洲油气资源的开发，乔

治亚洲这块“肥肉”资源被美国和加拿大目前的沿海国界一分为二,而在过去的10年内美国还没有能力来开发这块资源。

加拿大对此就没有异议?难道加拿大就别无选择?由美国能源信息行政部对加拿大的能源产业所做的调查报告(EIA,2005)表明,“不是对此没有异议,而是因为加拿大当地居民和环保主义者对此事的阻力比美国国内所遇到的要小”(美国能源部,2005)。“美国遇到的当地居民和环保主义者对此事的阻挠”是指美国在东岸北部建立港口和在东部波士顿到波特兰之间建站的一揽子计划总是被公民投票给予否决。“环保主义者”在这些事情中所扮演的角色表明:如果当地的港口社区越小且越低调,这项计划通过的可能性就越大。这项计划要是能通过的话无异于一次“重大的意外事故”,就像爆炸、泄漏、撞车等事故一样!当地那些激进的环保主义者很难对付。但是,如果社区公民能知道存在哪些潜在的风险,那么在行使自己的权力时就能够更客观一些。跟刚才引用的EIA文章中隐含的意思刚好相反,这个计划遭到否决并不是因为那鼓吹的口号和激进的环保主义者,尽管大众都承认美国能源信息部在其网站上公布的关于这方面的信息很客观,但是,因为有些人(可惜不知道他们的名字)可能是出于诽谤的目的故误导大众,导致原本民主的过程失常了。

“加拿大建设LNG终端没有遇到同样的反对”,其主要原因是在加拿大的惯例和法律中,还没有规定要求对此类问题需要经过当地公民投票表决。EIA网络评论和其他任何机构的评论中都没有谈到这个事实。尽管早在17世纪末新英格兰移民者就建立了以城镇会议为基础的“下层民主政权”,公民票决制成为这类政权的一种重要形式,但在加拿大权政体系中,并没有法律保证公民可以对于公司与政府机构间的行为进行监督。这也是油气说客喜欢去加拿大的另一个可能原因:排除异议最好的方法是用任何合法的手段保证这种异议或反对意见首先不要引起任何法律的、大众的和广泛的公开讨论。

早在2005年,连接海底管线和东北管线的建设方案就被加拿大的国家能源部原则上通过(即环境影响评估没有完成就给予了支持)。

(1)方案一。连接到这条管线的设备的所有权和经营权都归Irving石油公司所有。这家公司是加拿大最大的私营炼油公司(250000桶/d),其业务囊括炼油、市场及炼厂具体操作管理。Irving石油公司总部位于新不伦瑞克省的圣约翰,它有自己用于装载或卸载设备的海洋油轮,有“加拿大港口”之称。估计运载能力为$5\times10^8ft^3/d$(美国能源部,2005)。

(2)方案二。在新斯科舍省Bear Point市建设日输送能力是方案一的两倍——$10\times10^8ft^3/d$。选址在图佩尔角市和霍克斯布里港口外,在新斯科舍省Richmond县Goldboro管线集输站附近(2005)。该项目由美国阿纳达科石油公司所有并运营,该公司在加拿大阿尔伯达省西加拿大沉积盆地拥有大面积的油田区块。

在加拿大和美国之间天然气管网的建设上,上面的两个方案都互相给对方造成了障碍。这条管线是整个美国天然气供应版图上关键的一个环节。总体上,计划到2008年仅在加拿大东部就建成有每天$40\times10^8ft^3$的LNG接收能力。在2005年9月本书写作的过程中,在太平洋和大西洋海岸,仍然有一些更远的LNG终端建设方案等待着国家能源会议批准。甚至在前面提出的最新的海底项目启动之前,在魁北克的格罗斯卡库纳,沿着圣劳伦斯河,加拿大石油公司和加拿大管道运输公司合建的投资13亿美元、日输气$5\times10^8ft^3$的LNG终端项目就已被通过了。很明显,这与加拿大石油公司和俄罗斯天然气公司关于从俄罗斯天然气公司什托克曼油田向格罗斯卡库纳中转站输送天然气的交易的签署有关（美国能源部，2005）。这和其他方案都记录在表2－4中。

表2－4　在加拿大计划建设的LNG终端（加拿大自然资源部报告，2004）

	操纵者（名称）	位　置	输出能力（$10^9ft^3/d$）	最早开始时间	状　态
项目审查	阿纳达科石油公司（Bear Head）	坝索海峡（新斯科舍）	1.00	2007	2004年8月得到联邦政府和省政府环境影响评价审批
	欧文石油有限公司（Canaport）	圣约翰（新不伦瑞克）	1.00	2007	2004年8月得到联邦政府和省政府环境影响评价审批
	安桥/都市天然气米/法国天然气（Rabaska）	博蒙特（魁北克）	0.50	2008	2004年6月通过联邦政府和省政府的环境影响评估程序
	Kelitic石化	戈尔德伯勒（新斯科舍）	0.50	2008	2004年8月通过联邦政府和省政府的环境影响评估程序
	加尔维斯顿LNG公司	基蒂马特（不列颠哥伦比亚）	0.61	2008	2004年8月通过联邦政府和省政府的环境影响评估程序
	加拿大运输/加拿大石油（卡库纳能源项目）	格罗斯卡库纳（魁北克）	0.50	2009	2004年9月通过联邦政府和省政府的环境影响评估程序
其他项目公布	Westpec终端公司	鲁珀特（不列颠哥伦比亚）	0.3	2009	概念性。项目尚未审查
	Statia终端公司	坎索海峡（新斯科舍）	0.50	2009	概念性。项目尚未审查
	加拿大合计		4.91		

目前美国所消耗天然气的16%是由加拿大提供的（美国能源部，2005）。2000—2003年，这个数据占了加拿大天然气总产量的57%～60%（加拿大自然资源部报告，2004）。显然，加拿大不是为它自己生产天然气，而是将消耗不了的部分出口。在国内耗气量很少增加的情况下它宁愿将天然气出口。

20世纪90年代以前，大部分连接到美国市场的加拿大境内管线也为阿尔伯达、安大略及魁北克省的大城市住宅和商业供气。不过，海底管线和东北管线，总长400多千米，是最新的通往美国的管线，这条管线从联邦政府和州政府那里获得了大量的税务补贴金，专为美国供气。到目前为止，只有一个关于给新斯科舍省小型工业市场供气的含糊的长期方案。这种不和谐暴露出由于美国工业的膨胀使得加拿大资源和领土被侵扰的新特征。直爽的加拿大著名喜剧演员戴维布罗德许多年前开玩笑说，加拿大的角色实际上仅仅是“砍木头的、抽水的和放气的”。表2－5列出了这些要求的重要数据。

表2－5　加拿大天然气生产出口和国内市场数据对比（加拿大自然资源部报告，2004）　单位：10^9ft^3

行业	2003年	2002年	变化	变化率
美国住宅	5085	4890	195	4%
美国商业	3127	3103	24	1%

续表

行业	2003 年	2002 年	变化	变化率
美国工业	6966	7557	-591	-8%
美国电力	4929	5672	-742	-13%
美国其他	1769	1796	-27	-2%
美国总需求量	21877	23018	-1411	-5%
美国出口 LNG	64	63	1	2%
美国出口墨西哥	333	263	70	27%
美国气体分配总量	22274	23344	-1070	-5%
加拿大住宅	675	620	55	9%
加拿大商业	518	486	32	7%
加拿大工业	1029	970	59	6%
加拿大电力	282	261	21	8%
加拿大其他	410	399	11	3%
加拿大总需求量	2914	2736	178	7%
北美洲总需求量	24791	25754	-963	-4%
北美洲总分配量	25188	26080	-892	-3%

“加拿大自然资源部(NRCan)是加拿大联邦负责能源和自然资源管理的部门,它可以选择性公布关于各种加拿大能源生产和销售方面的信息,在给大众提供读物的方面它现在越来越老练了,内容远不止仅仅粉饰政府的利益扩张和私营企业建设通往美国的输气管线。它们的资料故意显示这些开发项目,不用加拿大老百姓的一分钱,做这些项目是为了拯救由于温室气体过量排放的世界。然而,这些真的不用加拿大人掏钱吗? 那些天然气几乎畅通无阻地输送到美国市场,例如海底管线和东北管线将 Sable - Panuke97% 的天然气输送到了美国,而只有非常不合理的小部分天然气分配到了新斯科舍省哈利法克斯市、新不伦瑞克省的 Moncton 和圣约翰市的特定企业,而且加拿大联邦和省政府只象征性地征收一点管道过路费和潜在责任处理费,用于由于维修管线对加拿大环境和居民财产造成意外的损害的补偿支出。目前好像形成这样一种印象,全球变暖严重得使这些私营企业(大部分是加拿大以外的公司)不仅可以自由出入加拿大能源政策制定机构,就是财政部也不在话下。尽管加拿大的媒体时不时对政府没有能力为社会活动提供足够资助提出质疑,但是政府却没有探究这与对新的勘探计划实行减税和其他“给油公司让路”等许多优惠政策间的紧密联系(McQuaig,2004)。

然而,与此同时,从最权威政府审查出版的文件可以推断,天然气替代品作为新电厂的主要燃料来源,在未来美国市场上需求量将猛升。目前进口自加拿大的合成原油已成为美国“能源安全”和“供应保障计划”中比较重要的一部分,这在某种程度上使作为气源国的加拿大将面临越来越严重的问题。从下面的事实中可以看出,如果扩大生产来满足对合成原油不断增长的需求,就要挪用更多阿尔伯达省的天然气来加工焦油砂沥青,这种沥青是合成原油的原料来源。“截至 2005 年 1 月加拿大已探明的天然气储量为 $56.1\times10^{12}ft^3$,仅排世界第 19 位。自 1996 年起,这些储备下降了 13.3%,按目前的速度生产,8.6 年就能消耗掉这些储量。是什么引起如此巨大的消耗呢？油砂工业是高度依赖水和天然气的工业，从油砂中提取沥青和把沥青升级到合成油的过程中都需要天然气”（美国能源部，2005）。整个北美石油和天然气“下游”领域的现有市场机制，对天然气价格提升或供应大幅削减的承受能力极不均衡，油砂业一样也要受到异常严重的影响。

有一个推断与事实相符，即由于加拿大没有天然气的新发现，在未来几年美国天然气市场将主要利用加拿大境内港口和管道将 LNG 运送到美国市场。另一个更可信的依据是，到 2020 年，15 年内 LNG 在美国天然气市场的份额将上升 5 倍（加拿大自然资源部报告，2004）。越来越多的新增天然气供应主要用于发电和相关工业领域，其赢利能力显而易见，而作为民用或其他商业用途的份额越来越少（例如，作为汽油的替代品）。

可以更清楚地认识到，通过 LNG 供应满足美国市场需求增长的前提是美国要为自身的利益加大整合加拿大领土、资源和输送资源的基础设施的力度。一方面，前面提到过的阿纳达科公司就是这类外国战略投资者的典型案列。自 1960 年起，该公司就占有阿尔伯达省石油和天然气资源的收益，并且积累了油气资源实际发展趋势的知识（阿纳达科石油公司，2005）。另一方面，尽管 Irving 公司被加拿大人控制，某种程度上避免了恶意或其他方式的收购，但是该公司早已与美国至少从两个已知的方向密切相连。在新英格兰北部，Irving 公司早已涉足美国汽油和家庭取暖燃料市场。1965 年创建的 Irving 炼油厂也在很大程度上靠埃克森公司资助，通过埃克森公司拥有或包租的远洋油轮，将原油从尼日利亚、委内瑞拉和其他一些中东地区以外的主要产油区运来供其加工。

图 2－9 显示，在相当大程度上，加拿大天然气的市场部署已经和美国的融为一体了。

图 2－9 美国和加拿大 2003 年的天然气价格
在这个整体市场的加拿大方，价格点并不是城市，而是越过边界进入美国时的收费站
（加拿大自然资源部报告，2004）

这是美国能源政策演变的一个明显吞并主义特征。2005年早些时候,在伊朗和中国的长期天然气输送合同中,或以俄罗斯天然气集团为首的俄罗斯天然气工业股份公司和欧盟、日本的各政府机构和企业客户的长期天然气输送合同中并没有发现这一点。这远谈不上是什么问题,更别说调查其根源了,一切已经相当混乱。有争论的一个直接原因就是当前已明确表示保护阿拉斯加荒野的美国法律受到布什政府出于“国土安全”考虑制订的能源需求计划的破坏。由美国的石油部门扩大投资勘探和开发新油气田引起的主要威胁已经形成了一系列的危机,这样的发展可能对阿拉斯加东部附近的波弗特海沿线和加拿大育空地区的三角洲平原地带附近的北极野生动物保护区的生态和自然环境造成危害。

图2-10清楚地表明,加拿大天然气开发与美国相比,更关注于相对未开发区。在尚未被发现或者尚未投产的天然气资源方面,加拿大遥遥领先于美方。

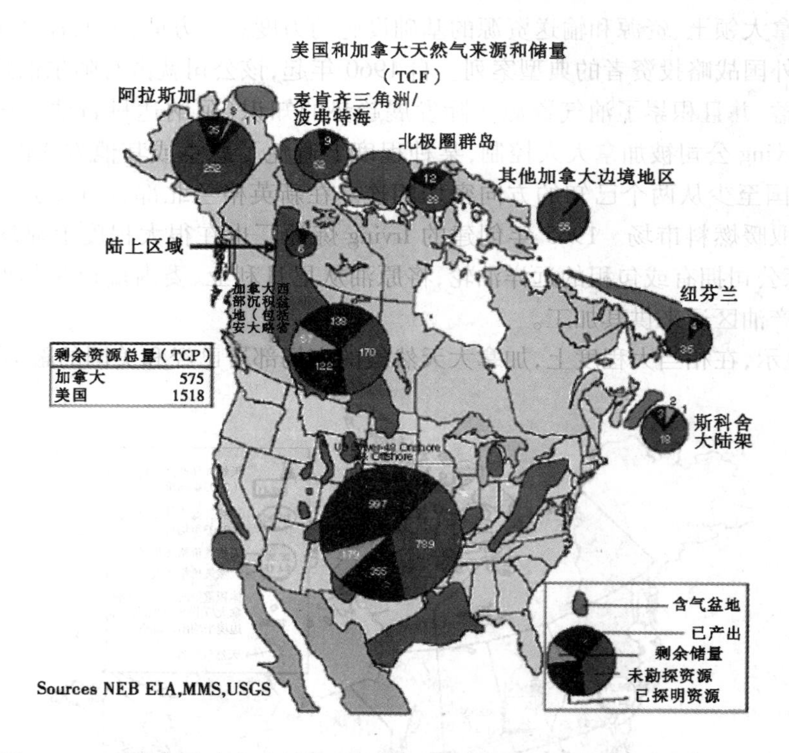

图2-10　无管制的自由市场或一体化和附属关系(加拿大自然资源部,2004)

在所给的方案中,人们很难相信如果没有原著居民的参与,这些方案会在自然生态保护方面取得多大的进展。

2.6　欧亚大陆的天然气:苏联解体后俄罗斯的特殊地位

将天然气的状况和石油相比较,有显著的不同。即使天然气被定义为商业产品后,也没有出现供应短缺,只是受到某种程度的人工和大规模临时操作的控制而有些波动。值得注意的是,前苏联是最大的商业供应地区之一,它的天然气上下游领域没有分离,这种分离在美国天然气行业是常态,它有利于控制对原油的过度需求和缩小石油出口国中石油按美元定值的成本和消费国购买价格的巨大差距。

另一个进一步改变天然气格局的因素是俄罗斯国有石油和天然气工业部门，与美国或美欧天然气生产和销售的产业联盟间缺少合作。前苏联（包括1991年以来独立的中亚共和国）占有除石油输出国组织（OPEC，欧佩克）以外的最大常规石油储量和世界第二的已探明天然气储量。在对欧洲市场和增长迅猛的中国和亚洲次大陆市场的原油、成品油的生产和销售中，俄罗斯从自身利益出发，从中起着重要的作用，它对欧佩克正在使用并得到美国主要石油公司支持的确定世界原油价格的需求－管理模式提出了挑战。对于天然气，俄罗斯成为运送到欧亚大陆各市场的地理枢纽。对于生活在那片土地上的40多亿人而言，这种情况在一段时间后，必然打消他们认为天然气市场是本国本地市场的想法。下面给出了商业天然气的全球分布及其开采状况。

图2－11描述了证实天然气储量分布，即在现有经济技术条件下能够采出的储量。前苏联拥有世界上最大的天然气储量，占世界总量的38%。加上中东占总储量的35%，它们占有了世界天然气储量的73%。在2000年，世界总储量是150.19×10^{14} m^3。20世纪80年代中期以来，全球储量翻了一番多。已证实储量与当前年产量之比约为60年，这个时间表示了在现有储量不变的情况下剩余储量可以维持的年数。

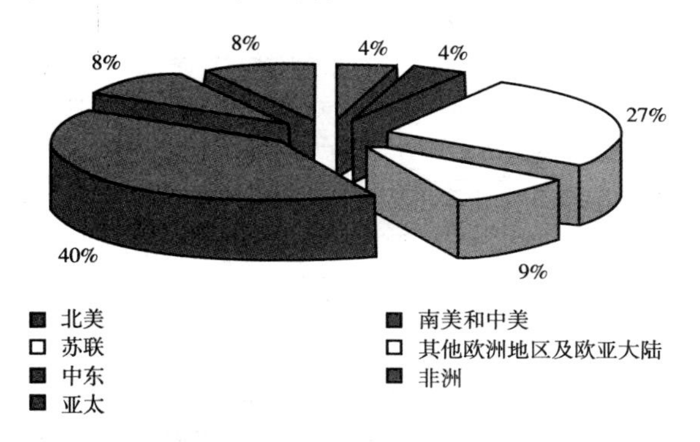

图2－11　2003年世界天然气证实储量分布

（资料来源：UNCTAD基于来自BP Amoco的数据，世界能源统计年鉴，2004年6月）

如图2－12所示，在2000年，世界主要的天然气生产国是美国（占世界生产量的22.9%）和俄罗斯（占总生产量的22.5%）。其他主要的生产国还有加拿大、英国、阿尔及利亚、印度尼西亚、伊朗、荷兰、挪威和乌兹别克斯坦。这10个国家占了2000年天然气生产总量的86%。北美和苏联合占全球产量的59%。2000年天然气全球产量是24223×10^8 m^3，生产增长率是4.3%，明显高于1999—2000年度的平均值。虽然全球各地区的产量各有增长，增长最快的是中东和非洲。在20世纪90年代，除了苏联其他地区都有增长。

天然气几乎占了世界能源消耗的1/4。图2－12表明，自20世纪70年代中期以来，天然气的消耗量增长迅猛。

如图2－13所示，在2000年，世界天然气主要消耗国为美国（27.2%）和俄罗斯（15.7%）。北美和苏联加在一起共消耗了2000年天然气消耗总量的55%。欧洲消耗量占19.1%。这3个地区占2000年全球天然气消耗总量的3/4。该年的天然气消耗量增长了4.8%，据统计增长率最高的是非洲（12.8%）和亚洲（7.8%）。世界消耗总量是24046×10^8 m^3。

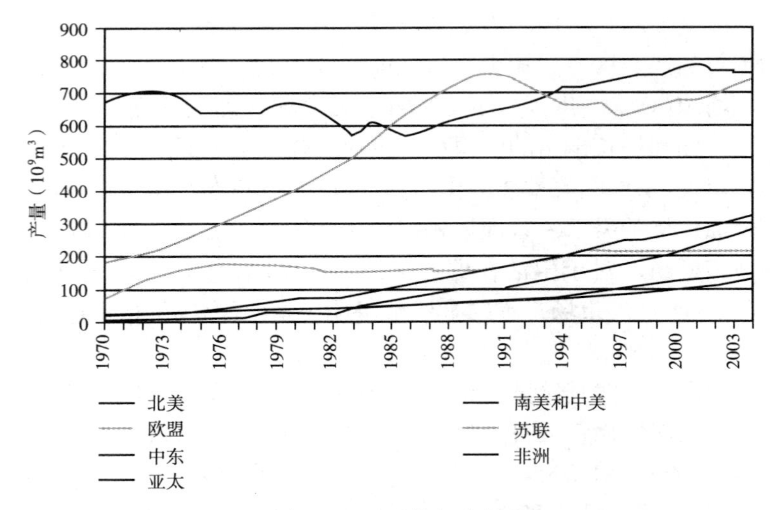

图 2-12 天然气产量

(资料来源:UNCTAD 基于来自 BP Amoco 的数据,世界能源统计年鉴,2004 年 6 月)

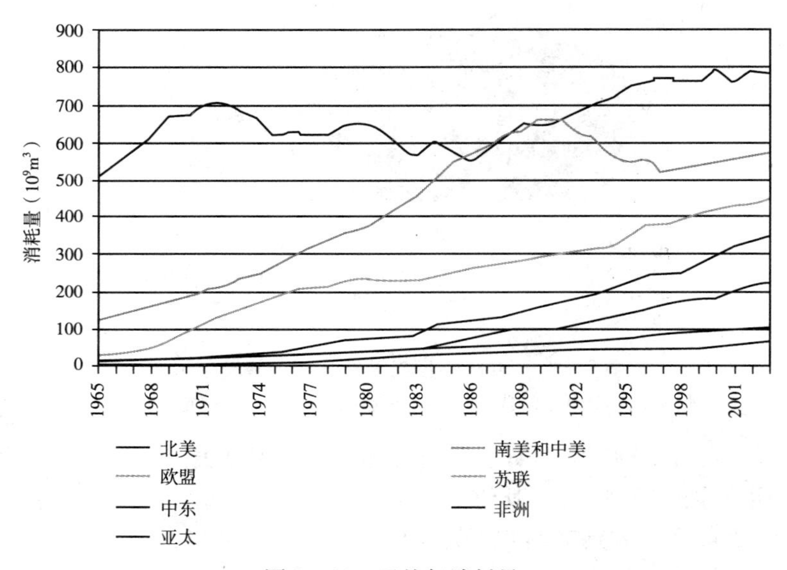

图 2-13 天然气消耗量

(资料来源:UNCTAD 基于来自 BP Amoco 的数据,世界能源统计年鉴,2004 年 6 月)

苏联解体后,俄罗斯的情况反映了世界天然气商业生产格局中最主要的特征之一。俄罗斯是世界天然气第二大生产国和主要出口国,国家的 86% 产能由国有的 Gazprom 公司垄断经营,另外,在俄罗斯国内,天然气是首要的工业能源,几乎占了国内能源消耗的一半。

另一个与天然气市场相关的是西欧,它大约只占有世界商业天然气资源的 5%,但是对能源的需求很大。它的主要生产国是荷兰、挪威和英国。

在欧洲,天然气工业主要是输气、配送等下游业务。超过 30% 的天然气经管线从前苏联和阿尔及利亚进口,LNG 从非洲北部进口。如图 2-14 所示,理论上最近且最好的天然气供应源是俄罗斯。

图 2－14　西欧和东欧的天然气管线

（资料来源：Eurogas Consortium）

天然气国际贸易的格局更深一步说明天然气的主导生产商对市场的支配地位受到了一定的制约，这主要是由天然气国际贸易的基本成本结构决定的，例如海运联盟。根据 Cedigaz 的统计，国际天然气贸易总量占世界天然气总商品产量的 26.3%。其中 LNG 的油轮贸易占总国际贸易的 21%。天然气国际贸易占比不高主要是由于天然气运输的复杂性和投资巨大造成的，而且许多气源国与消费国距离也太远。管线的建设和管理涉及许多法律和维护的问题。2000 年，主要经管线出口天然气的国家是俄罗斯、加拿大、挪威、荷兰、阿尔及利亚和英国；主要经管线进口天然气的国家和地区是美国和欧洲，其中加拿大所有的天然气都出口美国。

LNG 贸易本身体现了更灵活分散的特点，其主要发生在亚太地区。其中，印度尼西亚、马来西亚和澳大利亚是主要出口国，而日本是主要进口国。阿尔及利亚和卡塔尔也是主要的 LNG 出口国。下面是世界主要的 LNG 设施，引自 GTI's World LNG Source Book。

(1)13 个国家拥有液化设备。阿布扎比、阿尔及利亚、澳大利亚、文莱、埃及、印度尼西亚、利比亚、马来西亚、尼日利亚、阿曼、卡塔尔、特立尼达和多巴哥共和国、美国。

(2)47 个接收终端分布在 14 个国家和地区。日本 24 个、西班牙 4 个、美国 5 个、韩国 2 个、法国 2 个、印度 2 个，比利时、多米尼加共和国、希腊、意大利、波多黎各、中国台湾、英国和土耳其各 1 个。

2.7　寻求新型模式

通常我们应该在这里结束天然气定价这一章。然而，我们虽然论述很多相关运行的状况，但目前的事实是，直到现在天然气定价既没有反映天然气真正的能量也没有反映其生产和输送的真实成本。

在天然气定价这个问题上花了很多钱也没搞明白,而且更增加了这个问题的模糊性。例如,天然气管线里形成的水合物能严重阻碍流体的流动。每年注入到管道用于阻止、分解或减缓水合物形成的有毒化学品就要花费上百亿美元。而这个费用被转嫁到消费者身上,然后管道公司——更多的时候是社会,经常以政府的形式——再来支付由于有毒化学品造成的环境破坏和清理所花的费用。通过简单地增加开支提高了国内生产总值,但这能提高整个社会的生活水平吗?

这种方式的增加开支(由它们造成的多层次的不透明性)反映了在能源商品的效率和质量这两个最难确定的方面没有得到有效的改善。毫无疑问,这一进程如此有效地排斥了关于这些方面的所有讨论和思考,以致对它本身又涉及了更深层次的问题:整个程序中,有没有不对的地方?解决这个问题可不像它第一次出现时那么简单。最常见的方法是人们所熟悉的"成本－效益"分析法:将各种方法的成本和效益综合对比,最后选择一个最优方案。这种定量比较的优势在于确定性,但如果问题就存在于各种方案的确定性之中,也就是说,都把量化建立在客观事物以金钱衡量的标准上,该如何办?

其实也有替代方法解决目前许多的成本增加问题,这些方法与简单的添加化学物质不同。例如,细菌也可以分解水合物并且不会对环境造成伤害。但迄今还没有人找到办法将其有效地工业化,这是一个数十亿美元的产业。有些人从目前的情况得出一些结论,认为这样做是没有经济效益的。但事实是做得好的话最终会降低成本,细菌的工作机理(像许多自然方法一样)相当完整独立,对天然气工业来讲,不太可能形成新的利润增长点。当然,这也意味着如果以消除水合物的威胁和保护环境为名义显著增加气价,也很难对消费者说清楚。

解决问题有多种方法,方法的选择不能局限于对外部因素的操控上。自然的方法比设计的工程方法更好,但是选择方法的依据仍然是"投资回报"。并非所有的工程方法都能提供最佳的投资回报,但当考虑自然方法时,问题就变得更加复杂。但投资回报成为首要目标时,所有的自然方法看起来都只是不切实际的办法而无法落实。

能源商品生产发展至今,其带来的问题本质是什么呢?很多人质疑在现有的社会和经济模型中,真正的社会需求或者个人的需求是否得到了考虑。同时,在当代世界,如果没有提供和满足能源需求的系统,谁能生存下去呢?但当投资回报是驱动力时,难道就不能考虑社会和个体的实际需求吗?

像许多存在于天然气和石油勘探、生产、运输和消费领域的危害一样,水合物成为不能除掉的缺点,只能通过私营企业增加成本或者公众政府的开支来处理。它们被贴上了"缺点"的标签,力图克服这个"缺点",大片的森林被砍伐变成了成千上万页的法令和规章,这些规章看上去好像能"处理"由这些"缺点"造成的问题,但结果是问题没有得到根本的转变。为什么呢?是因为这些方法都遵循了同一个反自然规律的模式吗?

反自然模式有太多具体的形式,如果精确定义反倒容易误解。在能源商品生产中,石油和天然气只是作为另一种能量——电力的生产,或者可再生的太阳能也是如此。能源不是以最佳方式直接应用,是反自然模式最常见的判别标识之一。

真正的问题是坚定而彻底地走出反自然的方法,用更新的知识和研究手段来寻找创新的、有经济和环境吸引力和社会责任感的方法。

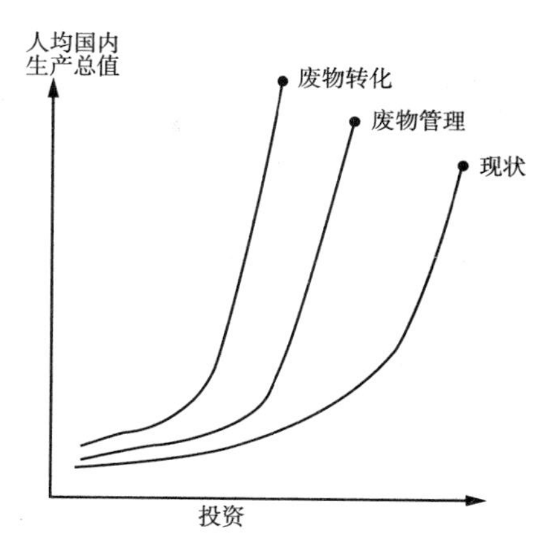

图 2－15　向对社会有益的方向投资对 GDP 长远影响的示意图

能源的生产、分配和供应对于无处不在的现代社会和经济体系起着关键作用。在地球上没有一个角落能够纯粹封闭孤立地解决这些问题。如何对待在能源的生产、分配和供应环节中产生的问题十分重要,这是提高全人类生活水平的核心。这个理念可以粗略和不完整地由人均国内生产总值这个指标反映出来,如图 2－15 所示。

当然,从卖淫、赌博和烟草消耗到武器生产和出口、外层空间探索和医学研究等,所有的消费对人均国内生产总值(GDP)来说都有贡献。人均 GDP 隐含的意思是个人、机构和公司都可以计算自己的 GDP,这是一个衡量社会总体发展情况很有用的统计数据,它是把所有的各式各样的支出按人头平均得出的。对这种统计方法,产生质疑是很正常的,社会进步能通过单纯的数学计算来统计吗？把私人导向的消费和社会导向引起的消费形式混合在一起,假设经济学不关心影响了每次消费决定的过程,这样保证有害消费和有益消费的影响因素置于同等地位对待。然而,众所熟知的一个生活事实是:"好事只对一部分人是好事,坏事对一部分人有害,那就对每一个人都有害。"按此推断,如果"科学"思维不能关注这个基本差异,就不可能清晰地理解问题的解决之道。图 2－12显示了社会合理地优先关注集体的福祉是多么地重要,这个方向上的任何改变,甚至仅仅是对废物管理的关注,与现状相比都是一种改善。

依靠知识和科学研究不难找到合乎自然的解决方法。从此出发,目前科技上还不存在"定论"这一说。在发现什么在自然中起作用的基础上,就大胆地沿这个方向研究,不要等到自然破坏了才开始工作,力图去修复自然。如果没有被人为地重组、分解或者设计,那么源于自然的东西就不会污染自然。起源于自然的物质在原始状态下都不是线性的,如果它被线性化,并且放回大自然,那么它可能会污染环境或者不再有用。根据自然组分的特定功效进行利用,这实际上还需要时间检验。自然方法可以克服或完全避免非自然手段失效导致的巨额工程支出。

这里倡导的既不是关于自然的浪漫化理念,像神秘的力量或神秘的宝藏之屋,也不是关于自然的神学或者目的论假说。一切科学研究,无论是社会还是自然物理现象的研究,都不可避免地有一个起点,那就是宇宙在任何时候都是一个空间和时间的函数:$U=f(x,y,z;t)$。具体研究所涉及的实际空间与宇宙空间函数 U 是不同的。正确的研究取决于设法调查、感知和测量与之相关的空间部分。然而,时间分量却是另外一回事。

正在观察或研究的有限过程或系统时,时间分量有初始时刻 $t_{initial}$ 和终结时刻的 t_{final}。然而,自然过程中的时间分量很不同,准确地说如果不是特意制定,t_{final} 通常是未知的。按确定区间[$t_{initial}$,t_{final}],所有的工程过程都可以很好地解决。而很多自然过程的时间区间像[$t_{initial}$,t(finalbest－guess)]区间的右边不能封闭。它在 $t=\infty$ 时很可能封闭。只有当正确的 t_{final} 值被确定之后区间的右边才能封闭。从建立科学知识的角度出发,如果没有一些测试程序和相关的标准来确定一个 t_{final} 值或者证明 t_{final} 仅在 $t=\infty$ 时出现或收敛,是不会轻易地断言和假设 t_{final} 值和区间右边封闭与否。自然过程的时间分量具有内在的不可把握性。通常在这个时候,就会听到关于“将形而上学和宗教引入科学”的谴责。然而,难道承认这种无形就应该是科学讨论和研究的尽头吗？难道它不能代表一个新的开始吗？

这里需要澄清很重要的一点,在天然气定价方面存在的不可把握性与这里提到的远不相同。定价方面的不可把握性集中于特定的领域,例如,在风险管理的特殊范围内,特别是使用衍生品时(见 2.5.3 相关内容)。

[**重点补充**]衍生品代表的资产可以是有形的商品(如原油或小麦)、外国或本国的货币、国债、公司股份、有价证券或商品价值的指数、一种服务,甚至是无形商品的指标,例如“天气指数”(如降雨量、热的天数或冷的天数)。最关键的是其代表的商品或资产的价值要明确,否则,衍生品的价值就不清楚了(EIA,2002)。

这里的问题在于不可把握的因素如何被选作衍生品的首要组成部分。作为一种买卖工具,衍生品的有效价值完全是一个有形的时间函数,即合同必须在规定日期履行。然而,在前面提到的无形的“天气指数”,旨在让衍生品的卖方在不能履行合同的情况下规避责任。时间作为重要的无形物,在自然过程中对任何物品起到的作用要么增值要么减值。至于履约责任的问题,合同双方一般碰不到,不会出现。

可以看到,如果自然组分或自然物质没有经过更进一步的化学或工业的处理,就会给人们提出一个有趣的难题:最好的能源存在于自然界最新的产品还是最古老的产品中呢？经过常规训练的科学家的反应可能是所有的一切都可以通过建立化学分子式来判定:生活在 1kPa 压力下奶牛排出的 CH_4 和亿万年前物质腐烂产生的、现在地表以下数千米和数兆帕压力下的 CH_4 是同一个,如何解释？

请考虑一下以下几段话的含义。

①大家接受这个观点:远离我们地球的行星系统和诸多星系正在不断发生变化。

②大家也接受这个观点,动物物种已经历并且继续经历进化变更、物种形成等变化。

③但大家不接受这个观点:假设物质的形成是在数十亿年前分子水平上发生的,跳过了电子围绕原子核旋转的原子水平。

这个逻辑的重点是表明世界的很重要一部分仍有待于深入研究。除了那些已经被普遍接受的和构成整个能源开采及加工行业的基础理论之外,碳原子和氢原子构成的各种明确的分子排列结构中所蕴含的能量可以彻底分析一下,看看这些化合物原料是如何进行处理和加工的,这方面实际做的工作不多。此外,“死的”物质中的分子有可能被我们还未了解的过程进一步转化为自然界的原材料。这些物质不是有生命的有机质并不意味着它们停止进一步的变化,在大陆漂移、板块运动、气候变化等的外力作用下,它们可能发生内部变化。在石油工程研究领域里,不应忽略了残留有机质在地质年代中发生亚原子级的分子内改变的可能。

由于能源的持续需求,我们需要一个持久的战略,兼顾现在和未来。这就是我们为什么期望科学研究顺应自然产生突破性的创新技术,不仅仅局限在污染和废物处理方面,而且要把所谓的废物转换为有用的新的社会产品。如果废料中潜能能够以对自然友好的方式研究开发,将会给目前能源不足或能源价格高昂的能源需求提供经济可用的能源供应,从而给人们的生活带来巨大的改善。

当涉及国际经济发展的问题时,在没有解决地下水供应这个关键问题的情况下,能源的开发得不到认真或真诚地讨论。这对于亚洲、非洲、拉丁美洲巨大的农村地区的人来说,是最基本的生活标准。支持“现代的”和“尖端的”解决方法的整体偏见已经加速了偏离亲自然的道路。从17世纪开始,在欧洲和美国的殖民势力到达这些地区之前,这条道路是许多传统社会的标准;北美洲和中美洲的人们也是这样,这些人一个世纪前遭遇了种族灭绝。

近年来,一个强大的运动在这些国家的许多地方广泛发展,这项运动恢复传统的技术,并适应世界信息和发展速度进行适当革新,但是基本上还是传统方法,这种方法符合自然。“水大学”就是其中的一个成功典范,在亚洲次大陆旱灾影响严重的地区,人们重新掌握并应用传统的知识即利用周围的自然条件来保存珍贵的地下水,这些古老的经验20世纪已经失传,只在民间故事中有所记载。这项成就的速度和规模给了“先进技术方案”当头棒喝,这些“先进技术方案”只不过是从这些群体中提拔了少数的精英进入“文明的”殖民者的阶层罢了。

然而,这里有比传统社会和欧洲殖民者之间的对立更重要的事情,现代社会对能源供应基础设施的依赖与更广泛的全人类对水供应的基础设施依赖是相辅相成的。在远古时代美索不达米亚的人们就很明白地下水供应和油藏的关系,然而开发这个地区石油资源的“先进现代技术”却犯了重大错误,其后果是严重干扰了地下水供应,对于中亚沙漠西部的前缘地区来说,更是雪上加霜。在美国的西南部,如民事法庭指控的,商业天然气开发已经严重破坏了许多印第安人部落的地下水供应和含水层。

信奉“投资回报”为评价企业好坏标准的人可能提出一个共同的口号是“如果油和水不能相容,放弃水!”今天,这种主张越来越暴露出人类在自毁前程。事实上,无论是长期还是短期,我们都不能牺牲任何一方,目前这已日益成为共识。同时,大自然最终不会接受所谓是私有财产的任何一个系统的存在。它有自己的逻辑,它沿着自己的道路进行下去而无视这些发明和公约。这就是为什么遵循投资回报的原因。人在某些时候不可避免地违背自然规律——修正自然而不是弄清楚它的秘密并和它合作,违背自然规律之路是一条短期内不可预知的道路,长期看是一条没有未来的道路。

在本章的开头,就提出了这样一个问题:从工程技术的角度考虑,对不可再生能源产品供应和需求的模式、变化和趋势符合其实际的潜力吗?目前,我们最好的答案是投资回报的驱动力将能源的供给与声称的需求相匹配,而这个驱动力被一双隐藏的手操纵——似乎阻挡了人类进入顺应自然的道路。顺应自然是人类发展的唯一道路,在这条道路上,能源产品的实际潜能能够得以正确发挥,并且期间存在的问题,能够以创新的、有经济和环境吸引力和社会责任感的方式解决。

总之,天然气在21世纪能源供应中将发挥重要作用,并且天然气新市场的发展促使需求也在稳步地增长。易于生产和离消费者近的陆上天然气所占的储量份额正在下降,而处于恶劣环境的海上天然气的储量份额正在增长。受技术进步的推动,几年前不能开发的天然气资源现在可以利用LNG浮式生产储卸装置得到开发。天然气工业面临主要挑战是能经济地将其送到消费者手中。技术进步带来的成本大幅度降低,使更长距离的运输成为可能。LNG的发展也促成了这一变革。LNG运输涉及沉重的昂贵的基础设备,这使生产商和消费者之间的联系变得更加稳定(Mokhatab和Purewal,2006)。此外,大部分的跨国天然气贸易还是通过长距离的输气管线进行。天然气的管道运输在第3章讨论。

参考文献

Anadarko Petroleum, Current information about company activities available at http://www. anadarko. com (last accessed Sept. 14, 2005).

Aumann, R. J., Markets with a Continuum of Traders, Econometrica (1964).

Aumann, R. J., Subjectivity and correlation in randomized strategies, J. Math. Econ. (1974).

Aumann, R. J., and Branderburger, A., Correlated equilibrium as an expression of Bayesian rationality, Econometrica (1987).

Aumann, R. J., and Hart, S., "Handbook of Game Theory with Economic.

Applications," Elsevier (Vol. 1: 1992, Vol. 2: 1994, Vol. 3: 2002).

Bryce, R., "Royal Commission on Corporate Concentration," Study Report No. 16. The Irving Group, Queen's Printer, Ottawa (1978).

EIA, "Derivatives and Risk Management in the Petroleum, Natural Gas, and Electricity Industries," Energy Information Administration(EIA), U. S. Department of Energy, Washington, DC (Oct. 2002).

EIA, "Canada — Country Analysis Brief," Energy Information Administration(EIA), U. S. Department of Energy, Washington, DC (Feb. 2005).

EPA, "Petroleum Industry," EPA AP – 42 Manual, Chapter 5. 3. Environmental Protection Agency (EPA), Washington, DC (Jan. 1995).

EPA, "Economic Impact Analysis of the Oil and Natural Gas Production NESHAP and the Natural Gas Transmission and Storage NESHAP." Final Report (EPA – 452/R – 99 – 003), Chapter 2, Sections 2. 2 – 3 on Natural Gas Production and Markets in the U. S. for the Period 1983 – 1993 and Chapter 4, Sections 1. 1 – 3 on the Modeling of Market Adjustments to the Introduction of Deregulation of Natural Gas in the U. S., Environmental Protection Agency (EPA), Washington, DC(May 1999).

Fleay, B. J., "Climaxing Oil: How Will Transport Adapt?" Paper presented at the Chartered Institute of Transport in Australia National Symposium, Launceston (1998).

Islam, M. R., and Zatzman, G. M., "A New Energy Pricing Model," Proceeding of the 8th Mediterranean Petroleum Conference & Exhibition (MPC – 2004), 210 – 226 Tripoli, Libya (2004).

Islam, M. R., and Zatzman, G. M., "A New Energy Pricing Model: Exploring the Evolving Relationship between International Reserve Currencies and Global Shifts in Access to and Control Over Strategic Energy Resources," Paper presented at the 3rd international Conference on Energy Resource Development (ICERD – 3), Kuwait (2005).

Izrael, Yu. A., et al., "Russian Federation Climate Change Country Study (Cooperative Agreement DE – FC02 – 93PO10118), Final Report (Vol. 1 – Inventory of Technogenic GHG Emissions), Moscow, Russian Federal Service for Hydrometeorology and Environmental Monitoring (RFSHEM) (1997).

LIHEAP Clearinghouse, "An Overview and History of Gas Deregulation," Available at http://www. liheap. ncat. org/dereg/gasoview. htm (last accessed Sept. 14, 2005).

McQuaig, L., "It's the Crude, Dude: War, Big Oil, and the Fight for the Planet," Toronto – New York: Doubleday (2004).

Mokhatab, S., and Purewal, S., "Is LNG a competitive source of natural gas?" J. Petroleum Sci. & Technol 24 (2), 243 – 245 (2006).

Mullins, B. J., et al., "Atmospheric Emissions Survey of the Sour Gas Processing Industry," EPA – 450/3 – 75 – 076, U. S. Environmental Protection Agency (EPA), Washington, DC (1975).

Natural Gas Organization: History of Regulation, at http://www. naturalgas. org/regulation/history. asp/earlydays (last accessed Sept. 14, 2005).

NRCan (Natural Resources Canada) Report, "Canadian Natural Gas: Review of 2003 and Outlook to 2020," Ottawa. Energy Policy Sector – Petroleum Resources Branch – Natural Gas Division, Ottawa, Canada (Dec. 2004).

Sen, C. T., "GTI's World LNG Source Book 2005," Gas Technology Institute (GTI), Des Plaines, Illinois (2005).

Udall, R., and Andrews, S., "Methane Madness: A Natural Gas Primer," Denver CO: Community Office for Resource Efficiency (2001).

US Department of Energy, Data about US Natural Gas Markets in 2005, spreadsheeted at http://tonto.eia.doe.gov/dnav/ng/ng_sum_lsum_dcu_nus_m.htm (2005).

3 湿气的输送

3.1 导言

天然气的产地与其市场通常不在同一地区，如世界上的很多海上气田，其交易不可能在海上完成。为了满足市场的需求，必须对天然气进行收集、处理和运输。很多时候，这些天然气（raw gas 一般含其他烃类较多，所以本书中统称“湿气”）会在不同管径的管道中经过相当长距离的运输才能到达市场。天然气管道的长度则从数百英尺到数百英里不等，而且，沿途经历的地区地势高低起伏，温度变化。天然气的组分繁多，因而天然气在经过那些温度和压力变化的地区时，常常会发生相态变化，在管道中出现凝析液。此时，天然气在管道内的流动为两相流动（天然气/凝析油）。因此，为了优化管线设计和规范操作，设计人员必须加深对天然气流动特征的理解。海上气田由于空间狭小，所有产出物经过简单的处理后就被输入管道，在管道内呈现多相流动状态，因此，对于此类管道，优化设计显得尤为重要。这些管线在大洋底部处于水平或接近于水平的状态，其中的流体可能是凝析油、水（储层中固有）和天然气的三相混合物。

混相输送技术对于海上油田的开发越来越重要，而目前的发展趋势是：如何利用现有的基础设施经济有效地输送未经处理的井筒流体，实现收益率的最大化和固定资产投资（CAPEX）及操作成本（OPEX）的最小化（Klemp，1999）。实际上，单一管道混相输送技术比不同管线输送不同相态流体的做法更节省资金和空间，大大缩减了运输成本。混相输送技术减少了运输/装卸流体的管线数量，同时也减少了保养这些管线所需的工作，节省了水汽相态分离和回注所需的支出以及管理费用（Hill，1997）。经营者如果采用混相输送技术将会节约大量的成本，因此，有理由相信，混相输送技术的运用会越来越广泛。所以，必须对多相流的特征以及其他导致天然气发生凝析的管线参数尽可能精确地预测，使得管线和下游的处理厂的设计达到最优。本章从基础着手，其内容涵盖了多相气/凝析液传输的所有重要概念。

3.2 多相流基本概念

本节定义了一些常用的描述多相流的参数。例如，多相流（两相和三相）的总压力降方程与单相流方程是相似的，只是考虑到多相流动效应，多相流动方程中某些相关参数稍有变化。多相流的总体压力降方程如下（Brill 和 Beggs，1991）。

$$\left(\frac{dp}{dx}\right)_{tot} = \left(\frac{dp}{dx}\right)_{ele} + \left(\frac{dp}{dx}\right)_{fri} + \left(\frac{dp}{dx}\right)_{acc} \tag{3-1}$$

其中
$$\left(\frac{dp}{dx}\right)_{ele} = \rho_{tp}\left(\frac{g}{g_c}\right)\sin\theta \tag{3-1-1}$$

$$\left(\frac{dp}{dx}\right)_{fri} = \frac{\rho_{tp} f_{tp} v_{tp}^2}{2g_c D} \tag{3-1-2}$$

$$\left(\frac{dp}{dx}\right)_{acc} = \frac{\rho_{tp}f_{tp}}{g_c}\left(\frac{dv_{tp}}{dx}\right) \tag{3-1-3}$$

式中，$\frac{dp}{dx}$是流压梯度；x 是管道长度；ρ 是流体密度；v 是流速；f 是流动摩擦系数；D 是管道内径；θ 是管道倾角；g 是重力加速度；g_c 是重力常量；下标 tot 表示 total（总计）；ele 表示 elevation（标高）；fri 表示摩阻损失；acc 表示加速度变化；tp 表示两相和（或）三相流。

由于不同的流动模式有不同的流动机理，在上述压力梯度方程中用到的多相流（两/三相）参数应该分别进行定义。图 3－1 考虑了三种流体——水、油和气的理想流动，以此为基础定义常用的多相流变量。通常水比油重，因而水在底部流动，油在中间，气在顶层。

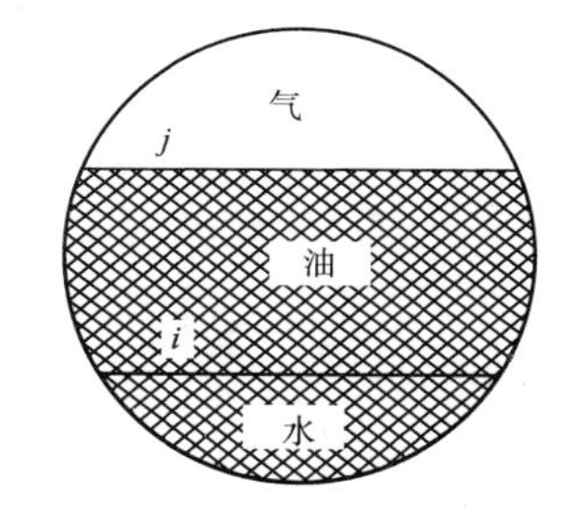

图 3－1　三相管流的横截面（Taitel 等，1995）

3.2.1　表观速度

表观速度是指多相流动中某相流体的流量与管道横截面积的比值。各相的表观速度定义式如下：

$$v_{SW} = \frac{Q_W}{A} \tag{3-2}$$

$$v_{SO} = \frac{Q_O}{A} \tag{3-3}$$

$$v_{SG} = \frac{Q_G}{A} \tag{3-4}$$

$$A = A_W + A_O + A_G \tag{3-5}$$

上四式中，A 是管道的总横截面积；Q 是体积流量；v 是速度；下标 W 表示水；O 表示油；G 表示气；S 表示表面项。

3.2.2　多相流的混合物速度

混相流速是各相表观速度的和：

$$v_M = v_{SW} + v_{SO} + v_{SG} \tag{3-6}$$

式中，v_M 是混相流速。

3.2.3　持液率

持液率是指管道某横截面上多相流中的某一相所占的面积与此处总横截面积的比值。

$$\text{对于液相：} H_L = \frac{A_L}{A} = \frac{A_W + A_O}{A} = H_W + H_O \tag{3-7}$$

$$\text{对于气相：} H_G = \frac{A_G}{A} \tag{3-8}$$

上二式中，H 是持液率；下标 L 表示液相；下标 G 表示气相。

虽然持液率一词可以定义为已知相所占管道体积的分数,但是持液率通常指的是局部液体体积分数,而局部气体体积分数却用“截面含气率”来表示(Hasan 和 Kabir,2002)。

3.2.4 相速

相速(局部流速)是以多相流中的某一相所占的管道面积而定义的速度。对每一相的相速定义如下:

$$v_L = \frac{v_{SL}}{H_L} = \frac{v_{SW} + v_{SO}}{H_L} \tag{3-9}$$

$$v_G = \frac{v_{SG}}{H_G} \tag{3-10}$$

3.2.5 滑脱

滑脱描述的是当两相的相流动速度不同时发生的现象。滑脱速度定义为气体和液体的真实速度之差,表达式如下:

$$v_S = v_G - v_L \tag{3-11}$$

两相速度的比值定义为滑脱比。如果两相之间没有滑脱,即 $v_G = v_L$,将此假设应用到持率的定义式中,可表示为:

$$H_{L,no-slip} = \lambda_L = \frac{v_{SL}}{v_M} \tag{3-12}$$

研究人员发现无滑脱的假设常不适用。在水平和向上倾斜的管道中的某一流动模式下,气体比液体流动得快(正滑脱)。对于某种向下流动的流态,液体比气体流动得快(负滑脱)。

3.2.6 多相流的密度

应用较广的气/液两相方程如下(Govier 和 Aziz,1972)。

$$\rho_S = \rho_L H_L + \rho_G H_G \tag{3-13}$$

$$\rho_n = \rho_L \lambda_L + \rho_G \lambda_G \tag{3-14}$$

$$\rho_k = \frac{\rho_L \lambda_L^2}{H_L} + \frac{\rho_G \lambda_G^2}{H_G} \tag{3-15}$$

大部分研究者利用方程(3-13)来确定压力梯度随标高的变化。有些关系式假设两相之间没有滑脱,因此,要用方程(3-14)来计算两相的密度。有些研究者在计算摩阻损失和雷诺数时用方程(3-15)来计算密度(Brill 和 Beggs,1991)。在更早的方程中,如果各相流体之间没有滑脱,总流体密度可以通过油和水的密度及含水率来确定:

$$\rho_L = \rho_O f_O + \rho_W f_W \tag{3-16}$$

$$f_O = \frac{Q_O}{Q_O + Q_W} = 1 - f_W \tag{3-17}$$

式中,f 是每一相的体积分数。

3.3 多相流流动流态

多相流是一种很复杂的现象，很难理解、预测并建立模型。常用的那些表征单相流特征的方法如速度曲线、湍流和边界层不适用于描述这种多相流的流动特性。将流动结构分成不同的流态，可以用一些参数精确分析流态的特征。流态随流动条件、流体特性、含水率和流体流动管线的方向和几何形态等的变化而变化。不同流动特征之间的衔接可能是一个渐进的过程。由于支配流态变化的力是高度非线性的，因此根据力来判断流态几乎是不可能的。在实验室里，可以通过用肉眼观察一根透明的长管道里的流态来进行研究(Wallis,1969)。然而，最常用的方法是通过传感器的信号分析来识别实际的流动类型，传感器的波动能反映不同的流动类型。这种方法基本上都是以横截面上物理量的平均值为基础，如压力降或横截面的流体持率。许多研究都是通过应用不同的传感器和不同的分析技术来记录数据的(Dukler 和 Hubbard,1966;Jones 和 Zuber,1975;Lin 和 Hanratty,1987;Rajkovic 等,1996;Soldati 等,1996)。

设计者为了得到最优设计参数和工作条件，必须弄清楚两相和三相的流动特征和各流态之间的边界，因为在边界上从流体动力学和流动机理来看，由一种流态到另一种流态的变化是很大的(Cheremisinoff,1986)。如果出现设计中没有考虑到的流动特征，其结果可能造成系统压力波动和系统震动，甚至造成管道组件的机械故障。

3.3.1 两相流的流动形态

气液界面分布状态叫流动形态或流动方式，用流动形态可以简化对两相流的描述。多相流中不同流体在管道内的分布状态在空间和时间上是不同的，其分布状态常常是管道设计者或操作者无法控制的(Amdal 等,2001)。

3.3.1.1 水平管流中的流动形态

水平流的两相流流型如图 3-2 所示。

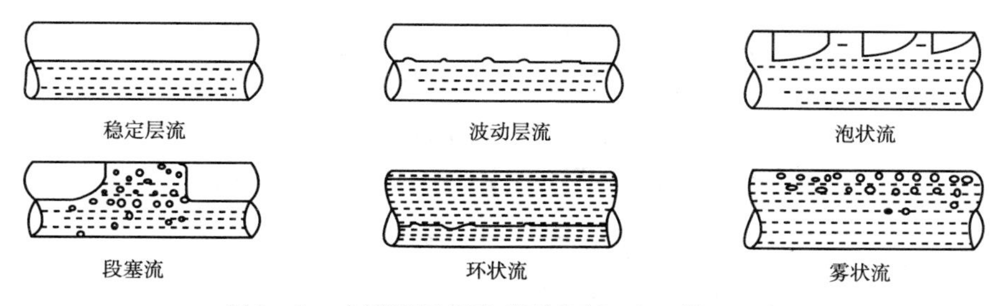

图 3-2 水平流两相流动型态(Cindric 等,1987)

(1)层状流。层状流是在重力的作用下，气、液发生分离形成的，由气体和液体两层叠加而成。由于毛细管力或重力的作用，气—液两相的界面或多或少有些弯曲，要么平滑要么粗糙。界面的弯曲程度随着气相速度的增加而增加(Lagiere 等,1984)。

(2)间歇流。间歇流流型通常被分成两个子流型：泡状流和段塞流。泡状流可以认为是段塞流的特殊情况，不同的是泡状流中液体段塞没有被气泡夹住(Cindric 等,1987)。虽然这两种流动形态看起来很相似，但是它们流动时的动态特性却有很大差别，而这些动态特征对压降和段塞流速等变量有很大的影响(Bertola 和 Cafaro,2001)。气—液间歇流在管柱发生倾斜的地方都会产生，气、液各相流速的变化范围内也很大(Van Hout 等,1992)。其最显著的特点是内部不稳定性，这是由于管道内的某些区域流体段塞占据了管道的整个截面，而另一些区域的流动则由液层和气层构成。这些段塞常常会给生产造成麻烦(产生压力冲击波,引起大规模的系统震动和气液波动),因此,预测是否会形成段塞流在工业上非常重要。

(3)环状流。在环状流中,液相常以环形薄膜状在管壁上流动,而气相则在管道中心流动。中心的气流中会夹带少量液体微滴。一般来说,由于重力的作用,环状液膜底部的厚度要大于顶部的液膜厚度并且一般情况下(液体流速不是很低的情况下)液膜表面会有较大的波动。

(4)雾状流。在液体速度较高而气体流速较低的情况下,气体会分散成小气泡分布在连续的液相中。气泡分布于整个横截面上,且越往上气泡越密集。雾状流仅在流速和压力都很高时才会发生。这种流动形式压力损失很大,在采气管线中很少发生。

在运输湿气的管道中,常见的流型为稳定层状流和波动层状流。这是因为在设计采气管线时,管线中的流体速度是可以估计的,并且其中的液体含量一般也很低。环状流在流速较高时也会出现,但是为了防止发生腐蚀或侵蚀,一般应避免出现环状流。换句话说,运输湿气的天然气管道正常运行时,管内的流动形态应该被“限制”在层流范围内。

3.3.1.2　垂直管流中的流动形态

常见的垂直管中的两相流流动形态如图3－3所示。由于管内流体的流动方向与重力方向平行,因而管内流体处于对称状态,所以,垂直管中的流动形态往往比水平管中的流动形态简单一些。下面简单描述一下垂直管流中两相流体在管道内的分布方式,值得注意的是湿气运输管线并不总是垂直的(例如,气井通常会有一定的井斜角,而且很多立管也会有一定程度的倾斜)。

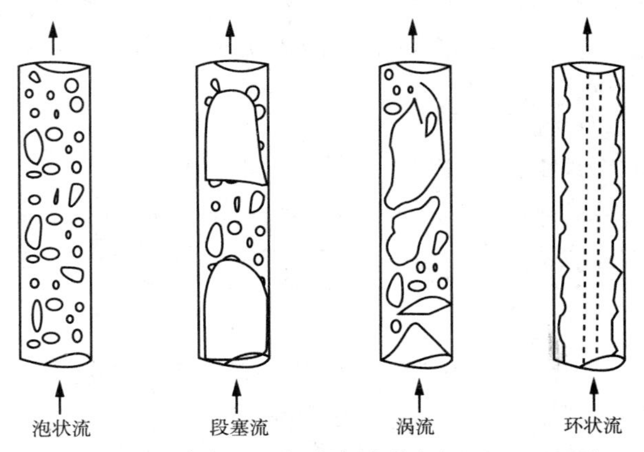

图3－3　垂直向上两相流流动形态(Shoham,1982)

(1)泡状流。气相以气泡的形式分布在液相中,气泡的大小不等,其形状也可以变化,在管内呈之字形向上流动。液相流体则通常附着在管壁上。

(2)段塞流。气体大多数以较大的弹头形状的气泡存在,其直径几乎可以达到管道的直径。这些气泡称为“泰勒泡”,它们的流动方向都朝上,而液相则呈连续状态,连通整条管线,且将气泡分开,液相中也含有很小的气泡。一般情况下,液相净流量是向上的,但泰勒泡周围的液膜也可能会以较低的流速向下流动。段塞流中气相速度远远大于液相的速度。

(3)涡流。如果管柱中连续的流体由液相变为气相,则段塞中局部富集的气体常常会破坏泰勒泡之间的液体段塞的连续性。这种液相不稳定的流动就是典型的涡流。这种现象在直径很小的管道中是不可能发生的。如果管径很小,气泡就会合并,并把液相夹在气泡中。

(4)环状流。环状流的特征是气相在管道中心形成连续的流动,一部分液相以波状薄膜的形式附着在管壁上向上移动，另一部分则呈液滴状随着管道中心的气体向上流动。

虽然垂直向下的两相流不如向上的两相流常用，但是在注蒸汽井和海上平台的下水管道中确实存在这种情况。因此还需要总结出一种可以应用到两种情况的垂直两相流模式（Hasan，1995）。目前人们还没有得出垂直向下多相管流的流动模型，因而垂直管线的设计方法也存在着弊端。

3.3.1.3 倾斜流管中的流动形态

管道的倾斜对气—液两相流流态的作用主要发生在丘陵地带，这些地区管道几乎全由向上和向下倾斜的管段组成。管道的倾斜角对流型的转变有很大的影响。一般来说，在接近水平的管道中，若管道倾斜向下其流型保持为分离流，当管道变成向上倾斜时其中的流型会变为间歇流；若管道倾斜向上且其流型为间歇流，当管道倾斜向上的角度变大时，流型会保持间歇流不变，而如果管道变成向下倾斜时，管道中的间歇流会变为分离流。在设计管道时，应该尽力使管道斜角的变化不会显著影响流体的流动形态（Shoham，1982；Scott 等，1987）。

3.3.1.4 流型分布图

气—液两相流的不同流动形态的边界已经通过实验测定出来了，文献中已经有记录。通常用流型分布图来表示实验研究的结果。图中的各个区域分别代表相应的流型，流型分布图的坐标是有量纲参数（即表观相速度）或包含速度的无量纲参数（Collier 和 Thome，1996）。虽然流型分布图在表现数据方面很有用，但是它仅适用于实验室条件的特殊情况下。显然，流型的适用条件还需要进一步一般化，这样才能应用到任意两种流体和任何几何形态的流动情况。有一种更灵活的方法可以克服这个问题：单独研究每种流型发生过渡的情况，并得出只适用于这种特殊情形的过渡条件。

对水平流来说，最经典的流型分布图是由贝克绘制的（1954），它在石油工业得到了广泛的应用。最初的贝克图如图 3-4 所示。这张图是在大气压下，分别用 1in、2in 和 4in 的管道做气-水两相流实验所得到的数据而绘制出来的。横坐标是液相的表面质量流速（G_L），纵坐标是气相的表面质量流速（G_G），而且坐标系已经由相应相态的物理性质校正过了。这些参数由下面的关系式给出：

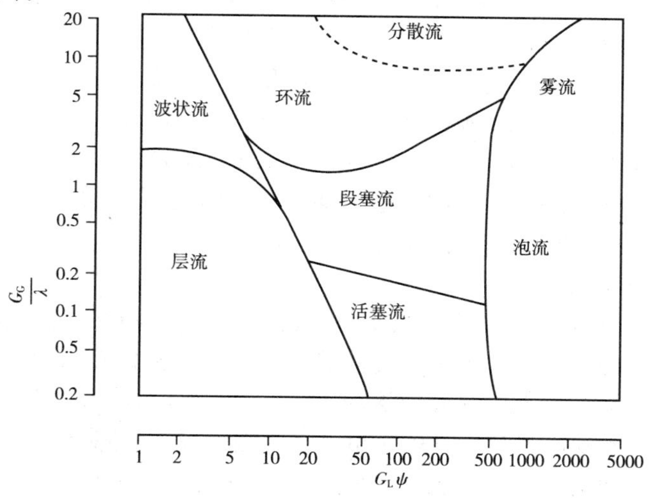

图 3-4 水平管流的流型分布图（Baker，1954）

$$G = \frac{m}{A} \tag{3-18}$$

$$\lambda = \left[\left(\frac{\rho_G}{\rho_A}\right)\left(\frac{\rho_L}{\rho_W}\right)\right]^{0.5} \tag{3-19}$$

$$\Psi = \left(\frac{\sigma_W}{\sigma_L}\right)\left[\left(\frac{\mu_L}{\mu_W}\right)\left(\frac{\rho_W}{\rho_L}\right)^2\right]^{0.33} \tag{3-20}$$

式中,m 是质量流量,lb_m/h;A 是管道横截面积,ft^2;σ 是表面张力,dyn/ft;μ 是黏度,lb/(ft · s);下标 A 和 W 分别指气和水在大气压和常温下的物理性质的值。

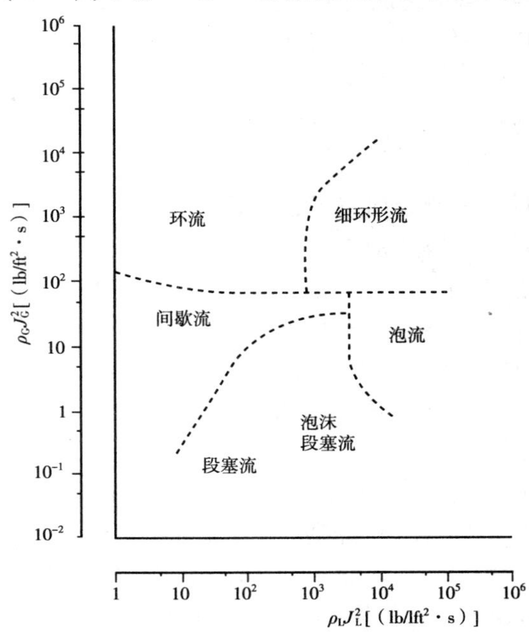

图 3-5 垂直管流中的流型分布图
(Hewitt 和 Roberts,1969)

对于垂直气—液两相流,Hewitt 和 Roberts 在 1969 年所绘制的流型分布图如图 3-5 所示。这张图是通过观察在小直径垂直管柱中(0.4~1.2ft)低压下的空气-水两相流动和高压下的水-水蒸气两相流动所得到的数据而绘制的。坐标轴分别是液相的表面动量流量($\rho_L J_L^2$)和蒸汽相的表面动量流量($\rho_G J_G^2$)。这些参数同样可以根据质量流速(G)和蒸汽干度(x)来定义,具体如下:

$$\rho_L J_L^2 = \frac{[G(1-x)]^2}{\rho_L} \tag{3-21}$$

$$\rho_G J_G^2 = \frac{[Gx]^2}{\rho_G} \tag{3-22}$$

需要注意的是,这些流型分布图的使用都是有条件的。例如,轴线使用表面相速的流型分布图就仅适用于一种特殊的情况。因此,流型分布图只能用于估计在给定的条件下通常会出现哪种流型,而不能断定在这种情况下相应的流型就一定会出现。有些人曾经试图总结出流型过渡的基本原理,从而精确地预测出这些流型会在什么时候出现(Taitel 和 Dukler,1976;Barnea,1987;Taitel 等,1980;Taitel,1990;Petalas 和 Aziz,2000)。这些过渡模型包含了系统参数的影响因素,因此,它们的使用范围更广。然而,它们中的大部分都比较复杂,而且需要使用假定的条件来预测最有可能会出现的流型。

3.3.2 三相流的流动形态

两相(气/液)和三相流(气/液/液)的主要不同之处在于液相的流动状态不同,由于三相流动系统中的液相有两种液体,这样一来就增加了流动形态多样性。液相基本上处于分离流或弥散流状态,取决于局部管道的具体情况(Hall,1997)。在分离流的情况下,尽管两液相之间互相夹带,但油层和水层还是可以清楚辨出。在弥散流中,一种液相全部以液滴形式分散在另一种液相中,从而导致两种可能的流态,即连续的油相和连续的水相(Chen 和 Guo,1999)。从一种连续的液相过渡到另一种连续的液相的过程即为反转。如果液相中两种液体互相弥散，则对反转现象的预测就显得尤为重要。因此，Decarre 和 Fabre 在 1997 年研发出一种反转模型，用来确定两种液体中哪种液体是连续的。

由于三相流体混合物的许多性质在运输过程中可能会发生变化，因此，要想定量确定三相流的流型边界非常困难，极具挑战性。Acikgoz 等人在 1992 年观察了一系列复杂的流型，并描述了 10 种不同的流动型态。在他们的实验中，由于管径只有 0.748ft，所以很少出现层流。Lee 等人于 1993 年在实验室用直径为 4ft 的管道也做了相同的实验。他们通过观察划分了 7 种流型，这 7 种流型和两相流流型比较相似，分别为稳定层流、波动层流、滚动波状流、活塞流、段塞流、拟段塞流、环状流。前三种流型都属于层流，其油和水都是分层的，水层在管道下部，油层在上部。即使是活塞流，水层仍然在下部，这是由于液体的扰动不足以使油水发生混合。谈到扰动必须注意一点，管道中自然存在的紊流的确可以使油水发生混合。然而，使油水发生混合的自生紊流的最小能量取决于油和水的流速，管道的直径和倾斜角，水的浓度、黏度、密度和表面张力。Dahl 等人（2001）为这类预测流型的方法提供了更多详细信息，这些预测方法可用于确定管道中油包水型混合物是否均质。

3.4 多相流压力梯度的计算

多相流压力的计算分为两步：第一步是确定多相流的流动形态，因为许多压降计算的方法都需要先确定管道中多相流的流型；第二步是流体参数的计算，如压降、持率，以便确定管道和处理设备的规格，如段塞捕集分离器。

3.4.1 两相稳态流

在两相流管道设计时最常用的方法可分为三种：单相流法、均质流法、机械模型法。这些方法在设计过程中所采用的计算方法各具特点，每种方法还可以进一步进行分类。

3.4.1.1 单相流法

这种方法将两相流假设为具有拟性质的单相流，单相流的这种拟性质是通过对两相性质的适当比较得到的。这些方法基本上只依赖已较完善的计算管内单相气流的方程。通过引入一个安全因子将两相流简单地变换为单相流，这样做是为了针对两相流中常常会出现的高压降。这种试探性的计算方法的使用虽然很广，但其设计的结果常常不精确。

在过去，单相流方法广泛用于湿气管道的设计。当凝析液的量少到可以忽略不计时，此类方法充其量只能用于防止计算的压降值偏小，但多数情况下，凝析液的量很多，这种粗略的计算方法的压降值偏大。所以，这种方法在此处不做深入介绍，详见其他资料。

3.4.1.2 均质流法

单相流法的弊端使得研究人员致力于开发更好的两相流设计方法和预测模型。经过努力，研究人员发明了均质流法，该方法可以描绘这些相当复杂的流型。均质流法也称为摩擦因子方法，除了在确定摩擦因子时所使用的参数是混合物的以外，其他地方与单相流法相似。因此，这种方法之所以精确关键在于它合理地确定了流体的物性。混合物的物性参数用经验公式计算，将其表示为气体和液体的物性参数以及它们各自持率的函数。其中的许多关系式都需要先确定流动形态，确定气液两相流摩擦因子时也需先确定流动形态，然后再用摩擦因子估算压降。尽管其中的某些方法预测的压降相当准确，但其适用范围往往较窄，从而使得这种方法的推广受到限制。这种局限性是可以理解的，因为建立这些关系式时所使用的数据是通过在实验室内做实验取得的，所以数据本身就有局限性，如果再将这些实验室获得的数据运用到更广的范围和油气两相流动情形,其可靠性值得怀疑(Cindric 等,1987;Mokhatab,2002;Mokhatab 和 Bonizzi,2006)。盲目地应用这些关系式所得到的数据勉强能够合格(Holt 等,1995),其结果要么导致设计的两相流管道过大而造成浪费,要么管道过小从而导致损毁(Holt 等,1999)。然而,由于没有其他方法可以代替,只能使用其中方法,下面的章节会介绍两个这样的例子。Brill 和 Beggs 在 1991 年、Collier 和 Thome 在 1996 年就曾对现有的均质流法做了深入的分析和比较。

(1)L-M 法。该方法是以水平管流中双组分系统(油—气或者气—水)的两相流的实验数据为基础而研发的,实验条件为恒温低压(接近大气压),管径为 1in。Lockhart 和 Martinelli 将各相流体单独通过一条相同的管道,根据流体在管中的流型是层流还是紊流把数据分成四组。这种方法认为每一相流体都在确定的区域内流动,并且认为用这种假设的单相流体建立的压降方程对于每种单相流体都是成立的。两相的摩阻损失可以用修正因子分别乘以各相压降的方法来计算,具体如下。

$$\frac{\mathrm{d}p}{\mathrm{d}x}=\varphi_{\mathrm{G}}^{2}\left(\frac{\mathrm{d}p}{\mathrm{d}x}\right)_{\mathrm{G}}=\varphi_{\mathrm{L}}^{2}\left(\frac{\mathrm{d}p}{\mathrm{d}x}\right)_{\mathrm{L}} \tag{3-23}$$

$$\left(\frac{\mathrm{d}p}{\mathrm{d}x}\right)_{\mathrm{G}}=\frac{f_{\mathrm{G}}\rho_{\mathrm{G}}v_{\mathrm{SG}}^{2}}{2gcD} \tag{3-23-1}$$

$$\left(\frac{\mathrm{d}p}{\mathrm{d}x}\right)_{\mathrm{L}}=\frac{f_{\mathrm{L}}\rho_{\mathrm{L}}v_{\mathrm{SL}}^{2}}{2gcD} \tag{3-23-2}$$

摩擦系数 f_{G} 和 f_{L} 可以根据下面定义的雷诺数的值在 Moody 图版上查得。

$$N_{\mathrm{Re,G}}=\frac{\rho_{\mathrm{G}}v_{\mathrm{SG}}D}{\mu_{\mathrm{G}}} \tag{3-24}$$

$$N_{\mathrm{Re,L}}=\frac{\rho_{\mathrm{L}}v_{\mathrm{SL}}D}{\mu_{\mathrm{L}}} \tag{3-25}$$

由式(3-26)和式(3-27)可以求出两相流修正因子(φ_{G},φ_{L})(Lockhart 和 Martinelli,1949;Chisholm 和 Sutherland,1969)。

$$\varphi_{\mathrm{G}}^{2}=1+CX+CX^{2} \tag{3-26}$$

$$\varphi_{\mathrm{L}}^{2}=1+\frac{C}{X}+\frac{1}{X^{2}} \tag{3-27}$$

$$X=\left[\frac{\left(\frac{\mathrm{d}p}{\mathrm{d}x}\right)_{\mathrm{L}}}{\left(\frac{\mathrm{d}p}{\mathrm{d}x}\right)_{\mathrm{G}}}\right]^{0.5} \tag{3-28}$$

其中参数 C 的值见表 3-1。说明一下,当某相流体的雷诺数小于 1000 时,该相流体会处于层流状态。

表 3-1 参数 C 的值

液相	气相	C
紊流	紊流	20
层流	紊流	12
紊流	层流	10
层流	层流	5

根据这种方法，持率和马蒂内利（Martinelli）值 X 之间的关系与流体的流动形态无关，可以用式（3-29）来表示。

$$H_L^{-2} = 1 + \frac{20}{X} + \frac{1}{X^2} \tag{3-29}$$

这种方法不考虑流体加速度造成的压力损失。但是 Martinelli 和 Nelson（1948）两人的后续工作考虑到了加速度的影响。虽然有许多需要修正的地方，我们还是认为最原始的方法才是最可靠的（Collier 和 Thome，1996）。

（2）Beggs-Brill 法。这种方法是根据在实验室条件下对气-水两相系统进行测量得到的584 组数据总结出来的。实验装置由直径为 1in 或 1.5in、长为 90ft 的透明聚丙烯管柱（内壁光滑）构成，该管道可以倾斜至任何角度（Beggs 和 Brill，1973）。改变管柱的倾角，从水平渐渐变为垂直，每增加一个角度就要测一次持率和压力；然后将各种规格的管道处于水平状态，改变管内两相流的流速使流体依次呈现出所有的流型。Beggs 和 Brill 在 1973 年先建立了水平管中 3 种流型持率的关系式，后来又引入管道的倾角对关系式进行了修正。

判断水平管流的流型需要用到以下参数（Brill 和 Beggs，1991）。

$$N_{Fr} = \frac{v_M^2}{gD} \tag{3-30}$$

$$L_1 = 316\lambda_L^{0.302} \tag{3-31}$$

$$L_2 = 0.0009252\lambda_L^{-2.4684} \tag{3-32}$$

$$L_3 = 0.10\lambda_L^{-1.4516} \tag{3-33}$$

$$L_4 = 0.5\lambda_L^{-6.738} \tag{3-34}$$

流型划分的条件如下。

层流：$N_{Fr} < L_1$ 当 $\lambda_L < 0.01$ 时；$N_{Fr} < L_1$ 当 $\lambda_L \geqslant 0.01$

过渡流：$N_{Fr} < L_2$ 当 $\lambda_L \geqslant 0.01$ 时

间歇流：$L_3 \leqslant N_{Fr} \leqslant L_1$ 当 $0.01 \leqslant \lambda_L \leqslant 0.4$ 时；$L_3 < N_{Fr} \leqslant L_4$ 当 $\lambda_L \geqslant 0.4$ 时

分散流：$N_{Fr} \geqslant L_1$ 当 $\lambda_L < 0.4$ 时；$N_{Fr} > L_4$ 当 $\lambda_L \geqslant 0.4$

水平管的持率 $H_L(0)$ 用下式来计算：

$$H_L(0) = \frac{a\lambda_L^b}{N_{Fr}^c} \tag{3-35}$$

参数 a、b、c 取决于流体的流型,表3-2已经给出,其中 $H_L(0) \geqslant \lambda_L$ 恒成立。

表3-2　系数 a、b、c 的值

流态	a	b	c
层流	0.98	0.4846	0.0868
间歇流	0.845	0.5351	0.0173
分散流	1.065	0.5824	0.0609

如果流态处于过渡区,持率只能根据层流和间歇流的持率采用内插的方法求出。

$$H_L(0)_{过渡流} = AH_L(0)_{分层流} + (1 - A)H_L(0)_{间隔流} \tag{3-36}$$

$$A = (L_3 - Fr)/(L_3 - L_2) \tag{3-37}$$

倾斜管持率用 $H_L(\theta)$ 表示,将水平管持率乘以一个倾斜系数 Ψ 就得到倾斜管持率。

$$H_L(\theta) = H_L(0)\Psi \tag{3-38}$$

$$\Psi = 1 + \alpha[\sin(1.8\theta) - 0.333\sin^3(1.8\theta)] \tag{3-38-1}$$

式中,θ 为倾斜管与水平面之间的夹角。系数 α 的计算公式如下。

$$\alpha = (1 - \lambda_L)\ln(d\lambda_L^e N_{LV}^f Fr^g) \tag{3-38-2}$$

$$N_{LV} = v_{SL}\left(\frac{\rho L}{g\sigma}\right)^{0.25} \tag{3-38-3}$$

方程中的其他参数需根据流型来确定,具体值参见表3-3。

表3-3　系数 d、e、f、g 的值

流态	d	e	F	g
层流(上坡)	0.011	-3.768	3.539	-1.614
间歇流(上坡)	2.96	0.305	-0.4473	0.0987
分散流(上坡)	$\alpha=0$, $\Psi=1$			
下坡的所有流型	4.7	-0.3692	0.1244	-0.5056

两相管流中重力所产生的压力梯度可用式(3-39)计算。

$$\left(\frac{dp}{dx}\right)_{ele} = \frac{g}{gc}\{\rho_L H_L(\theta) + \rho_G[1 - H_L(\theta)]\} \tag{3-39}$$

两相摩阻损失可用式(3-40)计算。

$$\left(\frac{dp}{dx}\right)_{fri} = \frac{f_{tp}\rho_n v_M^2}{2gcD} \tag{3-40}$$

$$f_{tp} = f_n \exp(\beta) \tag{3-40-1}$$

式中,f_n 为无滑脱摩阻系数,可先用无滑脱黏度和密度算出两相流雷诺数,然后由两相流雷诺数算出，也可通过查已经绘制好的 Moody 图版得到。计算公式如下。

$$f_n = \frac{1}{\left[2\lg\left(\frac{Re_n}{4.5223\lg Re_n - 3.8215}\right)\right]^2} \tag{3-40-1-1}$$

$$Re_n = \frac{\rho_n v_M D}{\mu_n} = \frac{[(\rho_L\lambda_L + \rho_G(1-\lambda_L))v_M D]}{[\mu_L\lambda_L + \mu_G(1-\lambda_L)]} \tag{3-40-1-2}$$

指数 β 由式(3－40－2)得出。

$$\beta = \frac{[\ln Y]}{[-0.0523 + 3.182\ln Y - 0.8725(\ln Y)^2 + 0.01853(\ln Y)^4]} \tag{3-40-2}$$

$$Y = \frac{\lambda_L}{[H_L(\theta)]^2} \tag{3-40-3}$$

只有当管线中天然气流速很高时，气体由于加速度产生的压降才有意义。但是，为了全面，还是给出其计算公式。

$$\left(\frac{dp}{dx}\right)_{acc} = \left(\frac{\rho_G v_M v_{SG}}{gcP}\right)\left(\frac{dp}{dx}\right)_{tot} \tag{3-41}$$

Beggs－Brill 法可以用于水平管流和垂直管流压降的计算(1973)，但是人们普遍接受该方法却是因为它可以用于计算倾斜管流的压降(Brill 和 Beggs，1991)。然而，由于建立该关系式所使用的数据是在实验条件下得到的，使得该方法的应用受到了限制。

需要注意的是，在设计湿气管线时，通常不采用 Beggs－Brill(1973)关系式。主要是由于该方法不能准确预测持率随流速变化的特征。因为该方法难以定量估算管线在向下的转折点处的滞液量，从而导致设计过程很困难。

3.4.1.3 机械模型法

的确，目前的某些关系式已经足以解决非凝析两相流的问题了，然而，在大管径高压条件下气流发生凝析时，这些公式就不再适用了(Osman 和 El－Feky，1985；Battara 等，1985；Mokhatab，2002；Mokhatab 和 Bonizzi，2006)。现行的这些方法的缺陷促进了机械模型法的发展。机械模型法以基本理论为基础，进而建立了很多能够精确地反映管道形状和流体性质变化的模型。所有这些模型在给定的条件下都会出现一种稳定的流型，然后再用动量守恒方程计算持率、压力损失，以及其他两相流参数，这种方法得到的结果比纯粹经验公式得到的结果更可靠(Hasan 和 Kabir，1986、1992、1999；Collier 和 Thome，1996；Holt 等，1999)。以前发表的文献中的机械模型要么不完整，只讨论了如何确定流型；要么仅限于在倾斜管或小管径低压两相流等特殊条件下使用(Taitel 和 Dukler，1976；Barnea，1987；Xiao 等，1990；Ansari 等，1994，Taitel 等，1995；Wilkens，1997)。Petalas 和 Aziz(2000)、Zhang 等人(2003)又分别推出了新的机械模型，虽然还没有用室内或现场在大管径高压条件下得到的精确数据对其进行进一步的研究和测试，但是已经证实他们所建立的模型比前人的更健全。至于建立这些模型的细节，请读者参考原文。

3.4.2 三相稳态流

与已经做了大量研究的两相流相比,人们对气/液/液三相混合物所做的研究工作非常少。事实上,这是因为三相流体流动的复杂性导致研究变得异常困难。在早期研究中,Tek(1961)把不互溶的两相看成是具有混合物性质的单一相,于是就可以用两相流的公式计算其压力损失。Pan(1996)的研究指出,可以用经典的气－液两相流公式来作为三相流参数估算的基础,但是经验公式的概括性显然是不可靠的。因此,需要建立一个更合适的模型来描述由一种气体和两种液体组成的三相流动。

目前对于三相流的研究,基本上还是沿袭了两相流的思路,即把其中两种液体假想成一种液体,然后用研究两相流的方法来研究三相流。然而,为了得到更精确的结果,三相流模型必须考虑液－液流体之间的相互作用对流动特征的影响,尤其是当流速很低的时候。文献中已经建立了几种三相流模型,但都是从三相动量守恒方程推导出来的,彼此大同小异。这些模型中最著名的是 Barnea 和 Taitel 提出的(1996),但是与两相流模型相比,这种模型特别复杂,占用的计算机资源量也很大(Bonizzi 和 Issa,2003)。

3.4.3 多相不稳定流动

进口流速和出口压力的变化、开关阀门、扫线、管道攀升、清管作业等都会在管道内产生瞬变流。无论是什么原因导致的瞬变流,要想经济安全地建设和管理油气集输管线,流体流动的具体特征对于设计者和操作者都是不可或缺的。如果管内流体为多相流,人为的操作则会使管内流动变得更加复杂,因而那些管内流型为稳定流的管道的设计方法已经不再适用。因此,如果能建立一种模型,可以用它来反映瞬变流的宏观流动特性,如压力、持率、流量分布等,这种模型将会非常有用。目前模拟瞬变流的难点在于如何理解和建立油/气/水三相模型的公式,以及如何用于数值模拟的方法来求解瞬变流问题。多相流动态模拟是多相流集输管线设计的关键所在,在进行多相流的动态模拟时,上述的方法在一定范围内还是有用的。

瞬变流的研究通常以一维平均守恒定律为基础建立模型,再推导出一系列的偏微分方程。下面介绍两种具有特殊工业价值的机械模型。

双流体模型(TFM),每一相都有独立的动量守恒方程。

漂移流模型(DFM),包括一个动量方程和一个相速度差的代数关系式。

与漂移流模型相比,双流体模型结构简单一些,但是多一个附加微分方程。虽然两者的差别通常很小,两种模型在计算结果上会有很大的差别(Masella 等,1998)。

建立微分方程有以下假设条件:

①将两种非混相流体(油与水)视为一种具有混合物性质的单相流体;

②流体沿管线轴线方向做一维流动;

③管壁处流动为恒温流动,且气液两相之间无物质交换,但工业生产中多存在相间交换;

④多相流体的物理性质根据管线各段的平均压力和温度来确定。

3.4.3.1 双流体模型

两相流的数学模型由 4 个偏微分方程组成,其中前两个分别是气相和液相的质量守恒方程:

$$\frac{\partial}{\partial t}(\rho_G H_G) + \frac{\partial}{\partial x}(\rho_G H_G v_G) = 0 \tag{3-42}$$

$$\frac{\partial}{\partial t}(\rho_L H_L) + \frac{\partial}{\partial x}(\rho_L H_L v_L) = 0 \tag{3-43}$$

后两个分别是气相和液相的动量守恒方程：

$$\frac{\partial}{\partial t}(\rho_G H_G v_G) + \frac{\partial}{\partial x}(\rho_G H_G v_G^2 + H_G \Delta p_G) + H_G \frac{\partial p}{\partial x} = \tau_G + \tau_i - \rho_G g\sin\theta \tag{3-44}$$

$$\frac{\partial}{\partial t}(\rho_L H_L v_L) + \frac{\partial}{\partial x}(\rho_L H_L v_L^2 + H_L \Delta p_L) + H_L \frac{\partial p}{\partial x} = \tau_L - \tau_i - \rho_L g\sin\theta \tag{3-45}$$

在方程(3－44)和方程(3－45)中，p 表示界面压力；v_k、ρ_k、H_k 分别表示每一相(气、液)的流速、密度和体积分数；τ_i 和 τ_k 分别表示界面和管壁处的动量损失；Δp_G 和 Δp_L 相当于界面处的静水头压力(De Henau 和 Raithby，1995)，定义如下。

$$\Delta p_G = p_G - p = -\rho_G\left[\frac{1}{2}\cos\left(\frac{\omega}{2}\right) + \frac{1}{3\pi H_G}\sin^3\left(\frac{\omega}{2}\right)\right]gD\cos\theta \tag{3-46}$$

$$\Delta p_L = p_L - p = -\rho_L\left[\frac{1}{2}\cos\left(\frac{\omega}{2}\right) + \frac{1}{3\pi H_L}\sin^3\left(\frac{\omega}{2}\right)\right]gD\cos\theta \tag{3-47}$$

上二式中，ω 表示润湿角。

这些方程可用有限容积法求解(Masella 等，1998)。

这类模型最大的局限性在于其对接触面的处理。这样做虽然在处理分层流动(层流和环流)时相对简单，但在处理间歇流时这种方法存在很大的弊端。另一个不足之处在于这种方法适应性较窄，特别是当压力出现波动时无法得到满意的结果(King，1998)。

3.4.3.2 漂移流模型

漂移流模型是由双流体模型引申而来的。它忽略了式(3－46)和式(3－47)中的静水头 ΔP_G 和 ΔP_L，并且综合了两个动量守恒方程。该模型由三个方程组成，其主要优点如下：

①方程组是稳态的，减少了有限体积法求解的计算量；

②虽然界面剪切应力 τ_i 出现在附加的滑脱方程中，但动量方程中忽略了界面剪切应力的影响；

③模型简单易懂。

将式(3－44)和式(3－45)相加可得：

$$\frac{\partial}{\partial t}(\rho_G H_G v_G + \rho_L H_L v_L) + \frac{\partial}{\partial x}(\rho_G H_G v_G^2 + \rho_L H_L v_L^2 + p)$$

$$= \tau_G + \tau_L - (\rho_G H_G + \rho_L H_L)\sin\theta \tag{3-48}$$

方程(3－48)中去掉了 τ_i，即不考虑界面交换的影响。因此，漂移流模型由式(3－42)、式(3－43)、式(3－48)三个偏微分方程组成。该模型的数值解法详见 Faille 和 Heintze 的论文(1996)。

值得注意的是，漂移流模型最适于研究充分混合的流体的流动，例如泡流，该模型不适用于层流(Banerjee，1986)。

3.5 天然气/凝析油多相管流

湿气在输送过程中,经常会出现天然气/凝析油的多相管流现象。但是,天然气/凝析油输送管道中的多相管流跟一般的多相流不同。随着温度和压力的变化,在天然气/凝析油流动过程中气液两相间始终存在由气相到液相的物质转化,从而导致气液组分和流体性质的不断变化(Ayala 和 Adewumi,2003)。此外,由于这类体系中液体的含量很小,用气流算出来的雷诺数一般很大,当管道接近水平时,管内流体的流型常为环雾流或层流(Boriyantoro 和 Adewumi,1994;Asante,2002)。当管道倾斜时,流体会在管线较低的部位聚集,即使累积量很小,也会在管内产生段塞流。

管线中流动的天然气/凝析油可能会穿越两相界面,从而导致单相流动变成多相流或者多相流动变成单相流。为了优化天然气/凝析油管线和下游工艺设备的设计,设计人员必须弄清楚管线中的天然气/凝析油含量和流型。所以,必须用单相/多相水动力学组合模型来预测天然气/凝析油管流中流体的动力学特征,这是一种把水动力学模型和天然气相态模型联立后得到的模型。利用水动力学模型可以得管线的流动参数,利用相态模型可以确定管线任一点处的相态、相间的质量传递和流体性质。

尽管天然气中携带的少量液体对天然气的输送有很大的影响,但是很少有人致力于对天然气/凝析油运输管线内的流体参数的研究。虽然以前也有人用单相流法来研究天然气/凝析油体系,但是用双流体模型来研究管内流体参数的报告却很少。其中的某些研究者在建立模型时沿用了原始的假设条件(例如气液两相间无物质交换),而其他人干脆假设整个管段内都只有一种流型。Ayala 和 Adewumi 于 2003 年提出了水动力学组合模型,该模型阐述了天然气/凝析油多相管流中稳态流的特征。这种模型是把基于 Peng - Robinson 状态方程(1976)的相态模型和另一个基于双流体模型的水动力学模型联立后得到的。这种模型是一种数值方法,该方法适用于天然气和凝析油多相流动管道的工程设计。然而由于该模型十分复杂,在此不做进一步阐述。

值得注意的是,天然气/凝析油运输管线中的凝析液(凝析油)不仅会降低流体的流动性能,还会对管线的输送造成很多问题,因此,需要定期对管线进行排液,清管作业就可以清除管线较低部位积聚的液体。这些作业不仅可以清除管线中的液体,还可以减少全程压力损失,从而提高管线的输送效率。但是,管线在清管过程中常常会产生瞬变流。因此,瞬变流的预测方法对于天然气/凝析油多相管流来说是必不可少的。到目前为止,大多数工业模型都以双流体模型为基础,但是要想准确模拟天然气/凝析油运输管线中瞬变流,还需要对这些模型做很多改进。例如,由于气液两相间存在物质交换,因此需要对气液连续性方程进行修正。迄今为止,人们已经提出了很多改进后的工业瞬变流模型,其中的 3 种主要模型包括 OLGA 模型(Bendiksen 等,1987、1991)、PROFES 模型(Black 等,1990)、TACITE 模型(Pauchon 等,1993、1994)。这些模型详细的信息读者可以参考原文,本书在此不做详细讨论。

3.6 多相管流的温度剖面

流体温度的估算和压力变化的预测在集输管线的设计和运行过程中所起的作用越来越大。因此,必须寻求合适的方法来预测多相管流这些参数(Mokhatab,2006)。图 3 - 6 是一个简化的计算机算法的流程图。该算法先将管道“分割”成很多连续的小段,然后通过收敛迭代的方法依次逐点算出温度和压力。由于先计算最不敏感的变量可以提高算法的稳定性和计算速度，所以在迭代时将温度置于外循环，而将压力置于内循环(Brill 和 Beggs,1991)。

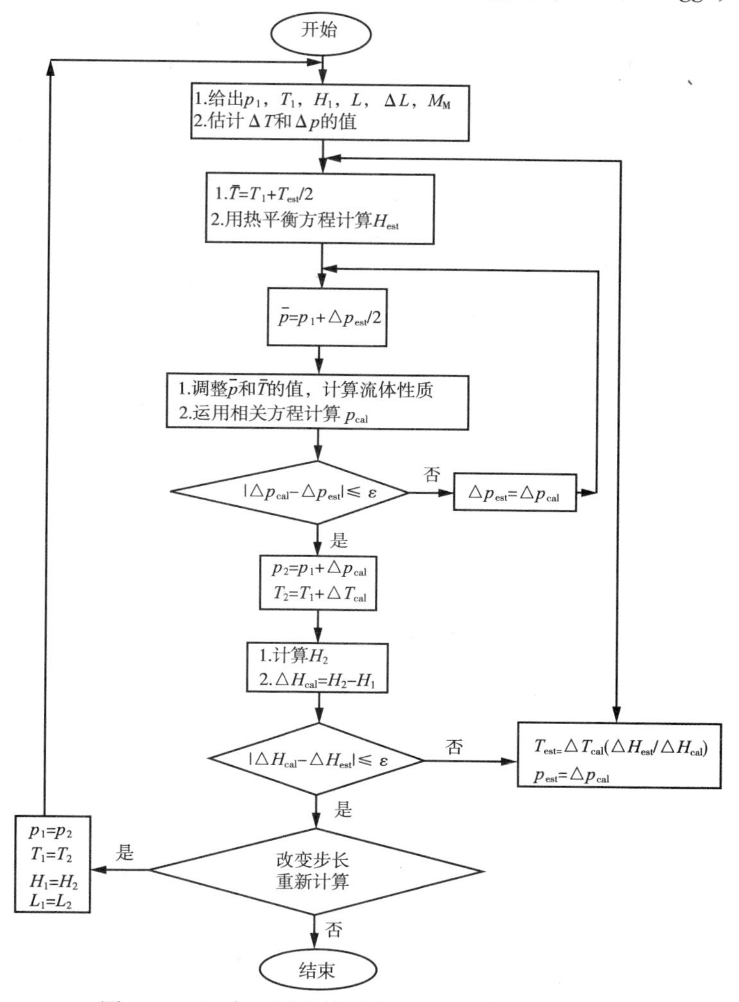

图 3-6 温度和压力计算程序(Brill 和 Beggs,1991)

在对管道进行"分割"时，必须保证流体的性质在各小段内不会有显著的变化。如果管道很短而且内部流体的性质变化也很大时，为了保证计算结果的精确性，应该将管道分成更短的小段。通常情况下，管道在上升、下降和水平等不同部位应分别"分割"成不同长度的小管段(小段的最大长度必须小于总长度的 10%)，这样得到的结果最好(Brill 和 Beggs,1991)。

将压力梯度和焓变梯度方程联立就可以预测管线的温度分布了，公式如下(Brill 和 Beggs,1991)。

$$\Delta H = \frac{-v_M v_{SG}\Delta p}{778 \times 32.17 \times \bar{p}} + \frac{\Delta Z}{778} - \frac{U\pi D(\bar{T} - T_a)\Delta L}{3600\dot{M}_M} \tag{3-49}$$

式中，ΔH 表示所计算管段的焓变，Btu/lb$_m$；v_M 表示流体的速度，ft/s；v_{SG} 表示气体的表观速度,ft/s;Δp 表示估计的压降,psi;$\bar{p}$ 表示计算管段的平均压力,psi;ΔZ 表示标高的变化量,ft;U 表示总传热系数,$Btu/(h \cdot ft^2 \cdot ℉)$;$D$ 是参考直径,决定 U 的值,ft;$\bar{T}$ 是计算管段的近似平均温度,℉;T_a 表示计算管段环境的平均温度,℉;ΔL 表示管段长度的变化,ft;$\dot{M}_M$ 表示气液混合物的质量流量,lb_m/s。

从方程(3－49)可以看出,压力和温度的变化是互相依赖的,因此,必须迭代很多次才能求出精确的温度分布剖面。每一段的压力和温度都要用二重嵌套程序来计算:已知计算段的平均温度和压力,估算在该条件下下游流体温度,然后对下游温度进行迭代,收敛后再对压力进行迭代。实验证明,对于压力等主要参数的估算,必须选用一个好的压降模型。

总传热系数(U)可以用几个与热传导方式以及管道的结构有关的系数来确定。图3－7是一个管段的横剖面,热量从流体中传递到外面必须经过每个"小层",反之亦然。各小层都有自己的热传导阻力,所有热传导阻力构成了总的热传导阻力。一般情况下,管线的总传热系数是各小层热传导阻力之和的倒数。表3－4给出了每种热传导阻力的定义。

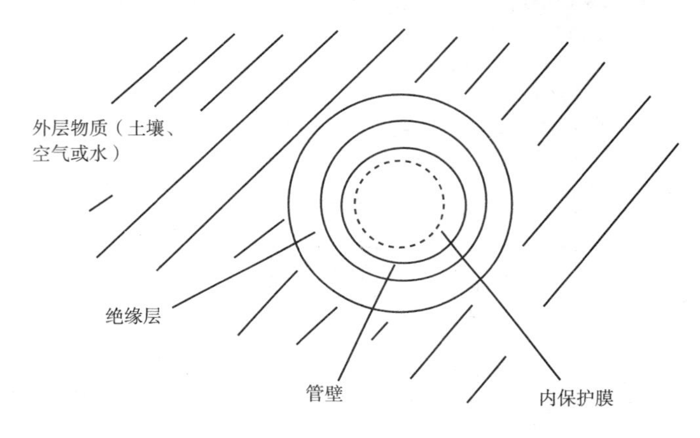

图3－7 管道横截面各阻热层示意图

表3－4 管道各种阻热层

热阻类型	决定因素
$R_{内保护膜}$	管内边界层
$R_{管壁}$	制作管线的原料
$R_{绝缘层}$	绝缘物质(近五层同轴的绝缘层)
$R_{外层}$	外层物质(土壤、空气、水)

各个热传导阻力的计算公式如下(Hein,1984;Brill－Beggs,1991)。

$$R_{内保护膜} = D/(0.027k_f Re^{0.8} Pr^{0.33})$$

式中,D 是参考直径,并决定 U 的值,in;k_f 是流体的热传导率,$Btu/(h \cdot ft \cdot ℉)$;Re 是雷诺数,计算如下。

$$Re = \frac{124.016(\rho_L \lambda_L + \rho_G \lambda_G)(v_{SL} + v_{SG}) D_i}{\lambda_L \mu_L + \lambda_G \mu_G}$$

式中，ρ_L 是液体的密度，lb/ft^3；λ_L 是无滑脱持液率；ρ_G 是气体的密度，lb/ft^3；λ_G 是无滑脱气体持率，$\lambda_G = 1 - \lambda_L$；$v_{SL}$是液体的表观速度，ft/s；$v_{SG}$是气体的表观速度，ft/s；$D_i$ 是管线内径，in；μ_L 是流体黏度，cP；μ_G 是气体黏度，cP；Pr 是普朗特数，$Pr = 2.42(\mu_L\lambda_L + \mu_G\lambda_G)(C_{pL}\lambda_L + C_{pG}\lambda_G)/K_f$；$C_p$ 是一定压力下的比热容，Btu/(h·ft·℉)。

$$R_{管壁} = \frac{D\ln(D_o/D_i)}{24k_p}$$

式中，k_p 是管壁的热传导率，Btu/(h·ft·℉)；D_o 是管线外径，ft；D_i 是管线内径，ft。

$$R_{绝缘层} = \frac{D\sum_{j=1}^{n}\frac{1}{k_j}\ln\left(\frac{D_j}{D_{j-1}}\right)}{24}$$

式中，D 是参考直径，决定 U 的值，in；k_j 是第 j 层绝缘物质的热传导率，Btu/(h·ft·℉)；D_j 是第 j 层绝缘层的外径，ft；D_{j-1}是第 $j-1$ 层绝缘层的外径，ft。对于稳定的外层物质（如土壤），则

$$R_{外层} = \frac{D\ln[(2D' + (4D'^2 - D_t^2)^{0.5})/D_t]}{24k_{外层}}$$

式中，D 是参考直径，决定 U 的值，in；$k_{外层}$是土壤的热传导率，Btu/(h·ft·℉)；D'为管线埋深，即管线中心线与地面的距离，ft；D_t 为含绝缘层的管道直径，ft。对于流动外层物质（例如空气和水），则

$$R_{外层} = \frac{D}{12k_{外层}10^{[0.26694(\lg Re_{外层})^{1.3681}]}}$$

式中，D 是参考直径，决定 U 的值，in；$k_{外层}$是外层物质的热传导率，Btu/(h·ft·℉)；$Re_{外层}$为外层物质的雷诺数，$Re_{外层} = 0.0344\rho_{外} v_{外} D_t/\mu_{外}$；$\rho_{外}$ 为周围流体的密度，lb/ft^3；$v_{外}$ 为周围流体的速度，ft/h；D_t 为含绝缘层的管道直径，ft；$\mu_{外}$为周围流体的黏度，cP。

由于流体物性参数是计算压力降、传递热量等时关键的输入参数，因此该方法模拟的整体精度就取决于流体参数的准确性。大多数流体物性参数和热力学参数都是通过状态方程推导得来的，但是，黏度和表面张力却是用经验公式求得的。在计算两相流流体物性参数时，可以用各组分的摩尔分数来计算气液混合物的物性参数。与前面方法相似，当体系中有水存在时，也可以把油水两相作为一个拟流体来考虑。如果已知系统组分、压力、温度，要求各相的数量之比，必须用考虑平衡闪蒸的合适的状态方程计算。Mokhatab 在 2003 年提出了一个简单、稳定的三相闪蒸计算方法，在很大程度上提高了三相管流的计算精度（见附录 1）。

3.7 管线中多相流流态划分速度准则

天然气集输管道（比如从井口到采油平台的管道）直径的选择必须根据整个油藏产能条件来进行。其实，这个过程就是要确定管线的尺寸和预测气井的生产能力，然后确定管内流体的最大流速以确保管道不会出现物理和化学腐蚀问题。

3.7.1 冲蚀标准

多相流管径优选最初的标准是冲蚀速率，即流体的速度必须低于流体冲蚀速度。然而，优

选多相流管径要比单相流复杂得多,因为流体的具体流型决定了最终的冲蚀能力。如果再考虑出砂的影响,情况将更加复杂。一般情况下,如果按照冲蚀标准,流体流速应该满足以下的限制条件(Mokhatab,2004)。

双层不锈钢或者合金材料制成的多相流管道:层流 328ft/s(对含铬 13% 材料是 213ft/s);环流、泡流或者水力段塞流 66ft/s;雾流 230ft/s。

碳素钢制成的管道:由于连续地注入缓蚀剂,管壁形成了一层抑制腐蚀的保护膜,保护膜产生的润滑效应改变了临界侵蚀速度。在计算临界侵蚀速度时须考虑缓蚀剂保护膜在管壁处的剪切应力的影响(Smart,2001)。

对有缓蚀剂注入的管道,用方程(3-50)来计算侵蚀速率(API RP 14E,1991)。

$$v_e = \frac{C}{(\rho_M)^{0.5}} \tag{3-50}$$

式中,v_e 为侵蚀速率,ft/s;C 为经验常数;ρ_M 是流动状态下气液混合物的密度,lb/ft^3。

根据工业经验,对于无固相流体,比较保守的做法是对连续工作管线的 C 值取 100,间歇工作的管线 C 值取 125。然而,最近 API RP 14E (1991)提出,当有缓蚀剂注入或者采用耐腐蚀金属时,C 值可以高达 150~200。

上述标准仅适用于清洁系统(无腐蚀且不出砂),如果有出砂或者腐蚀现象,这些标准应该相应降低。流速的下限是使腐蚀物保持悬浮状态时的速度,上限是使流体对管壁产生的冲蚀腐蚀和气蚀腐蚀最小时的速度。但是,并没有一个明确的标准(Salama,2000;McLaury 和 Shirazi,2000)。

3.7.2 腐蚀标准

腐蚀标准须考虑以下条件:

①对耐腐蚀材料,流速上限为 328ft/s,不规定允许腐蚀的程度;

②对非耐腐材料,当有腐蚀性流体流入或有缓蚀剂注入时,必须规定使用期限内允许腐蚀的程度。

值得注意的是,抗腐蚀材料的管线非常昂贵,但是如果使用缓蚀剂或者在管壁表面镀膜的话,成本会相对较低。注入的缓蚀剂能在管道内表面形成一层保护膜,这层保护膜的性能和持续性是影响腐蚀效果的关键因素。然而,对于多相管流中的某些特殊流型,如段塞流、紊流和高剪切应力常常会剥落管壁的缓蚀剂保护膜,从而使腐蚀变得极其严重(Kang 等,1996)。然而,段塞也有助于分散缓释剂,从而可以避免顶部腐蚀。确定深水管线的允许腐蚀程度需要用到能够反映实际动态和缓蚀剂实际利用率的缓蚀剂利用率模型,不能随意采用缓蚀剂有效性指标。

选择好合适的管线外径之后就要确定壁厚,管壁的厚度应该足以承受其内部的压力。对于一个已经给定了外径的管线,其壁厚是根据各种不同的载荷来计算的(如侧向载荷、外部破裂压力、安装应力等)。典型的管线设计应该包括环向应力设计和压差设计,为了承载联合载荷,还应该包括等效应力设计(API RP 14E,1991;Bay,2001)。经证实,除非有外部冲击载荷对管线造成破坏,这样设计的管道通常是比较安全的(Sotberg 和 Bruschi,1992)。在近几十年内,尽管油气管道技术有了很大改善和发展,但是这种设计方法几乎没有什么变化(Verley 等,1994)。Bay(2001)总结了其他的一些壁厚设计方法并与工业中所用的方法作了对比。

3.8 多相流动中常见问题

设计者在对多相流集输系统进行热力和水力设计时面临着诸多难题,这些难题都与多相流动有关,因为多相流的存在显著地提高了设计要求。所有管线设计者的目标都是确保流动安全,也就是说,集输系统在设计的使用期限内必须安全、有效平稳地运转。如果做不到这点就可能会导致严重的经济损失,特别是对于海上采气系统来说更是如此。流动保障措施涉及管线中可能遇到的所有问题,包括多相流动及与流体相关的影响,如天然气水合物的形成、管壁结蜡、沥青沉积在管壁上、腐蚀、冲蚀、结垢、乳化、起泡以及堵塞等问题。然而,湿气管线中的流动保障问题主要包括水合物、腐蚀、结蜡以及严重时出现的堵塞,这些问题将分别在以下各节进行讨论。对于这些问题,工程师在设计时采取的主要措施是预防和治理,从而优化生产系统,制定安全的、低成本的操作规程(包括开关和调节阀门等)。然而,由于生产设备下入地层的部位越来越深,流动安全问题就成了海上气田生产和集输的主要难题,由于海上气田所使用的深水开发系统的输送距离、下入深度、地层温度等条件太苛刻,或者由于经济条件等的限制,常规的设计方法不再适用(Wilkens,2002)。

3.8.1 天然气水合物

天然气水合物是一种呈笼状结构的冰状晶体,其中水分子构成主体结晶网格,网格中央包裹着其他小分子。最常见的小分子包括甲烷、乙烷、丙烷、异丁烷、正丁烷、氮气、二氧化碳、硫化氢等,其中天然形成的水合物中多为甲烷水合物。已经发现的天然气水合物的结构有很多种,最常见的两种为Ⅰ型和Ⅱ型。Ⅰ型天然气水合物网格中央包裹的小分子是甲烷、乙烷、硫化氢以及二氧化碳;Ⅱ型则由丙烷或者异丁烷之类的大分子形成金刚石型晶格(Sloan,1998)。虽然氮气是小分子,但形成的水合物也是Ⅱ型结构(Carroll,2003)。此外,由于自由水的存在,温度和压力也会对水合物的结构产生影响,低温低压下的Ⅱ型水合物会随着温度和压力的升高逐渐转换成Ⅰ型(GPSA,1998)。值得注意的是,正丁烷也可以形成水合物,但形成的水合物很不稳定(Ng和Robinson,1976;Kumar,1987)。如果存在甲烷或者氮气,正丁烷也可以形成稳定的水合物(Edmonds等,1998)。由此可以推断其他比正丁烷分子更大的正链烷烃分子更加难以形成水合物(Kumar,1987)。此外,Ripmeester等人(1987)认为还有一种我们知之甚少的H型结构水合物存在。H型结构水合物是由一些比戊烷分子还大的异构烷烃和环烷烃大分子形成的(Mehta和Sloan,1996)。

水合物形成过程有很多影响因素,其中最主要的促进因素是:①合适的温度和压力;②气体温度等于或者低于该压力下天然气中水汽的露点温度(Sloan,1998)。自由水虽然不是必要条件,但对水合物的形成起着极大的促进作用(Carroll,2003)。影响天然气水合物形成的其他非必需因素包括紊流、结晶位置、结晶表面、晶体聚结、系统矿化度等。水合物的生成温度和压力跟天然气和水的组成有关。对任意组分的天然气,当给定压力时,其水合物生成温度也是一定的,低于此温度才会有水合物形成,高于此温度则没有。形成水合物的临界温度会随着压力增大而升高。一般说来,低温高压有利于水合物的形成(GPSA,1998)。因此,许多天然气处理设备在关闭和重启时很容易形成水合物段塞(Hunt,1996;Ramachandran等,2000;Wilkens,2002)。

尽管天然气水合物无论是作为一种重要的碳氢化合物能源的来源,还是作为一种集输天然气的新方法,都具有可观的前景,但是水合物的形成却给生产造成了严重问题:水合物晶体可能在管壁沉降、积累甚至堵塞整个管道,最终导致生产中断(Sloan,1998;GPSA,1998;Edmonds 等,1998)。管道中的压力降会加速堵塞物的沉积,从而对生产设备造成相当大的损害。此外,用较低的成本来去除这种水合物堵塞物在技术上仍然比较困难(Mehta 等,2001)。因此,如何预防天然气生产系统中形成水合物的问题多年来一直受到极大的关注(Bufton,2003)。

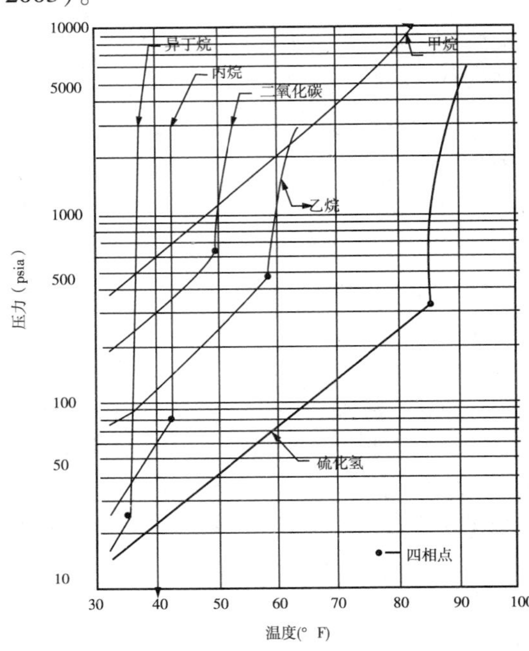

图 3-8 各组分的天然气水合物的形成条件(Carroll,2003)

3.8.1.1 天然气水合物曲线

天然气水合物的热稳定性与温度和压力相关,其稳定性与温度和压力的关系可以用天然气水合物曲线来表示。从天然气水合物曲线图中可以看出水合物稳定或分解的热动力学边界。曲线左边是水合物生成区,表示该条件下水合物可以生成并稳定存在。此条件是必要非充分条件,即水合物可能形成,但不是必然形成。图 3-8 为各种组分气体的水合物生成曲线,该图中混合气体的水合物生成曲线的延伸区域并不明显。多组分气体混合物的水合物生成曲线可以通过一系列室内实验得到,或者用更常见的方法,即用热动力学软件预测,该软件是根据系统中碳氢化合物和水相组分的热动力学性质编制的。

通过对水合物的热动力学研究可以得到水合物稳定时的温度、压力和组成。然而,它并不能得到水合物生成的时间,更重要的是,它无法预测水合物是否会造成管道堵塞。

3.8.1.2 水合物形成条件的预测

有很多种方法可用于预测水合物的形成条件。下面将讨论三种常用的快速预测方法。其他方法暂不讨论,请参考 Kumar(1987)、Sloan(1998)和 Carroll(2003)等人的著作。

(1)K 因子法。这种方法最初是由 Carson 和 Katz(1942)提出来的,后人对数据和图表做了增加和修正。该方法用气-固(水合物)相平衡常数来预测水合物的生成温度。基本方程(Carson 和 Katz,1942)如下。

$$\sum_{i=1}^{n}\left(\frac{y_i}{K_i}\right)=1.0 \tag{3-51}$$

式中,y_i 表示 i 组分在无水气相中的摩尔分数;K_i 是 i 组分的气-固相平衡常数;n 为系统的总组分数。

用迭代法求解,如果上述方程成立,就会形成固体水合物。该计算过程与计算多组分气体混合物露点的过程类似。

气-固相平衡常数的确定采用的是实验的方法,气-固相平衡常数定义为气固(无水)两相中烃类物质的摩尔分数之比(Carson 和 Katz,1942)。

$$K_i = \frac{y_i}{x_i} \tag{3-52}$$

式中,x_i 为 i 组分占无水固相的摩尔分数。

图3-9~图3-13给出了不同温度和压力条件下的气-固相平衡常数。对氮气或者比丁烷重的气体组分,其气-固相平衡常数取无穷大。需要强调的是,Carson 和 Katz(1942)最初提出这种方法时做了这样的假设:氮气不形成水合物;正丁烷在摩尔分数小于5%时,和乙烷气-固相平衡常数相等。理论上讲这种假设是不准确的,但是从实际角度来讲,即使氮气和正丁烷的气-固相平衡常数都取无穷大,得出的结果也能满足工程的要求(Campbell,1992)。

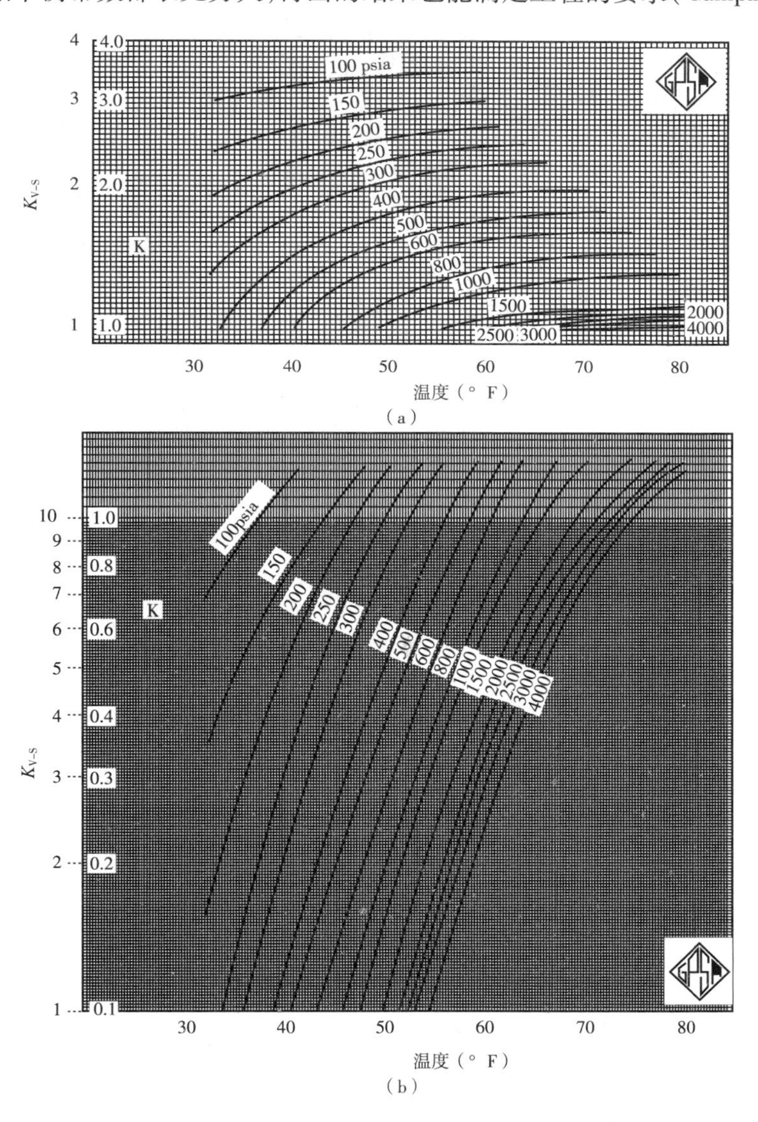

图3-9 甲烷(a)和乙烷(b)的气-固相平衡常数(GPSA,1998)

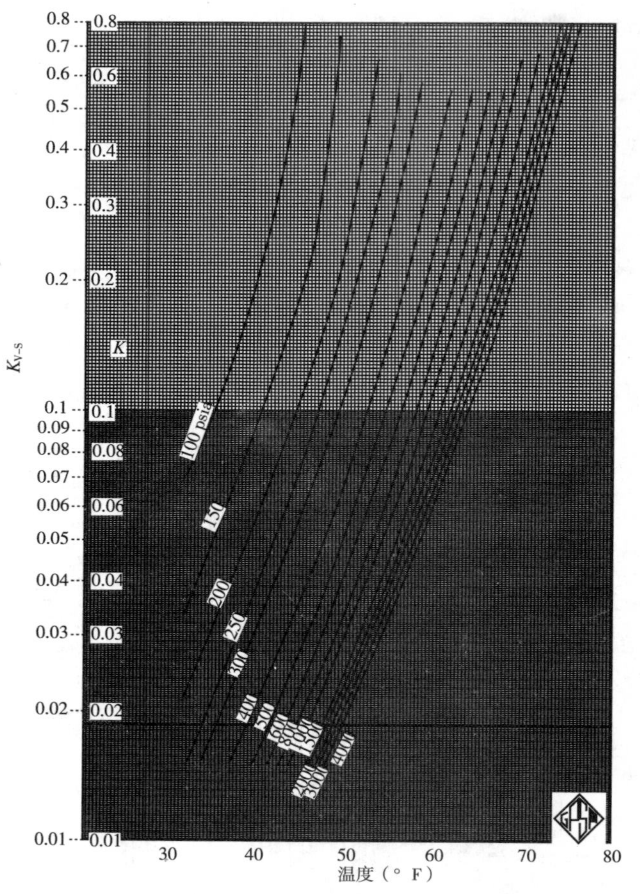

图3－10　丙烷的气－固相平衡常数(GPSA,1998)

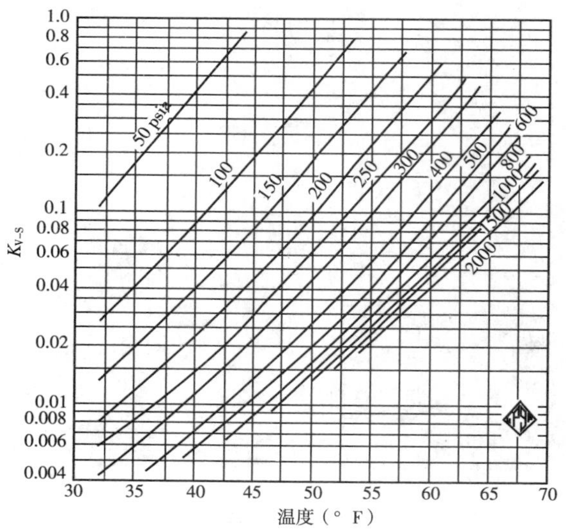

图3－11　1975年8月14日,加拿大阿尔伯达省埃德蒙顿市阿尔伯达大学测定的异丁烷的气－固相平衡常数(GPSA,1998)

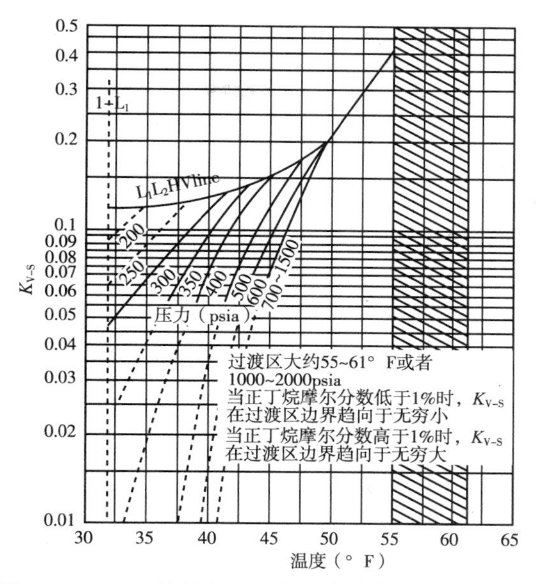

图 3-12　正丁烷的气-固相平衡常数(GPSA,1998)

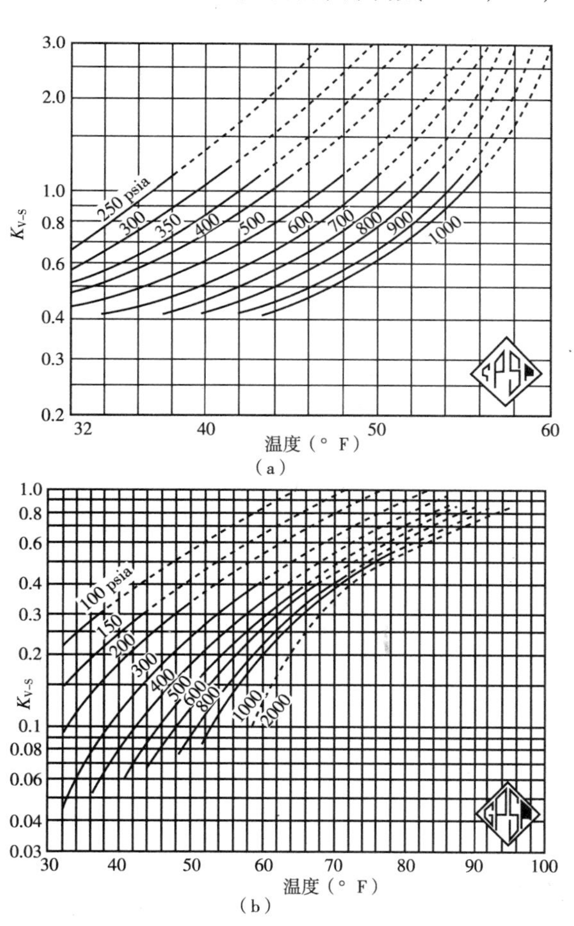

图 3-13　二氧化碳(a)和硫化氢(b)的气-固相平衡常数(GPSA,1998)

经证实,不含硫天然气在压力低于 1000psia 的条件下,用 Carson 和 Katz(1942)的方法得到的结果比较合理。然而,Mann 等人(1989)做了一个新的气-固相平衡常数图版,该图版涵盖的压力和温度的范围更广,可以用来取代没有考虑结构和组分影响的 Carson 和 Katz(1942)图版。

(2)Baillie - Wichert 图版法。图 3-14 是 Baillie - Wichert 于 1987 年提出的图版,当硫化氢含量低于 50%、丙烷含量低于 10% 时,该图版可用于估算压力在 100~4000psia 范围内的天然气水合物形成温度(Carroll,2003)。尽管该图版不适用于含二氧化碳的无硫天然气,但当在二氧化碳摩尔分数低于 5% 时,用该图得到的结果也可以认为是准确的(Carroll,2004)。

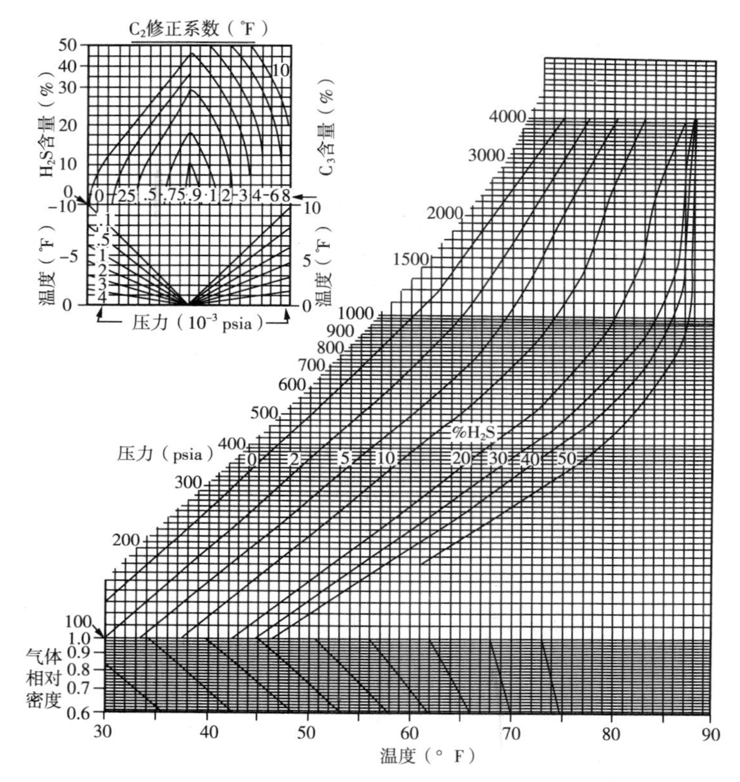

图 3-14 估算天然气水合物形成条件的 Baillie - Wichert 图版(GPSA,1998)

(3)天然气相对密度法。迄今为止,预测天然气系统中水合物形成条件的方法有很多,其中最可靠的方法都要求对气体进行组分分析。但如果气体组分未知的话,上述的两种方法都无法预测水合物的形成条件。图 3-15 是 Katz 于 1945 年提出的相对密度法图版,只要在相应的相对密度曲线图上查出水合物存在的压力和温度区间,就可以求出其近似的生成温度和压力。因此,预测水合物生成温度首先要建立一个合理的描述 Katz(1945)相对密度曲线的方程。这个方程包含两个未知数,即温度和压力,它们都和天然气的相对密度有关(Towler 和 Mokhatab,2005)。

$$T_h = 13.47\ln p + 34.27\ln SG - 1.675(\ln p \times \ln SG) - 20.35 \tag{3-53}$$

式中,T 表示天然气的流动温度,°F;p 表示天然气流动压力,psia;SG 表示天然气的相对密度(空气相对密度为1.0)。

值得注意的是,方程(3-53)是建立在GPSA图版的基础之上的,只有温度低于65℉时计算结果才精确,超过65℉计算结果会出现一点偏差。

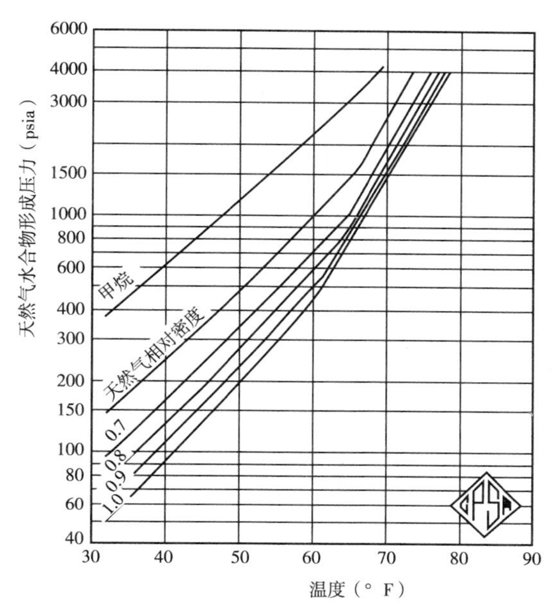

图3-15 估算天然气水合物形成条件的Katz相对密度图版

Katz相对密度图版是在有限的实验数据的基础上,再用气-固相平衡常数法经过大量的计算得出的。制作这个图版用到的气体组分包括甲烷、乙烷、丙烷、丁烷以及正戊烷,因此,当气体为其他组分时,该图版就不再适用(Sloan,1998)。虽然这种方法也可以用来预测不含硫烃类气体混合物的水合物生成条件,但是其结果不如引入了丙烷修正因子的Baillie和Wichert图版准确(Carroll,2003)。

(4)商业软件法。工业上通常用软件程序来预测流体组成已知的天然气水合物生成条件。与前述的其他方法相比,该方法更简单快捷、行之有效。这些计算机程序是根据统计热动力学模型编制的,在预测出数据之后,再用实验数据来对结果进行修正,从而使预测结果更加准确。现在最常用商业软件所采用的算法是由D. B. Robinson和Associates(EQUIPHASE)开发的,并由Infochem计算机服务有限公司(MULTIFLASH)编制而成。至于这些程序的计算精度以及还有哪些其他的水合物预测软件等详细信息,请参考Sloan(1998)和Carroll(2003)的著作。

3.8.1.3 天然气水合物的预防技术

从井口采出的多相流体通常温度适中而且压力比较高。当流体流入管线时,随着温度的降低,有可能在管线的某些地方形成水合物。因此,必须采取经济有效的措施预防水合物生成,以保证天然气集输管线正常运行。将集输系统的条件控制在水合物稳定的范围之外,就能防治水合物。例如,使流体温度高于水合物形成温度(包括合适的安全系数),或者使压力低于水合物生成压力,这两种方法基本上都是可行的。

由于天然气水合物形成的堵塞在集输管线中所处的位置不同,水合物的防治方法也有很多种,如安装加热炉或者降压输送,但是这些方法对于海底长距离高压集输管线就不再适用了(Son 和 Wallace,2000;Wilkens,2002)。

海上油田天然气集输系统预防形成水合物的方法很少。一直以来,海上油田的防治措施是在天然气进入管线之前先用大型海上脱水装置对天然气进行脱水处理,但这种方法成本较高。通常,在现场有两种方法可以使用,即加热法和化学法。下面将详细讨论这些技术。

(1)加热法。加热法,即通过加热或者保温使气流温度高于水合物生成温度。现场常用的方法是加入隔热层(Oram,1995;Hunt,1996)。集输设备由输送流体的种类、流体输送的距离、平台面积的大小等因素来决定,加热法也可用于某些海底集输设备。保温系统的设计通常需要同时考虑材料成本(保温材料成本较高)、系统的可操作性、承受风险的能力三方面,在三者之间达到平衡(Fidel - Dufour 和 Herri,2002)。

给管线加热的方法也有许多种。对于双层套管或丛式管,最简单的方法是外加水套炉,或者使用传导式或感应式伴热管线进行加热(Hunt,1996)。为了保证传导系统的可靠性,隔热性能不好或者封闭条件下的长距离输送管线应该使用电阻加热方法(Langner 等,1999)。电阻加热装置的性能决定了它对生产系统的供热能力。该加热系统在控制流体温度时不会对环境造成危害,也不需要扩径以减小管线压力。而且,由于不用浪费时间去降压、清蜡、循环传热介质、解除水合物堵塞等,生产效率也提高了。但是,要想说服生产企业去安装一个这样的加热系统也很困难。

(2)化学抑制方法。另一种预防水合物的方法是利用化学抑制剂。从井口加入化学抑制剂,使水合物生成的温度低于该管线的运转温度,从而预防水合物的生成。但是,海底管线化学抑制剂注入系统的基础建设费用和运行费用都很高(Covington 等,1999;Sloan,2000;Frostman 等,2003)。尽管如此,运输未经处理的天然气的最广泛的方法仍然是采用化学抑制剂,因此,研发一种可替代的、低成本的、环保的水合物抑制剂,仍然是天然气生产工业的一个技术挑战。

①抑制剂的种类。一般说来,天然气生产系统中,过去最常用的水合物的化学抑制剂是高浓度的甲醇、乙二醇或三甘醇(Sloan,1991)。这些化学抑制剂称为热动力学抑制剂,加入这种抑制剂后水合物的生成曲线会向左移,从而使水合物稳定点向更低的温度或者更高的压力方向转变。对于海上气田,设法增加采出水中盐含量(注入氯化钠、氯化钙、氯化钾之类的电解质溶液),也能降低水合物生成温度,然而仅仅靠这个方法是不够的。某些海上气田也会用甲醇或乙二醇与电解质溶液配制的混合抑制剂来抑制水合物的生成(Zuo 和 Zhang,1999)。

化学抑制剂的选择通常需要对很多因素进行比较,包括基础建设和运行费、天然气的物理性质、安全因素、防腐以及天然气的脱水能力。但是,首要考虑的因素是化学药剂能否回收、再生、循环注入。通常情况下,如果甲醇是间歇注入的话(即只在启动和停输时注入),就属于不可再生的抑制剂。如果甲醇是连续注入的,并且经常在系统中检测到甲醇,这时候甲醇也属于可再生的抑制剂。然而,如果选用乙二醇作抑制剂,其挥发损失是可以控制的(GPSA,1998)。通常情况下,选择甲醇作抑制剂耗损的成本会很高。但由于甲醇的黏度和表面张力比较低,很容易在低温下(低于 -13℉)从气体中分离出来,因此,更受人们青睐(Esteban 等,2000)。在某些情况下,通过加入乙二醇降低水合物生成温度(通常采用亚甲基二醇,它的成本更低,黏度更低,在液烃内的溶解度也更低,而且,其较低的蒸汽压力降低了气相的损耗),也可以达到预防水合物堵塞的目的(Kohl,1985)。然而,为了达到理想的效果,乙二醇和水的质量之比必须达到1:1。由于乙二醇这种抑制剂很昂贵,必须回收再生。无论是对于海上气田还是近海气田,乙二醇的回收再生装置都相当昂贵,而且需要占用很大的空间。因此,需要研发一种新的成本更低的在低浓度下就能有效预防水合物形成的化学抑制剂。现在,人们已经研发了两种新的低剂量的适用于海底天然气集输管线的化学抑制剂,不需要再注入乙二醇和增设乙二醇回收装置就可以输送更多的天然气(Bloys 等,1995;Lederhos 等,1996;Palermo 等,2000)。采用这种新型的水合物抑制剂可以显著地降低成本,它不仅用量少,而且还降低了注入、输送以及储存设备的体积(Mehta 等,2002;Frostman 等,2003)。这些新型的水合物抑制剂称为“低剂量水合物抑制剂”(LDHIs),该项技术不用改变系统的热动力学条件就可以实施。事实上,在水合物形成初期,LDHIs 改变了系统的流变学性质(Sinquin 等,2004)。LDHIs 分为两种:动力水合物抑制剂(KHIs)和反凝聚剂(AAs)。工业上用的动力水合物抑制剂都是高相对分子质量聚合物(如聚正乙烯基吡咯烷酮或聚乙烯基甲基乙酰胺/聚己内酰胺),其有效浓度大约是热动力学抑制剂的 1/10 或者 1/100。KHIs 通过缩短水合物晶体在管线中的滞留时间来预防水合物在管壁上结晶或长大。系统所处的状态越靠近曲线图中水合物生成区域的中央,KHIs 可以防止其结晶的时间就越短。如果管线处在低于 42℉ 的环境中,KHIs 防止水合物晶体结晶的时间为几周;如果管线处在 50℉ 的环境中,KHIs 防止水合物晶体结晶的时间就缩短到几小时(Mokhatab 等,2006)。相对来说,KHIs 对烃类物质的相态不敏感,因此它广泛适用于烃类系统。然而,KHIs 的应用能否工业化取决于室内多相管流实验的结果和油田现场试验的结果是否具有可重复性和可移植性(Kelland 等,2000)。

AAs 和其他类型的化学抑制剂不同,它是一种表面活性剂(如烷基苯磺酸盐或烷基苯乙酸盐),它虽然不能抑制水合物晶体的形成,但是可以分散这些晶体小颗粒并防止其长大,这样,流体的黏度就会保持在较低的状态,形成的水合物就会被采出流体带走。相对来说,水合物的滞留时间对 AAs 的效果没有什么影响。另外,在很多恶劣条件下,AAs 比 KHIs 效果更好,因此,这类产品对于正在寻找廉价水合物抑制剂的海上油田来说更有吸引力。墨西哥、北海、非洲西部等海湾地区的气田已经开始采用这种化学抑制剂(Mehta 等,2002;Frostman,2003)。但是,该方法也有其局限性,主要是油相必须连续,因此只能用于含水率比较低的情况,最高含水率约为 40% ~50%。这种局限性是由于流体中悬浮的大量固体碎屑改变了流体的流变学性质导致的,也有可能与流体的流动型态有关(Kelland 等,1995;Frostman,2000;Mehta 等,2002)。

如前所述,化学抑制剂的选择应该考虑设备的限制和经济条件两方面。然而,现场的生产条件也能限制化学抑制剂的可选种类。例如,Baker Petrolite 实施的一个项目结果表明,在某些恶劣条件下,可以使用反凝聚剂来防止水合物的形成,而不必使用动力水合物抑制剂或活性抑制剂,而且反凝聚剂的用量也不会随着温度的降低而增加。因此,这种处理方法降低了抑制天然气水合物形成的成本(Ramachandran 等,2000)。

②估算抑制剂用量。抑制剂的最佳浓度是防止水合物形成的最小浓度。准确地预测这个最小浓度不仅是降低成本设计的要求,更有利于多相管流的运行。目前已有的预测方法有经验公式法、图版法以及计算机法等。其中相对简单的方法是著名的 Hammerschmidt 经验公式法,它可以用来计算降低水合物形成温度的抑制剂在水溶液中的浓度。

$$\Delta T = \frac{KW}{100(MW) - (MW)W} \tag{3-54}$$

式中,ΔT是水合物生成温度的降低值,℉;MW是抑制剂的相对分子质量;W是最终水溶液中抑制剂的质量分数;K是一个常数,取决于抑制剂的性质。

表3-5是实验室测得的常用抑制剂的相对分子质量以及K值。要应用此公式,必须首先知道加化学抑制剂之前的气体的水合物生成温度。

表3-5 各种抑制剂的物性常数(Hammerschmidt,1934)

抑制剂	MW	K
甲醇	32.04	2335
乙醇	46.07	2335
异丙醇	60.10	2335
乙二醇	62.07	2200
丙二醇	76.10	3590
二甘醇	106.10	4370
三甘醇	150.17	5400

事实上,方程(3-54)只能预测出由某种化学抑制剂对水合物生成温度的改变量。Hammerschmidt方程对抑制剂的浓度有限制:甲醇质量浓度为20 wt% ~25 wt%[1],乙二醇质量浓度为60 wt% ~70 wt%(GPSA,1998)。于是,对于浓度较高的甲醇,Nielsen和Bucklin(1983)提出了以下方程:

$$\Delta T = -129.6\ln(X_{H_2O}) \tag{3-55}$$

式中,X_{H_2O}是液相中水的摩尔分数。

Nielsen和Bucklin指出,该方程在甲醇质量浓度低于90%的情况下计算都是准确的,而规定上限是因为甲醇质量浓度高于90%将会出现凝固现象。然而GPSA(1998)的研究却指出,N-B经验公式只适用于甲醇质量浓度在25% ~50%的情况。公式(3-55)是由甲醇作为实验对象而建立的,然而,实际上该公式跟化学抑制剂的类型其实并没有关系,因此从理论上讲,它也适用于乙二醇。

Maddox等人1991年提出了一种估算所需化学抑制剂浓度的图版方法,该图版对甲醇和乙二醇都可适用。这种方法是一种试算法,适用于甲醇和乙二醇中水的活度系数已知的条件下。尽管这种方法精度较高,但却没有指出适用范围(GPSA,1998;Esteban等,2000)。

当采出水(盐水或者海水)跟气流互相接触时,采出水本身的矿化度也能抑制水合物的形成。因此,如果能够估算采出水中含盐量变化对水合物形成温度的影响,对水合物的研究会有重大的意义。出于这个目的,McCain(1990)提出了以下公式:

$$\Delta T = AS + BS^2 + CS^3 \tag{3-56}$$

[1] 原文如此,似指100mL溶液中含有溶质若干克——译者注。

式中 ΔT——温度改变值,℉;

S——采出水的矿化度,wt%。

$$A = 2.20919 - 10.5746(SG) + 12.1601(SG^2) \quad (3-56-1)$$

$$B = -0.10605 + 0.72269(SG) - 0.85093(SG^2) \quad (3-56-2)$$

$$C = 0.00347 - 0.01655(SG) + 0.01976(SG^2) \quad (3-56-3)$$

公式(3-56)的使用条件是盐的质量浓度需低于20%,且气体相对密度在0.55~0.68范围内。

这些简单的方法都只能预测水合物形成温度的改变值,无法预测水合物的实际形成条件。而有些热动力学模型却可以预测含有甲醇、乙二醇和电解质的水溶液中水合物的形成条件(Edmonds等,1996;Nasrifar等,1998;Zuo和Zhang,1999)。这些精确的模型也能说明压力和水合物类型的影响,而这些方面在前面提到的简单方法中被忽视了。但是现存的模型也有它的局限性,如流体类型、流体组分以及化学抑制剂的类型等。

所需化学抑制剂的总量,等于处理水相所需要的抑制剂量,加上抑制剂气相损失量和溶解在烃内的量。图3-16可以估算甲醇的蒸发损失,乙二醇的蒸发损失通常很小,可以忽略不计(Chen等,1988;Sloan,2000)。

此外,化学抑制剂在液态烃内的损失是很难预测的。尽管如此,还是有很多商业软件能计算出甲醇和乙二醇在液态烃内的损失。

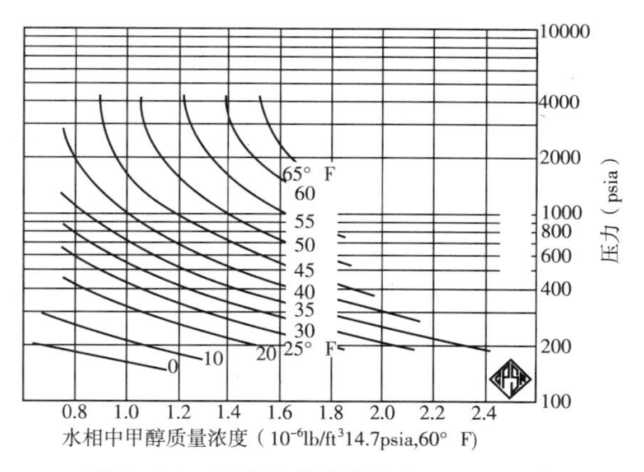

图3-16 甲醇的蒸发损失(GPSA,1998)

③注入系统的设计。化学抑制剂注入系统的设计是相当复杂的,它包括抑制剂优选、确定注入速率、泵型的选择,以及管径的选择。对海上天然气集输系统,气田正常投产之前就要先选好抑制剂。因此,大量的未知参数使得抑制剂的优选更加困难。这些参数包括盐水的组分、温度、压力以及抑制剂对它们的影响(Ramachandran等,2000)。因此,目前注入系统的设计需要一个合理的多相流模拟程序来计算这些未知参数。

通过矿场实验来测定化学抑制剂的需求量是确定注入速率的一种可行的方法。只有确定了抑制剂需求量,才能确定存储抑制剂的设备、泵的排量,以及管线数量。只有这样才能确保无论是在开井还是关井条件下,抑制剂都能以所需的速率注入到作业井和管线中去。此外,注入点的选择还应该考虑管线的最大效益。通常最有效的注入位置是沿着采出流体方向的管线的中间位置。实际上,在现场应用中,注入速率和注入点的位置与流动型态和流体性质以及温度-压力的关系有关。例如,对于深水开发系统,水合物抑制剂通常用直径为1/2in或者1/4in的长支流管线注入。注入泵是一个正排量计量泵(Kumar,1987),能产生足够的注入管线压力(通常在3000~4000psi),克服管线内的运行压力。理想注入压力要高于管线压力100psi。其实,通过改变压差可以改变注入速率。顺便说一下,Ramachandran等人(2000)已经对深水注入系统的设计和预测系统状态进行了讨论。

3.8.2 防腐

金属腐蚀是多相管流常见的问题之一。腐蚀即材料的变质,金属的腐蚀主要指金属与环境中的物质以及运行介质之间的反应。引起腐蚀的直接原因是采出气体中的杂质以及副产品中的腐蚀成分。由于生产井中采出的组分性质各不相同,某些组分甚至全部都可能在管内形成腐蚀环境。多相流系统中的腐蚀是一个非常复杂的问题,其影响因素有组分分压、温度、pH值以及腐蚀物的浓度。因此,要想对腐蚀情况做出正确的判断,必须同时对影响流体和腐蚀条件的各种参数之间的相互作用有一个基本的了解。

适当地控制腐蚀是日常管线维护工作的一个重要方面。管线腐蚀包括内部腐蚀(主要是由流体组分以及其副产品造成的)和外部腐蚀(主要是由于管线暴露在水和土壤中造成的)(Hartt和Chu,2004)。

管道防腐有以下几种方法:①选用防腐金属或者合金;②注入防腐剂;③阴极保护;④在外部和内部涂保护层。

尽管选用合适的防腐金属材料可以达到控制腐蚀的目的,但考虑到生产情况,通常仍然要求建立一个高效的防腐系统。通常采用注入化学抑制剂的方法来防止管线的内部腐蚀,管线外部腐蚀则采用阴极保护的方法,或者联合使用阴极保护和防腐涂料(针对地下或者海底管线)。

3.8.2.1 防腐金属材料的选择

某些仪器设备的材料与周围环境中的物质长期接触,因而耐腐蚀性是这些设备的基本要求。所有的金属都有向更稳定的形态转化的趋势,因而,可以根据金属这种变化趋势对其进行分类,按活性降低排列或电势增加排列。具体选择什么样的材料,请参照ANSI B31.3、ANSI B31.8、API RP 14E (1991) 、NACE (1975) MR-01-75。耐腐性能并不是金属材料的优选需要考虑的唯一因素,必须综合考虑耐腐蚀性和经济条件。在以前,建造海底集输管线最安全最经济的材料莫过于高强度钢及其合金。但是由于这些材料本身耐腐蚀性不高,因此需要再增加一套高度可靠的防腐系统(Hartt和Chu,2004)。

3.8.2.2 防腐剂

管线内壁防腐一般使用化学防腐剂。通常是阳离子表面活性剂,只需要很低的浓度就可以有效降低金属的腐蚀速率。分布在溶液或者悬浮液中的防腐剂吸附在金属表面,形成一层保护膜。防腐剂的主要优点在于它能抑制管线中环境的腐蚀能力增强的趋势,降低腐蚀效果。防腐剂的分类有多种不同方法。最常用的是按化学功能分类。含氮(胺)有机物防腐性能好并且适用面广,在油田生产运行中得到广泛的应用。

防腐剂可以间歇加入,在管线内形成的保护膜可以维持几个星期甚至几个月。但是,管线中的防腐剂必须适当,以保证保护膜有足够的厚度。防腐剂的加入频率取决于当一定量的流体通过管线以后，所残留的有效防腐剂的量。通常采用连续注入低浓度的防腐剂的方法来防止保护膜被破坏（Tiratsoo，1992）。有时则需要采用连续注入和间歇注入相结合的方法，比如在周期性的大量段塞流过管道之后，只有百万分之几的部位还有保护膜存在，这时就需要连续注入防腐剂。

前面所述的内容只是根据实验室内的测试结果在小范围内研究了管线的腐蚀问题，其实，人们投入在天然气和凝析气多相管流防腐方面的研究工作更多，而且正在朝着更加环保的方向发展。这项技术是通过在水中加入氢氧化钠之类的 pH 值稳定剂，增加水相的 pH 值，在管壁形成一层致密的碳酸铁保护膜，进而达到防腐的目的（IFE，2000）。但是这种碳酸盐保护膜无法在段塞流条件下存在（Kang 等，1996），而且也不适用于盐水中氯离子以及其他离子浓度过高的情况。

3.8.2.3 阴极保护

阴极保护就是利用电压防腐，是目前海底或者地下金属设备的最成功的防腐方法（Colson 和 Moriber，1997）。当处于电解质溶液（如海水）中的两种金属被连接起来形成电路时，由于两者电化学势不同，电子会从活性高的金属（阳极）流向活性低的金属（阴极）。阳极提供电子，因此阳极金属会逐渐在电解质中溶解成离子，同时分离出的电子通过金属间的接触被阴极吸收。结果阴极被负极化，从而达到防腐的目的。阴极保护有以下两种方法：①利用腐蚀电位较低的活性金属作牺牲阳极或反应阳极，用来保护阴极；②通直流电（Uhlig 和 Revie，1985）。相对于牺牲阳极法，通直流电运行起来需要更多的维护措施，但是它成本较低，并且能提供的电位差范围也较广（Copp，1970）。

3.8.2.4 防腐涂料

一直以来，阴极保护是海上气田设备唯一的一种防腐措施，但对于多相流管线，为达到更好的防腐效果，必须将防腐涂料和阴极保护两种方法结合起来（Samant，2003）。防腐涂料能在金属管壁和反应物（氧气和水）之间形成一层保护屏障，从而起到防腐的作用。但是，由于有机涂层对水和氧气是半渗透的，因此仅有防腐涂料还不行，于是通常和阴极保护的方法一起使用（Varughese，1993）。

通常，管道被堆放在仓库内还未使用之前，就会在其内壁涂上一层防腐材料以减少腐蚀，该防腐涂层还可以在管壁内形成一层光滑的表面，以减少摩阻，有利于流体通过。值得注意的是，在气井生产初期，由于二氧化碳的分压很高，腐蚀也最厉害。因此，在新气田中搞好多相管流设备防腐措施具有良好的经济效益。防腐涂层必须能与采出气体共存，对采出气体及气体中的杂质、腐蚀性物质或者与之有关的化学物质等具有一定的抗腐蚀能力。可供选择的防腐涂料有环氧树脂、塑胶或者金属化合物。迄今为止应用时间最长的防腐方法是在管道外面涂上一层沥青，并在其外面再包上一层适当的覆盖层（Polignano，1982）。利用管线外部涂层在金属与外部环境之间形成绝缘层，将外部腐蚀降低到一个比较经济的水平（Copp，1970）。Rhodes（1982）还推荐了其他的防腐涂料，例如聚氨基甲酸酯、酚醛树脂、苯基环氧树脂以及熔化的环氧粉末。

管线内外表面都容易受到腐蚀。因此，为了做好评估工作，需要对管线内外的腐蚀情况进行监测，为合理地利用材料和制定防腐措施提供指导意见。传统的探伤和监测技术虽然可以描述管线的状态判断其是否完好无损，但是这些方法的灵敏度以及精确度都不高，不足以用于防腐剂性能的监测。然而,工业研究中心(the Center for Industrial Research)的 Strommen 等人(1993)开发的实地监测法(FSM)可以连续实时监测海底管线上某点的腐蚀情况以及管壁剩余厚度。这些信息可以即时传输到地面,操作员便可以立即采取措施进行处理。相对于传统的腐蚀监测方法,FSM 方法不仅降低了成本,提高了安全性,也降低了清蜡作业的频率。事实上,这种方法不需要任何维修成本,也不需要更换任何配件。它的使用寿命就是管线的使用寿命。不过,FSM 毕竟是一项相对来说比较新的技术,还需要进一步试验和改进。

3.8.3 结蜡

在油气集输系统中,有机固体物质(通常是蜡状物)的沉淀会给油气集输带来严重的影响,甚至使生产中断。结蜡减少了管线的有效输送面积,增大了管壁粗糙度,导致压力降增大。沉淀物还会导致地下或者地面的设备堵塞和故障,特别是油气管线穿过北极地区或者其他温度较低的海域的时候。管线结蜡导致清蜡作业更加频繁,增加了风险。如果结蜡太厚,蜡块还会使管线容积减小而使刮蜡器被卡住。井筒和生产设备中结蜡会导致频繁关井或停产和其他操作问题。

3.8.3.1 结蜡

油气流结蜡过程可以看作热动力学的分子饱和现象。石蜡中分子的状态没有规律,粗石蜡分子最先被溶解,然后粗石蜡分子在特定的热动力学状态下达到饱和而析出并沉淀下来。这个热动力学状态称为析蜡点或者凝固点。这种现象和液体凝析现象中的露点是类似的,所不同的是结蜡过程中是固体从液体中析出,凝析过程中是液体从气体中析出。在结蜡过程中,由于冷却作用,树脂和沥青等大分子的动能降低到一定程度时,它们就会从溶液中析出并沉淀下来,而且其分子结构不会被破坏。如果给系统加热,增加分子的动能,这些分子就会在溶液中分散开来,形成稳定的悬浮液并做布朗运动。

(1)结蜡包络线 许多油气藏条件很容易导致生产过程中结蜡,因此如何区分油田现场的天然蜡和粗石蜡是非常重要的。现场的天然蜡通常含有重烃组分混合物,例如沥青质、树脂、链烷烃(或者粗石蜡)、环烷烃以及重芳烃。结蜡与流体的温度和组分有重要的关系,它主要取决于分子之间的范德华力或者伦敦扩散类型。压力对结蜡的影响较小。和沥青质一样,对于已知流体,有些热动力学条件下会结蜡,其他条件下则不会结蜡,结蜡和不结蜡的热动力学分界线包络起来形成一个封闭区域。这个有界热动力学区域被称作"结蜡包络线区(WDE)"(Leontaritis,1995)。图 3-17 为一个典型的结蜡包络线图。

图 3-17 中,包络线的斜率既可以是正的,也可以是负的。大多数情况下,包络线图是通过实验方法得到的,图 3-17 的包络线接近于垂线。通常地面脱气原油的 WDE 包络线与泡点线的交点会出现在析蜡点(浊点)的左边。经证实,大多数油田 WDE 图都是这种情况(Leontaritis,1995)。原因在于轻质烃,当油中溶有轻质烃时,通常会使析蜡点降低。早期 WDE 包络线的形状主要取决于油藏流体中的中间产物和轻质烃组分。WDE 包络线的测定技术直到最近才得以完善。由于这是一项新技术,测定成本相对比较高,许多公司觉得用实验室方法测定完整的 WDE 曲线经济成本太高。于是,比较经济的做法是用实验室方法测定少量的数据点,然后用这些数据对相态模型进行微调,再用于计算剩余的 WDE 曲线。需注意的是,这些模型的预测能力很低,主要用于与其他方法做对比预测。对原油特性的描述不恰当或不充分是上述方法预测不准确的主要原因之一(Leontaritis,1997)。

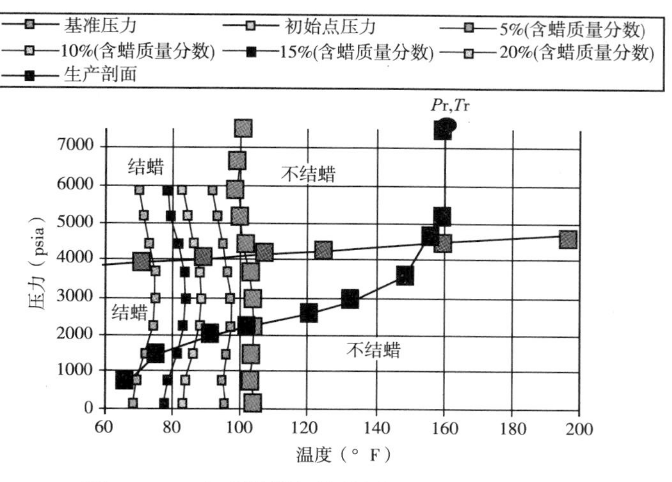

图 3-17　典型结蜡包络线图(Leontaritis,1995)

(2)天然气/凝析油结蜡包络线。一些天然气/凝析油(特别是现场中产量超过 50 bbl/MMSCF 的富气)中含有大量的高碳烷烃,很容易在生产装置中结晶并沉淀下来。但是,它的热动力学包络线(如温度和压力曲面)是什么形状呢?或者引用前面的术语,WDE 包络线是什么类型呢?由上述 WDE 包络线的形状可以看出,在油藏温度条件下,结蜡的可能性与流体中高碳烷烃含量有关。换句话说,油藏温度太低是结蜡的原因之一。因此,凝析气(凝析油)这种超临界流体的 WDE 包络线就落在露点压力附近。对于凝析气藏,当近井地带压力达到露点压力时,产量递减除了受到相对渗透率的影响之外,也可以从这个角度重新考虑。

图 3-18 为一种典型的墨西哥湾凝析气(油)的气-液包络线图。这种凝析气(油)(我们称为 A 型)经过 PARA(链烷烃-芳香烃-树脂-沥青)分析以后发现其中正烷烃的碳分子数高达 45。对标准流体 PVT 研究得出的数据进行调整之后,再用 Peng-Robinson(1976)原始状态方程对气-液包络线图进行模拟。但是,用这种流体研究结蜡问题时,首先要解决一个问题:如果压力维持在超临界压力不变,流体温度下降时,情况将会怎么样呢?如图 3-19 所示。

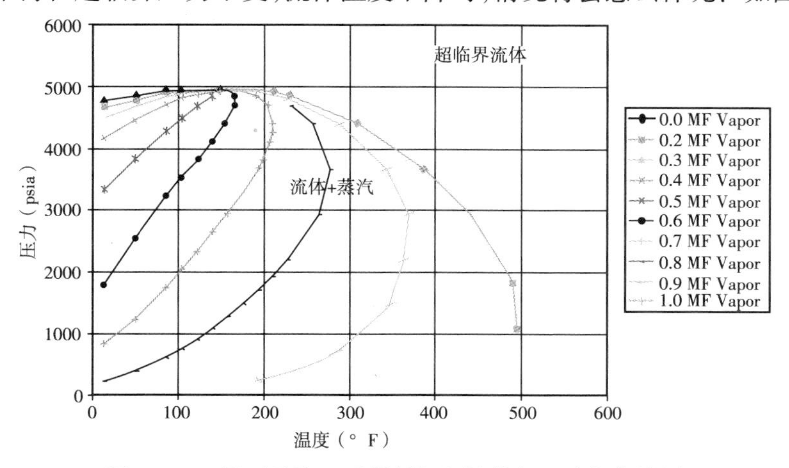

图 3-18　墨西哥湾 A 型凝析气(油)的气-液包络线图

MF Vapor 是指系统中气相组分的质量分数

图3-19显示了A型流体在不同压力下,降低系统温度并用近红外线(NIR)设备测得的一些蜡结晶的初始点数据(Leontaritis,1997)。从近红外线数据中可以明显看出,结果与实验室获得的原油的包络线相似,左边是结蜡区域(温度较低)。图3-19所示的完整的结蜡包络线是由已调整好的结蜡性质模型计算得出的(Narayanan等,1993)。尽管图3-19清晰地显示了A型流体的WDE包络线,但要确定其他类型流体的WDE包络线,并建立一个标准的热动力学模型,还需要更多的数据。

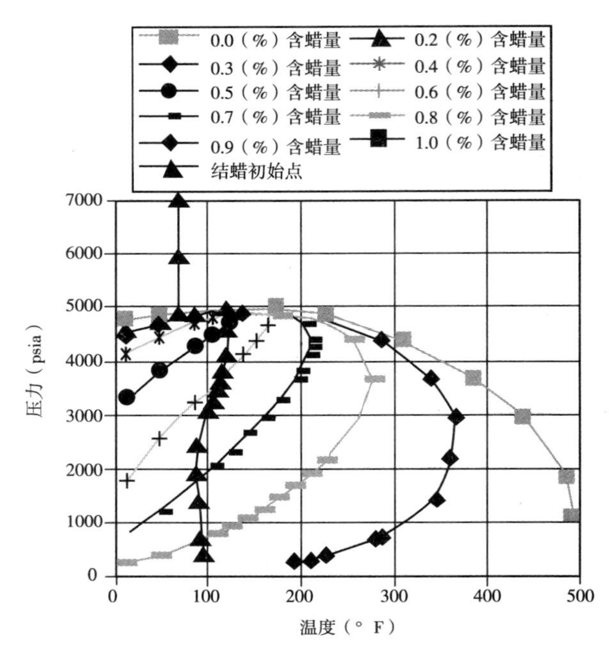

图3-19 墨西哥湾A型流体WDE包络线图(Leontaritis,1998)

MF Vapor是指体统中气相组分的质量分数

图3-20是墨西哥湾的另外一种类型流体的气-液包络线图。虽然有数据显示,这种流体(称为B型流体)比A型流体轻,但是分析表明,它含有的烷烃链的碳分子数也超过45。同样,对标准流体PVT研究得出的数据进行调整之后,再用Peng-Robinson(1976)原始状态方程对气液包络线图进行模拟。

如图3-21所示,将近红外线数据叠加在气-液包络线上进行对比,显然模拟数据显示存在热动力学包络线,且其左边温度较低区域为结蜡区域。同样,图3-21所示的完整的结蜡包络线是由已调整好的结蜡模型计算得出的(Narayanan等,1993)。

这些数据证实含有高碳石蜡(≥45)的凝析气存在一个WDE包络线。这个图版与原油的WDE图版类似,因此可将其当作标准热动力学图版。气-液包络线中的WDE的形状与考虑到轻质烃影响的结蜡初始点或者结蜡温度等已知信息相一致。因此当压力上升时,由于轻质烃抑制了蜡的析出,WDE向左倾斜(斜率为负);当压力在反凝析区域时,WDE反转,斜率为正。这是因为轻质烃随着压力降低而汽化,导致流体中残留的蜡更容易析出。简单地说,反凝析作用使蜡的浓度增大,从而使蜡更易析出。大多数凝析液的气-液包络线在饱和线(露点或者泡点)处近似于水平线。因此,在此压力下,WDE曲线与气-液饱和线是重合的,直到温度降低，使得石蜡从超临界流体中结晶出来。这与以前的研究是一致的，即流体达到超临界状态以后（如丙烷、二氧化碳）相应的溶解能力显著增强。因此，由于其溶解能力增加，超临界烃类流体可以冷却至更低的温度而不致使石蜡析出。

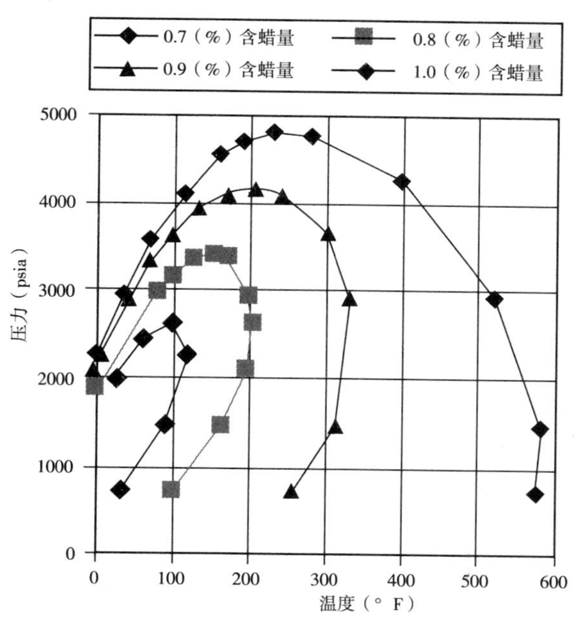

图3－20 墨西哥湾B型流体气－液包络线（Leontaritis，1998）
MF Vapor是指体统中气相组分的质量分数

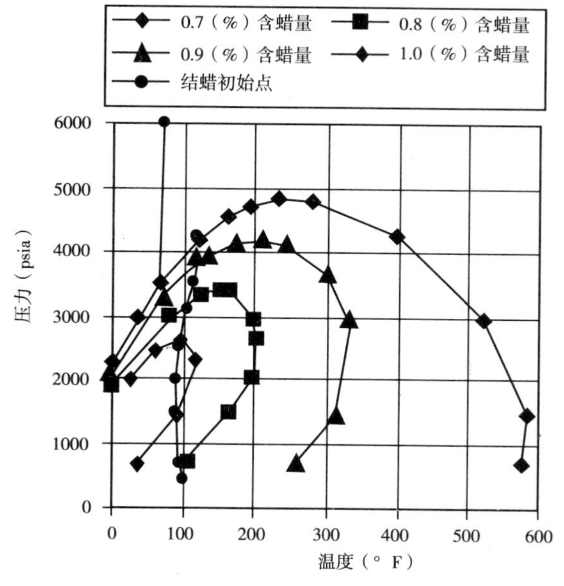

图3－21 墨西哥湾B型流体WDE包络线（Leontaritis，1998）
MF Vapor是指系统中气相组分的质量分数

3.8.3.2 天然气/凝析油多相流管线结蜡

当天然气和凝析液的生产压力和温度分布线经过 WDE 和水合物包络线(HE)时,就会有蜡和水合物生成。生成的水合物的量不断增加,对流动的阻碍也越来越大,直到流动完全停止。在液体与管壁接触处生成的蜡会附着在管壁上,产生沉淀。墨西哥湾天然气/凝析液的 $P-T$曲线图(图 3-22)描绘的正是这一情况。

由图 3-22 可知并未在现场对此种流体做 NIR 测试。如图 3-22 所示,只有在 95℉垂线底部的凝析液的始凝点是 WDE 上经测量得到的。这个系统干净的油管和气管线在 2002 年 6 月 17 日达到输送 $14.5\times10^6m^3/d$。从 $P-T$ 轮廓图和水合物线,可以非常清楚地看到这个系统开始的主要流动保障问题是水合物和蜡的形成和沉积。因此努力得到上述图表是非常值得的。

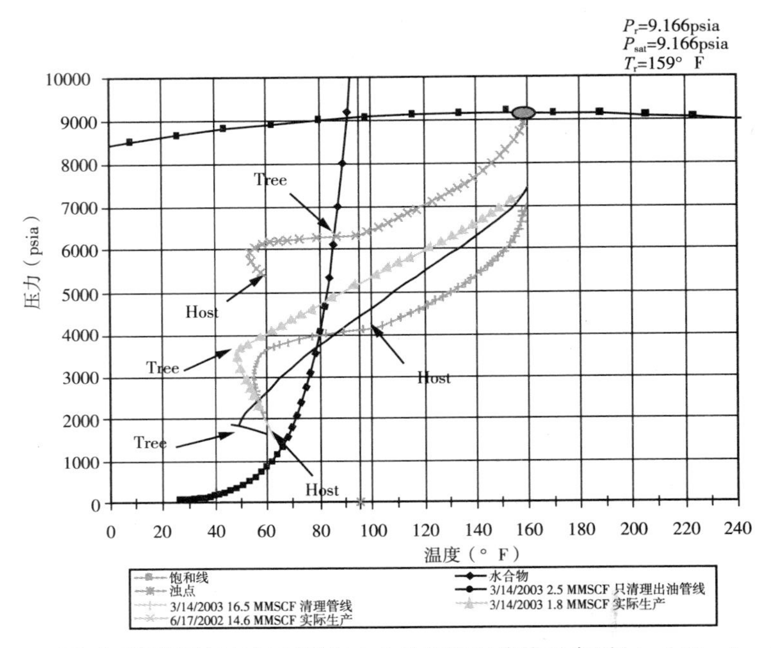

图 3-22 墨西哥湾凝析气(液)石蜡与水合物沉淀包络线示意图(AsphWax Inc,2003)

有时油气操作工为使他们的操作在 WDE 和 HE 的左边(如图 3-22 所示)而决定设备的设计方案。在这些情况下,如果流体未经化学处理,会有蜡和水合物生成。在上述例子中,注入甲醇成功抑制由于储层平衡水的产出而导致的水合物的生成。然而,由于操作工一开始并不了解在这种凝析液中蜡的相态特性,因而没有注入清蜡剂。严重结蜡致使 2003 年 3 月 14 日的产量降至 1.8MMSCF。而由模拟结果估算的 2003 年 3 月 14 日最大产量为 16.5MMSCF。曲线上的数据表明摩擦损失最大值在管线上部。

(1)结蜡情况鉴定。图 3-23 是一个非常简单的图,显示了多相气体/凝析油管线每日结蜡的监测情况。该图针对的是图 3-22 中的气/凝析油。图中所绘为性能指数(PI)随时间的变化。性能指数根据下面的公式计算:

$$PI=\frac{\Delta P^2}{Q^{\frac{1}{0.54}}} \quad (3-57)$$

式中,ΔP 是管线压力降,psi;Q 是流量,MMSCF。如果管线中没有结蜡节流限制,在生产时 PI 曲线应该保持水平直线。从图 3-23 显然可以看出在 2002 年 10 月 21 日左右管线中有节流形成。在 1 月初,水量急剧减少。这不能归因于结蜡,因为生产流体中的结蜡率并未剧烈变化。实际上,PI 的急剧上升是由于蜡晶体生成和沉积的地方有水合物形成。此后,在 PI 曲线上还有几次水合物引起的急剧上升,这种现象一直持续到该井确定开始产出游离水且需要更高的甲醇注入率为止。以上诸情况是随着水及水合物的出现而发生的,与此同时蜡沉积速度稳定增长。

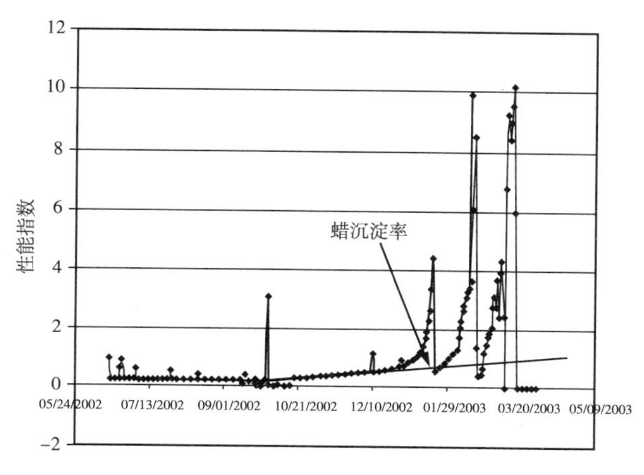

图 3-23 凝析气(液)性能指数(AsphWax Inc,2003)

工程师需要非常细心,不能将 PI 曲线上升的原因仅仅归结为蜡和水合物的生成。需要确认细粒、盐度、回钻和完井液等其他的事故原因存在与否。

(2)抑制或预防结蜡。工程师对结蜡机理和对天然气/凝析油最有效的化学处理方法通常不是很清楚。在原油流动管线中,蜡分子和晶体混合物分散于并附着在井壁上形成蜡沉积。结蜡的抑制或预防主要方法是注入专门的分子化合物,在高于始凝点温度与石蜡分子相互作用,通过减少晶体与管壁间的吸附力影响结晶过程。由于原油流动时剪应力的作用,蜡分子晶体就会被油流带走。

当蜡晶体在管壁上形成时,上述机理就会发生。大多数充满液体的裸管(不保温)都属于这种情况。这有两个重要的要求是管壁快速传热和石蜡分子向管壁快速扩散。对于输送天然气/凝析油的管线情况并非如此。虽然可以快速冷却,但是大部分气体在主流中流动时就已经冷却了,因此,主流液体中的石蜡晶体由于重力的作用有沉淀和下降的趋势。而且,流体在管线进口处未达到始凝点的时候就已经有液体产生了,这样的液体黏度很高,与主流相比几乎没有流动。这种情况下堵塞对管线清除蜡泥是有益的。此外,这些流体基本上都吸收了甲醇防止水合物的形成。正好大多数(不是所有)化学剂具有改变蜡晶体的特性,这将在后面讨论,它们与酒精和乙二醇是不相溶的。因此,在流动管线中抑制蜡晶体的堆积反而会增加蜡的积累。这种积累的蜡称为“蜡泥”。蜡泥具有黏性但可以移动,在足够的剪切力作用下可以流动。

根据上述理论,现场做了很多实验。在 2000 年,收集到充足的生产和实验数据以及模拟结果,可以做一个完整的案例,但从现场没有取得蜡泥的直接证据。在一次由于飓风导致关井后重新开井,从采油树开始降压以溶解可能存在的水合物。在管线启动时,快速启动使液体流动(经过诱导栓塞)并产生前面理论描述的蜡泥。蜡泥流入分离器并堵塞管线和设备,使它们暂时无法工作。

现在对处理结蜡的两种化学方法进行简短的说明比较合适。有三种类型的蜡晶体:片状晶体、针状晶体、无定形晶体。

石蜡油由片状或针状晶体组成。沥青质油主要由无定形晶体形成。沥青质充当晶核使蜡晶体生成无定形晶体。

顾名思义,片状晶体在显微镜下呈片状,针状晶体像针。无定形晶体没有固定形状并且通常看上去像小圆球。晶体与管壁的相互作用使晶体由无定形变成针状然后到片状。因此,认为新生成的蜡晶体又小又圆,例如就像非晶体,是可以的。

烃中的蜡晶体沉淀物的特性与属性,如始凝点和凝固点,受下面三个因素的影响。

(1)晶体大小的改变。晶体从较大尺寸变为较小尺寸。

(2)抑制成核作用。抑制晶体的增长速度和最终尺寸。

(3)晶体类型或结构改变。晶体从一种类型变为另一种类型。例如,一个晶体从针状变为无定形。

蜡晶体改良剂主要用于改变晶体尺寸大小。当烃中的沉淀物加入蜡晶体改良剂,n－蜡的片状晶体在显微镜下比以前更小。较小的晶体有更小的相对分子质量,在油中有更高的可溶性。此外,较小的分子使它们与管壁碰撞的能量也较小。晶体改良剂通过晶体中插入自身晶体来打断正常晶体的 n－晶体链,因此阻止其生长。

注意到蜡晶体改性剂的另一个名字是降凝剂(PPD)。顾名思义,蜡晶体改性剂能够抑制蜡晶体的增长,从而有效降低原油的凝固点,因此降低它们之间相互作用的强度。

蜡分散剂能够抑制蜡成核并将蜡晶体的类型从片状或针状变为无定形。在抑制剂的作用下,这些蜡晶体比较小而且不会聚集长大,由于油流的拖拽,这些晶体更容易被带走。沥青质和胶质的存在有助于分散剂的作用。分散剂与沥青质和胶质相互作用并黏结,因此除去蜡晶体增长所需的晶核。当分散剂在高于始凝点温度加到油中时,额外的好处就是能相互作用抑制始凝点,并粘住沥青质和胶质最先沉积下来。分散剂通常倾向于把蜡颗粒分散到油水界面。

蜡晶体改性剂和蜡晶体分散剂都是很有用的化学剂,它们能够减少蜡生成和沉淀,尽管是通过不同的机理。蜡晶体分散剂处理过的蜡晶体的相对分子质量和尺寸通常比蜡晶体改性剂要小。因此,根据它们的黏度和流动性,它们通常更适合在低温下应用。此外,一些蜡分散剂可溶于甲醇和乙二醇,因此它们可同时注入。应该仔细考虑油气生产和设备之后再选择清蜡剂。

(4)结蜡修复。刮蜡也是一种方法,但必须仔细考虑系统动态、了解运动的清管器及其前面刮掉的蜡的动力学特征,并要控制流体绕流过清管器,是非常困难的。因此,很多清管器作业最后都因为卡住而失败。刮蜡的分析和决策必须由真正的专家来做。从系统开始运行时就采用清管器作业比其他任何时候都有更好的机会成功。尽管这样,还必须要认真地监测系统的穿透指数(PI)。建议首先考虑短暂地关井、化学剂浸泡,然后快速启动,这是最安全的选择。

3.8.3.3 结蜡生产控制

从技术层面上说,最初花费足够的资金在设备设计上,远离蜡和水合物的形成条件或在包络线和水合物包络线的右侧，这显然是最好的解决方案。但是，实际工作中，考虑到设备成本，在生产中进行结蜡控制经济一些。边际油田只能采用这种方式生产。对于结蜡控制，以下三个方法为首选。

①只用清管器。

②仅注入化学药剂。

③清管器与注化学药剂结合。

尽管管线频繁刮蜡能够清除沉积的蜡，但当清蜡无效时还是有必要采用化学剂抑制结蜡。刮蜡要是不与化学剂结合使用，效果一般不好。蜡控制通常有两个阶段：①清除生产/输送管线中的蜡；②连续注入化学药剂或周期处理（如批量处理等）以确保管线的完整性。

如果有好的技术支持和前期实验，化学剂注入法是三个方案中最安全的。该方法讨论如下。

①将强化学分散剂/抑制剂注入到流动管线，使形成的蜡颗粒很小且悬浮于流体中。大部分蜡颗粒被气体或流体带走。

②化学分散剂/抑制剂必须与甲醇和乙二醇相配伍和相溶，以防止化学剂本身在管线中沉淀。

③监控管线中水动力学条件，需要的话，可以利用段塞激动法让管线“咳嗽”一下，清除管道中累积的蜡。

④有时候，如果管线中积累了大量的蜡，短暂关闭管道掺入化学剂浸泡，这有可能改进化学剂效果，在低温下有更大的穿透力，然后可能还需快速启动，蜡泥就会脱落。

如果正确执行，上述方法是控制天然气/凝析油输送管线结蜡成本最低的方法。

3.8.4 严重堵塞

最复杂而且特征不稳定的多相流动模式是间歇流动或段塞流动。段塞流存在于整个管线倾斜段内和较宽的速度区间内。在一定的管线形态和流动条件下，液体段塞能够变得很大，对生产系统操作的安全性和可靠性构成威胁（严重段塞）。多相流动管线中，当液体含量低和气体流速也较低时，如果一段下倾管线之后是一段上升的管线，这样的地方可能会发生严重段塞。在这个系统中，液体会在上升管段中聚集，阻塞气流流动通道。结果使气相压缩，压力增大，最终推动段塞流体越过上升段，致使大量流体进入分离器，因而可能导致溢流或分离器阻塞。由于压力和流速波动，严重段塞现象会降低分离压缩装置的操作能力（Schmidt 等，1980）。图3－24和图3－25分别表示严重段塞下的液体和气体垂直管流时间示踪示例。这些图形显示了伴随严重段塞现象，流体和气体流速出现较大浪涌。很明显这种很大的瞬间流速变化会给设备带来问题，除非这些设备设计得能适应这种变化。

通常情况下，操作人员不在严重阻塞区域进行操作，但由于生产管线入口连接着许多生产井，这些井有时失效或特殊情况下开关就会遇到问题。确定生产管线尺寸的一般趋势是尽可能避免分离器出现严重的溢流，这样可以避免将分离器尺寸设计过大。在海上生产，超尺寸的装置非常昂贵并且有时根本不可行，所以设计师需要更精确的动态模拟来准确地设计且使他们的生产方案更加精细（这种方案对段塞流条件下的瞬变情况更具敏感性，需要高性能控制系统保持装置在预定的操作范围内正常工作），并且能够提出来对应每一种可能面对情况的新举措（Sagatun，2004）。考虑段塞流动的管线模拟预测结果受给定边界条件的严重影响，因此上升管线系统流体动力模型必须与处理厂接收端的动力模型紧密集成,这对得到精确的模拟结果是非常重要的,特别是对严重段塞的动力学研究(Mokhatab,2006)。

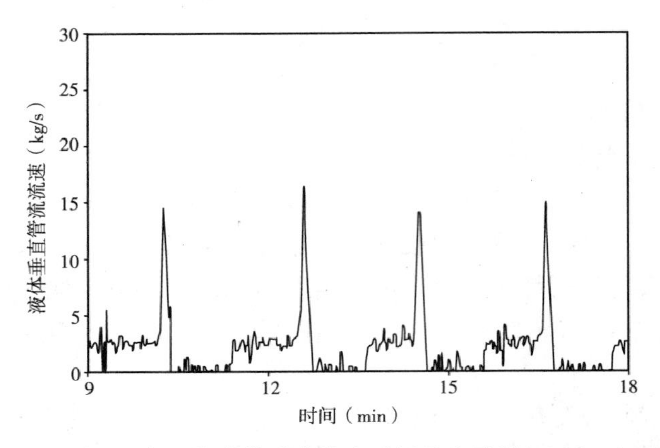

图3-24　严重阻塞下的液体垂直管流时间示踪示例(Mokhatab,2006b)

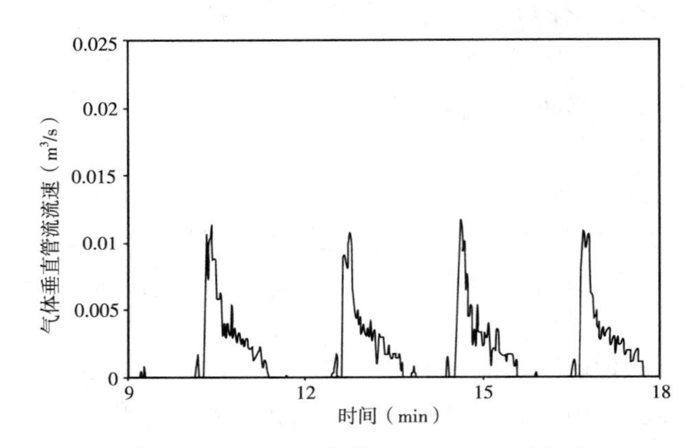

图3-25　严重阻塞下的气体垂直管流时间示踪示例(Mokhatab,2006)

说明这样的系统中潜在严重段塞问题,理解严重段塞是何时和如何发生的,并能提供阻止和控制这个问题的最好方法,是非常必要的。

尽管研究机构已经对各种立管中的严重段塞现象进行了详尽的说明,但仍没有一种广泛公认的标准方法可以用来研究瞬变流的机理,也没有一套全面的可弯立管的数据可以用于深入地研究严重段塞的物理现象和特性,以提供更多有力的证明(Mokhatab,2006)。除非与现实保持非常紧密的联系,否则设计者和操作者将对在更多关键领域推广使用可弯立管失去信心。

3.8.4.1　严重段塞机理

立管系统的阻塞过程由四个步骤组成:段塞形成、段塞增大、气泡渗透和气体排放。该现象之前已经被 Schmidt 等(1980)证实,由于流速周期性变化,导致不流动和高速流动的时间实质上要大于平均时间。图3-26说明了严重段塞周期阶段。

在第一阶段段塞形成,对应立管底部压力增大。液位不能到达立管顶部。在这个时期,液体被气体支撑不了多久便开始下降,导致立管入口堵塞,管线压力升高直到立管液位到达顶部。在第二阶段段塞增大，液位到达立管出口，并且直到气体到达立管底部堵塞流体开始产出。在第三阶段气泡渗透，气体再次进入立管使静水压力下降。因此，气体流速增加。在第四阶段气体排放。当气体从立管底部到达立管顶部时，压力达到最小，液体不再被气体提升。液位下降，新的循环开始(Fabre 等，1990)。如果气体进入立管的渗透速率总是正的话，循环过程会变得稳定。然而，气体进入立管的渗透速率也可能为零。在这种情况下，气体会堵塞立管底部。随后液体界面进入管线并阻止气体进入立管直到液体界面到达立管底部。这时，气体开始渗透进入立管并开始新的循环。

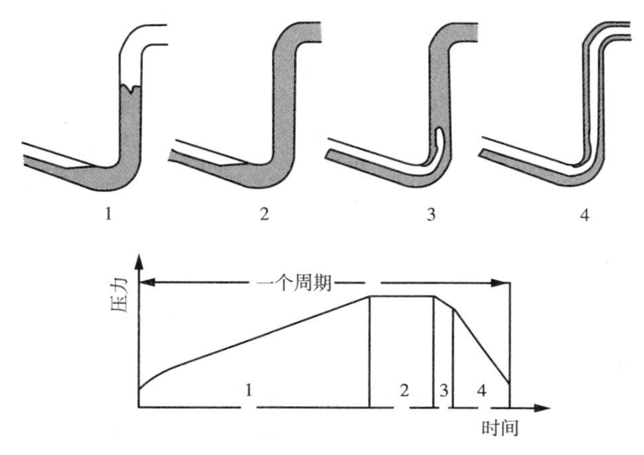

图 3-26　管线中立管段塞情况示意图(Fabre 等，1990)

1—段塞形成；2—段塞增大；3—气泡渗透；4—气体排放

当液体渗入管线时，立管中的气体扩散到顶部直到全部消失。如果液体进入比较慢，气体向立管顶部运动时会在顶部聚集同时液体回落。这个过程称为有回落周期过程，而前者称为无回落周期过程。总之，当准稳态严重段塞过程中，气体进入液柱后有三种情况可能发生(Jansen 等，1996)。

①气体渗透引起振动，最后变成稳定流；

②气体渗透引起无液体回落的工作循环；

③气体渗透引起有液体回落的工作循环。

这里给出的仅仅是只包括一个下倾管线、一个立管和分离器压力恒定情况下的简单情形。立管系统中的严重段塞流是丘陵地区管线低速流的一种特殊情况，也经常在海上油田出现。因此严重段塞流被称为地形诱发段塞(Fuchs，1987)，它在业界还有很多名称，包括立管基座段塞、立管诱发歇流等。

3.8.4.2　稳定分析

立管管道系统多相流的流动特点主要分为两部分：稳定(稳定流)和不稳定(压力周期循环)。在流动模式图上稳定线将这两部分分开。稳定流部分包括间歇流、环形雾流、泡流。而在压力循环部分包括严重段塞流、过渡流。图 3-27 表示了由 Griffith 和 Wallis 制定的立管系统部分稳定流与不稳定流的典型流动图。图 3-27 中，Fr 和 λ_G 是事先定义的气-液两相流的弗劳德数和无滑脱持气率，从图 3-27 中可以看出，当弗劳德数低的时候，泡流占优势，液体以无段塞形式流过立管，然后随着弗劳德数的增大，就会出现段塞流。

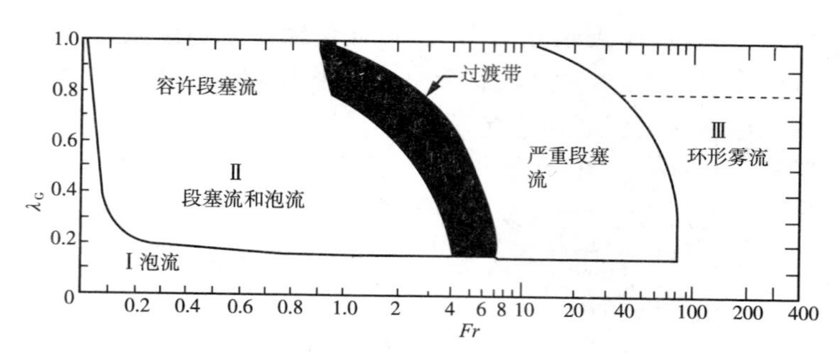

图 3－27 Griffith 和 Wallis 流型图附 Yocum[1973]过渡带(Brill 和 Beggs,1991)

稳定分析预测了稳定和不稳定区的分界,形成的稳定图帮助工程师设计在稳定区运行的系统,提供足够的安全性。稳定分析力求模拟严重段塞流的特殊过程以预测严重段塞流发生的可能性,这些稳定分析模型也被称为严重段塞判别模型。Schmidt 等人(1980)首次模拟了严重段塞流动过程。他们的模型是早期分析严重段塞流工作的基础。对现有的立管系统严重段塞流的稳定性判别标准,Mokhatab(2005)给出了评价。

3.8.4.3 严重段塞流的预防和控制

由于严重段塞现象,液流和震荡压力将对下游重要设备产生严重不良影响,除非这些设备对此有特殊设计。然而,设计能适应这些瞬变脉冲的设备,意味着必须要用大型的昂贵的段塞捕捉器,捕捉器配置能实现快速响应控制的压缩系统。这可能不太划算,要设计一套操作稳定的系统,还需要更谨慎考虑。尽管降低产量(降低流体速度)可以减少段塞,但操作人员正在考察其他替代方法,这些方法能在没有段塞中断生产影响的情况下,保持最大产量。Mokhatab(2006a)参照工业界经验和文献中的信息,整理了一系列处理严重段塞的相关方法。总体来说,严重段塞流的预防与消除有以下三种方法。

(1)立管基座注气。这种方法人工举升液体,使液体在管道中稳定流动。该技术通过改变流体的流动型态,从段塞流到雾流或者分散流,以减缓段塞流的影响,但是对于到达立管基座前已经形成液柱的瞬变段塞不起作用。这是在目前最经常使用的方法。对于深水系统,由于高气体注入量会导致摩擦压力损失增加和焦耳－汤姆逊冷却效应,这是潜在的问题。

立管基座气体注气首次用来控制垂直立管中的水动力段塞流。但 Schmidt 等人认为这个方法经济上不可行,因为压缩机或者压缩注入气体的成本就很高,还要铺设管线把气体输送到位,代价太高。Pots 等人调查了这种方法的应用效果。他们得出结论:注入约 50% 气量可以很大程度上减少段塞效应。Hill(1990)介绍了在 S. E. Forties 油田用来消除段塞效应的注气试验,实验表明注气能减小段塞效应的程度。

立管基座气举方法可能引起其他的问题,由于注气导致焦耳－汤姆逊冷却效应,管线中容易结蜡和出现水合物。因此,Johal(1997)提出了替代的技术,"多相立管基座举升",该项技术要求将附近大输送量的多相管线转接到立管系统,能够在不出现其他问题情况下减轻段塞效应。

Sarica 和 Tengesadal 提出一个新的技术——自源立管气体举升。这个技术的原理是用一个小直径的导管将立管和地下倾斜管道部分相连,导管用来将气体从地下倾斜部分输送到高于立管基座的点。这个传送过程可以减少立管顶部的静水压力和管线压力,结果可以降低或消除段塞的发生的概率。这种方法可称为自体气举。Sarica 和 Tengesdal 称由于这种技术不会对生产系统产生回压，因而可以提高产量，和其他消除段塞影响的技术相比，这种技术的实施和操作成本要低。

（2）上端节流。这种方法是通过增加立管出口回压诱导立管中产生泡流或段塞流。尽管上端节流阻止了液体，但是它不能对气体滑脱进行有效控制，这对于下游系统很难处置。这是一种低成本消除段塞的方法，但是很影响产量。

上端节流是第一种提出来控制段塞的方法（Yocum，1973），Yocum 发现通过提高回压可以消除严重段塞，但会严重降低流动能力。和 Yocum 的说法相反，Schmidt 认为通过立管顶部节流，可以减少或完全消除立管系统的严重段塞现象，流量和管道压力没有变化或变化很少。Taitel（1986）为 Schmidt 通过节流稳定流量的成功案例提供了理论解释。

Jansen（1996）研究了不同的方法，例如气举、节流、气举和节流相组合。他提出了分析前面这几种方法的稳定性和准平衡模型，得出三个实验观察结果：①通过气举设备，需要大量的注入气体来稳定流体；②需要小心进行桥塞，在最小回压下达到流动稳定；③气举和节流的组合是最好的消除方法。通过降低注入气体量和节流的程度来稳定流体。

（3）控制方法。所谓控制段塞堵塞方法是通过使用过程中或管道信息调整设备自由度（管道节流、压力、标准），来减少或消除对下游分离和压缩装置的影响。控制策略根据多相模拟器、过程知识、迭代程序模拟制定。为设计有效的控制系统，要有准确的工艺过程模型。

前馈控制的目的是探测堵塞，让分离器准备接受它们。段塞节流是一种避免处理设备出现液体或气体过载的方法，当出现段塞时，通过减少管道中节流阀的开口，保护下游设备（Courbot，1996）。通过动态反馈控制，这种方法可以稳定多相流动，解决段塞问题。这个方法是 Hedne 和 Linga（1990）及其他的研究人员提出的，它有几个优点，其中最重要的是原来会出现严重段塞的压力下可以平稳操作，不产生振荡流。图3－28显示了反馈控制在生产流线/管线系统上的典型应用，并说明了系统通过测量管道的入口和出口的压力和温度来调节节流阀。如果有管道流量数据，那么可以用流量数据作调节标称操作点和控制器的参数。

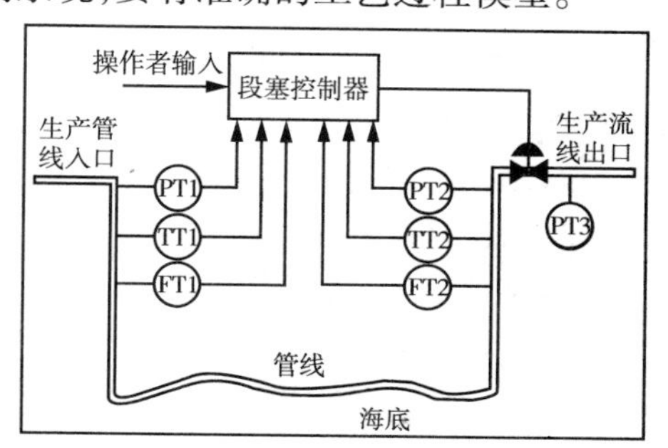

图3－28　反馈控制在生产流线/管线系统上的典型应用（Bjune 等，2002）

由于大型多相流体的节流阀反应时间太长，而不太实用。Shell 发明了段塞抑制系统（S3）解决了这个问题。该系统把流体分离成气流和液流，通过液体节流控制分离器液面同时通过气体节流控制体积流量。由气体控制阀提供回压给分离器来抑制涌流，气体控制阀比多相阀小而且更灵敏。

S3 带有动力控制阀的小分离器，装在气体和液体的出口端，位于管道出口和生产分离器之间，控制系统通过本地测量参数计算所得信号，调节出口阀，测量的参数包括压力、S3 罐内的液面、气体和液体流量，目标是保持总流量恒定。根据设计，系统可以压制严重段塞堵塞和减弱瞬时段塞，使附带的液体能以控制的流量产出。事实上，S3 的实施使气液产量稳定，已经接近理想化的生产系统。安装 S3 很划算，投资要比生产平台上其他任何段塞捕集器少。S3 技术与其他的段塞解决方案相比有两个优势：第一，不像顶部节流，S3 不会导致产量下降和对气体生产的控制；第二，S3 控制器使用本地测量的参数作为输入变量，不受下游设备的影响。

稳定的立管系统设计在深水区尤其重要,在更深的水域,严重段塞形成的可能性更大,伴随而来的浪涌更剧烈。因此,考虑到操作的安全和平台上可用空间有限,用来控制和消除严重段塞现象的系统设计和方法就变得很关键。目前,已有 3 种基本的消除方法。然而,对于深水系统,目前的方法仍存在很多问题,应发展不同的技术以适应不同类型的问题和生产系统。

3.8.5 实时流动安全监测

目前人们正在采取一些重大的措施减少流体安全问题的发生。在设计管线时,除了考虑管线本身的要求外,还应该做流动安全分析,需要考虑很多操作因素的限制,比如时不时地关井操作等。实时流动安全监测系统就是从这方面着手,提高了资产管理的效率,通过实时监测管道内的生产条件来反映管内的异常情况,用异常值来显示某段管线发生堵塞的可能性(通常,如果观察到异常压力波动就表明水合物已经形成了)。管道使用期内的这些可靠的实时数据快速地、连续地传到计算模拟软件内,可对生产过程进行实时分析和模拟。当出现故障时,软件可诊断出问题的症结所在(有些软件可推荐解决问题的最佳操作程序)。这种快速监测诊断问题的方法可降低多相生产的成本,且能显著减少无监测管道事故造成环境灾难的风险。

通过分布式光纤传感器,监测系统具有高带宽传输能力,实时数据能以最佳速率传输,满足分析需要,并确保数据能够可靠及时地与管道沿途的数据适对比。用于深水系统,发生流动安全问题的可能性大,就需要安装更精确、更先进的传感系统。

3.9 多相流管道的维护

管线安装以后,为了杜绝意外发生,必须进行有效的管理或者自动控制以维持生产的安全。因此,漏失检测和清管作业都是很重要的工序。

3.9.1 泄漏检测

造成管道漏失的原因有很多种,其中也包括在铺设管道时对材料造成的损伤和机械损伤。因为油气的意外泄漏是无法避免的,所以减少漏失损害的最有效方法之一是尽快检测到漏失点所在的位置,并迅速采取堵漏措施。管线沿程漏洞检测方法可分为两类:外部检测和内部检测。传统的目测法就属于外部检测方法,用光纤和绝缘电缆检测烃的新技术也属于外部检测法(Sandberg 等,1989)。内部检测法,也称为管道监测计算法(CPM),就是使用一些工具监测管道内部的参数(如流体流量、压力、温度和流体性质),然后不断地将这些参数输入到计算机模拟软件中,该模拟软件与一个数据监控采集系统(SCADA)相联,可以对所输入的信息作数理统计分析。管道的漏失会导致一些意外的变化,或者在模拟计算值和测量值之间存在明确的偏离模式,根据这些模式可以评测管道内是否有漏失。管道中漏失检测方法的选择取决于多种因素,包括管道的物理特性(长度、直径、厚度等)、产品的特性(密度、黏度)、仪器和流动能力、经济因素等(Muhlbauer,1996)。与其他漏失检测方法相比,基于 SCADA 系统的漏失检测具有最广泛的适用性并且是迄今发展程度最高的泄漏检测方法。它可以迅速地检测到大范围的漏失,较小的泄漏也能在一段时间内检测处理(Jolly 等,1992)。然而,对于多相流管道,测定流量很困难且不准确,导致基于 SCADA 系统的检测方法灵敏度降低,很难应用。大多数情况下,可以通过制造均匀的雾流或分离气体和液体来进行流量测量,实现漏失检测。多相流漏失检测最大的问题是气体和液体百分比的变化和液体段塞的形成和推进。因此,对于多相基于 SCADA 系统的检测方法,需要准确可靠的流量测量仪器及进一步开发瞬变流的计算机模型。此外,对于海底管线,应用新技术时更应对其优点、缺点和适应性仔细斟酌,海底管线地处荒远，加上泄漏的流体和海底周围环境发生一系列复杂的作用，检测变得更困难。

3.9.2 清管作业

清管指的是一种去除管道中的污染物和沉积物的机械方法，或者说是使用清管器和机械式柱塞清除丘陵地区管线中积液的方法（Tiratsoo，1992）。由于清管器具有去除管道中的腐蚀物和淤泥的能力，因此在海上管道中，对腐蚀物的控制具有积极作用。一些特殊的清管器，也称为智能清管器，也可间歇用于管道完整性监测（Cranswick，2001），包括管壁缺陷监测（如腐蚀、焊接缺陷和裂缝）。清管器匹配管道内径，被流体沿管道推进并清刮管壁。在海洋平台上，清管器从海上发射在陆地上接收。接收器与海洋管线直线对接并可以与其脱离，取走清管器。清管器有多种形状（图 3-29），由不同的材料制成，可根据所要完成的任务选用合适的类型。有的清管器装有弹簧钢刀、钢丝刷或者磨砂面用来除去附着在管道内壁上的污物。有的清管器是半刚性、非金属的球体。

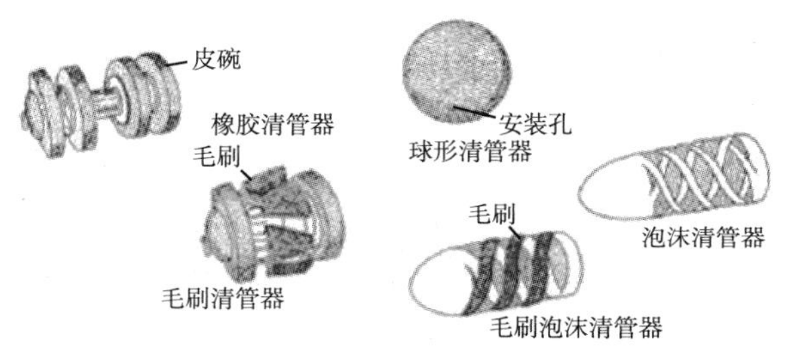

图 3-29 清管器经典样式（Compbell，1992）

在清管作业过程中，由于缺乏可靠的工具预测清管器在管道中运动的相关参数，经常引起一些技术性的问题。因此，清管作业要求谨慎地控制和协作。例如，频繁清管会造成关井的时间过长或很高的操作成本，然而不经常清管会降低产量，增加管道堵塞的风险，包括卡住清管器等。操作者要认真考虑管道是否需要清洗，或者这样做是否经济。因为目前没有确定最佳清管周期的商业化工具，操作者往往依据现场经验确定清管周期，这通常有很大的不确定性。

在操作过程中，清管器所到之处，管道中的液体被排空，清管器前出现段塞流，持液会上升。段塞到达生产或处理设备后，可能会带来问题。它能引起机械问题（由于速度和动力大）和工艺问题（液面增加，造成波动和停机）。一般而言，有几种减少管道中的段塞流出现的方法（Haandrikman 等，1999；Havre 等，2000）。在某些情况下，运营商可以通过管理油田和管道来减少液体聚集区，产生合适的流体流态（如雾状流态），在这个流态下气体的速度足够高使得液体不断分散。尽管希望设计一种能避免出现段塞的管道，但要同时保持可以调低管道流量的控制能力，就很难做到。在这些情况下，应考虑增加适当的处理设备以应对可能出现的段塞。

多相流管道中的清管作业是短暂的操作。瞬变流不仅在清管时会出现，而且在取出清管器一段时间后还会继续。即使在进口气体、液体流量和出口压力都保持恒定时，也会出现这种情况。分析这种瞬变流的动态对设计下游工艺设备和建立安全操作程序是十分必要的。因此，在操作过程中，为了更好理解瞬变流的动态，确实需要制定可靠的和全面的清管模式。Minami（1991）已经用简单的模型模拟了清管过程中两相流管道瞬变流的动态。在这个模型中，Minami（1991）假定气体在拟稳态流条件下流动，然后应用 Taitel（1989）简化的两相流模型。但要用来模拟立管系统中的瞬变流，这个模型还需要很大的改进，因为在立管中，清管器上游会有气体聚集,拟稳态方法不适合这样的系统(Yeung 和 Lima,2002)。为此,Yeung 和 Lima(2002)开发了新的瞬变两相液体模型。该方法适合评价两相流清管的动态,尤其对于立管系统。

例3-1 用Beggs-Brill两相流方程和图3-6中所示的算法,估算伊朗西南部从Masjede Soliman到Mahashahr的天然气/凝析油输送线路中流体的温度和压力的分布,该管道高程的剖面数据见表3-6,管道长104.4mile,内直径为19in,管道中的天然气组分和计算所需的数据分别列于表3-7和表3-8。C_6^+组分的相对分子质量为107.8,常压沸点为233.8℉,临界温度为536.7℉,临界压力为374.4psia,偏差因子为0.3622。

表3-6 Masjede Soliman-Mahashahr管道数据

节段数	长度(mile)	进口高程(ft)
1	7.09	1740.00
2	4.84	672.57
3	6.4	1197.51
4	3.1	688.98
5	0.62	1410.76
6	7.77	862.86
7	9.94	295.28
8	14.93	426.5
9	7.34	196.85
10	9.46	98.43
11	9.94	55.77
12	9.94	49.21
13	9.94	19.69
14	3.11	3

表3-7 输送气体的组分

组分	摩尔分数(%)
H_2S	25.6
N_2	0.20
CO_2	9.90
C_1	62.90
C_2	0.70
C_3	0.20
$i-C_4$	0.06
$n-C_4$	0.09
$i-C_5$	0.06
$n-C_5$	0.09
C_6^+	0.26

表 3-8 管道其他的数据

参数	数值
入口压力(lb/in)	1165
入口温度(℉)	95
环境温度(℉)	77
流量($10^6 ft^3/d$)	180
综合传热系数,Btu/(h·ft^2·℉)	0.25

对管道进行模拟计算时假设:①可以用 Peng-Robinson 状态方程来建立热动力模型,已经有人证明该模型对天然气/凝析油体系是可靠的(在与热动力模型耦合时,黏度和表面张力的计算采用经验关系式);②在流动过程中,流体中的组成始终保持不变,可认为是稳定状态。

计算沿程压力剖面和相态模型的算法和水动力模型都是用 Beggs-Brill 两相流动方程;确定管道中液体任意点的相态条件和液体的性质都是用 Peng-Robinson 状态方程。Beggs-Brill 算法可以用来预测天然气/凝析油体系的特性,图 3-30 和图 3-31 分别显示了从 Masjed Soleiman 到 Mahashahr 之间的天然气/凝析油输送管线的温度与压力剖面。

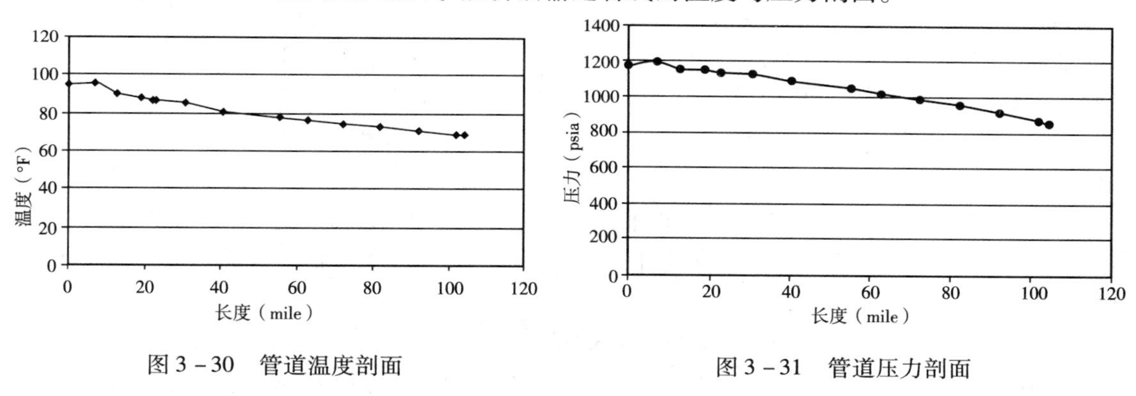

图 3-30 管道温度剖面

图 3-31 管道压力剖面

从该例中的计算结果可以看出,Beggs 和 Brill 提出的算法的确能够预测管道中任何一点压力和温度梯度。

该题假定 Masjed Soleiman 到 Mahashahr 之间的管线内为单相气体流动,而且在设计该管线时也是这样设想的。然而,在管理该管线时发现,管线内显然有液体存在。当压力和温度变化超过两相区的包络线时,也就是当体系从单相变为两相时,就会出现这种现象。当体系进入两相区时,气相和液相间发生物质交换会导致凝析现象,管道中就会出现两相流动。通过这个例子,我们现在明白了输气管线设计人员是如何利用相态特性分析为工具来预测体系中是否有液体出现的。相态特性分析可以用来确定泡点和露点压力曲线,完成任何压力和温度条件下的闪蒸计算。只要绘制出体系的温度-压力包络线图,就可以用该图来判断天然气管线中是否会有液体凝析出来。

如果热动力条件表明气体为单相流动,就应该使用单相流流动方程,而不是两相流流动方程。但是,本例中,用 Beggs-Brill 两相流方程来计算的是管道中没有液体时的压力降(Beggs-Brill 两相流方程在所有的计算中都忽略流体持率)。

例 3-2 分别用 Katz 相对密度图版、Towler-Mokhatab 关系式和 Baillie-Wichert 图版估

算在661.37psi压力下,水合物的形成温度(实验观察值是57.56℉)。

CH_4的摩尔分数　82%　　CO_2的摩尔分数　12.6%

H_2S的摩尔分数　5.4%

解:

气体混合物的摩尔质量为:

$$0.82\times16.043+0.126\times44.011+0.054\times34.082=20.541$$

因此,气体混合物的相对密度为:

$$SG=20.541/28.966=0.709$$

①查Katz相对密度图版得:$T_h=59$

②根据Towler－Mokhatab关系式(3－53):

$$T_h=13.47\ \ln661.37+34.27\ \ln0.709-1.675\ \ln661.37\times\ln0.709-20.35$$

$$T_h=59.1\ ℉$$

用Baillie－Wichert图版法来估算水合物形成的温度:在主图中找到给定的压力点,沿坐标向右移,移到相应的H_2S浓度所在的点;从这一点出发,沿坐标轴下移,移至相应天然气相对密度线,再顺着斜线向下找到对应的温度轴的值,该值就是基准温度。在本例中,基准温度约为66 ℉。现在,利用图版左上角的副图对温度进行校正。在副图上找到对应的H_2S浓度,右移至适当的丙烷浓度点;从这个点出发,垂直下移与相应的压力线相交,然后在左轴或右轴上读出相应的校正温度,读左边还是右边取决于体系压力所处的位置。在本例中,校正温度为负的(－7 ℉),因为该值是从校正图左半部分得到的。最后,水合物形成的温度等于基准温度加上校正温度,为59℉。

例3－3　某管道内,天然气的流量为$4\times10^6ft^3/d$,水的流量为$7.062ft^3/d$,管道入口压力为1165psia,温度为95℉,在流动压力下气体水合物的形成温度为84.485℉,天然气经过管道输送后,其温度冷却至48.92℉。若甲醇的密度为$49.717lb/ft^3$,为了防止形成水合物,计算应注入的甲醇用量。

解:

①计算温度的改变量:

$$\Delta T=84.485-48.920=35.565(℉)$$

②根据温度改变量,利用式(3－54)计算所需的甲醇浓度:

$$W=100\times32.04\times35.565/(2335+32.04\times35.565)=32.796\%$$

该结果已经超出Hammerschmidt方程的适用范围。

改用Nielsen－ Bucklin方程式(3－55)得到的甲醇摩尔分数为:$X_{甲醇}=0.2399$

根据甲醇的摩尔分数计算其质量分数。

甲醇的质量分数:

$$=X_{甲醇}\times MW_{甲醇}/[18.05+X_{甲醇}(MW_{甲醇}-18.015)]$$

$$=0.2399\times32.04/[18.05+0.2399\times(32.04-18.015)]$$

$$=35.952\%$$

③计算甲醇的用量。

为了得到甲醇的质量分数为35.952%的水溶液，必须满足：

甲醇质量流量/(水质量流量+甲醇质量流量)=0.35952

水的质量流量已知，因此，可以算出甲醇质量流量为247.439lb/d。

已知甲醇的密度为49.717lb/ft^3，所以甲醇注射速度为4.976ft^3/d。

注意，在此计算中忽略了天然气中水的含量，这是因为与天然气一起被采出来的水是自由水，可以认为是饱和水。但是，要想估算饱和天然气所需的甲醇用量，也可根据图3－15估算出气相中甲醇含量，这样，总的甲醇用量也就确定了。

参考文献

Acikgoz, M., Franca, F., and Lahey Jr, R. T., An experimental study of three－phase flow regimes. Int. J. Multiphase Flow 18(3), 327－336(1992).

Adewmi, M. A., and Bukacek, R. F., Two－phase pressure drop in horizontal pipelines. J. Pipelines 5, 1－14 (1985).

Amdal, J., et al., "Handbook of Multiphase Metering." Produced for The Norwegian Society for Oil and Gas Measurement, Norway (2001).

Ansari, A. M., Sylvester, A. D., Sarica, C., Shoham, O., and Brill, J. P., A comprehensive mechanistic model for upward two－phase flow in wellbores. SPE Prod. Facilit. J. 143－152 (May 1994).

API, "Computational Pipeline Monitoring." API Publication 1130, 17, American Petroleum Institute, TX (1995a).

API, "Evaluation Methodology for Software Based Leak Detection Systems." API Publication 1155, 93, American Petroleum Institute, TX (1995b).

API RP 14E, "Recommended Practice for Design and Installation of Offshore Production Platform Piping Systems," 5th Ed., p. 23.

American Petroleum Institute, Washington, DC (1991).

Asante, B., "Two－Phase Flow: Accounting for the Presence of Liquids in Gas Pipeline Simulation." Paper presented at 34th PSIG Annual Meeting, Portland, Oregon (Oct. 23－25, 2002).

AsphWax's Flow Assurance course, "Fluid Characterization for Flow Assurance." AsphWax Inc., Stafford, TX (2003).

Ayala, F. L., and Adewumi, M. A., Low－liquid loading multiphase flow in natural gas pipelines. ASME J. of Energy Res. Technol. 125, 284－293 (2003).

Baillie, C., and Wichert, E., Chart gives hydrate formation temperature for natural gas. Oil Gas J. 85(4), 37－39 (1987).

Baker, O., Design of pipelines for simultaneous flow of oil and gas. Oil Gas J. 53, 185 (1954).

Banerjee, S., "Basic Equations." Lecture presented at the Short Course on Modeling of Two－Phase Flow Systems, ETH Zurich, Switzerland (March 17－21, 1986).

Barnea, D., A unified model for prediction flow pattern transitions for the whole range of pipe inclinations. Int. J. Multiphase Flow 13(1), 1－12 (1987).

Barnea, D., and Taitel, Y., Stratified three－phase flow in pipes: Stability and transition. Chem. Eng. Comm.

141 – 142, 443 – 460 (1996).

Battara, V., Gentilini, M., and Giacchetta, G., Condensate – line correlations for calculating holdup, friction compared to field data. Oil Gas J. 30, 148 – 52 (1985).

Bay, Y., "Pipelines and Risers," Vol. 5. Elsevier Ocean Engineering Book Series (2001).

Beggs, H. D., and Brill, J. P., "A Study of Two – Phase Flow in Inclined Pipes." JPT, 607 – 17; Trans., AIME, 255 (May 1973).

Bendiksen, K., Brandt, I., Jacobsen, K. A., and Pauchon, C., "Dynamic Simulation of Multiphase Transportation Systems." Multiphase.

Technology and Consequence for Field Development Forum, Stavanger, Norway (1987).

Bendiksen, K., Malnes, D., Moe, R., and Nuland, S., The dynamic twofluid model OLGA: Theory and application. SPE Prod. Eng. 6, 171 – 180 (1991).

Bertola, V., and Cafaro, E., "Statistical Characterization of Subregimes in Horizontal Intermittent Gas/Liquid Flow." Proc. the 4th International Conference on Multiphase Flow, New Orleans, LA (2001).

Bjune, B., Moe, H., and Dalsmo, M., Upstream control and optimization increases return on investment. World Oil 223, 9 (2002).

Black, P. S., Daniels, L. C., Hoyle, N. C., and Jepson, W. P., Studying transient multiphase flow using the pipeline analysis code (PLAC). ASME J. Energy Res. Technol. 112, 25 – 29 (1990).

Bloys, B., Lacey, C., and Lynch, P., "Laboratory Testing and Field Trial of a New Kinetic Hydrate Inhibitor." Proc. 27th Annual Offshore Technology Conference, OTC 7772, PP. 691 – 700, Houston, TX (1995).

Bonizzi, M., and Issa, R. I., On the simulation of three – phase slug flow in nearly horizontal pipes using the multi – fluid model. Int. J. Multiphase Flow 29, 1719 – 1747 (2003).

Boriyantoro, N. H., and Adewumi, M. A., "An Integrated Single – Phase/ Two – Phase Flow Hydrodynamic Model for Predicting the Fluid Flow Behavior of Gas Condensate Pipelines." Paper presented at 26th PSIG Annual Meeting, San Diego, CA (1994).

Brauner, N., and Maron, M. D., Flow pattern transitions in two – phase liquid – liquid flow in horizontal tubes, Int. J. Multiphase Flow 18, 123 – 140 (1992).

Brauner, N., The prediction of dispersed flows boundaries in liquid – liquid and gas – liquid systems, Int. J. Multiphase Flow 27, 885 – 910 (2001).

Brill, J. P., and Beggs, H. D., "Two – Phase Flow in Pipes," 6th Ed. Tulsa University Press, Tulsa, OK (1991).

Bufton, S. A., Ultra Deepwater will require less conservative flow assurance approaches. Oil Gas J. 101(18), 66 – 77 (2003).

Campbell, J. M., "Gas Conditioning and Processing," 3rd Ed. Campbell Petroleum Series, Norman, OK (1992).

Carroll, J. J., "Natural Gas Hydrates: A Guide for Engineers." Gulf Professional Publishing, Amsterdam, The Netherlands (2003).

Carroll, J. J., "An Examination of the Prediction of Hydrate Formation Conditions in Sour Natural Gas." Paper presented at the GPAEurope Spring Meeting, Dublin, Ireland (May 19 – 21, 2004).

Carson, D. B., and Katz, D. L., Natural gas hydrates. Petroleum Trans. AIME 146, 150 – 158 (1942).

Chen, C. J., Woo, H. J., and Robinson, D. B., "The Solubility of Methanol or Glycol in Water – Hydrocarbon Systems." GPA Research Report RR – 117, Gas Processors Association, OK (March 1988).

Chen, X., and Guo, L., Flow patterns and pressure drop in oil – air – water three – phase flow through helically coiled tubes. Int. J. Multiphase Flow 25, 1053 – 1072 (1999).

Cheremisinoff, N. P., "Encyclopedia of Fluid Mechanics," Vol. 3. Gulf Professional Publishing, Houston, TX

(1986).

Chisholm, D., and Sutherland, L. A., "Prediction of Pressure Gradient in Pipeline Systems during Two – Phase Flow." Paper presented at Symposium on Fluid Mechanics and Measurements in Two – Phase Flow Systems, Leeds (Sept. 1969).

Cindric, D. T., Gandhi, S. L., and Williams, R. A., "Designing Piping Systems for Two – Phase Flow." Chem. Eng. Progress, 51 – 59 (March 1987).

Collier, J. G., and Thome, J. R., "Convective Boiling and Condensation," 3rd Ed. Clarendon Press, Oxford, UK (1996).

Colson, R., and Moriber, N. J., Corrosion control. Civil Eng. 67(3), 58 – 59 (1997).

Copp, D. L., "Gas Transmission and Distribution." Walter King Ltd., London (1970).

Courbot, A., "Prevention of Severe Slugging in the Dunbar 16 Multiphase Pipelines." Paper presented at the Offshore Technology Conference, Houston, TX (May 1996).

Covington, K. C., Collie, J. T., and Behrens, S. D., "Selection of Hydrate Suppression Methods for Gas Streams." Paper presented at the 78th GPA Annual Convention, Nashville, TN (1999).

Cranswick, D., "Brief Overview of Gulf of Mexico OCS Oil and Gas Pipelines: Installation, Potential Impacts, and Mitigation Measures." U. S. Department of the Interior, Minerals Management Service, Gulf of Mexico OCS Region, New Orleans, LA (2001).

Dahl, E., et al., "Handbook of Water Fraction Metering," Rev. 1. Norwegian Society for Oil and Gas Measurements, Norway (June 2001).

Decarre, S., and Fabre, J., Etude Sur La Prediction De l' Inversion De Phase. Revue De l' Institut Francais Du Petrole 52, 415 – 424 (1997).

De Henau, V., and Raithby, G. D., A transient two – fluid model for the simulation of slug flow in pipelines. Int. J. Multiphase Flow 21, 335 – 349 (1995).

Dukler, A. E., "Gas – Liquid Flow in Pipelines Research Results." American Gas Assn. Project NX – 28 (1969).

Dukler, A. E., and Hubbard, M. G., "The Characterization of Flow Regimes for Horizontal Two – Phase Flow." Proc. Heat Transfer and Fluid Mechanics Institute, 1, 100 – 121, Stanford University Press, Stanford, CA (1966).

Eaton, B. A., et al., The prediction of flow pattern, liquid holdup and pressure losses occurring during continuous two – phase flow in horizontal pipelines. J. Petro. Technol. 240, 815 – 28 (1967).

Edmonds, B., et al., "A Practical Model for the Effect of Salinity on Gas Hydrate Formation." European Production Operations Conference and Exhibition, Norway (April 1996).

Edmonds, B., Moorwood, R. A. S., and Szczepanski, R., "Hydrate Update." GPA Spring Meeting, Darlington (May 1998).

Esteban, A., Hernandez, V., and Lunsford, K., "Exploit the Benefits of Methanol." Paper presented at the 79th GPA Annual Convention, Atlanta, GA (2000).

Fabre, J., et al., Severe slugging in pipeline/riser systems. SPE Prod. Eng. 5(3), 299 – 305 (1990).

Faille, I., and Heintze, E., "Rough Finite Volume Schemes for Modeling Two – Phase Flow in a Pipeline." In Proceeding of the CEA. EDF. INRIA Course, INRIA Rocquencourt, France (1996).

Fidel – Dufour, A., and Herri, J. S., "Formation and Dissociation of Hydrate Plugs in a Water in Oil Emulsion." Paper presented at the 4th International Conference on Gas Hydrates, Yokohama, Japan (2002).

Frostman, L. M., "Anti – aggolomerant Hydrate Inhibitors for Prevention of Hydrate Plugs in Deepwater Systems." Paper presented at the SPE Annual Technical Conference and Exhibition, Dallas, TX (Oct. 1 – 4, 2000).

Frostman, L. M. , et al. , "Low Dosage Hydrate Inhibitors (LDHIs): Reducing Total Cost of Operations in Existing Systems and Designing for the Future." Paper presented at the SPE International Symposium on Oilfield Chemicals, Houston, TX (Feb. 5 - 7, 2003).

Frostman, L. M. , "Low Dosage Hydrate Inhibitor (LDHI) Experience in Deepwater." Paper presented at the Deep Offshore Technology Conference, Marseille, France (Nov. 19 - 21, 2003).

Fuchs, P. , "The Pressure Limit for Terrain Slugging." Proceeding of the 3rd BHRA International Conference on Multiphase Flow, Hague, The Netherlands (May 1987).

Furlow, W. , "Suppression System Stabilizes Long Pipeline - Riser Liquid Flows." Offshore, Deepwater D&P, 48 + 166 (Oct. , 2000).

Giot, M. , "Three - Phase Flow," Chap. 7.2. McGraw - Hill, New York (1982).

Goulter, D. , and Bardon, M. , Revised equation improves flowing gas temperature prediction. Oil Gas J. 26, 107 - 108 (1979).

Govier, G. W. , and Aziz, K. , "The Flow of Complex Mixtures in Pipes." Van Nostrand Reinhold Co. , Krieger, New York (1972).

GPSA Engineering Data Book, 11th Ed. Gas Processors Suppliers Association, Tulsa, OK (1998).

Gregory, G. A. , and Aziz, K. , Design of pipelines for multiphase gascondensate flow. J. Can. Petr. Technol. 28 - 33 (1975).

Griffith, P. , andWallis, G. B. , Two - phase slug flow. J. Heat Transfer Trans. ASME. 82, 307 - 320 (1961).

Haandrikman, G. , Seelen, R. , Henkes, R. , and Vreenegoor, R. , "Slug Control in Flowline/Riser Systems." Paper presented at the 2nd International Conference on Latest Advance in Offshore Processing, Aberdeen, UK (Nov. 9 - 10, 1999).

Hall, A. R. W. , "Flow Patterns in Three - Phase Flows of Oil, Water, and Gas." Paper presented at the 8th BHRG International Conference on Multiphase Production, Cannes, France (1997).

Hammerschmidt, E. G. , Formation of gas hydrates in natural gas transmission lines. Ind. Eng. Chem. 26, 851 - 855 (1934).

Hart, J. , and Hamersma P. J. Correlations predicting frictional pressure drop and liquid holdup during horizontal gas - liquid pipe flow with small liquid holdup. Int. J. Multiphase Flow 15(6), 974 - 964 (1989).

Hartt, W. H. , and Chu, W. , New methods for CP design offered. Oil Gas J. 102(36), 64 - 70 (2004).

Hasan, A. R. , Void fraction in bubbly and slug flow in downward twophase flow in vertical and inclined wellbores, SPE Prod. Facil. 10(3), 172 - 176 (1995).

Hasan, A. R. , and Kabir, C. S. , "Predicting Multiphase Flow Behavior in a Deviated Well." Paper presented at the 61st SPE Annual Technical Conference and Exhibition, New Orleans, LA (1986).

Hasan, A. R. , and Kabir, C. S. , Gas void fraction in two - phase up - flow in vertical and inclined annuli. Int. J. Multiphase Flow 18(2), 279 - 293 (1992).

Hasan, A. R. , and Kabir, C. S. , Simplified model for oil/water flow in vertical and deviated wellbores. SPE Prod. Facil. 14(1), 56 - 62 (1999).

Hasan, A. R. , and Kabir, C. S. , "Fluid and Heat Transfers in Wellbores." Society of Petroleum Engineers (SPE) Publications, Richardson, TX (2002).

Havre, K. , and Dalsmo, M. , "Active Feedback Control as the Solution to Severe Slugging." Paper presented at the SPE Annual Technical Conference and Exhibition, New Orleans, LA (Oct. 3, 2001).

Havre, K. , Stornes, K. , and Stray, H. , "Taming Slug Flow in Pipelines." ABB Review No. 4, 55 - 63, ABB Corporate Research AS, Norway (2000).

Hedne, P. , and Linga, H. , "Suppression of Terrain Slugging with Automatic and Manual Riser Chocking." Advances in Gas – Liquid Flows, 453 – 469 (1990).

Hein, M. , "HP41 Pipeline Hydraulics and Heat Transfer Programs." PennWell Publishing Company, Tulsa, OK (1984).

Henriot, V. , Courbot, A. , Heintze, E. , and Moyeux, L. , "Simulation of Process to Control Severe Slugging: Application to the Dunbar Pipeline." Paper presented at the SPE Annual Conference and Exhibition, Houston, TX (1999).

Hewitt, G. F. , and Roberts, D. N. , "Studies of Two – Phase Flow Patterns by Simultaneous X – ray and Flash Photography." AERE – M 2159, HMSO (1969).

Hill, T. H. , Gas injection at riser base solves slugging, flow problems. Oil Gas J. 88(9), 88 – 92 (1990).

Hill, T. J. , "Gas – Liquid Challenges in Oil and Gas Production." Proceeding of ASME Fluids Engineering Division Summer Meeting, Vancouver, BC, Canada (June 22 – 26, 1997).

Holt, A. J. , Azzopardi, B. J. , and Biddulph, M. W. , "The Effect of Density Ratio on Two – Phase Frictional Pressure Drop." Paper presented at the 1st International Symposium on Two – Phase.

Flow Modeling and Experimentation, Rome, Italy (Oct. 9 – 11, 1995).

Holt, A. J. , Azzopardi, B. J. , and Biddulph, M. W. , Calculation of two – phase pressure drop for vertical up flow in narrow passages by means of a flow pattern specific models. Trans. IChemE 77(Part A), 7 – 15 (1999).

Hunt, A. , Fluid properties determine flow line blockage potential. Oil Gas J. 94(29), 62 – 66 (1996).

IFE, "Mitigating Internal Corrosion in Carbon Steel Pipelines." Institute of Energy Technology News, Norway (April 2000).

Jansen, F. E. , Shoham, O. , and Taitel, Y. , The elimination of severe slugging, experiments and modeling. Int. J. Multiphase Flow 22(6), 1055 – 1072 (1996).

Johal, K. S. , et al. , "An Alternative Economic Method to Riser Base Gas Lift for Deepwater Subsea Oil/Gas Field Developments." Proceeding of the Offshore Europe Conference, 487 – 492, Aberdeen, Scotland (9 – 12 Sept. , 1997).

Jolly, W. D. , Morrow, T. B. , O'Brien, J. F. , Spence, H. F. , and Svedeman, S. J. , "New Methods for Rapid Leak Detection in Offshore Pipelines." Final Report, SWRI Project No. 04 – 4558, SWRI (April 1992).

Jones, O. C. , and Zuber, N. , The interrelation between void fraction fluctuations and flow patterns in two – phase flow Int. J. Multiphase Flow. 2, 273 – 306 (1975).

Kang, C. , Wilkens, R. J. , and Jepson, W. P. , "The Effect of Slug Frequency on Corrosion in High – Pressure, Inclined Pipelines." Paper presented at the NACE International Annual Conference and Exhibition, Paper No. 96020, Denver, CO (March 1996).

Katz, D. L. , Prediction of conditions for hydrate formation in natural gases. Trans. AIME 160, 140 – 149 (1945).

Kelland, M. A. , Svartaas, T. M. , and Dybvik, L. , "New Generation of Gas Hydrate Inhibitors." 70th SPE Annual Technical Conference and Exhibition, 529 – 537, Dallas, TX (Oct. 22 – 25, 1995).

Kelland, M. A. , Svartaas, T. M. , Ovsthus, J. , and Namba, T. , A new class of kinetic inhibitors. Ann. N. Y. Acad. Sci. 912, 281 – 293 (2000).

King, M. J. S, "Experimental and Modelling Studies of Transient Slug Flow." Ph. D. Thesis, Imperial College of Science, Technology, and Medicine, London, UK (March 1998).

Klemp, S. , "Extending the Domain of Application of Multiphase Technology." Paper presented at the 9th BHRG International Conference on Multiphase Technology, Cannes, France (June 16 – 18, 1999).

Kohl, A. L. , and Risenfeld, F. C. , "Gas Purification." Gulf Professional Publishing, Houston, TX (1985).

Kovalev, K., Cruickshank, A., and Purvis, J., "Slug Suppression System in Operation." Paper presented at the 2003 Offshore Europe Conference, Aberdeen, UK (Sept. 2 – 5, 2003).

Kumar, S., "Gas Production Engineering." Gulf Professional Publishing, Houston, TX (1987).

Lagiere, M., Miniscloux, and Roux, A., Computer two – phase flow model predicts pipeline pressure and temperature profiles. Oil Gas J. 82 – 91 (April 9, 1984).

Langner, et al., "Direct Impedance Heating of Deepwater Flowlines." Paper presented at the Offshore Technology Conference (OTC), Houston, TX (1999).

Lederhos, J. P., Longs, J. P., Sum, A., Christiansen, R. l., and Sloan, E. D., Effective kinetic inhibitors for natural gas hydrates. Chem. Eng. Sci. 51(8), 1221 – 1229 (1996).

Lee, H. A., Sun, J. Y., and Jepson, W. P., "Study of Flow Regime Transitions of Oil – Water – Gas Mixture in Horizontal Pipelines." Paper presented at the 3rd International Offshore and Polar Engng Conference, Singapore (June 6 – 11 1993).

Leontaritis, K. J., "The Asphaltene and Wax Deposition Envelopes." The Symposium on Thermodynamics of Heavy Oils and Asphaltenes, Area 16C of Fuels and Petrochemical Division, AIChE Spring National Meeting and Petroleum Exposition, Houston, TX (March 19 – 23, 1995).

Leontaritis, K. J., "PARA – Based (Paraffin – Aromatic – Resin – Asphaltene) Reservoir Oil Characterization." Paper presented at the SPE International Symposium on Oilfield Chemistry, Houston, TX (Feb. 18 – 21, 1997a).

Leontaritis, K. J., Asphaltene destabilization by drilling/completion fluids. World Oil 218 (11), 101 – 104 (1997b).

Leontaritis, K. J., "Wax Deposition Envelope of Gas Condensates." Paper presented at the Offshore Technology Conference (OTC), Houston, TX (May 4 – 7 1998).

Lin, P. Y., and Hanratty, T. J., Detection of slug flow from pressure measurements. Int. J. Multiphase Flow 13, 13 – 21 (1987).

Lockhart, R. W., and Martinelli, R. C., Proposed correlation of data for isothermal two – phase, two – component flow in pipes. Chem. Eng. Prog. 45, 39 – 48 (1949).

Maddox, R. N., et al., "Predicting Hydrate Temperature at High Inhibitor Concentration." Proceedings of the Laurance Reid Gas Conditioning Conference, 273 – 294, Norman, OK (1991).

Mann, S. L., et al., "Vapour – Solid Equilibrium Ratios for Structure I and II Natural Gas Hydrates." Proceedings of the 68th GPAAnnual Convention, 60 – 74, San Antonio, TX (March 13 – 14, 1989).

Martinelli, R. C., and Nelson, D. B., Prediction of pressure drop during forced circulation boiling of water. Trans. ASME 70, 695 (1948).

Masella, J. M., Tran, Q. H., Ferre, D., and Pauchon, C., Transient simulation of two – phase flows in pipes. Oil Gas Sci. Technol. 53(6), 801 – 811 (1998).

McCain, W. D., "The Properties of Petroleum Fluids," 2nd Ed. Pennwell Publishing Company, Tulsa, OK (1990).

McLaury, B. S., and Shirazi, S. A., An alternative method to API RP 14E for predicting solids erosion in multiphase flow. ASME J. Energy Res. Technol. 122, 115 – 122 (2000).

McLeod, H. O., and Campbell, J. M., Natural gas hydrates at pressure to 10,000 psia. J. Petro. Technol. 13, 590 – 594 (1961).

Mehta, A. P., and Sloan, E. D., "Structure H Hydrates: The State – of – the – Art." Paper presented at the 75th GPAAnnual Convention, Denver, CO (1996).

Mehta, A., Hudson, J., and Peters, D., "Risk of Pipeline Over – Pressurization during Hydrate Remediation by Electrical Heating." Paper presented at the Chevron Deepwater Pipeline and Riser Conference, Houston, TX (March 28 – 29, 2001).

Mehta, A. P., Hebert, P. B., and Weatherman, J. P., "Fulfilling the Promise of Low Dosage Hydrate Inhibitors: Journey from Academic Curiosity to Successful Field Implementations." Paper presented at the 2002 Offshore Technology Conference, Houston, TX (May 6 – 9, 2002).

Minami, K., "Transient Flow and Pigging Dynamics in Two – Phase Pipelines." Ph. D. Thesis, University of Tulsa, Tulsa, OK (1991).

Mokhatab, S., Correlation predicts pressure drop in gas – condensate pipelines. Oil Gas J. 100(4), 66 – 68 (2002a).

Mokhatab, S., New correlation predicts liquid holdup in gas – condensate pipelines. Oil Gas J. 100(27), 68 – 69 (2002b).

Mokhatab, S., Model aids design of three – phase, gas – condensate transmission lines. Oil Gas J. 100(10), 60 – 64 (2002c).

Mokhatab, S., Three – phase flash calculation for hydrocarbon systems containing water. J. Theor. Found. Chem. Eng. 37(3), 291 – 294 (2003).

Mokhatab, S., Upgrade velocity criteria for sizing multiphase pipelines. J. Pipeline Integrity 3(1), 55 – 56 (2004).

Mokhatab, S., "Interaction between Multiphase Pipelines and Downstream Processing Plants." Report No. 3, TMF3 Sub – Project VII: Flexible Risers, Transient Multiphase Flow (TMF) Program, Cranfield University, Bedfordshire, England (May 2005).

Mokhatab, S., "Explicit method predicts temperature and pressure profiles of gas – condensate pipelines." Accepted for publication in Energy Sources: Part A (2006a).

Mokhatab, S., Severe slugging in a catenary – shaped riser: Experimental and simulation studies." Accepted for publication in J. Petr. Sci. Technol. (2006b).

Mokhatab, S., Dynamic simulation of offshore production plants. Accepted for publication in J. Petr. Sci. Technol. (2006c).

Mokhatab, S., Severe slugging in flexible risers: Review of experimental investigations and OLGA predictions. Accepted for publication in J. Petro. Sci. Technol. (2006d).

Mokhatab, S., and Bonizzi, M., "Model predicts two – phase flow pressure drop in gas – condensate transmission lines." Accepted for publication in Energy Sources: Part A (2006).

Mokhatab, S., Towler, B. F., and Purewal, S., A review of current technologies for severe slugging remediation." Accepted for publication in J. Petro. Sci. Technol. (2006a).

Mokhatab, S., Wilkens, R. J., and Leontaritis, K. J., "A Review of strategies for solving gas hydrate problems in subsea pipelines." Accepted for publication in Energy Sources: Part A (2006b).

Molyneux, P., Tait, A., and Kinving, J., "Characterization and Active Control of Slugging in a Vertical Riser." Proceeding of the 2nd North American Conference on Multiphase Technology, 161 – 170, Banff, Canada (June 21 – 23, 2000).

Moody, L. F., Friction factors for pipe flow. Trans. ASME 66, 671 – 684(1944).

Mucharam, L., Adewmi, M. A., and Watson, R., Study of gas condensation in transmission pipelines with a hydrodynamic model. SPE J. 236 – 242 (1990).

Muhlbauer, K. W., "Pipeline Risk Management Manual," 2nd Ed. Gulf Professional Publishing, Houston, TX (1996).

Narayanan, L. , Leontaritis, K. J. , and Darby, R. , "A Thermodynamic Model for Predicting Wax Precipitation from Crude Oils." The Symposium of Solids Deposition, Area 16C of Fuels and Petrochemical Division, AIChE Spring National Meeting and Petroleum Exposition, Houston, TX (March 28 – April 1, 1993).

Nasrifar, K. , Moshfeghian, M. , and Maddox, R. N. , Prediction of equilibrium conditions for gas hydrate formation in the mixture of both electrolytes and alcohol. Fluid Phase Equilibria 146, 1 – 2, 1 – 13 (1998).

National Association of Corrosion Engineers, "Sulfide Stress Cracking Resistant Metallic Materials for Oil Field Equipment." NACE Std MR – 01 – 75 (1975).

Ng, H. J. , and Robinson, D. B. , The measurement and prediction of hydrate formation in liquid hydrocarbon – water systems. Ind. Eng. Chem. Fund. 15, 293 – 298 (1976).

Nielsen, R. B. , and Bucklin, R. W. , Why not use methanol for hydrate control? Hydrocarb. Proc. 62(4), 71 – 78 (1983).

Nyborg, R. , Corrosion control in oil and gas pipelines. Business Briefing Exploration Prod. Oil Gas Rev. 2, 79 – 82 (2003).

Oram, R. K. , "Advances in Deepwater Pipeline Insulation Techniques and Materials." Deepwater Pipeline Technology Congress, London, UK (Dec. 11 – 12, 1995).

Oranje, L. , Condensate behavior in gas pipelines is predictable. Oil Gas J. 39 (1973).

Osman, M. E. , and El – Feky, S. A. , Design methods for two – phase pipelines compared, evaluated. Oil Gas J. 83 (35), 57 – 62 (1985).

Palermo, T. , Argo, C. B. , Goodwin, S. P. , and Henderson, A. , Flow loop tests on a novel hydrate inhibitor to be deployed in North Sea ETAP field. Ann. N. Y. Acad. Sci. 912, 355 – 365, (2000).

Pan, L. , "High Pressure Three – Phase (Gas/Liquid/Liquid) Flow." Ph. D. Thesis, Imperial College, London (1996).

Patault, S. , and Tran, Q. H. , "Modele et Schema Numerique du Code TACITE – NPW." Technical Report 42415, Institut Francais du Petrole, France (1996).

Pauchon, C. , Dhulesia, H. , Lopez, D. , and Fabre, J. , "TACITE: A Comprehensive Mechanistic Model for Two – Phase Flow." Paper presented at the 6th BHRG International Conference on Multiphase Production, Cannes, France (1993).

Pauchon, C. , Dhulesia, H. , Lopez, D. , and Fabre, J. , "TACITE: A Transient Tool for Multiphase Pipeline and Well Simulation." Paper presented at the SPE Annual Technical Conference and Exhibition, New Orleans, LA (1994).

Peng, D. , and Robinson, D. B. , A new two – constant equation of state. Ind. Eng. Chem. Fundam. 15(1), 59 – 64 (1976).

Petalas, N. , and Aziz, K. , A mechanistic model for multiphase flow in pipes. J. Can. Petr. Technol. 39, 43 – 55 (2000).

Polignano, R. , Value of glass – fiber fabrics proven for bituminous coatings. Oil Gas J. 80(41), 156 – 158, 160 (1982).

Pots, B. F. M. , et al. , "Severe Slug Flow in Offshore Flowline/Riser Systems." Paper presented at the SPE Middle East Oil Technical Conference and Exhibition, Bahrain (March 11 – 14, 1985).

Rajkovic, M. , Riznic, J. R. , and Kojasoy, G. , "Dynamic Characteristics of Flow Pattern Transitions in Horizontal Two – Phase Flow." Proc. 2nd European Thermal Science and 14th UIT National Heat Transfer Conference, 3, 1403 – 1408, Edizioni ETS, Pisa, Italy (1996).

Ramachandran, S. , Breen, P. , and Ray, R. , Chemical programs assure flow and prevent corrosion in deepwater facilities and dlowlines. InDepth 6, 1 (2000).

Rhodes, K. I., Pipeline protective coatings used in saudi Arabia. Oil Gas J. 80(31), 123 - 127 (1982).

Ripmeester, J. A., Tse, J. S., Ratcliffe, C. J., and McLaurin, G. E., Nature 135, 325 (1987).

Sagatun, S. I., Riser slugging: A mathematical model and the practical consequences. SPE Product. Facil. J. 19 (3), 168 - 175 (2004).

Salama, M. M., An alternative to API 14E erosional velocity limits for sand - laden fluids. ASME J. Energy Res. Technol. 122, 71 - 77 (2000).

Samant, A. K., "Corrosion Problems in Oil Industry Need More Attention." Paper presented at ONGC Library, Oil and Natural Gas Corporation Ltd. (Feb. 2003).

Sandberg, C., "Holmes, J., McCoy, K., and Koppitsch, H., The application of a continues leak detection system to pipelines and associated equipment. IEEE Transact. Indust. Appl. 25, 5 (1989).

Sarica, C., and Shoham, O., Asimplified transient model for pipeline/riser systems. Chem. Engi. Sci. 46(9), 2167 - 2179 (1991).

Sarica, C., and Tengesdal, J. Q., A New Technique to Eliminate Severe Slugging in Pipeline/Riser Systems." Paper presented at the 75th SPE Annual Technical Conference and Exhibition, Dallas, TX (Oct. 1 - 4, 2000).

Schmidt, Z., "Experimental Study of Two - Phase Slug Flow in a Pipeline - Riser System." Ph. D. Dissertation, University of Tulsa, Tulsa, OK (1977).

Schmidt, Z., Brill, J. P., and Beggs, D. H., Experimental study of severe slugging in a two - phase flow pipeline - riser system. SPE J. 20, 407 - 414 (1980).

Schmidt, Z., Doty, D. R., and Dutta - Roy, K., Severe slugging in offshore pipeline - riser systems. SPE J. 27 - 38 (1985).

Schweikert, L. E., Tests prove two - phase efficiency for offshore pipeline. Oil Gas J. 39 - 42 (1986).

Scott, S. L., Brill, J. P., Kuba, G. E., Shoham, K. A., and Tam, W., "Two - Phase Flow Experiments in the Prudhoe Bay Field of Alaska." Paper presented at the Multiphase Flow Technology and Consequences for Field Development Conference, 229 - 251, Stavanger, Norway (1987).

Shoham, O., "Flow Pattern Transitions and Characterization in Gas - Liquid Two Phase Flow in Inclined Pipes." Ph. D. Thesis, Tel - Aviv University, Ramat - Aviv, Israel (1982).

Sinquin, A., Palermo, T., and Peysson, Y., Rheological and flow properties of gas hydrate suspensions. Oil Gas Sci. Technolo. Rev. IFP. 59(1), 41 - 57 (2004).

Sloan, E. D., Jr., Natural gas hydrates. J. Petro. Technol. 43, 1414 (1991).

Sloan, E. D., Jr., "Clathrate Hydrates of Natural Gases," 2nd Ed. Dekker, New York (1998).

Sloan, E. D., Jr., "Hydrate Engineering." SPE Monograph, 21, Society of Petroleum Engineers (SPE) Publications, Richardson, TX (2000).

Smart, J., A method for calculating the corrosion allowance for deepwater pipelines and risers. J. Pipeline Integrity 73 (2001).

Soldati, A., Paglianti, A., and Giona, M., Identification of two - phase flow regimes via diffusional analysis of experimental time series. Exp. Fluids 21, 151 - 160 (1996).

Son, V. K., and Wallace, C., "Reclamation/Regeneration of Glycols Used for Hydrate Inhibition." Paper presented at the 12th Annual Deep Offshore Technology Conference and Exhibition, New Orleans, LA (Nov. 7 - 9, 2000).

Sotberg, T., and Bruschi, R., "Future Pipeline Design Philosophy - Framework." Paper presented at the 11th International Conference on Offshore Mechanics and Arctic Engineering, Calgary, AB, Canada (1992).

Storkaas, E., Alstad, V., and Skogestad, S., "Stabilization of Desired Flow Regimes in Pipelines." Paper presented at the AIChE Annual Meeting, Reno, NV (2001).

Strommen, R. D. , Horn, H. , and Wold, K. R. , New technique monitors pipeline corrosion, cracking. Oil Gas J. 91(52), 88 - 92 (1993).

Taitel, Y. , Stability of severe slugging. Int. J. Multiphase Flow 12(2), 203 - 217 (1986).

Taitel, Y. , "Flow Pattern Transition in Two - Phase Flow." Paper presented at the 9th International Heat Transfer Conference, Jerusalem (1990).

Taitel, Y. , Barnea, D. , and Brill, J. P. , Stratified three - phase flow in pipes. Int. J. Multiphase Flow. 21(1), 53 - 60 (1995).

Taitel, Y. , Barnea, D. , and Dukler, A. E. , Modeling flow pattern transitions for steady upward gas - liquid flow in vertical tubes. AIChE J. 26(3), 345 - 354 (1980).

Taitel, Y. , and Dukler, A. E. , Amodel for predicting flow regime transitions in horizontal and near horizontal gas - liquid flow. AIChE J. 22(1), 47 (1976).

Taitel, Y. , Shoham, O. , and Brill, J. P. , Simplified transient solution and simulation of two - phase flow in pipelines. Chem. Eng. Sci. 44(6), 1353 - 1359 (1989).

Tek, M. R. , Multiphase flow of water, oil, and natural gas through vertical flow strings. Journal of Petroleum Technology (JPT), 1029 - 1036 (1961).

Tin, V. , "Severe Slugging in Flexible Risers." Proceeding of the 5th BHRG International Conference on Multiphase Production, 507 - 525, Cannes, France (1991).

Tiratsoo, J. N. H. , "Pipeline Pigging Technology," 2nd Ed. Gulf Professional Publishing, Houston, TX (1992).

Towler, B. F. , and Mokhatab, S. , Quickly estimate hydrate formation conditions in natural gases. Hydrocarb. Proc. 84(4), 61 - 62 (2005).

Trekell, R. E. , and Campbell, J. M. , "Prediction of the Behavior of Hydrocarbon Clathrate Solutions." Proceedings of the 151st Meeting of American Chemical Society, Petroleum Chemistry Division, 61, Pittsburgh, PA (March 1966).

Uhl, A. E. , "Steady Flow in Gas Pipelines." IGT Report No. 10, American Gas Association (AGA), New York, (1965).

Uhlig, H. H. , and Revie, R. W. , "Corrosion and Corrosion Control," 3rd Ed. Wiley, New York (1985).

Ullah, M. R. , A comprehensive assessment of the performance of dry - gas methods for predicting the occurrence of wet - gas flow conditions. J. Pipelines 6 (1987).

Van Hout, R. , Shemer, L. , and Barnea, D. , Spatial distribution of void fraction within the liquid slug and some other related slug parameters. Int. J. Multiphase Flow 18, 831 - 845 (1992).

Varughese, K. , In - situ pipeline rehabilitation techniques, equipment improved. Oil Gas J. 91(25), 54 - 57 (1993).

Verley, R. , et al. , "Wall Thickness Design for High Pressure Offshore Gas Pipelines." Paper presented at the 13th International Conference on Offshore Mechanics and Arctic Engineering, Houston, TX (Feb. 27 - March 3, 1994).

Wallis, G. B. , "One Dimensional Two - Phase Flow." McGraw - Hill, New York (1969).

Wilkens, R. J. , "Prediction of the Flow Regime Transitions in High Pressure, Large Diameter, Inclined Multiphase Pipelines." Ph. D. Thesis, Ohio University, Athens, OH (1997).

Wilkens, R. J. , Flow assurance. In "Fluid Flow Handbook" (J. Saleh, ed.), Chapter 29. McGraw - Hill, New York (2002).

Xiao, J. J. , Shoham, O. , and Brill, J. P. , "A Comprehensive Mechanistic Model for Two - Phase Flow in

Pipelines." Paper presented at the 65th SPE Annual Technical Conference and Exhibition, New Orleans, LA (Sept. 23 - 26, 1990).

Xiao, J. J., and Shoup, G., Sizing wet - gas pipelines and slug catchers with steady - state multiphase flow simulations. ASME J. Energy Res. Technol. 120, 106 - 110 (1998).

Yeung, H. C., and Lima, P. C. R., Modeling of pig assisted production methods. ASME J. Energy Res. Technol. 124, 8 - 13 (2002).

Yocum, B. T., "Offshore Riser Slug FlowAvoidance: Mathematical Model for Design and Optimization." Paper presented at the SPE London Meeting, London, UK (1973).

Zhang, H. - Q., Wang, Q., Sarica, C., and Brill, J. P., Unified model for gasliquid pipe flow via slug dynamics. 1. Model development. ASME J. Energy Res. Technol. 125(4), 266 - 273 (2003).

Zuo, J. Y., and Zhang, D. D., "Gas Hydrate Formation in Aqueous Solutions Containing Methanol and Electrolytes." Proceedings of the Laurance Reid Gas Conditioning Conference, 191 - 198, Norman, OK (Feb. 21 - 24, 1999).

4 天然气处理的基本原理

4.1 导言

在进入长输管道及被消费者使用前，经由油田集气管网来的湿气必须经过处理。天然气处理的目的是分离出天然气、凝析油、非凝析物和酸性气体以及水，达到成品销售或废物处置的标准。图4-1给出了典型的处理流程模块。每个模块包括一小部分或一组具有特殊作用的设备。图中的所有模块并不一定每个处理厂都会用到。在某些情况下，只需要对天然气进行简单的处理。然而多数情况下，天然气要通过处理厂处理，去除杂质、水和多余的烃液并进行外输压力控制。在具体应用中，流程可能和图4-1中的顺序不同。要选用什么样的模板和流程顺序在气田开发方案设计阶段就要确定。图4-1中的装置模块，在这只做简单的综述，随后几章中有详细介绍。

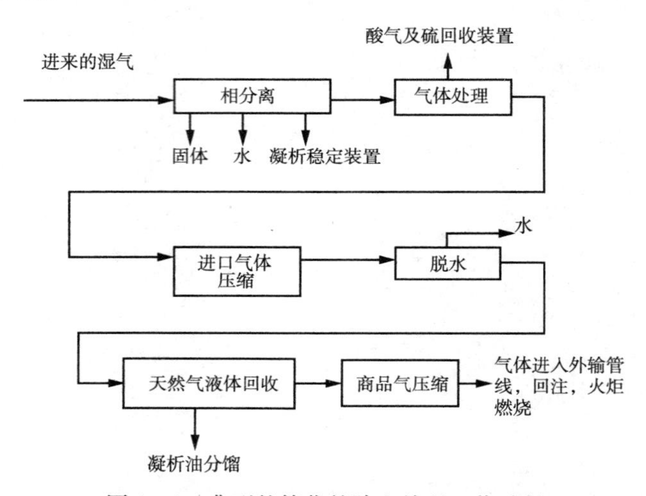

图4-1 典型的简化的陆上处理工艺过程

令人遗憾的是，从单个的模块角度来看，设计可能很好，运行也正常，但就是天然气的处理效果不好。原因是在不同的负荷下，每个模块的性能指标也要发生变化，导致模块之间内部不协调。例如，一个单元模块可能需要特定的进气组分才能达到所期望的出气指标。如果前一模块不能保持这点，则下游装置操作效果也会不理想。尽管通常认为这是模块本身的问题，但其实主要问题是装置的整体性设计不佳。

4.2 处理模块

第一个单元是分相物理分离模块，主要是将不同相的气体、液态烃、液态水或固体分离。湿气的相分离通常在进口分离器内完成。进气端的情况很复杂，给处理厂送气的集气管道中流体一般都为两相或是三相，并且常见液体段塞流。段塞通常是由于集气管道高度变化、气体流量变化、输送过程中温度和压力引起的。在稳态条件下，如果流动状态选择不当，段塞流也可能在水平管道中出现。生产和处理处理设备中出现段塞,会对生产设施的运作产生负面影响,引起机械问题(由于高速和高动量)和处理问题(提高液面,引起浪涌和滑脱)。在某些情况下,操作员可以通过管理油田生产和管道流动,形成适合的流态(如雾流),在这种流态中,气体的速度足够高,能保持液体不断分散,以此来减少液体的聚集。气体管道中使用段塞捕集器来分散液体段塞的能量,减少紊流,降低气体和液体的流量时流态保持层流有利于随后的重力分离。段塞捕集器用来分离凝析烃、井口水和气体。分离出的气流通往进口分离器中,井口分离器通常配有叶轮,帮助聚合液体,也可能有固相颗粒过滤器,如果需要压缩机把气体增压,那么在颗粒过滤器后配吸气口清洁器。段塞捕集器分离出的液体进入三相分离器中,分离出两相液体、凝析烃和水/甲醇或水/乙二醇。从三相分离器分离出的塔顶气有必要作为燃料气时,需要再次压缩。在第 5 章将详细介绍相分离。

从天然气中回收的凝析烃不经过处理也可以运输,但这样的凝析液含有大量的甲烷和乙烷,很容易在储存罐中挥发,所以一般需要经过稳定过程把凝析液中的轻组分完全去除以适合安全运输。稳定过程通常通过蒸馏完成。稳定处理后的液体注入管道或运输压力罐,要严格符合要求的蒸汽压指标(雷德蒸汽压[1]小于 10psi)。凝析液气的稳定性将在第 6 章中叙述。

天然气处理的下一步是酸性气体的处理。除了重烃和水蒸气,天然气还包含其他必须除去的污染物,二氧化碳、硫化氢和其他含硫成分,例如硫醇,都是需要全部或部分去除的化合物。这些化合物统称为酸性气体。当硫化氢和水混合时形成弱硫酸,而二氧化碳和水混合后形成碳酸,因此称为酸性气体。含硫化氢和其他含硫化合物的天然气叫做酸气,而只含有二氧化碳的气体叫做甜气。含二氧化碳或硫化氢都是不符合要求的,因为它们能引起腐蚀造成严重的安全隐患。第 7 章重点介绍此类气体的处理工艺。

根据处理厂进口压力的大小,处理的下一步是将气体增压到门限压力,一般压力提升到 300 ~ 400psig(压缩将在第 8 章中进行讨论),这一步也可能是露点的控制和回收天然气中液体。露点的控制要满足控制水合物的形成规范指标。天然气管道运输中,工程师主要担忧的是天然气水合物的形成,因为它能引起管道堵塞和其他的相关问题。在处理厂中,阻止水合物形成的方法包括使用化学抑制剂来降低水合物的形成温度或脱水除去可能形成水合物的水。气体脱水将在第 9 章详细介绍。

烃露点控制或液态烃回收涉及气体冷却和液体凝结析出两个过程。烃露点的控制既可以通过脱水、冷却/凝析完成,也可以抑制/冷却/凝析作用结合在一起完成。冷却过程可以通过气体经过阀门降压后自动冷却,也可以通过外部制冷设备来完成。气体冷却的温度取决于处理目的,按商品气体烃露点规范冷却和最大量回收液烃冷却的温度是不同的。以下 3 种情况下,希望实现液烃的最大收率。第 1 种情况是当处理伴生气时,期望拥有最大的凝析液产量;第 2 种情况是处理反凝析气时,目的是获取凝析液并将气体重新回注地层;第 3 种情况是在一些市场中,从凝析液中产出的凝析气液(NGL)作为液体比作为气体更有经济价值。是把凝析液留在气流中(但也要达到露点要求)还是将其当作液体采收纯粹是由经济因素决定的,即对比作为燃料还是液体化学原料哪个用途的价值更大。如果液体价值低于气体,凝析液应尽可

[1] 蒸汽压在 100℉。雷德蒸汽压是一个显示挥发性的标准指标,也是一个关键的质量控制系数,尤其是在考虑凝析油的储存时。

能地留在气体中,反之,最大程度回收凝析液。液体回收将在第10章详细介绍。

如果出厂前气体压力比销售管道压力低(大约700~1000psia),就要增压到管道压力。为了减少管道的直径,气体在高压下运输。管道也在高压下(1000psia以上)运行以保持气体处于致密压缩状态,从而阻止发生凝析和两相流动。通常需要两到三级压缩达到销售气体压力要求。如前面所述,处理可以在第一或第二级压缩后进行。更多详细介绍见第11章。

如果没有气体管道,分离出的伴生气可能经火炬燃烧。火炬燃烧的可行性取决于当地的法规及油气田所处位置。越来越多的情况是将分离气经压缩后回注产气层保存,以后再开采销售。在凝析气藏中,气体常被回注或吞吐,以提高液态烃的采收率。

4.3 天然气处理的范围

决定气体处理程度的主要因素包括处理目标、气体的类型和来源、气田的位置和规模。

4.3.1 处理目标

如果天然气通过管道运输,处理设施的设计必须满足运输要求和最终的技术指标。处理要达到以下3个目标之一(Odello,1981;Rojey等,1997)。

①生产满足表4-1所示规格的商品气。这些规格主要用来满足管道及工业和民用要求。

②生产去除甲烷以外的大部分碳氢化合物的贫气并获得最大的凝析液收率。

③输送商用气体。这样的气体的特点是其总热值要达到某种特定的指标范围。

表4-1 商品天然气规格(Goar 和 Arrington,1978)

性 质	规 格
含水量	4~7 lb/MMSCF(最大)
硫化氢的含量	1/4 grain/100 SCF(最大)
总热值	950 Btu/SCF (最小)
烃露点	15℉(压力为800 psig)
硫醇的含量	0.2 grain/100 SCF (最大)
总含硫量	1~5 grain/100 SCF (最大)
二氧化碳的含量	摩尔分数1%~3%(最大)
含氧量	摩尔分数0~0.4%(最大)
沙砾、灰尘、煤粉、自由液	不含(符合商用)
典型的输送温度	120℉
典型的输送压力	714.7psia

4.3.2 现场处理时气体类型的影响

在选择一个处理规划时,气体组分是最重要的问题。换句话说,依照油藏类型和产气组分,处理厂可能要有大量的用于可液化烃类处理的设备。伴生气富含液烃,由此必须进行NGL和凝析液回收才能满足露点或最低热值的要求。气体处理的方案也要满足销售合同要求。不同的顾客合同可能不同,这主要取决于气体组分和气量、处理厂的回收率、顾客在合同中的倚重点。

4.3.3 气田的地理位置

气藏的产能差距很大,主要取决于其类型、地理位置和年代。由于位置和井产量变化很大,用于集气和处理的系统也有很大不同(Thorn 等,1999)。地理位置至少在两个方面很重要:距离和当地温度的变化。温度影响集气管线中水合物的形成趋势。海上平台和内陆是远距离地区的代表。然而这两地区不能进行严格的比较,因为一个位于海上;一个位于干燥的内陆。海上基地设备坐落在平台甲板上,产出液自井口从一个管线流入总管线,并且从那进入平台甲板上的处理设备。船上平台对于自身大小和允许的承重有极其严格的限制,因此,只有那些必要的操作才在平台上进行。海上平台的设备一般将气体处理成低含水的烃气流,并通过海下管道输送到岸上。这个过程确保在湿气管道中腐蚀最小,同时降低水合物形成的可能性。内陆设备基本上没有地区限制,并能完成一些在海上不敢奢望的操作,例如防火和灭火的处置(Manning 和 Thompson,1991)。

参考文献

Bullin, K. A. , and Hall, K. R. , "Optimization of Natural Gas Processing Plants Including Business Aspects. " Paper presented at the 79th GPA Annual Convention, Atlanta, GA (2000).

Campbell, J. M. , "Gas Conditioning and Processing," 3rd Ed. Campbell Petroleum Series, Norman, OK (1992).

Goar, B. G. , and Arrington, T. O. , Processing sour Gas. 1. Guidelines for handling sour gas. Oil Gas J. 76(26), 160 – 164 (June 1978).

Huzyk, S. L. , Anschutz ranch facilities expansion ups production. Oil Gas J. 86(24), 35 – 38 (June 1988).

Manning, F. S. , and Thompson, R. E. , "Oil Field Processing of Petroleum, Vol. 1. Pennwell Publishing Company, Tulsa, OK (1991).

Meyer, P. E. , and Sharma, S. C. , "Field Production Systems and Oil Processing. " Oil, Gas and Petroleum Equipments (Sept and Oct. 1980).

196 Handbook of Natural Gas Transmission and Processing Odello, R. , Systematic method aids choice of field gas treatment.

Oil Gas J. 79(6), 103 – 109 (Feb. 1981). Rojey, A. , Jaffret, C. , Cornot – Gandolph, S. , Durand, B. , Jullin, S. , and Valais, M. , "Natural Gas Production, Processing, Transport. " Editions Technip, Paris, France (1997).

Sivalls, C. R. , Fundamentals of oil production processing, In "Proceedings of the 30th Annual Southwestern Petroleum Short Course," Midland, TX (April 1983).

Thorn, R. , Johansen, G. A. , and Hammer, E. A. , "Three – Phase Flow Measurement in the Offshore Oil Industry: Is There a Place for Process.

Tomography?" Paper presented at the 1st World Congress on Industrial Process Tomography, Buxton, Greater Manchester (April 14 – 17, 1999).

5 相 分 离

5.1 导言

油气分离是油田中关键的处理操作。当生产压力升高和产出更轻的凝析液时，有效的分离就更加重要。此外，一些关于分离技术的新观念已经运用到在中低压力下产油的老油田。由于气体输送管道提高了标准，为了处理天然气，分离已经变成油田整体工艺的一部分。已有几种可用的从天然气中去除液体和固体的技术。然而，选择气液分离技术不仅需要处理工艺的知识而且也需要液体杂质性质方面的知识。它的选择应基于液滴的大小、浓度及液体是否有结蜡和污染的趋势。在评估某种特殊技术之前，了解用于从气体中去除液体和固体的机械装置是很重要的。完成物理分离液体、气体或固体的三个原理是动量学、重力沉降、聚结。任何一台分离器都会使用这三个原理中的一个或多个。要产生分离，液相必须是不相溶的并且具有不同的密度。动量产生的力改变液体的运动方向，常用于液相的大体积粗分离。重力可以减小液体的速度，以使液滴沉降分离在给定的空间内。重力是完成分离最主要的力，最重的液体沉降到底部，而最轻的升到顶部。然而，非常小的液滴（如雾流）很难靠重力分离。这些液滴可以聚结成大液滴，然后再靠重力分离。本章将综述基本分离过程的原理和相关的设备设计程序。

5.2 重力分离器

重力分离器是可将混合相分离为各自相对独立的气相和液相的压力容器。在重力分离器中，重力控制分离，降低气体的速度可以提高气液分离的效率。由于完成分离需要大尺寸容器，重力分离器基本不按照能除去直径小于250μm液滴的标准设计（Talavera，1990）。但我们分析了这种类型分离器，因为这有助于了解其他的分离器沉降原理。

重力分离器通常根据几何结构（垂直，水平）和作用分类（两相分离器，三相分离器）。换句话说，如果只是气体从液流中分离出来，分离器为两相的；如果同时液流又分离成油相和水相，分离器则为三相的。此外，分离器可以依据操作的压力分类，低压装置的操作压力一般为10～180psi，中压为230～700psi，高压为975～1500psi。

当气液流速比非常高时，分离器有时也被称为净气器。这些容器通常有一个很小的液体收集区，并且只在以下情况推荐使用。

①进行二次分离，去除来自于处理设备（吸收器，液体除尘器）中的携带液。

②当管道不是很长时，对输气管道分离器下游的流体分离。

③气液比非常高时，混杂的分离。

净气器的配置和尺寸与普通分离器的要求相同。

5.2.1 概述

所有重力分离器通常都有如下的特点（API Spec 12J，1989）：

①有主气液分离区，带有入口分流器，用于除去气体中大块液体；

②重力沉降分离区，提供足够的滞留时间，以便恰当地沉降；

③在气体的出口，除雾器用于捕捉夹带液滴和由于太小而无法重力沉降的液滴；

④适当的压力和液面控制。

重力分离器设计成水平的或垂直的压力容器。图 5－1 是典型的三相水平分离器的示意图。液体进入分离器并撞击到进口分流器。突然的动量变化导致大块的液体和气体初步分离。在大部分设计中，进口分流器含有一个降液管，引导液体在油水界面下流动。这迫使进口的油水混合物与容器底部的连续水相混合，并且上升到油水界面上部。这个过程叫"水洗"，能促进夹带在连续油相中的水滴聚集。进口分流器确保液体中基本不含气体，并且水洗确保液体不落在油气或油水界面上部，否则与在容器内的液体混合后导致油水界面很难控制。容器内集液区提供足够时间，使油和乳化液在顶部形成"油垫"。自由水沉降在底部。产出水从容器的挡油板上游的喷嘴流出。界面调节器能感应油水界面的高度，调节器向排水阀发出信号，排除定量的水，使油水界面保持在设计高度上。

气流水平流动并通过除雾器（通常作为混合物的除雾装置）到达控压阀，控压阀保持管内恒定压力。气油界面从罐直径大小的一半到 75% 的范围内不断变化，这取决于油水分离的相对重要性及分离器的功能。例如，脱气器和产出水的闪蒸鼓有很高的气液界面。然而大部分情况下，界面高度设置为直径的一半。

图 5－2 显示了垂直三相分离器的典型构造。如同在水平分离器一样，在垂直分离器中，流体从侧面进入容器并且入口分流器将大块的气体分离。气体向上移动，穿过除雾器除去了悬浮的雾流，然后干燥的气体流出。降液管输送从气油界面收集到的液体，以避免干扰撇油。

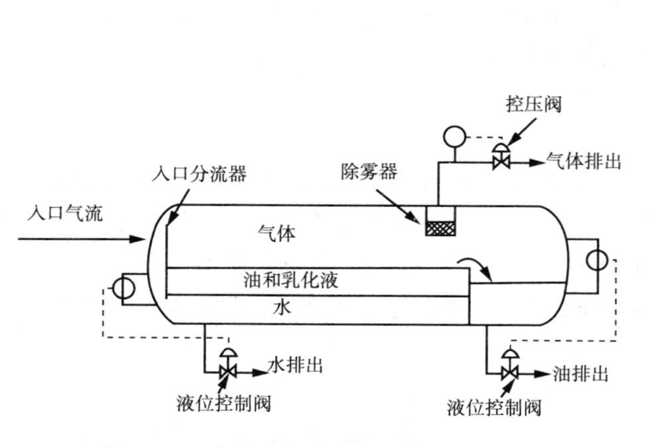

图 5－1　水平三相分离器的典型示意图

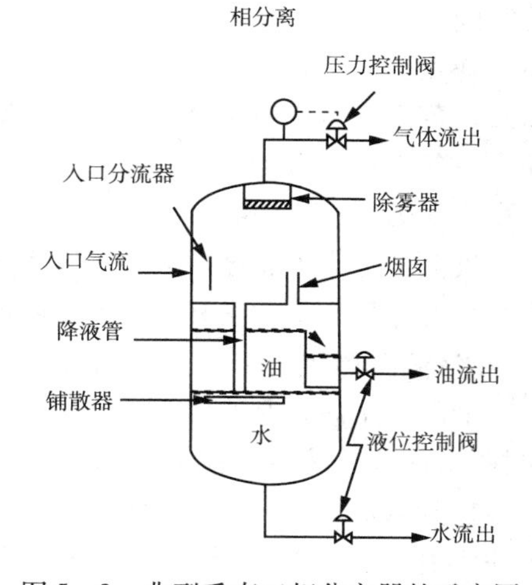

图 5－2　典型垂直三相分离器的示意图

烟囱用来平衡下部和气体区的压力。降液管的出口或铺散器位于油水界面处。在这点上，当油上升时，任何在油相的自由水将被分离出来。水滴流向与油流相反。同理，当水向下流时，束缚在水相的油滴逆流向上。三相垂直分离器的操作（例如油水界面控制）原理与前面描述的三相水平分离器相同。本质上唯一的不同是，水平分离器是切线流，而垂直分离器是平行流。在垂直分离器中，液位控制也不是很关键的，在不影响操作效率的情况下，液位可以在几英寸的范围内波动（GPSA，1998）。然而它却能影响降液管需要的压降，因此影响除雾设备的排驱。

5.2.2 分离器的选择

分离器的选择没有简单的规则。有时,需要对这两种构造进行评价来决定哪一种更加经济可行。Manning 和 Thompson(1995)归纳出了水平和垂直分离器的相对的优点和缺点。

5.2.2.1 水平分离器

水平分离器常用于如下情况:大容量的气体和液体;较高或中等气油比气流;泡沫油;三相分离。

水平分离器的优点和缺点如下。

优点:和垂直容器相比,同样的天然气处理能力,用小直径的就可以;没有逆流(气体流向与除雾器的排驱方向不相反);液体表面大,泡沫扩散充分,一般能降低紊流;具有较大的缓冲容积。

缺点:仅仅一部分外壳可用于气体通道;占地面积大(除非叠放);液位控制很关键;更难进行蜡、产出砂、泥浆、石蜡等清理。

5.2.2.2 垂直分离器

垂直分离器用于如下情况:小流量的气体或是液体;高气油比或总气量很低;空间受限;期望不严格的液面控制。

其优点和缺点如下。

优点:液位控制不是很关键;拥有很好的底部排泄口和清洁设备;能很方便处理更多的砂、泥、石蜡等;重新被夹带走的倾向很小;足够大的尺寸使气体流到上部,油流到下部;占用很小的空间。

缺点:对于给定的气量需要更大的尺寸,因此仅对于非常低的气油比,或非常高的气油比以及设备清洗方面有更强的竞争性;有可能产生液流段塞时,不推荐使用;顶部连接的器具和安全设备难于维修保养。

5.2.3 重力分异理论

气液的分离通常要经过三个阶段。第一个阶段是初始分离,经进口分流器[1],最大的液滴在冲力的作用下撞击分流器,然后靠重力沉降。下一个阶段为二次分离,当气流穿过分离区时,小液滴开始重力分离。使用分布挡板在液体中形成均匀的速度分布,从而有助于重力分离。最后一个阶段是去除湿气,这一阶段,最小的液滴聚结在撞击设备上,例如除雾垫和叶轮滑板,形成大液滴后靠重力沉降。

在分离器重力分离区,液滴沉降速度由作用在液滴上重力 F_B 和牵引力 F_D(由连续气流相运动所引起)之间的平衡关系决定。当牵引力和重力相等时,液滴的加速度为零,所以它以固定的速度运动。这个速度是最终的或自由沉降速度,可由式(5-1)确定。

$$F_B = \left(\frac{\pi}{6}\right)D_d^3(\rho_L - \rho_V)\left(\frac{g}{g_c}\right) \tag{5-1}$$

[1] 入口分离器是很老的技术,现今很少使用。北海一直在改造替换这些设备,尤其产量比初始期望大的时候。如果尺寸不合理,入口设备由于液滴破裂将引起严重的分离问题。一段时间里,Schoepentoeter 是一种很流行的入口设备,但是它是为垂直分离器设计的,因此并不是总可用的。如今,气旋式分布挡板进口设备更加普遍。

式中，D_d是液滴的直径，ft；ρ_L 是液体的密度，lb_m/ft^3；ρ_v 是蒸汽的密度，lb_m/ft^3；g 是重力加速度，32.174ft/s²；g_c 为变化常数，32.174$lb_m\cdot ft/(s^2\cdot lbf)$。

同样，阻力可由公式(5-2)给出：

$$F_D = C_D A_P\left(\frac{\rho_v v_d^2}{2g_c}\right) \tag{5-2}$$

式中，C_D是阻力系数，无量纲；A_P 是液滴投影面积，ft²，$A_P=(\pi/4)D_d^2$（圆环面积，而不是球体面积）；v_d 是液滴的速度，ft/s。

因此，液滴最终的沉降速度 v_t 可由公式(5-1)和式(5-2)算出，具体如下：

$$v_t = \sqrt{\frac{\left(\frac{4}{3}\right)D_d(\rho_L-\rho_v)g}{(C_D\rho_v)}} \tag{5-3}$$

阻力系数可由如下公式求出：

$$C_D = \frac{5.0074}{X} + \frac{40.927}{\sqrt{X}} + \frac{484.07}{X} \tag{5-4}$$

$$X = \frac{0.95\times10^8 D_d{}^3(\rho_v-\rho_L)}{\mu_v^2} \tag{5-5}$$

式中，D_d 是直径，ft；μ_v 为黏度，cP；ρ_v 和 ρ_L 分别为蒸汽和液体的密度，lb/ft³。

液滴沉降速度公式考虑了液滴从连续相的逃脱（例如油滴从气相中逃脱）。由此，液滴沉降速度肯定比表面向上的总气流速度大。一般的允许气流速度介于 $0.75v_t\sim v_t$。Sauder 和 Brown 将等式(5-3)重新整理为

$$v_t = K_{SB}\sqrt{\frac{(\rho_L-\rho_V)}{\rho_V}} \tag{5-6}$$

其中，

$$K_{SB} = \sqrt{\frac{4gD_d}{3C_D}} \tag{5-7}$$

实际应用中，系数(K_{SB})的设计主要取决于除雾器的类型、分离器的几何形状、流体的性质及流量。因此，K_{SB}通常由实验得出，关于除雾器的经验系数 K_{SB}，一般都参考 GPSA(1998)工程数据手册。GPSA 的 K_{SB}系数已经过曲线拟合，见下式

$$K_{SB}(P,\text{psig}) = 0.35 - 0.0001(P-100) \tag{5-8}$$

K_{SB}也可以进行如下调节：①对于大部分在真空状态下的蒸汽，$K_{SB}=0.20$；②对于乙二醇和胺溶液，将 K_{SB}的值乘以 0.6～0.8 之间的数；③对于压缩吸气口清洁器和膨胀进口分离器，将 K_{SB}乘以 0.7～0.8 之间的数。

通过使用系数 K_{SB}计算出最大的临界速度，对于通常具有铁丝网除雾器的分离器，能满足将所有大于 10μm 的液滴从气体中沉降出来。如果没有除雾器，K_{SB}乘以 0.5。

通常有必要将两个不相溶的液体进行分离，轻相和重相以及水蒸气。石油工业中一个典

型的例子是水、烃液和水蒸气的分离。对于这样的体系，轻相液滴在重相中的上升流动，或重液滴在轻液相中的沉降，都认为是层流，并且可由斯托克斯定律给出。

$$v_t = \frac{K_s(\rho_H - \rho_L)}{\mu} \tag{5-9}$$

$$K_s = 2.06151 \times 10^{-5} D_d \tag{5-10}$$

式中，v_t 是最终沉降速度，in/min；ρ_L、ρ_H 分别为轻相和重相的密度，lb/ft^3；μ 为黏度，cP；D_d 为直径，μm。

从式（3－14）可看出，液滴的沉降速度和连续相的黏度成反比。因此，对于高黏的连续相，液滴需要更多的时间沉降。实际上，v_t 通常限制在 10in/min。

5.2.4　设计中要考虑要点

在设计分离器之前，需要考虑如下因素：①气体和液体的流量（最小、中等、最大）；②运行和设计压力及温度；③进料浪涌或段塞堵塞的倾向；④液体的物理性质，例如：密度、黏度、压缩性；⑤分离程度的设计（如 100% 除去大于 10μm 的颗粒）。

油田将来的问题也该考虑，例如，北海油田的大部分分离器是按高含油设计的，而现在高含水，因此引起许多喷嘴问题。对于分离器的设计，有必要澄清两个定义：保液时间（holdup）和缓冲时间（surge time）。保液时间是指当没有进料供给，并保持出口正常流量条件下，液位从正常（NLL）到低液位（LLL）所需的时间。缓冲时间是指当没有任何出口流量，同时保持正常进料的条件下，液位从正常（NLL）上升到高液位（HLL）所需的时间。保液时间是根据能很好控制并且安全操作下游设备的预留时间确定的。缓冲时间是基于当上游和下游的变化或波动，如堵塞发生时，能够聚集液体的要求确定。在没有特别的要求下，缓冲时间可能是保液时间的一半。表 5－1 显示了典型的缓冲时间 t_H 和保液时间 t_S。

表 5－1　典型的保液时间和缓冲时间

设备	t_H(min)	t_S(min)
A. 进料滚筒部件	10	5
B. 分离器		
1. 蒸馏塔的进料	5	3
2. 通过泵或交换给其他容器的进料	5	2
没有泵时，容器的进料	2	1
3. 加热炉的进料	10	3

5.2.5　设计程序

重力分离器的初步设计和计算在很多书中都有介绍（Kumar，1987；Campbell，1993；Arnold 和 Stewart，1998）。但要设计更精细的两相和三相分离器，可使用 Svrcek 和 Monnery（1993，1994）给出的设计方法，这种方法已经被工业广泛接受。这些工序参考了许多文献及已被接受的工业设计方针，并允许设备工程师选择两相和三相分离器参数的详细尺寸。本节介绍三相分离器的基本设计过程，并给出三相（气/液/液）分离器的每一步设计工序。为增加设计的保守度，可忽略分离器头部的可用体积。如今，很常见的是，容器的设计直接分包给容器供应商或者有时分配给内部供给商。

5.2.5.1 垂直分离器

对于三相垂直分离器，可将整体高度分成不同的部分，如图5-3所示。分离器的高度可由各部分的加和得到。如果使用除雾器的话，要加上附加的高度。

高度和直径的计算如下。

①通过使用等式(5-6)计算垂直临界速度，保守的设计 $v_v=0.75v_t$。

②计算蒸汽的体积流量。

$$Q_V = \frac{m_v}{3600\rho_v} \tag{5-11}$$

③计算容器内径。

$$D_i = \left(\frac{4Q_v}{\pi V_v}\right)^{0.5} \tag{5-12}$$

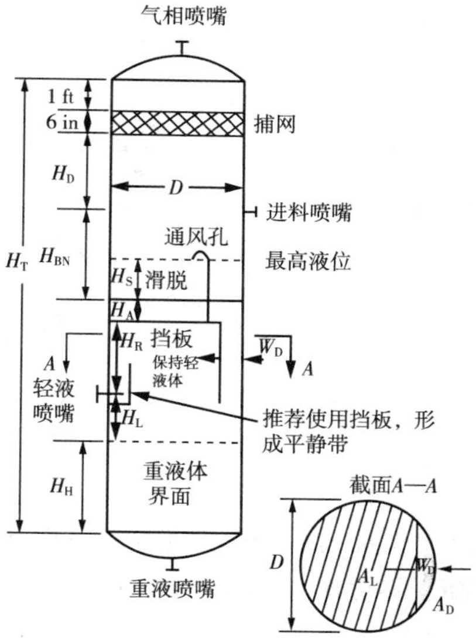

图5-3 三相垂直分离器的基本设计（Svrcek 和 Monnery，1993）

如果存在除雾器，将 D_i 的值加3～6in以适应支撑要求，再增加6ft获得 D。如果没有除雾器，$D=D_i$。

④用等式(5-9)计算从轻相中分离出的重相的沉降速度。

⑤用等式(5-9)计算从重相中分离出轻相的上升速度。

⑥计算轻相和重相的体积流量。

$$Q_{LL} = \frac{m_{LL}}{60\rho_L} \tag{5-13}$$

$$Q_{HL} = \frac{m_{HL}}{60\rho_H} \tag{5-14}$$

⑦假定 $H_L=1\text{ft}$，$H_H=1\text{ft}$，计算重相液滴的沉降时间和轻相液滴的上升时间，分别是：

$$t_{s,HL} = \frac{12H_L}{v_{HL}} \tag{5-15}$$

$$t_{s,LL} = \frac{12H_H}{v_{LL}} \tag{5-16}$$

式中，v_{HL} 为重相液滴从轻相中分离出的沉降速度，in/min；v_{LL} 为轻相液滴从重相中分离出的上升速度，in/min。

⑧如果有隔板计算面积 A_L。

$$A_L = A - A_D \tag{5-17}$$

式中，A 是垂直容器的横截面积（$A=\pi D^2/4$），ft^2；A_D 是降液管的横截面。

在已给的等式中，利用如下两个等式计算 A_D，并应选择计算所得的比较大的值。

$$A_D = \left(\frac{7.48\text{gal}}{\text{ft}^3}\right)\left(\frac{60\text{min}}{1\text{h}}\right)\left(\frac{Q_{LL} + Q_{HL}}{G}\right) \tag{5-18}$$

$$\frac{A_D}{A} = \frac{\left\{\begin{array}{l} -4.755930 \times 10^{-5} + 0.174875\left(\frac{W_D}{W}\right) + 5.668973\left(\frac{W_D}{W}\right)^2 \\ -4.916411\left(\frac{W_D}{W}\right)^3 - 0.145348\left(\frac{W_D}{W}\right)^4 \end{array}\right\}}{\left\{\begin{array}{l} 1.0 + 3.924091\left(\frac{W_D}{W}\right) - 6.358805\left(\frac{W_D}{W}\right)^2 \\ +4.018448\left(\frac{W_D}{W}\right)^3 - 1.8017505\left(\frac{W_D}{W}\right)^4 \end{array}\right\}} \tag{5-19}$$

其中,隔板的液载 G 可从图 5-4 中获得。降液管可变基准线宽假定是 4in。在图 5-4 中高于界面的液位高等于 $H_L + H_R$,其中轻液喷嘴到隔板的高度假定最小值为 9in。

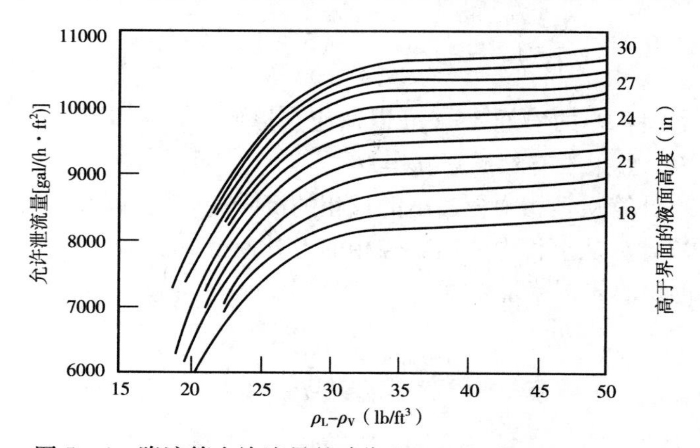

图 5-4 降液管允许流量的确定(Monnery 和 Svrcek,1994)

⑨基于轻重液相各自所占体积计算每一相的滞留时间。

$$t_{r,LL} = \frac{H_L A_L}{Q_{LL}} \tag{5-20}$$

$$t_{r,HL} = \frac{H_H A_H}{Q_{HL}} \tag{5-21}$$

如果 $t_{r,LL} < t_{s,HL}$ 或者 $t_{r,HL} < t_{s,LL,}$,增大直径并自⑦重复程序(控制液相的分离)。注意 $A_H = A$。

⑩基于保液时间计算 H_R。

$$H_R = \frac{Q_{LL} t_H}{A_L} \tag{5-22}$$

并将计算所得值与⑧所假定的值进行核对,以确保这个假定的数值是合理的,如果缓冲时间没有特别规定,基于缓冲时间计算缓冲高度。

$$H_S = \frac{t_s(Q_{LL} + Q_{HL})}{A} \tag{5-23}$$

其中，最小的 H_S 是6in。

⑪计算容器的总高度

$$H_T = H_H + H_L + H_R + H_A + H_{BN} + H_D \tag{5-24}$$

式中，H_A 是隔板以上的液位高度，最小值为6in；H_D 是分离高度，$H_D = 0.5D$ 或者选择下式所得两值的较小值，$36ft + \frac{1}{2}D_N$（没有除雾器），$24ft + \frac{1}{2}D_N$（有除雾器），如果使用了除雾器，则按图5-3所示增加附加高度；H_{BN} 为隔板到进料喷嘴的液位高度，$H_{BN} = \frac{1}{2}(D_N, ft)$ + 取较大值（2ft 或 $H_S + 0.5ft$），其中，喷嘴管径 D_N 可由如下标准计算出

$$D_N \geqslant \left[\frac{\frac{4Q_M}{60\pi}}{\sqrt{\rho_M}}\right]^{0.5} \tag{5-25}$$

式中，Q_M 和 ρ_M 分别为体积流量和没有滑脱的气液混合物的密度。

5.2.5.2 水平分离器

三相水平分离器有不同的类型。然而最普通的类型包括油水分离立管，如图5-5所示，对于含有少量的重液（小于15%～20%总体液体的质量）和大量的水蒸气的体系来说，这是很好的设计。这一部分主要讲述这种类型的分离器的设计程序，读者可以参考Monnery和Svcrek（1994）关于其他类型水平三相分离器的详细设计原始文献。

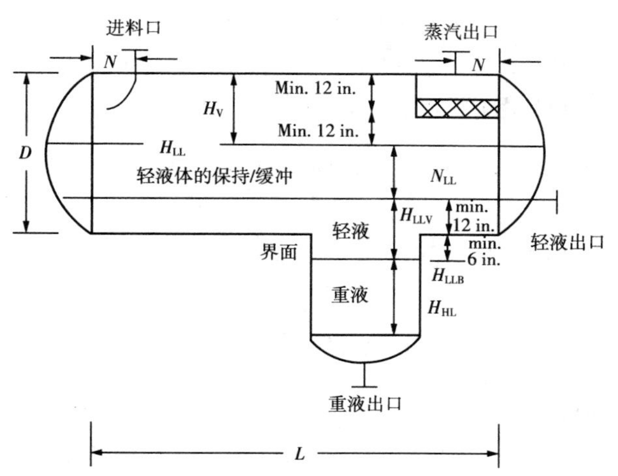

图5-5 带有油水分离立管的水平三相分离器的基本设计（Monnery 和 Svrcek，1994）

水平分离器的设计程序在最小化外壳和头部质量的条件下，优化分离器的直径和长度。带有油水分离立管的水平三相分离器的设计程序如下。

①使用式（5-11）计算出气流的体积流量 Q_V。

②通过式（5-13）和式（5-14）计算出重液和轻液流的体积流量 Q_{LL}、Q_{HL}。

③使用式（5-6）计算垂直临界速度并且设定 $v_V = 0.75v_t$。

④从表5-1中选出保液时间和缓冲时间，利用下列等式计算保液时间和缓冲的体积 v_H、

v_S(除非缓冲有特别的规定,如段塞体积)。

$$v_H = t_h \times Q_L \tag{5-26}$$

$$v_S = t_s \times Q_L \tag{5-27}$$

⑤从表 5-2 中获得 L/D 并且依据。

$$D = \frac{4(v_H + v_S)}{A - A_V - A_{LLV}} \tag{5-28}$$

表 5-2 L/D 准则表

容器操作压力(psig)	L/D
$0 < p \leqslant 250$	1.5~3.0
$250 < p \leqslant 500$	3.0~4.0
$p > 500$	4.0~6.0

⑥初步计算出直径,而后计算总截面积 $A = \frac{\pi D^2}{4}$。

⑦设定蒸汽的空间高度 H_V 为 0.2D 或 2ft 中的较大值(如果没有除雾器,为 1ft),然后计算总的横截面积 $A = \pi D^2/4$。在等式(5-19)中利用 H_V/D 代替 W_D/W,获得 A_V/A 和计算出 A_V。

⑧设定在容器和油水分离立管中轻液的高度分别为 H_{LLV} 和 H_{LLB}。

⑨使用等式(5-19),用 H_{LLV}/D 代替 W_D/W,计算高于容器底部轻液的横截面积 A_{LLV}。

⑩计算容纳保液和缓冲的最小长度:

$$L_1 = \frac{v_H + v_S}{A - A_V - A_{LLV}} \tag{5-29}$$

⑪使用如下等式计算液体下降时间(s):

$$\Phi = \frac{H_V}{v_V} \tag{5-30}$$

⑫计算蒸汽的实际速度(ft/s):

$$v_{AV} = \frac{Q_V}{A_V} \tag{5-31}$$

⑬计算气液分离的最小长度(ft):

$$L_2 = V_{AV} \times \Phi \tag{5-32}$$

⑭如果 $L_1 < L_2$,设定 $L_1 = L_2$(气液分离控制)。这会导致额外的持液和滞留时间。如果 $L_1 \ll L_2$,提高 H_V 并重新计算 A_V,然后从④重复程序。如果 $L_1 > L_2$,此设计对于气液分离是可接受的。如果 $L_1 \gg L_2$,持液控制。如果 H_v 减少,可以减小 L_1,增大 L_2。仅当 H_v 比③中规定的

最小值还大时，才可降低 H_V 的值。用减小的 H_V 重新计算 A_V 并自④重复程序。

⑮计算重液从轻液中沉淀的速度 V_{HL}。

$$V_{HL}=\frac{K_S(\rho_H-\rho_L)}{\mu_L} \tag{5-33}$$

⑯其中，K_S 可从等式(5-10)中获得。

⑰计算重液从轻液中沉淀的时间 $t_{s,HL}$。

$$t_{s,HL}=\frac{12(H_{LLB}+D-H_V)}{V_{HL}} \tag{5-34}$$

⑱计算轻液滞留时间 $t_{r,LL}$。

$$t_{r,LL}=\frac{(A-A_V)L}{Q_{LL}} \tag{5-35}$$

⑲此处轻液的体积忽略了在立管中的轻液体积。

⑳如果 $t_{r,LL}<t_{s,HL}$，提高容器的长度(控制液相分离)。

$$L=\frac{t_{s,HL}\times Q_{LL}}{A-A_V} \tag{5-36}$$

㉑计算 L/D，如果 $L/D\ll1.5$，降低 D(除非它已达到最小值)，如果 $L/D\geqslant6.0$，升高 D，自⑤重复程序。

㉒根据表5-3计算壁厚，壳体和头部的表面积，容器的大致质量。

表5-3 壁厚、表面积、近似容器质量

元件	壁厚	表面积
外壳	$\frac{PD}{2SE-1.2P}+\sigma_C$	πDL
2:1 椭圆水头	$\frac{PD}{2SE-0.2P}+\sigma_C$	$1.09D^2$
半圆水头	$\frac{PD}{4SE-0.4P}+\sigma_C$	$1.571D^2$
蝶形顶	$\frac{0.885PD}{SE-0.1P}+\sigma_C$	$0.842D^2$
容器的近似质量	$W=\left(\frac{490m}{V}\right)\left(\frac{\sigma}{12}\right)(A_{Shell}+2A_{Head})$	

注：(1) m 单位 lb，V 单位 ft^3。

(2)设计压力 P 的大小一般是操作压力加上15~30psi或者是操作压力再加上自身的10%，取两者中较大值。容许压力 S 参考ASME高压容器规则。连接效率 E 大小范围是0.6~1.0。腐蚀裕度(σ_C)的范围是1/16~1/8ft。

㉓把容器直径提高或降低6ft，并重复计算，直到 L/D 在1.5~6.0。

㉔根据最佳的容器尺寸(最小质量)，计算正常和高液位 H_{NLL}、H_{HLL}。

$$H_{HLL} = D - H_V \tag{5-37}$$

$$A_{NLL} = A_{LLV} + \frac{V_H}{L} \tag{5-38}$$

㉕使用等式(5－19)由 A_{DLL}/A(用 H_{NLL}代替 W_D,用 A_{NLL}代替 A_D)确定 H_{NLL}。

㉖设计重液缓冲立管。设定重液的高度为 H_{HL},计算轻液从重液中分离上升的速度 V_{LL}。

$$V_{LL} = \frac{K_S(\rho_H - \rho_L)}{\mu_H} \tag{5-39}$$

㉗设定缓冲立管 V_B 为 $0.75V_{LL}$,计算重液缓冲立管的直径(ft)。

$$D_B = \left(\frac{4 \times 12Q_{HL}}{\pi V_B}\right)^{0.5} \tag{5-40}$$

㉘然后使用等式(5－16),计算轻液从重液中沉降的时间 $t_{s,LL}$。

㉙计算在缓冲立管中重液的滞留时间:

$$(t_{r,HL})_B = \frac{(\pi D_B^2)H_{HL}}{4Q_{HL}} \tag{5-41}$$

㉚如果($t_{s,HL}$)$_B$ < $t_{s,LL}$,加大缓冲立管的直径。

5.2.6　实用分离器的设计

近几年来,最大的进展是大家广泛认识到分离器的实际性能远不及理论性能,这是由于流体在容器中流动型态远达不到理想状态(尽管严格说来,这是一个再发现)。然而,有两种直观的技术可以提供帮助,即物理模型和计算流体力学,它们可清晰地显示运行错误及如何纠正。

要确保分离器按设计要求运作,最主要的部分如下。

①校正进口喷嘴的尺寸和良好的入口设备(冲力破碎器),两种主要的设备类型是“叶轮”进口和气旋进口。

②主流体分布——分布板将来自入口设备速度已经减小,但仍有很高的流动转换为分离器液液分离区中的静态流。分布板一面装个叶轮(叶轮最好放在下面,放在上面打碎液滴,没有必要)或其他气体除雾器。

③必要的时候应调节控制流体的分布(如进入分布板前校正流动或分离器形状特殊时)。

④出口设备:防涡器和防液拾取装置的细节。

在设计中借鉴上述好的经验之前或之后,可以用计算流体动力学(CFD)和物理模型进行效果检验。物理模型是用无量纲相似准则性建立小尺度模型,采用空气—水、空气—油—水、天然气—油—水介质体系进行模拟。更先进模型的中心有承压流动回路,可在一定压力下模拟油气流动,但其缺点是不能像在可视模型中观察容器内部发生的反应。

5.2.7　操作问题

在分离器运行过程中偶尔发生以下问题(Arnold 和 Stewart,1998)。

5.2.7.1 原油起泡

原油起泡的主要原因是杂质而不是水。在液流进入分离器之前去除杂质是不切实际的。如果分离器内部设计保证有足够的时间或者足够大的凝聚表面使泡沫破裂,那么泡沫也不会产生任何问题。分离容器中的泡沫是一个三重问题。

①加重了液位机械控制负担,因为任何控制装置必须处理好三相液流,而不是两相,乳状液是第三相。

②泡沫有较大的体积－质量比。因此,它会占据更大的罐内空间,否则这些空间可用作液体收集或重力沉降区域。

③在不受控制的泡沫段中,若不能把一些发泡物质从排液和排气口带走,就不可能将分离气和脱气原油排出分离器。实际上,随着泡沫散去,会产生非常小的液滴,可被携带走。

应当指出的是,泡沫数量取决于入口液体所受的压力降,以及分离器条件下的液体性质。在某些情况下,温度可能产生很大的影响。泡沫抑制剂能有效增加分离器的体积。泡沫可以用以下方法减少:采用消泡包、使用化学剂消泡、利用热破泡。

5.2.7.2 石蜡

液体段的凝聚板和气体段的除雾器网垫特别容易发生石蜡堆积而堵塞。检修孔、注入孔、喷嘴都应允许蒸汽、溶剂或其他类型的分离器内部清洁剂进行处理。另外,大部分液体温度应始终维持在高于原油的始凝点以上,以防止在分离器内形成石蜡。

5.2.7.3 砂

分离器中的砂很麻烦,会造成阀门失效、分离器内部堵塞,如聚集在分离器底部会导致液位控制问题。传统上,只有砂聚集在主生产分离器中,才会进行除砂。不过如果能在主分离器的上游除砂,就能把砂的问题降至最小,给生产运行带来很大的好处。已研制出的 Mozley Wellspin 除砂器是在固/液水力旋流器基础上设计的,它结构简单紧凑,可在砂进入分离器前将之去除。应指出的是,利用过滤器或除砂旋流器能解决砂问题,但是过滤器滤网会很快堵塞,并不常用。

5.2.7.4 液体携带和气体窜漏

当有游离液体和气相一起外排时就发生了液体携带,产生这种现象的原因可能是:罐内液位高、容器内部隔断损坏、起泡、设计不当、液体出口堵塞,或超过仪器设计速度的液流。当有游离气体和液相一起外排时发生气体窜漏,其原因可能是液位低、涡流、液面控制失效。

5.2.7.5 乳状液

乳状液在三相分离器运行中尤其麻烦。经过一段时间,通常形成在油水界面上,积累了乳化物质和/或其他杂质。除了对液位控制的副作用外,乳状液也减少了分离器中油或水的有效保液时间,降低了油水分离效率。添加化学剂和/或热量往往可以解决这个问题,通常是应用液相分离区的热(热能通过循环注入)或添加破乳剂,来适当降低油水分离所需的沉降时间,这个方法是可行的。

5.3 多级分离

为了使气液两相更好地分离而获得烃类液体的最大回收率,有必要采取多级降压分离,即让井流物通过两个或两个以上的系列分离器。操作压力依次降低,最高压力是在第一个分离器,而最低压力是在最后一个分离器。实际上,分离级数通常介于 2 ~ 4,这取决于气油比

(GOR)和井流压力。两级分离通常用于低气油比和低井流压力,三级分离用于中至高气油比和中井流压力,而四级分离是用于高气油比和高井流压力。据记录,三级分离通常经济最优,同两级分离相比,它的液体收率高出其2% ~12%,在某些情况下甚至能达到25%以上(Rojey,1997)。为了回收在中至低压下运行的分离器所产生的气体组分,有必要将其再压缩到高压分离器所具有的压力。不过对于伴生气体,进行再压缩成本太高,因此从低压分离器产生的气体可以用火炬烧掉。

应当指出的是,分级分离的主要目的是使经过最后分离器后的最终相(气体和液体)达到最大程度的稳定,这意味着最后的气相和液相中分别不会再有数量可观的液相或气相逸出。在某一给定压力下,气体和液体的回收量可用合适的状态方程进行相平衡闪蒸计算确定。这将有助于优化每个分离器的设定压力值。通常将压力分级,以使每级压力比是常数。因此,如果已知第一分离器的压力(通常由规格或经济因素固定)和最后分离器的压力(接近大气压力),那么就能确定每级的压力。

5.4 离心分离器

在离心或旋风分离器中,当液滴进入一个圆柱形分离器时,离心力对雾滴的作用力是重力的好几倍。在低速大离心机中,离心力可达重力的5倍,而在小的高压离心机中,离心力可达重力的2000倍。一般来说,离心分离机可以用来分离直径大于100μm的液滴,而规格适当的离心分离机对尺寸小至10μm的液滴也有一定的分离效率。

离心分离器分离携带颗粒较多的气流也是相当有效的(Talavera,1990)。Tulsa大学研发出了简单紧凑的质量轻的圆柱形气—液旋风式(GLCC)分离器,它很少需要维修,并且易于安装和操作。圆柱形气—液旋风式分离器尺寸紧凑,占地面积小,质量轻,具有降低工业成本的应用潜力,尤其适于海上应用。同时圆柱形气—液旋风式分离器明显降低了碳氢化合物的总量,这一点对于环保和安全是十分重要的。圆柱形气—液旋风式分离器主要用于大批的气—液分离,可根据预期性能设计为不同级别。圆柱形气—液旋风式分离器的典型性能指标是在出气口达到液体0.5 ~2.0gal/ MMSCF和出液口0 ~5%的气体(NATCO,2002)。更多关于设计、控制系统研究、实验研究及圆柱形气—液旋风式分离器现场应用的相关信息,Gomez等 (2000)、Mohan和Shoham (2003)以及Wang等人(2003)已经做了详细讨论。

5.5 扭转式超声分离器

扭转式超声分离器是综合了一系列物理处理过程,包括膨胀、旋流式气-液分离,以及再压缩,在一个紧凑的管状装置中凝结和分离天然气中的水和重烃类组分。在超音速下实现凝结和分离,是该分离器能够降低固定资本和操作成本的关键。扭转式超声分离器内的介质停留时间仅仅只有几毫秒,没有时间形成水合物,也不需加入水合物化学抑制剂。免去相关化学物质的再生系统,可避免苯、甲苯、二甲苯等有害物质排放到环境中,或者说不再需要支付化学物质回收系统的费用。这种简单可靠的固定装置,无旋转部件,不用加入化学物质,非常适合在恶劣环境或近海环境中无人操作下运行。此外简易低质量的气旋式系统设计,能在空间和质量都受限的平台应用。在马来西亚,壳牌B-11海上平台上扭转式超声分离器首次得到商业应用,证明了该项仪器技术在商业上的应用已经成熟,同时也是这项创新技术(Brouwer等,2004)应用到工业中的一个重要里程碑。然而,还要研究这项技术对特定气体的可行性和优势。关于扭转式超声分离器的系统设计的更多信息，分别由 Okimoto 和 Brouwer（2002）以及 Brouwer 和 Epsom（2003）做了更为详细的阐述。

5.6 段塞流捕集器

段塞流捕集器用于近海管道末端来捕获管道中的大段塞液体，并暂时蓄存这些段塞，然后让它们以可被适当处理的流量进入下游设备和设施。段塞流捕集器可能是一个罐或管构件。由于可采用管壁较薄的小直径，相同容量的管型段塞流捕集器往往比罐式的便宜。多管型段塞流捕集器可重叠布置，这样可以通过放置更多平行的管道增加容量。管式段塞流捕集器的示意图如图5－6所示。一般配置包括以下部分。

①指型管有双斜面和三个分区：气－液分离区、中间区、储存区。

②天然气立管在分离区和中间区的过渡带处与每个指型管相连。

③天然气均气管布置在每个指型管上。这些线路都设在段塞储存段。

④液体汇管箱从每个指型管内收集液体。汇管箱不会倾斜，垂直于指型管安装。

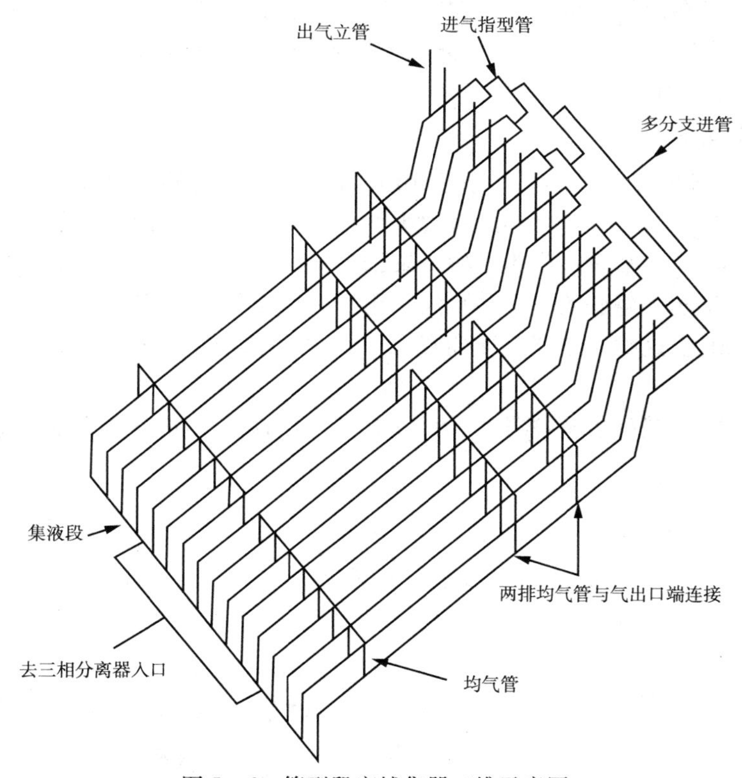

图5－6 管型段塞捕集器三维示意图

需注意的是，尽管在指型管内可能把凝析油和水直接分开，仍假定所有的液体（凝析油和水）收集后送到三相分离器。当段塞流捕集器在其自身内进行凝析油/水分离时，我们要让最大的凝析油段塞和最大的水段塞保持分离，以确保连续的液位控制。

气体和液体两相的分离，是在指型管的第一段实现的。该段管子的长度可以促进层流流动并实现初步分离。理想的情况下，600μm及以下的液滴可从进入天然气立管的气体中分离出来，该立管安装在本段的末尾。中间段的长度是最短的，保证液体段塞捕集器充满的时候，天然气立管下没有液面,即储存区完全充满。本段在天然气立管及储存段之间可以有高度变化,以便明确区分气液两相。储存段的长度要确保最大段塞储集体积,不能让液体进入天然气出口。正常运行期间,正常液面保持在立管的顶部上下,液体从每个指型管流入主液体收集汇管箱,这相当于凝析稳定装置以最大容量运行大约 5min。

由于段塞流捕集器的指型管是按管件而不是压力容器指标要求的,它不受相同条件下通常压力容器的严格限制。但是由于其尺寸大小,它将容纳大量现场高压烃类气体,建议段塞流捕集器能够实现尽可能快的自动降压(防火灾),不要给火炬燃烧系统造成异常高流量。

段塞流捕集器的设计取决于几个因素,其中最重要的是清管作业和流量改变(Burke 和 Kashou,1996)。清管可以使捕集器尺寸不用过大,因为随着频繁清管,累积在管道中的液流减少,形成最大段塞尺寸也随之减小了(GPSA,1998)。但段塞流捕集器尺寸大小的选择,应在频繁清管作业成本增加和小型段塞流捕集器的投资减少之间权衡(Xiao 和 Shoup,1998)。一旦了解到管线的持率稳定不变,就可通过瞬态分析确定清管方案和流量激动(ramp－up)周期。一般来说,激动流量在操作流量允许范围内确定。流量下调通常是预先决定的,决策者要对整个处理过程有全面的认识。关于指型和其他类型段塞流捕集器的详细设计和配置信息,正常情况下可从供货方得到。

5.7　高效气液聚结器

气流中悬浮微粒的尺寸大小往往小于 5μm,需要采用特定的分离设备处理。高效气液聚结器能有效去除气体生产、处理和输送过程中的细小悬浮颗粒。聚结器是典型的盒式构造,它的介质是玻璃纤维,并以金属芯作为支撑。聚结器盒体安装在一个保护罩内来控制流入和流出气体的速度,确保实现更好的分离并且阻止再次夹带液体。与需要筛孔垫片和内部封闭叶轮的传统分离器相比,这种聚结器介质拥有非常好的孔隙结构和更大的表面积。

5.7.1　气雾剂

气雾剂的形成,有三种机理:凝结、雾化和夹带。由这些形成机理生成的微粒的相对大小如图 5－7 所示。

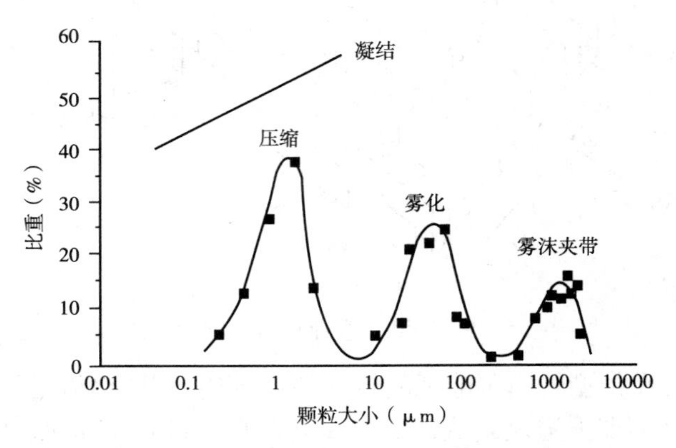

图 5－7　气雾剂类型(Brown 等,1994)

水蒸气凝结成液体所形成的气雾剂是最小的,而且最难去除杂质,它们的大小分散于 0.2～5μm 这个范围内。雾化作用是通过机械剪切破碎大液滴产生的气雾剂,例如高速流过阀门收缩口。雾化作用产生的气雾剂大小约在 10～200μ m 范围内。夹带作用与沿管线液体段塞的运动有关，它形成的液滴比较大，范围约 500 ~ 5000μ m。在气体系统中这三种液滴气雾剂都十分常见。高效气液聚结器能有效的去除由凝结机理产生的细小气雾剂。

5.7.2 聚结器操作章程

高效气液聚结器通常由玻璃纤维构成，因为这种材料纤维直径只有几微米，可形成细小多孔结构。要达到更好的收集和分离小悬浮微粒的效果，需要小尺寸孔隙。使用高效聚结器的基本原因是处理厂存在大量的亚微米和低于微米级的悬浮污染物（Brown，等，1994）。

这种类型的气液聚结器能在明显低于初始设计流量的低流量下运行，因此能允许更高的流量调节比。这是因为它对聚结作用的分离机理主要是扩散和直接拦截，而不像完全依赖惯性流分离的叶轮分离器和筛孔垫片。这又使该系统有更好的适应性，而且即使在通常遇到事故，部分设备关闭及一些不正常的情况下发生的高流量下调比率（减少流量）情况下，它依然能够保持最好的状态工作。

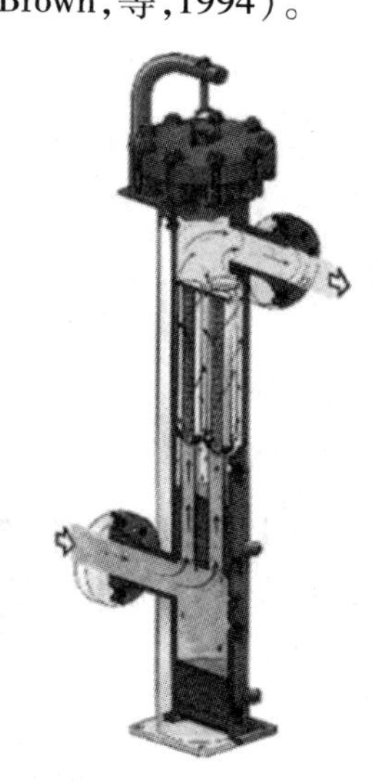

图 5 - 8 高效垂直气液聚结器系统（Schlotthauer 和 Hashemi，1991；Wines，2004）

已经证实，与未经表面处理的聚结器相比较，采用表面处理的高效垂直气液聚结器盒式系统（Miller 等，1988）性能显著提高，它能适应更高的流量或护罩直径更小。表面处理能改变聚结器介质的性质，使其不被油基或水基流体润湿。据称，这种处理也能通过减少堵塞延长聚结器的使用寿命，并且也降低了饱和压力降。一种有遮盖外壳的垂直高效气液聚结器系统见图 5 - 8。

混有悬浮微液滴污染物的入口气体首先到达外壳的底部，进入第一阶段分离区。在这里，通过重力沉降可去除所有段塞和较大的液滴（大约 300μ m 以上）。然后气体向上通过片管从筒的内部通过聚结器介质径向流入环空。入口的悬浮微粒分布在 0.1 ~ 300 μ m 的大小范围中，穿过聚结器介质以后，转换成 0.5 ~ 2.2mm 的加大聚合液滴。这种从聚结器筒内部流到外部的优点是，通过选择最优的外壳直径，能够在环空中更加容易地调节气体速度，以阻止聚结液滴再夹带。

当气体离开聚结器筒向上流入环空时作用于总液流，因此增加了环空流体流速。环空流体速度的模型可表示为垂直距离的一次函数，环空流速在筒底部为零，在筒的顶部最大。

聚合液滴一旦形成之后，就立即从聚结器介质包垂直向下排驱。表面处理能大幅度增强这种排驱作用，而这种处理的直接作用，是去除聚结器筒上 2/3 环空中上升气流中的聚合液滴。当液滴出现在聚结器筒底部下 1/3 的介质包外面时（图 5 - 9），一旦这些聚合液滴进入到环形空间，它们会受到向上气流的拖拽力。聚合液滴的运动轨迹可通过考虑重力与气流拖拽力二者平衡建立模型计算，计算可以给出液滴再夹带的临界环空流速。

由于表面处理的作用，在排液点上部，聚结器筒底部 1/3 的环空中会有微量聚结液滴存在。对没有经过特殊表面处理的聚结器盒来说，聚合液滴充满聚合器的整个环形空间，环空流速大于再夹带的临界速度是最主要原因（图 5 - 9）。对于已处理的聚结器，在没有液滴存在的部分环空中，流速高于临界环空速度也是可以的。这可使聚结器筒顶部的最大环空速度，大约是在聚结器筒下 1/3 高度处（此处有液滴存在）临界再夹带速度值的 3 倍。

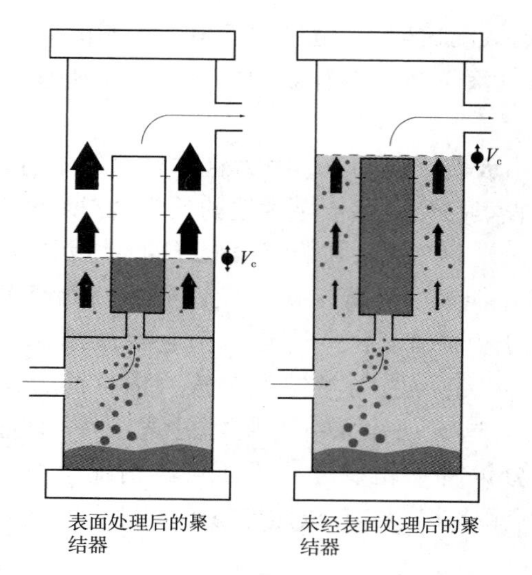

图 5-9　表面处理对聚结器排驱效果的影响

因此,聚结器筒顶部的最大环空速度大概是未处理的聚结器该值的 3 倍。环空面积由最大的允许环空速度决定,设计既要考虑有足够的环空面积避免再夹带发生,也要尽可能使外壳直径最小。

5.7.3　气液聚结器模型

气液聚结器系统的模型可以分为两个基本方面:介质速度和环空速度。另一个需要考虑的是压力降。一个给定系统的压力降可以通过使用更多的聚结器元件来降低。

5.7.3.1　介质速度

介质速度 (V_{med})定义为真实流量除以聚结器过滤器的面积(Wines, 2004)。

$$V_{med} = \frac{Q_a}{NA_{med}} \tag{5-42}$$

式中,N 是聚结器的数量;A_{med}是一个聚结器的介质面积;Q_a 是系统条件下的真实系统流量,可由标准系统流量(Q_S)求得。

$$Q_a = \frac{Q_S(SG)\rho_{Air,stp}}{\rho_G} \tag{5-43}$$

式中,SG 是气体相对密度;$\rho_{Air,stp}$是标准温度和标准压力下的空气密度;ρ_G 是系统条件下的气体密度。

介质速度不是通过介质孔隙的真实速度,而依惯例是流动方向的空间法平面上,包括孔隙面积和固体基质面积的总面积上的平均值。聚结器的最大介质速度与聚结器特殊的设计要求和系统的物理性质有关。已经认识到的是,聚结器介质内液滴的形成与去除机理分为四步:捕获、凝聚、释放、排驱。

聚集液滴的形成首先是在聚结器介质纤维上捕获细小悬浮微粒。实际细小液滴的凝聚和合并发生在纤维上,尤其是纤维的交叉处。然后由于气流的拖拽力超过其吸附能量,凝聚液滴从纤维上释放。这个过程在整个聚结器介质范围内一直重复进行,直至凝聚过程结束且最大的稳定的液滴形成。在凝聚这个阶段,逐渐增大的液滴也由于重力的作用在介质包里面不断向下排驱。

表面处理可以加快释放和排驱过程,这样可以释放出更多的纤维空间,并且与未处理的聚结器介质相比,能处理悬浮液滴浓度更高的入口液体。

5.7.3.2 系统条件对介质速度的影响

聚结器能力的有效发挥也依赖于系统环境。不同构造的聚结器会表现出量化差异,但它们都遵循相同定性特征。介质速度取决于系统参数,例如入口悬浮微粒浓度、悬浮微粒密度、气体密度,以及气体黏度。

在低浓度悬浮微粒情况下,介质速度的最大值是常数而且不受悬浮微粒量的影响。在这些情况之下,介质受捕获机理的限制而且不受排驱影响。在高浓度的悬浮微粒存在的情况下,聚结器介质将受到排驱影响,并与悬浮微粒的浓度成反比。这一过程中表面处理的作用是增强排驱作用,并在当受到排驱限制时,在相同的悬浮微粒负载下,允许更高的最大介质速度。

5.7.3.3 环空速度

环空速度(V_{ann})定义为实际流量除以环空面积(Wines,2004)。

$$V_{ann} = \frac{Q_a}{A_{ann}} \tag{5-44}$$

式中,A_{ann}是环空的横截面积,定义为不含聚结器的外壳的横截面积减去聚结器管段盖板的面积。

$$A_{ann} = \pi R_h^2 - N\pi R_c^2 \tag{5-45}$$

式中,R_h 为外壳的半径;R_c 为聚结器管段盖板的半径;N 为聚结器数目。

当凝聚作用完成时,离开聚结器介质包的大液滴可假定为在给定流量条件下的最大值。因此,只要凝聚彻底完成,对任何专门设计的聚结器筒来说,这些凝聚液滴的直径将会相同。如果凝聚作用尚未完成,计算一定要考虑凝聚程度。

在大多数工业应用中,凝聚液滴的大小大约在 0.5 ~ 2.2mm 范围内,并且主要受表面张力影响,而表面张力主要受液体密度、系统温度和系统压力的影响。当压力增大时,气体密度将会增加,而液体密度所受影响微小。随着压力的提高,气体在液体中的溶解度增加。这会导致在压力增大的情况下表面张力大幅度下降,并因此形成高压下明显更小的凝聚液滴。

一旦假设了合并液滴的尺寸,下一步就是确定可以保持不发生再夹带的最大环空速度。一般情况下,合并的液滴产生雷诺数(Re)不满足层流(<0.1)和斯托克斯定律的条件。需要考虑液滴沉降的重力和气体向上流动所产生的拖拽力之间的平衡关系来计算。

5.7.3.4 最小的外壳直径测定

外壳直径是由环空面积和聚结器管端盖板面积确定的。可以利用聚合器筒顶端的最大环空速度来确定所需要的环空面积。聚合器筒顶端的最大环空速度($V_{ann,max}$)取决于再夹带的临界环空速度(V_c)和凝聚液滴存在于自由环形空间时所在的垂直位置。

这一关系可描述(Wines, 2004)如下。

$$V_{ann,max} = k_a V_c \tag{5-46}$$

式中，k_a 是由于排驱作用而产生的的环空速度增加系数。

对于未处理的聚结器介质来说，聚结器筒完全润湿，凝聚液滴出现在整个环空中，而且没有排驱增强，$k_a=1$。这时避免再夹带的环空速度最大值就等于临界夹带值。

$$未处理的聚结器:V_{ann,max} = V_c \tag{5-47}$$

表面处理的作用是大幅度增加排驱，并且因为除在筒底1/3空间外，环空中不存在凝聚小滴，所以相比临界速度，聚结器筒盒顶部的环空速度能够显著提高。此时最大环空速度由 $k_a=3.1$ 确定如下。

表面处理后的聚结器：

$$V_{ann,max} = 3.1V_c \tag{5-48}$$

由式(5-46)给出的提高最大环空速度的依据已由实验室测试证实(Williamson 等，1988；Murphy，1984)，参见图5-9。这些测试中直观的观察也证实了液滴存在于聚结器包外面，仅仅只存在于已处理的聚结器的底部1/3处，而在润湿的未经处理的聚结器内的整个长度里，液滴都会存在。

5.7.4 聚结器动态/操作界限

通常说来，高效气液聚结器用来处理大约少于百万分之几千左右入口悬浮微粒浓度的气体，并将其放置在其他去除大块气/液体的分离器的下游作为最终净化。在这些情况下，气液聚结器常见的使用年限是1~2年。聚结器系统通常设有一个2~5psi的差异压力，当差异压力达到15psi时，就需要更换新零件。

有些高效气液聚结器的微粒出口浓度能低至0.003 ppmw❶(Williamson 等，1988；Murphy，1984)。测定聚结器效率的实验仪器见图5-10。这个实验是由Pall公司设计的，即人们所知的液体聚结器分离效率测试。目前，还没有一个工业界所普遍接受的气液聚结器的标准测试程序。在这个测试中提到的测定聚结器性能的几个重要方面如下。

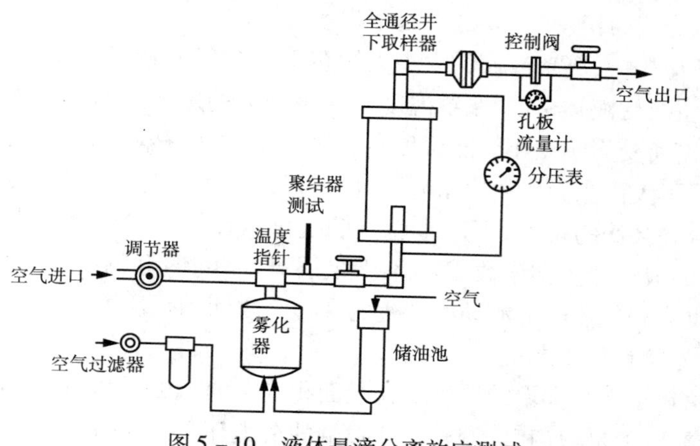

图5-10 液体悬滴分离效应测试

❶ ppmw表示按质量计算，1×10^6mg溶液中含有1mg溶质——译者注。

①悬浮微滴产生于雾化器中，粒径范围在0.1～1μm——代表凝聚悬浮微滴。

②增压条件下的测试——非真空条件。

③聚结器液体饱和后，进行评估——代表油田操作。

④出口污染物由全液流取样器收集，该取样器收集任何沿管壁流动的悬浮微滴和液体。

5.7.5 气液聚结器的应用

采用高效气液聚结器筒式系统来分离液体悬浮微粒污染物的技术，近些年来得到炼油厂和天然气处理厂的广泛认可与应用，包括压缩机、涡轮设备、低NO*x*燃烧器、胺和乙二醇接触器、分子筛床等设备的保护以及井口水合物抑制。这主要是由于传统分离方法，包括油水分离器、离心分离器、筛孔垫片、叶轮分离器，未能满足最终用户的减少悬浮微粒的要求。下面简短描述一些主要的应用。

5.7.5.1 压缩机保护

入口气中的污染物会严重影响压缩机的可靠性。至少20%的活塞式压缩机故障都可以归因于入口气污染物（Smith等，1997）。即使压缩机没有严重的损坏，也需要一个耗费很大的维修计划，即需要每6个月左右关闭压缩机进行检查或修理。然而，已经证实，使用了高效气液聚结器系统的预防性系统，可保护压缩机使其两年维修一次（Wines和Lorentzen，1999）。

气体污染物由固体颗粒和液体悬浮微粒组成，通常其尺寸在亚微米范围内占有很高的百分比。固体通常是腐蚀产物（氧化铁或铁硫化物）、盐或淤泥。液体可能是烃类（精炼厂产物、润滑油、冷凝物），水溶类（水、酒精、溶解盐、腐蚀剂、酸），或两者的结合物。污染物在不同方面影响活塞式压缩机和离心式压缩机。

液体悬浮微粒主要影响活塞式压缩机的活塞汽缸的进气和排气。阀门上的污染物累积会导致阀门黏滞或阀门部分旁通，这会造成压缩比降低和能量消耗增大。汽缸里的污染物累积也会损害活塞环、活塞和汽缸壁。

离心式压缩机是利用只限于包含固定扩散器的套管中的高速叶轮来传递动力水头的进气。虽然离心式压缩机对气体中污染物不太敏感，但是仍然会受到负面影响。对于离心式压缩机来说，与污染物相关的首要问题是旋转叶片的累积结垢（又称结盐）。这会导致流程中的局部封锁而引起耗能增加，以及叶片运转失衡，如果任其发展会因合成振颤而造成严重的机械故障。

5.7.5.2 胺/乙二醇接触器保护

当污染物在溶剂系统中堆积时，使用气液接触器的气处理过程易产生泡沫。最普遍的气体处理溶剂是可去除H_2S和CO_2的烷醇和可去除水蒸气的三乙基乙二醇。活性炭和消泡化学剂也常用于减轻起泡问题。由于活性炭能快速地趋于饱和而失效，这些方法对于大量污染物的渗入是无效的。消泡只是处理表面的症状，而不能解决其产生的根源，即除去污染物。因为难以判断消泡剂用量，所以有时污染物浓度的变化还是可以产生泡沫。在有些场合，消泡添加剂添加过多也会产生相反的效果，导致泡沫增多。研究发现，在流入气体和胺循环流程中10μm级的过滤器前面使用高效气液聚结器，可以有效地减少起泡和胺损坏（Pauley等，1988）。

5.7.5.3 井口水合物抑制

高压天然气，即使在常温下，也会形成水合物，即固体水/甲烷化合物。水合物可以封堵管道和处理设备，破坏气体处理和输送系统。通常利用注入甲醇和/或乙二醇来抑制水合物的形成。在井口去除水中悬浮微粒,是一个更为有效的防止下游管线中水合物形成的途径,并且可以减少甲醇和乙二醇等化学剂的注入费用。

5.7.5.4 分子筛保护

分子筛(沸石)用于天然气脱水使其在低于饱和度下达到露点且能有效地去除水蒸气。当自由水以悬浮微粒存在时,分子筛会迅速达到最大水容量,导致频繁再生。再生过程需要消耗热量,相应会产生热能的相关费用。烃类和固体悬浮微粒可导致分子筛床产生污垢,从而减少束缚水蒸气的活性。使用高效气液聚结器是保护分子筛床的一种经济而有效的手段。

5.7.5.5 低和超低 NO_x 燃烧器保护

燃烧器广泛应用于炼油和石化工业。应用包括用于原油加热、裂解、重整、焦化的火炉以及锅炉、燃气涡轮机、干燥机和焚化炉。为满足环保法规的要求,先进的燃烧器技术,包括低和超低 NO_x 燃烧器喷嘴的应用日趋成熟。这些先进燃烧器的设计更为复杂,在设计上有更加细小的空隙,但相较于以前的设计更易于产生污垢。

可燃气体中的污染物会造成熔炉操作的处理问题。喷嘴的堵塞会导致熔炉性能变差,而在严重的情况下还会损坏熔炉的对流部分。在某些工厂,替换燃烧器喷嘴或者每隔几天进行清洗,耗资巨大。气体燃料中的污染物可能来自各种渠道。工艺管线中形成的腐蚀产物,会导致无机材料污垢。液态碳氢化合物可导致燃烧器喷嘴焦化,导致有机污垢。在气体燃料中发现的污染物还包括硫化铁、氧化铁、胺、乙二醇、水和烃类液体。

高效气液聚结器已成功地应用于保护低和超低 NO_x 燃烧器(Wines,2004)。它们可以安装在一排熔炉上游直接使用或安装在中心位置处理多排燃烧器的进料供给。管道在安装聚结器前应彻底清洗,聚结器下游的任何管线都应伴热或绝热,以防止温度下降引起液体的凝聚。

5.8 高效液相聚结器

当液滴尺寸较小,范围在 1~50μm 时,液-液分离可能需要使用特殊的设备。这些流体系统可列入稳定乳状液范畴。通常带有除雾垫或板式内部结构的传统大型分离器对此类流体的分离不会有效。已经开发出来高效液液聚结器可破坏乳状液并提供更好的分离。

5.8.1 乳状液

乳状液由三部分组成:油(代表性烃类或有机液体)、水(包括任何混合水溶液)、表面活性剂。根据这些组成成分的比例,可形成水包油型乳状液或油包水型乳状液。水包油乳状液或油包水型乳状液的结构是表面活性剂覆盖在分散相的球形液滴外,并有大量的连续相包裹在液滴外面。表面活性剂在同一个分子上含有亲水基(吸水)和亲油基(憎水)两部分。这种独特的结构使它们连接在油水界面并有助于稳定液滴形状。球形液滴的形成,是为了使其在油水之间表面积最小,这也使形成这个表面的自由能最小。为了形成乳状液,系统必须进行剪切或混合,使这三种组分形成液滴结构。

乳状液都具有内在的不稳定性,并会自发地分解成为两大相。这一过程中小液滴合并在一起或反复聚合,直到它们形成逐渐增大的液滴,大液滴最终融合到其中的一相。当不存在液滴时,这一过程结束。根据乳状液的内在性质,这种分解可以在短至数秒或长达几个月内完成。许多影响乳状液稳定的因素也影响聚结器的性能。

5.8.1.1 表面活性剂

表面大致可分为三类:阳离子型、阴离子型、非离子型。所有表面活性剂由极性亲水基团聚合在非极性或疏水性烃链上组成。阳离子表面活性剂的极性基团含有正电荷，而阴离子表面活性剂的极性基团含有负电荷。非离子表面活性剂极性基团是中性的，通常由环氧乙烷构成。

表面活性剂可以有各种各样的结构，包括一个极性头部和非极性尾部结构、支链、随机排列的极性基团嵌在非极性烃链上。表面活性剂在乳化过程中的辅助作用，将取决于极性基团同非极性基团的比率、电荷密度和极性基团的大小及非极性基团所占的体积（支链、长度）。表面活性剂也可能受到其他物质如助乳化剂（醇类）、水污染物（盐类）的影响。

工业处理过程中的表面活性剂的来源，包括添加剂、自然存在的表面活性剂和通过化学反应过程不注意形成的反应型活性剂。下面给出一些用这种方式分类的表面活性剂的实例。

添加剂：缓蚀剂、破乳剂、阻垢剂、絮凝剂。

天然存在表面活性剂：石脑油磺酸盐、环烷酸和原油中的硫醇盐（Hughes, 1997）。

化学型活性剂：炼油厂中碳氢化合物氧化/碱处理形成的甲酚酸、苯酚同族体（Suarez, 1996）。

5.8.2 聚结器原理和构成材料

聚结器通常制成垫片或筒式过滤器的形式，这种过滤器经过专门的设计，能从乳状液中获取小滴，再将小滴聚合成为较容易分离的大滴。该过程加速了自然聚合，此聚合是依靠聚结器介质中存在的纤维来促使小液滴接触，从而加速了整个聚合过程。聚结器具孔隙梯度构造，即进口介质具有较细的孔径，并且沿液流方向其尺寸不断增加（图 5－11）。

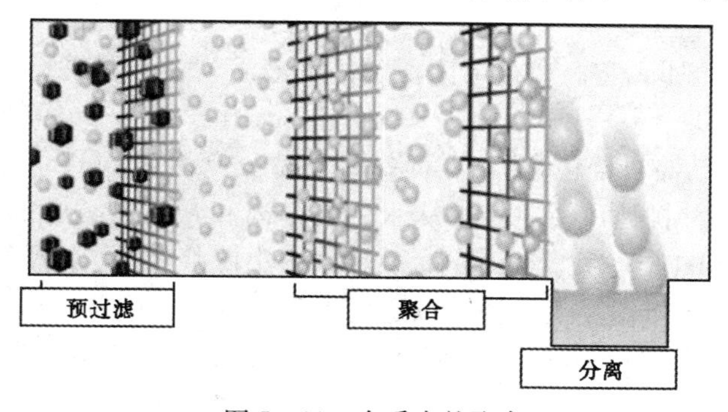

图 5－11 介质中的聚合

聚结器主要由玻璃纤维介质构成，直到最近才采用聚合物和含氟高分子材料。玻璃纤维能充分作用于界面张力大于 20dyn/cm 乳状液。众所周知，在表面活性剂存在的条件下它会失去效率（Hughes, 1997）。这些聚结器广泛用于航空业的喷气燃料脱水。

高效液液聚结器是聚结器的最新一代，它融入了最新的聚合技术。它们由聚合物和含氟高分子材料构造而成，这些材料进行了优化处理，以便分离界面张力低至 0.5dyn/cm 的最难处理的乳状液。这种聚结器可广泛应用于许多领域。它可以处理化学活性剂并且能适应要求苛刻的操作环境，同时其性能处于最高水平。

5.8.3 聚结器的运行机理

液液凝聚系统的运行分为三个阶段：固体分离/预处理、聚合、聚合液滴分离。

5.8.3.1 固体分离/预处理

固体可以增加乳状液的稳定性，去除固体能使凝聚更容易。一般说来，在固体含量很高时,这一步可以通过一个单独的筒式过滤系统或由再生冲洗过滤系统完成。此外,该过滤阶段能保护聚结器而增加其使用寿命。这一步也是碳氢化合物液滴聚合的开始,从而提高了系统的分离能力。

5.8.3.2　聚合

过程的下一步主要是聚合。在这一阶段,孔隙尺寸从微细结构开始,然后不断变大,为液滴聚合提供了孔隙空间。在主要的聚合区,入口分散体系所包含的尺寸范围从0.2～50μm的微小液滴转化为增大的悬浮液滴,大小范围为500～5000μm。

聚合机理可以用以下步骤描述:

①玻璃纤维吸附雾滴;

②主液流把雾滴运输到纤维交叉口;

③两液滴聚合形成一个较大的液滴;

④纤维交叉处小液滴反复聚合成较大的液滴;

⑤总液流引起吸附液滴的拖拽力增加,而使纤维交叉口的雾滴释放;

⑥重复步骤①～⑤,可逐步获得更大尺寸的液滴和更大的介质孔隙度。

基于这一机制,我们可以预见有许多因素会影响聚合反应。聚结器纤维的特殊表面性质,对液滴的吸附和凝聚后的最终释放有至关重要的影响。在增加纤维吸附或吸引性能与禁止强烈吸附的释放机制之间存在一种平衡作用。纤维上的液滴吸附以产生聚合的必要条件一些资料中有介绍(Jeater 等, 1980;Basu,1993)。

5.8.3.3　聚合液滴分离

一旦液滴发生聚合,那么它们在给定流动条件下液滴就会尽可能地变大。分离阶段可以由以下两种方式之一实现。

(1)水平结构。聚结器机架包含一个沉降区,它依据聚合液滴和总液流密度的不同而实现分离(图5-12)。这种构造可用于烃类从水中的分离和水从烃类中的分离,但这两种分离器的集水槽和出口喷嘴的位置正好相反。为了从水中去除烃类,集水槽位于机架的顶部而净化水将从底部的出口喷嘴排出。集水槽可以定期手动排水或者配备液位自动控制排水系统进行排水。聚合液滴的大小和所需沉降区的大小最好通过油田先导实验确定。

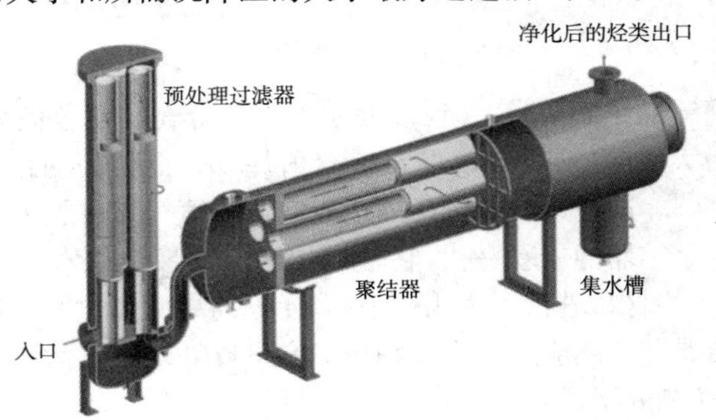

图5-12　水平液液聚结器构造(Katona 等,2001)

(2)垂直构造。一旦液滴发生聚结,它们在给定流动条件下会尽可能大,直径尺寸范围在0.5～2mm。分离阶段利用疏水分离器盒实现,即提供一个有效的屏障阻止含水聚结液滴但允许油气通过。为了最有效地利用分离器介质，可将分离器筒堆叠在聚结器下边。这种构造仅适用于从烃类中分离出水或水污染物（图5－13）。

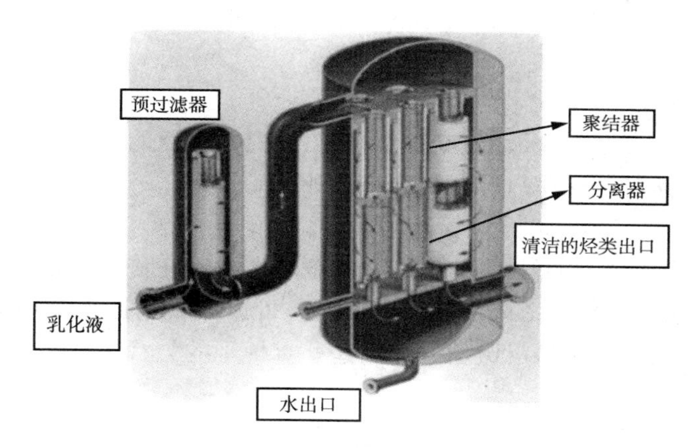

图5－13　垂直液液聚结器构造

经过聚结阶段后，大型含水聚结液滴和油气流沿轴向向下流动，流向方向是从分离器外面流入里面。较大的聚结液滴由分离器阻截并收集在底部槽内。净化的油气烃类穿过分离器保存在机架的底部。集水槽内水相可手动定期排出或配备液位自控系统自动排出。

5.8.4　液相聚结器功能

设计合理且大小合适的高效聚结器系统可以处理进口浓度高达10%的不连续相，并在界面张力低至0.5dyn/cm的条件下在出口将它们降至ppm[1]级别。对于水从烃类中的分离，AquaGlo（Gammon公司注册商标）方法可使聚结器出口流出浓度低于15ppmv[2]（ASTM标准D3240），而对于从水中分离出的烃类，使油和油脂的出口浓度低于20 ppmw的方法已有。

采用聚合物和含氟聚合物构造材料的聚结器与早期传统的聚结器相比扩大了使用范围，因此它们能够在从－40～300℉的温度范围内经受住各种大活性化学剂的使用。

5.8.5　聚结器的局限性

尽管在破裂难处理的乳化液方面，液液聚结器有很多优势，但是仍有一些限制需要考虑。在固体浓度较高时，会超出预处理器的处理能力。一般来说，带有预过滤器的液液聚结器可经济处理的固体颗粒浓度应小于10 ppm。高于这个级别的固体需进一步预处理，如用筒式反冲洗过滤器、混合介质填充床或水力旋转分离器去除固体。

对用于清除自由液体的聚结器的操作限制必须有所了解。如果分离后的清液离开聚结器后冷却，以前溶解的污染物可能发生凝结，在较低的温度下形成雾状流。聚结器无法清除溶解在溶液中的污染物，因此必须慎重考虑凝聚过滤器的放置位置，以及经过聚结器后工艺条件下的变化也要仔细考虑。

经过预过滤处理充分保护的聚结器通常的使用寿命是1～2年，尽管使用寿命较长，但最终仍需要处理和替换，不过更换周期这么长，也不是大问题。

[1] $1ppm=10^{-6}$　——译者注。

[2] ppmv表示按体积计算，1×10^6mL溶液含有1mL溶质　——译者注。

由于液液聚结器由玻璃纤维介质构成,因而还必须考虑表面活性剂失效这个问题,以及在低 IFT 乳化体系(<20dyn/cm)中,聚结器不能高效地进行分离。对于这些情况,应该对不会失效的含氟聚合物或聚合物聚结器加以考虑。这些类型的材料也有更广泛的化学流体相溶性和更宽的温度范围。

5.8.6 应用

高效液液聚结器在存在乳化液问题的行业中得到日益广泛的应用。人们使用它们来保护设备、回收有用流体、达到环保排放标准。现举例如下。

5.8.6.1 管道凝结

在产气过程中,相关轻质油气冷凝物和水也随之产生。在许多情况下,化学添加剂如甲醇、乙二醇可用来防止水合物的形成。这些化学物质可以大大增加水合烃类冷凝物形成稳定乳状液的趋势。高效液液聚结器已应用于分离这些难处理的乳状液,以净化水和烃相。

5.8.6.2 产出水

产出水的排放限制越来越严格,目前许多地区要求产出水外排的标准是原油和油脂类物质含量在 29ppm 以下。为达到这一目标,往往需要多次分离的方案,其中包括混合砂床、溶解气浮选和水力旋流器。尽管有这些努力,乳化油仍然可以渗透到流出物中,而高效液液聚结器的使用为达到环保要求提供了可靠的途径。

5.8.6.3 最终的石化产品

在炼油操作中,常常用蒸汽汽提来去除石油产品中的挥发性化学成分(硫化氢和轻烃组分),包括汽油、柴油、煤油。这会导致水冷凝和最终产品雾气超标。

5.8.6.4 碱处理

在生产汽油过程中,往往需要去除有机硫化合物如硫醇等。其中比较著名的去除硫醇的工艺是 Merox(UOP 注册商标)处理工艺。在此反应器中,硫醇提炼进入碱相中,然后在氧化和催化作用下转化为二硫化物油脂。酚类物质也提炼进入碱相中。反应器中的流出物流入三相分离器,在这里实现空气、二硫化物和再生碱的分离。然后再生碱液循环至反应器。

反应器流出物通常含有大量碱残留物,造成雾状的汽油产品、碱补给成本过高以及下游管道的腐蚀。雾状汽油是有问题的,需要经过混合或重新处理,否则它会导致产品含钠超标。安装高效液液聚结器系统是一个回收碱残留物的有效办法(Katona 等,2001)。

5.8.6.5 液态催化剂的回收

在许多工艺过程中,会使用液体或均质催化剂,催化剂和反应物不相溶并形成乳状液。回收催化剂,对于减少催化剂的补给需要和保护下游设备免受催化剂的结垢污染都是十分重要的。

参考文献

API Spec 12J, "Specification for Oil and Gas Separators," 7th Edition. American Petroleum Institute, Washington, DC (Oct. 1989).

ASTM D3240, "Standard Test Method for Undissolved Water in Aviation Turbine Fuels," ASTM International. Arnold, K., and Stewart, M., "Surface Production Operations, Vol. 1: Design of Oil - Handling Systems and Facilities," 2nd Ed. Gulf Professional Publishing, Houston, TX (1998).

ASME Pressure Vessel Code, Section VIII, Division 1, Table UCS - 23, PP. 270 - 271, ASME, New York (1986).

Basu, S., A study on the effect of wetting on the mechanism of coalescence. J. Colloid Interface Sci. 159 (1993).

Brouwer, J. M., Bakker, G., Verschoof, H-J., and Epsom, H. D., "Supersonic Gas Conditioning: First Commercial Offshore Experience," Paper presented at 83rd Annual GPA Convention, New Orleans, LA (March 14-17, 2004).

Brouwer, J. M., and Epsom, H. D., "Twister Supersonic Gas Conditioning for Unmanned Platforms and Subsea Gas Processing," SPE 83977. Paper presented at Offshore Europe Conference, Aberdeen, UK (Sept. 2-5, 2003).

Brown, R. L., Malbrel, C., and Wines, T. H., "Recent Developments in Liquid/Gas Separation Technology." Paper presented at the 44th Laurance Reid Gas Conditioning Conference, Norman, OK (Feb. 28, 1994).

Burke, N. E., and Kashou, S. F., Slug-sizing/slug-volume prediction: State of the art review and simulation. SPE Prod. Facilities J. 11, 166-172 (1996).

Campbell, J. M., "Gas Conditioning and Processing," 7th Ed. Campbell Petroleum Series, Norman, OK (1992).

Gomez, L. E., Mohan, R. S., Shoham, O., and Kouba, G. E., Enhanced mechanistic model and field application design of gas-liquid cylindrical cyclone separators. SPE J. 5(2), 190-198 (2000).

GPSA Engineering Data Book, Vol. 1, Section 7, 11th Ed. Gas Processors Suppliers Association, Tulsa, OK (1998).

Hampton, P., Darde, T., James, R., and Wines, T. H., "Liquid-Liquid Separation Technology Improves IFPEXOL Process Economics," Oil & Gas Journal, 99, 16, 54-57 (2001).

Hughes, V. B., "Aviation Fuel Handling: New Mechanism Insight into the Effect of Surfactants on Water Coalescer Performance." Paper presented at the 2nd International Filtration Conference, San Antonio (April 1997).

Jeater, P., Rushton, E., and Davies, G. A., "Coalescence in Fibre Beds." Filtration and Separation (March/April 1980).

Katona, Q., Darde, T., and Wines, T. H., "Improve Haze Removal for FCC Gasoline." Hydrocarbon Processing, 103-108 (August 2001).

Kumar, S., "Gas Production Engineering." Gulf Publishing Company, Houston, TX (1987).

Manning, F. S., Thompson, R. E., "Oil Field Processing, Vol. 2: Crude Oil." Pennwell Publishing Company, Tulsa, OK (1995).

Miller, J. D., Koslow, R. R., and Williamson, K. W., U. S. Patent 4,676,807 (June 1987); id. U. S. Patent 4,759,782 (July 1988).

Mohan, R. S., and Shoham, O., "Design and Development of Gas-liquid Cylindrical Cyclone: Compact Separators for Three-phase Flow." Final Technical Report submitted to the U. S. Department of Energy (June 25, 2003).

Monnery, W. D., and Svrcek, W. Y., "Successfully Specify Three-Phase Separators." Chemical Engineering Progress, 29-40 (Sept. 1994).

Murphy, W. L., "Practical In-Service Simulation Tests for Rating of High Efficiency Aerosol Coalescing Performance." PEDD-FSR-101a, Pall Corporation Equipment Development (November 1984).

NATCO, "Gas-Liquid Cylindrical Cyclone (GLCC) for Compact Gas-Liquid Separations." NATCO Group Products Manual, Issue 1, PP. 1243-A1/A2 (July 2002a).

NATCO, "Mozley Wellspin Extensively Developed with Maximum Resistance to Wear and Robustness in Operation." NATCO Group Products Manual, Issue 1, PP. 305 A1-A4 (Aug. 2002b).

Okimoto, F. T., and Brouwer, J. M., Supersonic gas conditioning. World Oil. 223(8), (2002).

Pauley, C. R., Hashemi, R., and Caothien, S., "Analysis of Foaming Mechanisms in Amine Plants." Paper presented at the AIChE Summer Meeting, Denver, Colorado (August 1988).

Rojey, A., Jaffret, C., Cornot-Gandolphe, S., Durand, B., Jullian, S., and Valais, M., "Natural Gas Production, Processing, Transport." Editions Technip, Paris, France (1997).

Schlotthauer, M., and Hashemi, R., "Gas Conditioning: A Key To Success In Turbine Combustion Systems Using Landfill Gas Fuels." Paper presented at the 14th Annual Landfill Gas Symposium, GRCDA/SWANA, San Diego, California (March 27, 1991).

Smith, T. J., Schultheis, S. M., and Hanifan, M., "Millennium Petrochemicals Inc. Morris Plant Improves Compressor Reliability and Onstream Time Using Reciprocating Compressor Monitoring." Paper presented at the NPRA Maintenance Conference, New Orleans, Louisiana (May 1997).

Souders, M., and Brown, G. G., Design and fractionating columns. 1. Entrainment and capacity. Ind. Eng. Chem. 26(1), 98 (1934).

Suarez, F. J., "Pluses and minuses of caustic treating," Hydrocarbon Processing" 75(10) 117 - 123 (October 1996).

Svrcek, W. Y., and Monnery, W. D., Design two - phase separators within the rigth limits. Chem. Engin. Prog. 89 (10), 53 - 60 (1993).

Talavera, P. G., "Selecting gas/liquid separators," Hydrocarbon Processing." 81 - 84 (June 1990).

Wang, S., Gomez, L. E., Mohan, R. S., Shoham, O., and Kouba, G. E., Gasliquid cylindrical cyclone (GLCC) compact separators for wet gas applications. ASME J. Energy Res. Technol. 125(1), 43 - 50 (2003).

Williamson, K., Tousi, S., and Hashemi, R., "Recent Developments in Performance Rating of Gas/Liquid Coalescers." Paper presented at the First Annual Meeting of the American Filtration Society, Ocean City, Maryland (March 1988).

Wines, T. H., and Lorentzen, C., "High Performance Liquid/Gas Coalescers for Compressor Protection." Compressor Workshop, Lambton College, Sarnia, Ontario (April 1999).

Wines, T. H., Optimize NOx reductions facility - wide. Hydrocarb. Proc 83(4), 53 - 59 (2004).

Xiao, J. J., and Shoup, G., Sizing wet - gas pipelines and slug catchers with steady - state multiphase flow simulations. ASME J. Energy Res. Technol. 120, 106 - 110 (1998).

6　凝析液稳定

6.1　导言

天然气凝析液可以不经过进一步的加工而直接作为商品。但通常由于其能稳定地溶于原油组分中，因此常以原油的形式售出。要进一步处理天然气凝液，除了工艺要求外，没有其他特殊要求。增加凝析油中间组分（$C_3 \sim C_5$）和重组分（C_{6+}）的过程称为“凝析液稳定处理”。这一操作过程主要是为了降低天然气凝析液的蒸气压，这样在凝析液进入常压储罐时闪蒸出气相成分。换句话说，该过程是将超轻烃类气体（尤其像甲烷、乙烷）和 C_{3+} 以上的组分进行分离。稳定处理后的凝析液体，达到闪蒸压力指标后，通过管道或罐车运输。凝析液一般含有较高比例的中间组分，黏度低、密度相差较大，可较易与携带的水分离。总的来说，凝析液稳定处理还应考虑各气井的生产设施。本章主要介绍天然气凝析液稳定处理的基本过程、相关设备及工艺规程。

6.2　稳定加工

天然气凝析液的稳定处理可以通过闪蒸或分馏完成。

6.2.1　闪蒸

通过闪蒸进行凝液稳定操作简单，只需要两到三个闪蒸罐。这一过程与运用平衡原理进行气相和液相之间的阶段分离过程相类似。当气液在分离压力和温度条件下达到平衡时，发生平衡蒸发。图 6－1 为通过闪蒸进行凝液稳定处理典型的示意图。如图 6－1 所示，凝液先通过入口分离器，然后经过换热器，再流入压力为 600psia 的高压闪蒸罐内，然后这里压力降为 300psia，从而使轻质组分闪蒸，再压缩之后为酸性气流汇聚。从高压闪蒸罐分离出来的气体可以进一步处理之后销售，或循环进入油藏用于气举。高压闪蒸罐底部的液体将流向工作压力为 300psia 的中压闪蒸罐。继续分离出残存的甲烷和乙烷，然后底部液体流入工作压力为 65psia 的低压罐。为确保高效率分离，在凝析液入储罐前，还要在抽提塔内以尽可能低的压力脱气。这样可以防止凝析液在储存罐内过度闪蒸，也降低了储罐内要求的惰性气体覆盖压力。

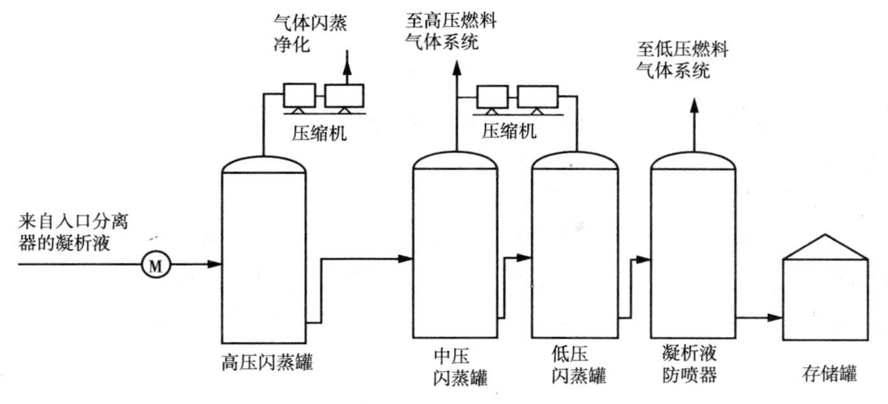

图 6－1　闪蒸稳定处理流程图

需要指出的是,闪蒸是天然气凝析液稳定处理的一项老技术,现代的天然气处理厂已经不用它了。但在石油生产过程中,还可以见到各种各样的闪蒸技术用于稳定原油。

6.2.2 分馏稳定

分馏稳定是一个细致的过程,在天然气工业中应用广泛,且只要蒸汽压合适便可以凝析出油。操作中,诸如甲烷-乙烷-丙烷的轻质馏分和大多数的丁烷都能除去并回收。分离后塔底主要是戊烷和重质烃类及少量的丁烷。该过程分离出了最重的气体组分,保留了最轻的液体组分。因此塔底产物是纯液体,可以在常压下安全储存。分馏稳定是一种新的分离方式,在经济成本方面仅次于闪蒸方法。当只需要获得一种规格的产品时,用一个单塔处理就够了。在适当的操作条件下,塔底产物能够满足任何严格的指标要求。

6.2.2.1 过程描述

图6-2即为凝液稳定处理流程图。液态烃(凝析液)从入口分离器进入系统,然后在换热器中预热,再进入筒式进料机[1]。原料液从筒式进料机出来之后以约以50~200psi的压力供应给稳定塔,压力的大小取决于液体的酸性[酸性气体稳定时在操作压力范围的低压段进行;“甜气”(不含硫化氢)稳定时在高压段进行]。

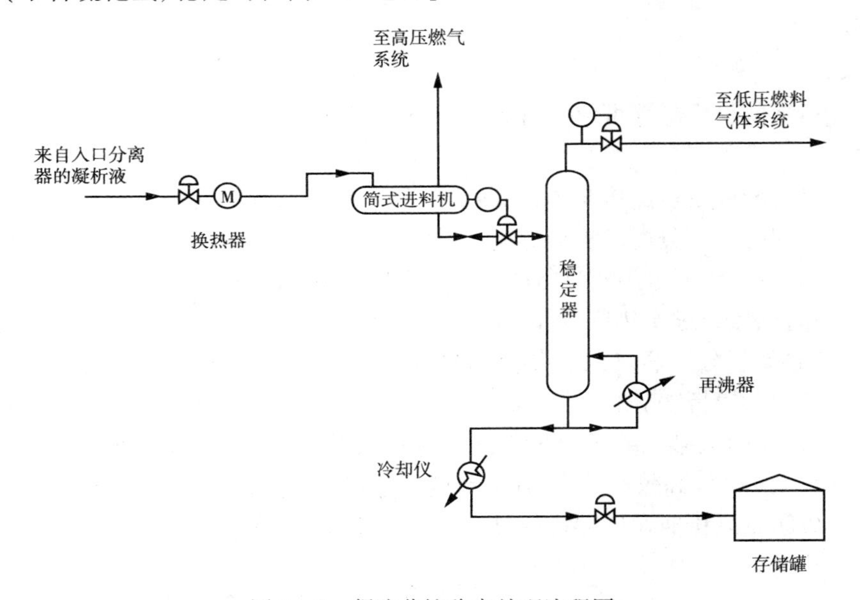

图6-2 凝液分馏稳定处理流程图

凝析液稳定器通过分离出轻质组分,降低了凝析液的蒸气压。稳定过程主要在再沸器中进行,该吸收器是塔盘型内部构造。若想更好地分离,则要从顶部进料再沸器改为回流蒸馏塔。液体流落入塔盘阵列时,轻馏分就会变少而重馏分增多。塔底的液体通过再沸器加热循环进入塔内。天然气从一个塔盘上升到另一个塔盘,每个塔盘中都会分离出越来越多的重质馏分,气体的轻馏分不断增多,重馏分不断减少。稳定器中的上层气体,很少能符合商品天然气规格,所以将其通过背压控制阀送到低压燃气系统。背压控制阀可以保持塔内的设定压力。

---

[1] 有时液体在压力略高于塔压力时,在筒式进料机就发生了闪蒸,这样可以使稳定塔的直径设计得小一些。

逐渐升高温度，不断进行阶段闪蒸，进而不断驱替塔顶的轻质组分。液体进入储罐前，要充分冷却，保证在储罐内不再闪蒸。

大部分天然气处理厂都在凝析液生产系统中实施一种叫做先进过程控制（APC[1]）的技术，来获得高凝析液产量，提高处理过程中凝析液的稳定性，保证产品质量。大都数情况下，实施 APC 的主要原因是产品质量和控制。天然气供应商按客户定义的雷德蒸汽压销售他们的凝析产品。在这种情况下，APC 系统应用分布式控制系统，来保证雷德蒸汽压满足质量要求或达到更高要求，此外，通过增加凝析液的产量，可以带来更多的收入（Hotblack，2004）。

从操作的角度看，包括这样一些优化措施。

①在筒式进料机中采用非线性液位控制，可以使液流平滑流入稳定塔。采用这个技术使得筒式进料机真正起到类似“电容”的作用。如果筒式进料机的液位处于静区，液面没有太迅速的变化，给稳定器进料速度是不会变化的。如果液面超出了静区界限，流量将逐步改变。随着液位超出静区，进料速度随之变化得更剧烈。

②预测模型可以用来预测进料速度及组分效应对稳定器底部组分的影响。

③采用塔盘敏感压力补偿温度系统推断底部雷德蒸汽压从而改善产品质量控制。还有一种方式是将该系统与输入再沸器的热流级联。

④塔压降低时可提高分离效率，减少再沸过程所需的热量。塔内压力的降低受调压阀的最大开度或塔溢流的限制，塔溢流由塔内压差测量指示。低压下塔容易产生溢流。如果塔顶压缩机是用来提升塔顶至燃油系统之间的压力的，那么降低塔内压力则受压缩机传动机的最高转速、往复式压缩机的光杆载荷和离心式压缩机的浪涌条件限制。

6.2.2.2 稳定塔设计

在大多数租赁经营情况下，稳定塔按非回流塔方式运行。这种操作简单，但比回流塔的工作效率低。因为非回流塔不需外部冷源，特别适用于偏远地区。与非回流的稳定塔相比，有回流塔能回收更多中质组分，但它要求更多的设备、安装和运行支出。这笔额外成本要抵得上无回流塔增加的液体回收量的净利益，这还没有计入天然气收缩成本和热值损失。当冷凝器用于稳定塔中时，考虑到分离出来甲烷和乙烷的量，它只能起到部分冷凝的作用。

稳定塔的压力取决于需要稳定处理的液相总量和它们的酸甜性质。对于甜性流体，应尽可能让压力高些，以减少塔顶的再压缩，再压缩时甜气与闪蒸的气会再次混合。这样做也有助于降低回流冷却的成本。由于组分的相对挥发度会随压力一起下降，所以对于硫化氢，塔内需要相对较低的压力。

图 6－3 是稳定器的工作压力与其最高进汽温度的关系。但当处理酸性或少量液体时，曲线可能会出现异常，这对初期投资的影响很大。在这种情况下，多数时候非回流塔的工作压力保持在 40～70psia 比较经济（Campbell，1992）。

---

[1] APC 是基于线性运动过程模型的一种多变量控制技术。在这个预测模型中，控制器可以优化计算出操作变量的动作集合，使在过程约束条件下的实际与期望的行为误差最小。控制器可以考虑过程交互和克服过程干扰，减少关键控制变量的标准偏离。

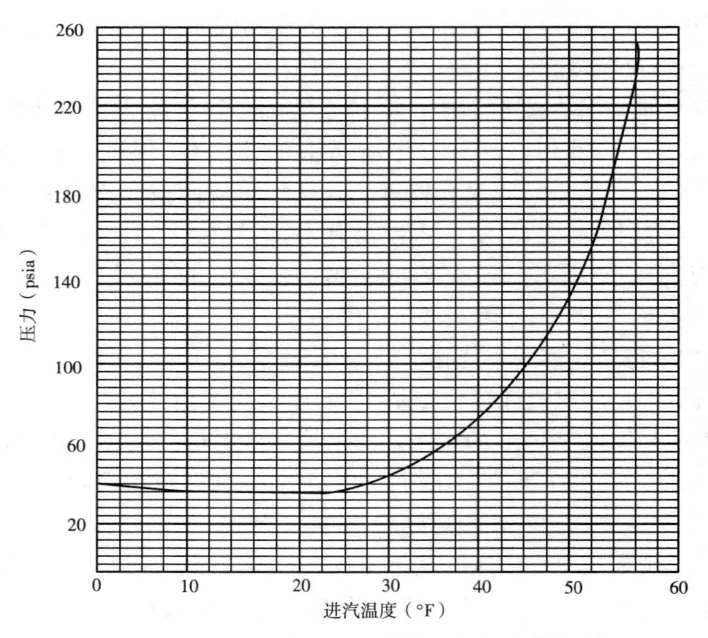

图 6 - 3　稳定器的工作压力与其最高进汽温度关系

在某些情况下，稳定器的再沸器是一个间接盐浴炉或蒸汽热交换器。图 6 - 4 显示的是不同雷德蒸汽压下，再沸器底部温度与工作压力的关系。事实上，再沸器底部温度受凝液的热失效特性和产品规格限制。

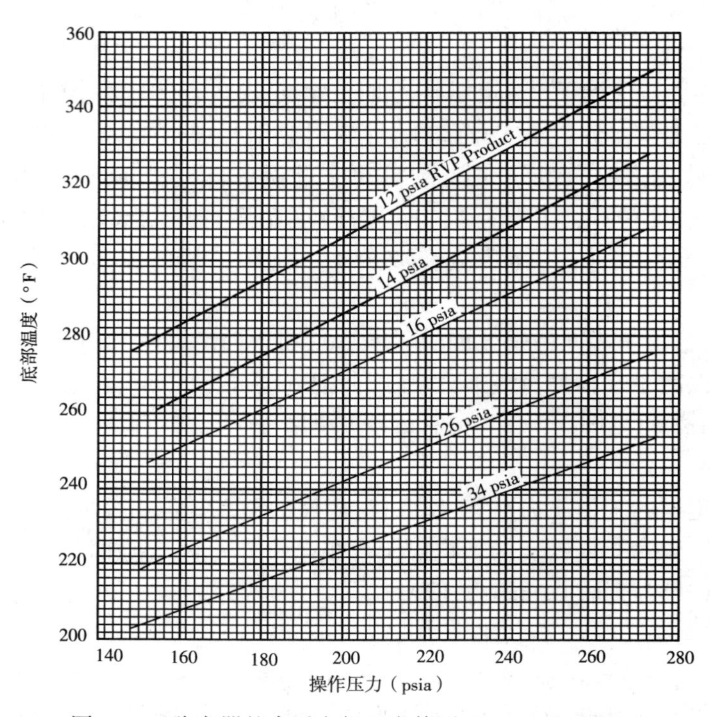

图 6 - 4　稳定器的合适底部温度估测(Campbell，1992)

根据图 6－3、图 6－4 确定好压力和操作温度后，须对塔内的分离进行预测。可以根据以下几种操作进行，但其中最方便的人工方法要利用塔顶到底各组分的拟平衡常数(K)值。用这种方法，通过非回流稳定器实现的分离，可以用该拟 K 值和一个简单的闪蒸计算进行估计。闪蒸计算既可以估计出塔顶蒸汽，又可以估计出底部液体。如今，蒸馏和吸收/剥离计算经常使用过程模拟软件处理。

注意，为了估算底层液体组成，假设分裂 $n-C_4$（正丁烷），液体中各组分摩尔分数可由以下公式估算：

$$L_i = \frac{F_i(n - C_4\text{split})}{RV_i} \tag{6-1}$$

$$X_i = \frac{L_i}{\sum_{i=1}^{n} L_i} \tag{6-2}$$

式中，X_i 是液相中 i 组分的物质的量，mol；F_i 是进料口 i 组分的物质的量，mol；L_i 是底部液相的 i 组分的总物质的量，mol；$n-C_4$split 是由进料口 $n-C_4$ 分配至底部液体中的 $n-C_4$ 的假设物质的量，mol；RV_i 是组分 i 的相对挥发度，其值见表 6－1；n 是底部液体的组分数。

表 6－1 不同成分的雷德蒸汽压和相对挥发度（Reid 等，1977）

组成	雷德蒸汽压（psia）	相对挥发度
C_1	5000	96.9
C_2	800	15.5
C_3	190	3.68
$i-C_4$	72.2	1.40
$n-C_4$	51.6	1.00
$i-C_5$	20.4	0.40
$n-C_5$	15.6	0.30
C_6	5.0	0.10
C_{7+}	约 0.1	0.00
CO_2	—	无穷大
N_2	—	无穷大
H_2S	394	7.64

蒸汽压是产生这种劈分的主要原因。假设每种组分的摩尔分数乘以它们各自的蒸汽压表示该组分所占有的蒸汽压，则总混合气体压力可由式(6－3)计算得到：

$$P_V = \sum_{i=1}^{n}(P_{Vi}X_i) \tag{6-3}$$

式中，P_V 是混合气体的总蒸汽压，psia；P_{Vi}是 i 组分的蒸汽压。

如果混合物的蒸汽压高于底部液体的预期雷德蒸汽压，则为 $n-C_4$ 劈分选择一个相对较小的值。如果理论蒸汽压低于预期雷德蒸汽压，则为 $n-C_4$ 劈分选择一个相对较大的值。反复计算下去直到理论蒸汽压等于底层液体的预期雷德蒸汽压。

底部液体温度也可以通过计算混合物的泡点来确定，即在选定塔内工作压力下通过前面所说的迭代进行计算。首先选择一个温度，从图6－5中确定拟K值，再由下列公式计算计算参数C：

$$C_i = \sum_{i=1}^{n} (L_i K_i) \tag{6-4}$$

如果C值大于1.0，表明假定温度过高。如果C值低于1.0，则假定温度过低。经过反复迭代，当$C=1.0$时，对应的温度为底部确定温度。通常底部温度在200～400℉不等，这取决于工作压力、组分构成和蒸汽压。温度应保持在最低限度，以减少热量要求，限制盐分积聚结垢和防止腐蚀。

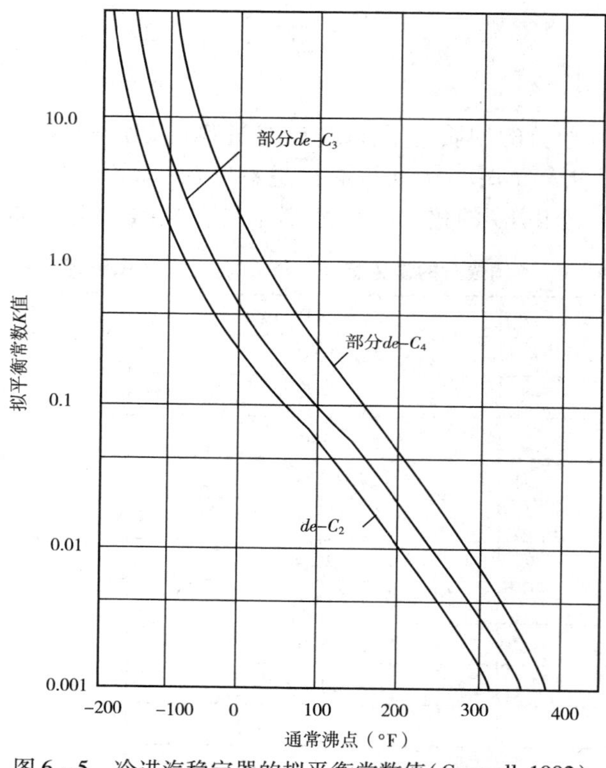

图6－5　冷进汽稳定器的拟平衡常数值(Campell，1992)

6.3　凝析液的储存

凝析液的储存是生产和运输的中间环节，保存在凝析液储存罐内，储存罐通常为浮顶型(外部和内部)。如果冷凝液不符合规格，会被输送到固定顶式储罐(垂直和水平)中，若工厂条件允许，将通过合适的方式循环直到凝析液稳定。凝析液的主要质量指标是雷德蒸汽压，其主要受大气压(工厂的海拔高度)和最高环境温度的影响。为了把凝析液储存在浮顶储存罐中，将雷德蒸汽压控制在特定的大小(尤其是在温暖的季节)是非常关键的。冷凝液储存罐中的损耗有两类，即呼吸损耗(立式储藏损耗)和工作损耗。呼吸损耗是指那些不会引起罐内液面相应变化的损耗。它最可能是由于温度或压力的变化导致烃类气体的膨胀或收缩引起的。

工作损耗是主要由储存罐本身充液或排空引起液位发生变化的损耗（美国环保署 AP－42 手册）。对于浮顶储存罐来说,呼吸损耗是由密封环、舱面设备及桥舱面缝隙引起的损失。当液位下降时发生工作损耗,此时浮顶也跟着下降,一些液体会残留在罐内壁面上,空罐的时候就挥发掉。对于有柱状支撑来固定的内浮顶油罐,液体也会附在柱子上并挥发掉。直到储存罐充满,暴露的表面再次覆盖,挥发损耗才停止(SCAQMD 补充手册,2003)。

为减少呼吸损耗即立式储存罐损耗,需要设定合适的工作压力,它取决于产品的蒸汽压、液体表面温度和气腔内温度的变化以及真空阀的调定。当这些因素都已知时,为减少呼吸损耗所需要的储存压力可由方程(6－5)（GPSA,1998)计算得到：

$$p_S = p_{V,max} + (p_T - p_{V,max})\left[\frac{T_{max} + 460}{T_{min} + 460}\right] - p_{atm} \tag{6-5}$$

式中,p_S 是所需储存压力,psia;$p_{V,max}$ 是液体表面最高温度下的实际蒸汽压,psia;$p_{V,min}$ 是液体表面最低温度下的实际蒸汽压,psia;T_{max} 是蒸汽的最高平均温度,℉;T_{min} 是蒸汽的最低平均温度,℉;p_{atm} 是大气压力,psia;p_T 是真空阀打开时的罐内绝对压力,psia。

在 $p_{V,min}$ 高于 p_T 的情况下,方程(6－5)可表示为：

$$p_S = p_{V,max} - p_{atm} \tag{6-6}$$

由方程(6－5)所表示的情况下,天然气通过真空阀进入气腔,气腔内应装有排气系统防止产生安全问题。然而,在方程(6－6)所表示的情况下,天然气将被排出并保留在罐外(Campbell,1992)。

液体表面最高温度在 85～115℉内变化。当假设液体表面最高温度高于储存罐内该处液体的最高气温 10℉,结果就会足够精确。

注意,实际蒸汽压(TVP)可能是上述公式中最难计算的一项。现已有 TVP 同雷德蒸汽压(*RVP*)和储存温度(T_S)的关系图。*TVP*、*RVP* 和储存温度的关系在数值上可表示如下(TRW 环保公司,1981)：

$$TVP = (RVP)\mathrm{EXP}\left[C_0 - \left(C_1 - \frac{1}{559.69}\right)\right] \tag{6-7}$$

式中,C_0 为常数,取决于 *RVP* 值,$C_1 = 1/(T_S + 460)$；T_S 是储存液体的温度,℉。

在上述方程中,C_0 取决于给定的 *RVP* 值,如表 6－2 所示（TRW 环保公司,1981)。

参数 C_0、T_S 和 *RVP* 确定后,便能够计算 *TVP* 值。应当指出,在美国石油学会的 *TVP* 值计算图解中发现了一个错误,这样在已知 *RVP* 的通用定义下,在 100℉时 *RVP* 与 *TVP* 不符,需要更正。用线性回归方法，引入一个校正因子(C_F)加在 *TVP* 值上以得到正确的 *TVP* 值,如表 6－2所示(TRW 环保公司,1981)：

表 6－2　不同 *RVP* 值的 C_0

RVP	C_0	*RVP*	C_0
2 < *RVP* < 3	－6439.2	3 < *RVP* < 4	－6212.1
RVP = 3	－6255.9	*RVP* = 4	－6169.2

续表

RVP	C_0	RVP	C_0
4 < RVP < 5	-6177.9	RVP = 8	-6367.9
RVP = 5	-6186.5	8 < RVP < 9	-6477.5
5 < RVP < 6	-6220.4	RVP = 9	-6587.0
RVP = 6	-6254.3	9 < RVP = 10	-69105
6 < RVP < 7	-6182.1	RVP = 10	-7334.0
RVP = 7	-6109.8	10 < RVP < 15	-8178.0
7 < RVP < 8	-6238.9	RVP > 15	-9123.2

$$\text{校正的 } TVP = \text{计算的 } TVP + C_F \tag{6-8}$$

校正因子取决于 *RVP* 值,按下列公式计算:

$$RVP < 3: C_F = 0.04(RVP) + 0.1 \tag{6-9}$$

$$RVP > 3: C_F = \mathrm{EXP}[2.345206\lg(RVP) - 4.132622] \tag{6-10}$$

值得一提的是,在美国环保署 AP-42 手册中详细描述了计算各种储罐损失的方法。在这本手册中,用了很多公式来计算固定顶储存罐的损耗。在假定开顶式储存罐和有开孔或顶开放式的储存罐的损失量不比那些固定顶储存罐高的情况下,美国加利福尼亚州空气资源局可以利用 AP-42 手册中的方程计算特定油田储罐的损耗。

参考文献

Campbell, J. M., "Gas Conditioning and Processing," 3rd Ed. Campbell Petroleum Series, Norman, OK (1992).

GPSA Engineering Data Book, 11th Edition, Vol. 1, Section 6, Gas Processors Suppliers Association, Tulsa, OK (1998).

Hotblack, C., BGTunisia's advanced process control improves condensate product stability. World Oil 225, 9 (2004).

Reid, R., Prausnitz, J. M., and Sherwood, T., "The Properties of Gases and Liquids," 3rd Ed. McGraw-Hill, New York (1977).

SCAQMD Supplemental Manual, "Supplemental Instructions for Liquid Organic Storage Tanks and References." Annual Emissions Reporting Program, South Coast Air Quality Management District, CA (June 2003).

TRW Environmental, Inc., "Background Documentation for Storage of Organic Liquids." EPA Contract No. 68-02-3174, NC (May 1981).

U. S. EPA's AP-42 Manual, "Compilation of Air Pollutant Emission Factors," Chapter 7, Vol. 1, 5th Ed. U. S. Environmental Protection Agency, Washington, DC.

7 酸气处理

7.1 导言

自然界中以烃类形式存在的天然气中含有大量的酸气，如硫化氢和二氧化碳。含有硫化氢或二氧化碳的天然气是酸性的，不含硫化氢的天然气为甜气。一旦有水，硫化氢和二氧化碳就会表现出腐蚀性（产生一种酸性水溶液）。由于硫化氢的毒性和二氧化碳没有热值，待售天然气的硫化氢含量须不高于5ppm，并且热值不低于920~980 Btu/SCF。实际的标准要视天然气的用途以及用气国家和合约限制而定。尽管如此，由于天然气的组分复杂，且含有两种酸气，酸气的脱离程序是不同的，其选择受到预期成品要求的制约。

天然气处理过程中有许多变量。某一特定方法应用的准确范围是很难定义的。必须考虑诸多因素：①气体中杂质的类型和含量；②净化的质量要求；③脱除酸性气体要求的选择性；④待处理气体的温度、压力、体积和组成；⑤气体中二氧化碳与硫化氢的比率；⑥由于处理过程经济或环境因素导致的硫回收意愿。

除了硫化氢和二氧化碳，天然气还可能含有其他杂质，例如硫醇和羰基硫化物。这些杂质的存在导致脱去大量酸气后却并未能将酸气的浓度降至足够低，减弱了脱硫过程的效果。然而，有一些不是按照去除（或不能去除）大量酸气设计的流程，能在气体中的酸气处于中低浓度时，将酸气杂质降到很低的程度。

流程选择亦指选择一种方法能更好地脱去一种酸气组分。例如，一些方法可以脱除硫化氢和二氧化碳，而一些方法只能脱离硫化氢。考虑方法优选是十分重要的，要考虑是脱硫的流程和脱二氧化碳的流程，两者对比，哪个能够保证产品中硫化氢和二氧化碳的含量最低。

本章的重点是脱离天然气中的酸性气体即二氧化碳和硫化氢。但因为处理过程是与天然气处理、酸气脱离或酸气处理整合在一起的，也必须考虑一些天然气净化（待售）的处理过程。

7.2 酸气脱离方法

天然气提纯的方法从简单的一次过洗作业发展到复杂多步循环系统（Speight，1993）。大多数情况下，用于清除杂质的材料需要回收，甚至需要回收杂质或者其转变产物，这使工艺过程更加复杂（Kohl 和 Riesenfeld，1985；Newman，1985）。

常用于酸气脱离的方法有两种：吸附作用和吸收作用（Speight，1993）。吸附是一种物理化学现象，通过固体或液体将杂质气体吸收在其表面来清除杂质。一般地，活性炭可作为吸附介质，并在解吸后可以再次使用（Speight，1993、1999）。吸附量与固体的表面积成正比，因此，吸附剂通常是具有较大比面的颗粒状固体。吸附气体可通过热空气或热气流解吸后再回收或热解。吸附剂广泛用于煅烧前提高气体浓度。吸附也用来去除天然气中的异味。吸附系统的使用有很多限制条件，但最重要的是减少气流中固体颗粒和液体（例如水蒸气）含量，因为它们可能会堵住吸附剂的表面进而严重降低吸附效率。吸收不同于吸附，它不是物理化学表面现象，吸收气最终完全分散于吸收剂（液体）中。该过程仅依赖于溶解，在液相中会发生化学反应(化学吸收)。常用的吸收介质有水、醇胺水溶液、氢氧化钠、碳酸钠溶液和非挥发性的液态烃,根据要处理的气体选择对应的吸收剂。通常使用气液发生器为平顶筒或者是填充反应床。

吸收作用通过溶解作用(物理现象)或化学反应(化学现象)来实现。化学吸附过程是将二氧化硫吸附到炭表面,而后氧化(由烟道气中的氧气氧化),再吸收水分生成硫酸浸入到吸附剂中。

目前使用的脱酸气方法包括:酸气和固体氧化物(如氧化铁)的化学反应,或有选择性地将污染物吸收到液体(如乙醇胺)中。其中液体与气体相逆流动。然后吸收剂解析气体成分并再循环至吸收器中。实际上,过程设计是多样的,并可能使用多级吸收器和多级再生器。

液体吸收方法[温度一般低于50℃(120℉)]分为物理溶剂法和化学溶剂法。物理溶剂法常用有机溶剂,一般在高压和较低温度下进行。化学溶剂法,主要是用碱溶液如醇胺类或碳酸盐类(Kohl 和 Riesenfeld,1985)来吸收酸气。通过降压或升温进行再生(解析),使酸气从溶剂中分离出来。

醇胺法除酸气过程中,醇胺和酸性气体发生化学反应可以释放出大量的热量,足够补偿吸收的热量。胺衍生物如乙醇胺(单乙醇胺)、二乙醇胺、三乙醇胺、甲基二乙醇胺、二异丙醇胺和二甘醇胺,已广泛应用于商业脱酸气(Kohl 和 Riesenfeld,1985;Speight,1993;Polasek 和 Bullin,1994)。

7.2.1 批处理流程

最常见的酸气脱离方法是批处理,其中酸气与清洗剂发生化学反应,清洗剂一般为金属氧化物。处理过程包括物理过程,例如吸附等物理现象。批处理的各个流程没有特殊的技术要求,在循环终端对化学处理剂进行更换或再生利用。

批处理流程只能回收少量的单质硫,它要求天然气低流速或低硫化氢的浓度。下面将详细介绍其中的各工艺过程。

7.2.1.1 金属氧化物处理法

该方法可通过使原料气与固体介质反应,清除气流中硫化氢和有机硫化物(硫醇)。固体介质一般是不可再生的,即便有些是部分可再生的,在各个再生循环中也逐步失去活性。大多数干式吸附工艺是金属氧化物与硫化氢反应生成金属硫化物。再生反应中,将金属硫化物与氧气反应得到硫和再生的金属氧化物。在干式吸附脱酸工艺中应用的主要金属氧化物是氧化铁和氧化锌。

干式吸附工艺可分为两类:硫的氧化作用和硫氧化物的氧化作用。由于工艺依靠氧化作用,所以该方法不能去除那些不能被氧化的气体组分(Kohl 和 Riesenfeld,1985)。这在处理沼气时是很有利的,因为可以除去硫化氢、硫醇,有时还有二氧化碳,只有少量甲烷因吸附而损失掉。硫氧化物的氧化作用的主要产物是二氧化硫,由于它腐蚀设备,并具有毒性,且需要处理后才可以达到空气排放标准,因此天然气处理中该方法不是首选。

(1)铁海绵处理。铁海绵处理法和干箱处理法是最早的现今仍然广泛使用的天然气和天然气凝析液脱硫方法(Duckworth 和 Geddes,1965;Anerousis 和 Whitman,1984;Zapffe,1963)。该方法的使用始于19世纪,由于更换载体的人工成本比较高,该方法没有实现大规模的商业运行。但是它流程简单、设备投资较低并且介质成本也低,使得该方法仍为脱硫的理想方法。

该方法一般最适合于中低(300ppm)硫化氢或硫醇含量的天然气。它具有较高的选择性,并不会去除大量的二氧化碳。因此,得到的硫化氢纯度较高。利用铁海绵处理酸气的原理是基于固体脱硫介质表面对于酸气的吸附,氧化铁(Fe_2O_3)与硫化氢的应方程式如下:

$$2Fe_2O_3 + 6H_2S \longrightarrow 2Fe_2S_3 + 6H_2O \tag{7-1}$$

反应条件为:稍偏碱性水,温度低于43℃(110°F),反应床碱性需定期检验,通常每天一次。通过注入氢氧化钠水溶液,维持pH值在8~10。如果天然气中水蒸气浓度较低,需要在入口处注入水蒸气。

由硫化氢与氧化铁反应生成的硫化铁,可与空气中的氧气反应生成硫和再生氧化铁:

$$2Fe_2S_3 + 3O_2 \longrightarrow 2Fe_2O_3 + 6S \tag{7-2}$$

$$S_2 + 2O_2 \longrightarrow 2SO_2 \tag{7-3}$$

与氧气反应的再生过程是放热反应,应缓慢鼓入空气驱散反应热。如果空气鼓入过快,反应热可能点燃反应床(氧化铁)。该方法生成的元素硫留在反应床上。经过几次循环后,硫将在氧化铁表面上聚结成块,降低其反应活性。通常情况下,经过10次循环后需要更新反应床。

有的设计中,通过向酸气进气口注入少量空气进行连续再生。在硫化氢由氧化铁除去的同时,空气中的氧气可以再生氧化铁。该方法对反应床的再生不如批量法有效,而且还需要较高压力的空气流(Arnold 和 Stewart,1999)。

该过程如图7-1所示,酸性气体流过反应载体往前输送。在连续利用再生反应的情况下,可在进行处理前在酸气中通入少量的空气,空气使已经与硫化氢反应的氧化铁连续再生,这样反复进行,有助于延长反应塔的运行寿命,但也可能会减少硫的总量。

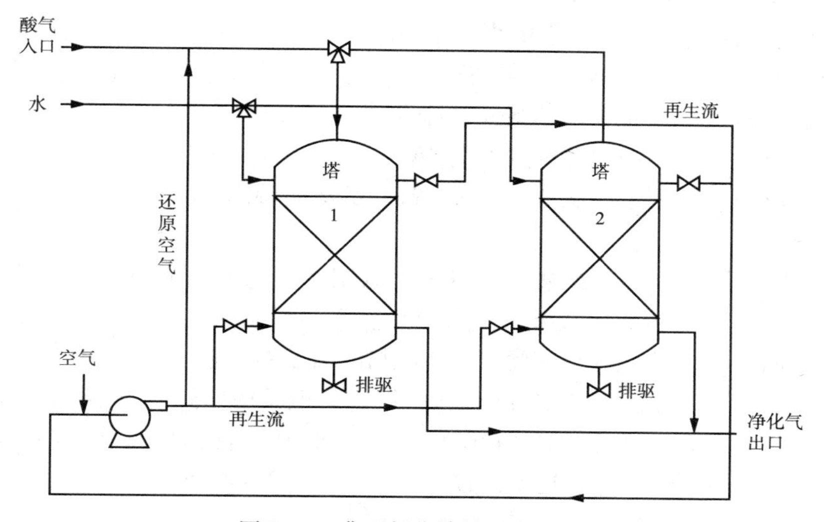

图7-1 典型氧化铁处理流程图

含氧化铁的罐数目可以为1~4个。在两罐处理过程中,其中一个罐用于从酸性气体中去除硫化氢,而另一个罐用于再生循环或装换下来的铁海绵床。

当使用批量式再生处理时,反应床被硫饱和后,在净化后的气流中开始出现硫化氢,此时反应塔停止运行。通入空气将反应床氧化生成氧化铁。不管用哪种类型的再生方法,铁海绵反应床都会逐渐失去活性并最终更换。因此,图7-1中的罐应该设计得最易更换铁海绵反应床。替换反应床有一定的危险性,当反应床暴露于空气中时,温度会急剧上升,能造成反应床发生自燃,所以在打开反应塔时一定要小心。更换之前,整个反应床载体应保持湿润。

氧化铁反应器已有多种型式,从常规的箱式容器到静态塔式净化器。具体应根据应用来选择。静态塔式净化器应用在压力较高的过程中,因为反应床体更长,反应效率更高,总压降比很小。静态塔式净化器还装有托盘以消除低压应用时的压缩问题(Gollmar,1945)。

常规箱式容器由大矩形罐组成,建在地下或在地面使用支腿以节省占地面积。它们由好几层组成,其中的反应床标准厚度至少2ft。

氧化铁悬浮物,如氧化铁浆液等,以水合氧化铁作为活性再生剂。氧化铁悬浮物在碱性环境中先与碱性化合物反应,然后氧化铁与硫化氢生成硫化铁(Kohl 和 Nielsen,1997),再由空气氧化再生。

(2)氧化锌方法。氧化锌也用于天然气除硫。氧化锌介质颗粒是圆柱体,直径为3~4mm,长度为4~8mm(Kohl 和 Nielsen,1997)。其均匀的粒度使设计反应器时计算得到的压力降相对较准确。氧化锌与硫化氢的反应为:

$$ZnO + H_2S \longrightarrow ZnS + H_2O \qquad (7-4)$$

在温度升高(440~700℉)的情况下,氧化锌反应速度较快,因此物质转换较快,降低了载体的损耗并提高了效率。在工作温度下,氧化锌吸附剂最大的硫吸附量可达0.3~0.4kg 硫/g吸附剂。在大型工业处理厂中,这个过程效率较高,同时用过的氧化锌反应床可以用于金属和硫的回收(Schaack 和 Chan,1989)。

一般来说,氧化铁法只适合处理中小数量的硫化氢。每个反应床大约可去除90%的硫化氢,但由于硫容易堵塞反应床,所以必须清理,并且同时使用几个反应载床通常不经济。大量的脱硫要求连续的过程,如 ferrox(草酸亚铁净化法)过程或 Stretford(斯特富特蒽醌二磺酸钠脱硫法)过程。除了它采用的流体氧化物、过程连续外,ferrox 过程具有与氧化铁法相同的化学机理。Stretford 过程使用了含钒盐和蒽醌二磺酸的溶液(Maddox,1974)。

7.2.1.2 浆液法

浆液法是铁海绵法的备选方案。采用氧化铁浆液有选择性地吸收硫化氢以前使用过(Fox,1981;Kattner 等,1986),但效果不令人满意。主要存在的问题有化学计量方法、硫化氢过早分解和起泡,另外,有报告指出腐蚀速度也很高,需要在容器内壁涂上酚醛树脂或环氧树脂(Samuels,1988)。浆液法的化学成本比铁海绵法高,但其操作简单,清洗费用和再次充注费用较低,这样就抵消了高出来的一部分化学成本。此外,由于液体容易冻结和起泡,冬季必须补充防冻液和加入消泡剂。最后,还要处置化学废料,虽然这些废料对环境危害不大,但也很浪费时间。下面将介绍两种不同的浆液法。

(1)化学脱硫工艺。化学脱硫工艺中常用的化学剂为氧化锌、醋酸锌、水和保持氧化锌颗粒悬浮的分散剂的混合物。当醋酸锌以1:5溶于水时,即1份醋酸锌同5份水混合时,其溶解提供的锌离子能立即同硫化氢溶于水时形成的二硫化物和硫离子反应。氧化锌可以补充醋酸锌。化学脱硫工艺中的反应如下。

$$脱硫过程:ZnAc_2 + H_2S \longleftrightarrow ZnS + 2HAc \tag{7-5}$$

$$再生过程:ZnO + 2HAc \longleftrightarrow ZnAc_2 + H_2O \tag{7-6}$$

$$总反应:ZnO + H_2S \longleftrightarrow ZnS + H_2O \tag{7-7}$$

在该方法中,天然气中存在二氧化碳没有大的影响,这是由于浆液的 pH 值足够低时,能阻止大量吸收二氧化碳(Manning 和 Thompson,1991),即使是二氧化碳比硫化氢比例高时也一样。

这种化学脱硫工艺可以处理硫化氢浓度较高的天然气,并能在 89 ~ 1415 psia 的压力下正常操作(Kutsher 和 Smith,1966)。若天然气中硫醇的浓度超过硫化氢浓度的 10% 会有问题。有些硫醇可以在其与氧化锌反应后被从天然气中除去,但由此产生的硫醇锌[Zn(OH)RH]会形成淤渣并有可能导致起泡问题(GPSA,1998)。

(2)磺胺检查法。磺胺检查法能在二氧化碳存在的情况下,有选择性地除去体天然气中的硫化氢和硫醇(Bhatia 和 Allfora,1986;Dobbs,1986)。该工艺使用的化学剂是亚硝酸钠($NaNO_2$)。

若待处理天然气中氧气含量较高,磺胺检查法会产生一些氮氧化物(Schaack 和 Chan,1989)。反应几乎瞬间发生,所以即使反应接触时间很短也不会影响除硫效果(Hohlfeld,1979)。在处理中消耗掉的氢氧化钠和亚硝酸钠不进行再生。

这一方法是一步完成的单罐过程,采用亚硝酸钠的水溶液使 pH 值高于 8。同时有充足的强碱来使新溶液的 pH 值达到 12.5。

该反应生成硫、氨气、烧碱,具体反应方程式如下。

$$NaNO_2 + 3H_2S \longrightarrow NaOH + NH_3 + 3S + H_2O \tag{7-8}$$

其他反应有时也可以生成氮氧化物(Burnes 和 Bhatia,1985),天然气中的二氧化碳也会与氢氧化钠发生反应,生成碳酸钠和碳酸氢钠。废液是含有细小硫黄颗粒的钠铵盐浆液(Manning 和 Thompson,1991)。

7.2.2 醇胺法

化学吸收法利用链烷胺水溶液处理含有二氧化碳和硫化氢的天然气流。但是,需要根据待处理天然气的组成来选择不同的胺,以满足不同规格产出气要求。根据中心氮原子被有机基团的取代度,可以将胺分为伯胺、仲胺、叔胺。伯胺可以直接与 H_2S、CO_2 与氧硫化碳(COS)反应,其代表是单乙醇胺(MEA)和专用二乙二醇胺(DGA)。仲胺可直接与 H_2S 和 CO_2 反应,并可直接与部分氧硫化碳反应,最重要的仲胺是二乙醇胺(DEA),而二异丙醇胺(DIPA)也是一种仲胺,但它在醇胺处理系统中不太常见。叔胺则直接与 H_2S 反应,间接与 CO_2 反应,并间接与少量的氧硫化碳反应。甲基二乙醇胺(MDEA)和活性甲基二乙醇胺是叔胺最常见的品种。

现在广泛使用乙醇胺和磷酸钾进行天然气除酸。使用乙醇胺的处理方法叫做乙醇胺法,它可以除去液态烃、天然气和炼油厂气中的酸性气体(H_2S 和 CO_2)。乙醇胺法中的处理液是乙醇胺的水溶液,它是一种有机碱并具有可逆性,在低温条件下可以与硫化氢发生反应,并在高温条件下又生成硫化氢。乙醇胺溶液放在吸收装置中,酸性天然气从中通过,净化后的天然气从塔顶排出,吸收了酸性气体的乙醇胺溶液从塔底流出。然后乙醇胺溶液将被通入再生塔中进行加热,使酸性气体从中分离出来后从再生塔的顶部除去,最后再生的乙醇胺溶液再回到吸收塔中。

根据需要,常会配制特制的不同胺的混合溶液,如加入如环丁砜和六氢吡嗪等物理溶剂的胺溶液,还有被酸(如磷酸)中和的胺混合溶液(Bullin,2003)。

合理地选择胺溶液对脱硫性能和成本都会产生很大的影响。但是在配制胺溶液时还要考虑很多因素(Polasek 和 Bullin,1994)。评价某一种胺的处理效果要考虑很多问题。所以全面考虑胺的化学性质和类型[1]是很重要的,因为忽略某一个小方面就可能导致实际运转中的大错误。所以在研究问题时,需要了解每一种胺溶液的基本原理。

关于胺的选择及转换问题,近期论著多数对甲基二乙醇胺(MDEA)的应用(Bullin 等,1990;Polasek 等,1992)比较关注,但最近也有实例表明,一般胺类是最好的,甚至是一些新处理厂设计时的唯一选择(Jenkins 和 Haws,2002)。天然气脱硫方法中单乙醇胺(MEA)和二乙醇胺(DEA)应用最为广泛。虽然二乙醇胺系统应用起来可能没有其他化学药品那么有效,但由于其整套设备易于购买,安装起来也更便宜,而且它的运营和维护成本也比较低(Arnold 和 Stewart,1999)。

单乙醇胺(MEA)比较稳定,如果不受其他化学物质影响,在温度达到其沸点的情况下也不会降解或分解。乙醇胺与 H_2S 和 CO_2 发生如下反应:

$$2(RNH_2) + H_2S \longleftrightarrow (RNH_3)_2S \tag{7-9}$$

$$(RNH_3)_2S + H_2S \longleftrightarrow 2(RNH_3)HS \tag{7-10}$$

$$2(RNH_2) + CO_2 \longleftrightarrow RNHCOONH_3R \tag{7-11}$$

改变系统温度,上述反应就是可逆的。单乙醇胺也会和羰基氧硫化碳(COS)以及 CS_2 反应,生成不可再生的热稳定性盐。

二乙醇胺(DEA)的碱性和腐蚀性比单乙醇胺弱,所以二乙醇胺不会像单乙醇胺那样腐蚀系统,但它也和硫化氢以及二氧化碳反应:

$$2R_2NH + H_2S \longleftrightarrow (R_2NH_2)_2S \tag{7-12}$$

$$(R_2NH_2)_2S + H_2S \longleftrightarrow 2(R_2NH_2)HS \tag{7-13}$$

$$2R_2NH + CO_2 \longleftrightarrow R_2NCOONH_2R_2 \tag{7-14}$$

二乙醇胺(DEA)也能部分去除氧硫化碳和二硫化碳,因为它是可再生的,与氧硫化碳和二硫化碳反应化合后不会损失。

不同胺的一个重要区别是其对硫化氢的选择性。某些胺类更易于清除硫化氢,却允许一定量的二氧化碳通过,不像乙醇胺和二乙醇胺那样,既清除硫化氢又清除二氧化碳。甲基二乙醇胺(MDEA)体系在 20 世纪 70 年代中期开始应用,它主要用于脱硫,不要求完全脱碳(Blanc 等,1981)或者只去除一定量的二氧化碳。甲基二乙醇类的胺的选择性可以节约更多能源。

---

[1] 最常见的胺类的物理性能刊载于附录 3。

比如说，二氧化碳保留在处理后的气体中，可以减少胺中的酸气量，也就相应减少了再生胺需要的能量消耗。

用甲基二乙醇胺（MDEA）有选择性地清除硫化氢，是因为它不直接与二氧化碳反应，这与二乙醇胺（DEA）的反应机理不同。但由于其选择性脱酸气，而不能完全除酸气，所以当需要完全脱酸气时，此方法就不利了。为了克服这个障碍，我们可以在仲胺中寻找活化剂，加入到需要的甲基二乙醇胺溶剂中，使其能够迅速和二氧化碳反应。被活化了的甲基二乙醇胺（Lallemand 和 Minkkinen，2001）有如下优点。

①化学溶剂法比物理溶剂法消耗的能量多，但其对烃类的选择性很强。但是在化学溶剂法中，活性甲基二乙醇胺可以去除掉全部的硫化氢并可以根据需要去除二氧化碳，能耗较低。

②除了酸性气体干燥性和压力外，活性甲基二乙醇胺处理方法可以满足回注气体方案中要求的所有指标，最显著的特点是排除的酸性气体不含烃类物质，如果气体中含烃就会降低加压酸性气体流的密度和水溶性。

活性甲基二乙醇胺法的唯一缺点是它会在低压下释放出酸性气体。

采用一系列活化甲基二乙醇胺反应器，能最经济地从酸性或超酸性天然气中完全或按需要去除酸气。但是，即便是最先进的基于活化甲基二乙醇胺的处理流程也有局限性，尤其是大量处理用来回注或循环利用的酸气时。道达尔菲纳埃尔夫公司的 Elf 活性甲基二乙醇胺工艺，可能是目前成本效率最高的解决方案，它能满足最广范围的除酸气要求：从完全去除二氧化碳到大量去除硫化氢或二氧化碳甚至是酸性气体回注（Lallemand 和 Minkkinen，2001）。

7.2.2.1 过程描述

胺脱硫厂的工艺流程变化不大，只有胺的水溶液不同（图 7－2）。酸性天然气几乎都是先进入入口分离器（洗涤器）除去液体和/或夹带的固体，从吸收塔的底部进入并向上流动，而胺吸收溶液以逆流形式从塔顶向下流，使它们充分接触除去酸气。脱硫后气体从吸收塔顶部流出并通过一个出口分离器，然后进入脱水装置（如果需要的话，还要经过一压缩装置），才能待售出厂。

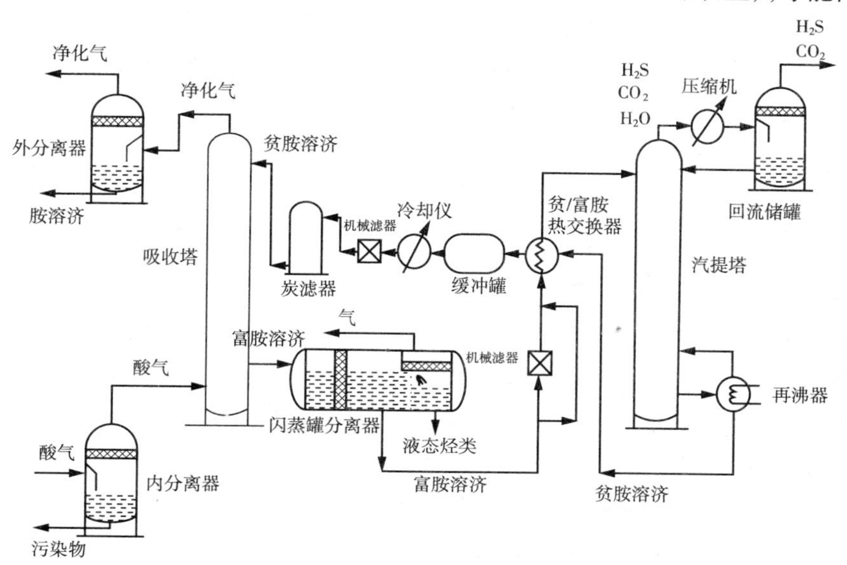

图 7－2 醇胺法处理流程

很多单位将富液(吸收了酸气的胺液)从吸收塔底部送至闪蒸罐,对在吸收塔中可能分散或凝结在富胺溶液中的碳氢化合物进行回收。富液进入汽提塔(stripper)前先进行预热。胺-胺热交换器作为保热装置降低了处理过程中的总耗热量。一部分被吸收的酸性气体将从汽提塔顶部热的富液中闪蒸出来。其余的富液向下流动与再沸器中所产生的水蒸气逆流接触,水蒸气从富液中抽提出酸性气体,然后通过塔顶经冷凝器蒸汽冷凝。分离出的酸性气体经分离器分离后烧掉或进一步加工处理,而冷凝后的水蒸气返回汽提塔顶部再利用。

从回收塔底部流出的贫胺溶液被泵至胺-胺热交换器,再进行冷凝,然后再引入吸收塔顶部。胺冷却器将贫胺溶液温度降低至100℉左右。通过蒸馏器时,贫胺溶液温度过高会导致过多的胺损失并降低在其溶液中吸收酸性气体的能力。

经验表明,胺法处理天然气系统容易堵塞。处理过程中产生的固体颗粒和天然气中的固体颗粒都是令人头疼的问题。机械过滤配置和活性炭过滤器对固体颗粒的滤失效果都很好。机械过滤器如筒式过滤器或预涂层过滤器清除悬浮颗粒物质,而活性炭清除化学杂质,如夹带的烃类和表面活性化合物等。

7.2.2.2　设计需考虑的事项

本节主要介绍单乙醇胺法和二乙醇胺法主要设备的设计。

(1)胺吸收器。胺吸收器中的胺吸收液和酸性气体是相互逆流通过托盘组或填充塔的,这样可以保证胺溶剂和酸气充分接触,使硫化氢和二氧化碳能够被充分吸收。在每一个托盘中,用2in或3in高的坝栏来维持液位。天然气通过筛孔、起泡罩或阀门等托盘开口从托盘底下往上流,分散在气泡中从液体中通过,形成泡沫。天然气从泡沫中脱离后,要经过一个蒸汽腔,这样为胺溶液下落到托盘中提供时间,然后再流向上一托盘。填充塔中液体溶剂以薄雾状分散在气流中,这样可以使二氧化碳和硫化氢被充分吸收。脱硫程度在很大程度上,取决于吸收塔内盘的数量或填充高度。

填充塔通常包含20个阀式托盘(间距24ft)或相同高度的填料组设计。通常情况下,小径塔使用的是填料结构,而大塔使用不锈钢托盘组。横断面面积是根据气和胺流量来设计的,最大气体表观流速是从Souders-Brown(1932)方程得到的:

$$V_{SG} = 0.25\left[\frac{\rho_{amine} - \rho_{gas}}{\rho_{gas}}\right]^{0.5} \qquad (7-15)$$

将气体流速降低25%~35%可以避免溢流,减少15%可以产生泡沫。下流管中胺液的流速为0.25ft/s(Khan和Manning,1985)。

在大多数情况下,在吸收塔气出口处安装一个除雾器收集气体夹带的溶剂(最上面的塔盘和除雾器之间的距离是3~4ft),还安装一个与进气口分离器相似的分液筒,收集携带出来的溶剂残留。有一些吸收塔有水洗装置,在吸收塔顶部装有2~5个托盘,可以减少胺溶液的蒸发损失,常见于低压单乙醇胺体系中。

吸收塔通常都有多个进液点,这样可以根据情况选择贫胺液进口,或多进液口。如果想除去二氧化碳,通常来说所有贫胺应从最顶部进液,以充分利用。考虑到二氧化碳的滑脱,有时多点进液更好(Bullin,2003)。

（2）胺泵。每一种方法都有几种不同的胺泵。胺助推器和回流泵是离心式的，更适宜线性流或水平流。循环泵的选用取决于接触压力和胺流循环流量。通常情况下如果吸收塔压力很高，往复泵是首选。但也有离心式水泵用于低压（例如100psig），多级卧式离心泵用于高压（例如700psig）或高循环率（例如300gal/min）的。确定泵排量和大小时采用3～10psig的低吸入压力。

胺系统循环流量可以由下列公式计算（Arnold和Stewart，1999）：

$$Q = \frac{k(Q_G)(MF)}{\rho(WF)(AG)} \qquad (7-16)$$

式中，Q是胺系统循环流量，gal/min；k是常数，单乙醇胺系统为112，二乙醇胺系统为192；Q_G是气体流速，$10^6ft^3/d$；MF是进气中总的酸气分数，mol酸性气体/mol进气；WF是胺质量分数，lb胺/lb溶液；ρ是溶液密度，lb/gal（60°F）；AG是酸性气体负荷，mol酸气/mol胺。

富液中酸气量取决于酸性气体的分压及溶液的腐蚀性，这个参数的正常范围是0.45～0.52lb·mol酸气/（lb·mol胺）（单乙醇胺系统）和0.43～0.73lb·mol酸气/（lb·mol胺）（二乙醇胺系统）。

设计时，若要使系统效率较高且没有过度腐蚀时，可借鉴下面的浓度和负荷（GPSA，1998）。

MEA系统：WF =20 wt%；AG = 0.33mol酸性气体/molMEA

DEA系统：WF = 35 wt%；AG =0.5mol酸性气体/molDEA

上述浓度下，60℉下的密度为：

20% MEA =8.41lb/gal =0.028molMEA/gal

35% DEA =8.71lb/gal =0.029molDEA/gal

采用这些设计指标，式（7－16）可以简化为下面的等式（Arnold和Stewart，1999）：

$$Q = k'(QG)(MF) \qquad (7-17)$$

式中，k'是常数（MEA系统等于201，DEA系统等于126）。

用这个等式计算的循环流量应增大10%～15%来超量供应胺。

受系统条件约束，如最大富液载荷的限制，循环流量应总是减小到能够满足处理需要的最小值。由于再沸器与循环流量有直接联系，循环流量较低时可以减少总能量需求。较低的循环流量也能够增加二氧化碳滑脱并可以提高硫回收装置的供气质量（Bullin，2003）。

（3）闪蒸罐。从吸收器流出的富液进入一个闪蒸罐，蒸发掉轻质烃。当压力下降时，少量的酸性气体会闪蒸。较重的烃保留在液体中，但与胺溶液中分离出来，由于其密度比胺液低，在上部形成独立的分层，可以撇去。因此，应该有一套能够除去液态烃的设备。闪蒸罐以半满的状态运行，可以让胺溶液停留2～3min来处理（Arnold和Stewart，1999）。

（4）胺再沸器。胺再沸器给汽提塔提供热量，在这里发生逆向化学反应并排出酸性气体。一般有两种不同的再沸器：热虹吸式和釜式。热虹吸再沸器通过同一管道将热胺液和水蒸气返回到再生塔，而釜式再沸器则通过不同的管道将热胺液和水蒸气返回到再生塔。

再沸器的任务是：①将富液、回流和补充水的温度提升到再沸器温度；②给打破酸气和醇分子间的化学键提供热能；③生成汽提用水蒸气。再沸器热负荷与传热交换面积关系如下

(Jones 和 Perry,1973):

$$H_R = 432000Q \quad (7-18)$$

$$A = 11.30Q \quad (7-19)$$

式中,Q 为胺的循环流量,gal/min;H_R 为胺再沸器热负荷,gal/min;A 为再沸器传热面积,ft^2。

再沸器热负荷应保持在尽可能低的状态,但必须保证能够有效地除硫,且使二氧化碳含量不会对再沸器造成过度腐蚀。较高的再沸器热负荷不会降低循环流量,只是消耗掉能量(Bullin,2003)。

再沸器温度主要与溶液浓度、进气/排气管道回压和/或剩余 CO_2 含量指标要求有关。实践证明再沸器的温度应控制得尽可能低,再沸器的正常工作温度范围是 225~260℉(MEA 系统),230~250℉(DEA 系统)。

(5)胺气提塔。胺气提塔利用热量和蒸汽与 CO_2 和 H_2S 发生逆向化学反应。蒸汽作为气提气将 CO_2 和 H_2S 从水溶液中分离出来并将气体带到塔顶。就像吸收器一样,汽提塔有将近 20 个托盘或同等高度的填料结构。为了减小胺蒸发损失,塔的顶部一般会有水洗段,装有 4~6 个托盘(Kohl 和 Riesenfeld,1985)。

富液从顶部进入第三或第四个塔盘。贫液从汽提塔底部分离出来,酸性气体从顶部分离出来。

液流量在塔底的托盘处,液流在这里与足够水混合满足再沸器产生蒸汽。贫胺液的循环流量是已知的,根据再沸器的热负荷、压力、温度、产生的水蒸气流量,就可以得到需要的水流量。

必须考虑汽提塔两端的水蒸气流速。塔的尺寸应根据较高的一个蒸汽速率来定。塔底部的蒸汽流量等于再沸器中产生的蒸汽量,在塔顶部的蒸汽流量等于顶部气流量加酸气流量。把再沸器中产生的气流量减去将贫胺液升温到再沸器温度和将酸气蒸发而冷凝的蒸汽量,可以算出顶部气流量。

(6)胺液冷凝器。胺气提塔冷凝器主要由顶部风冷和径向翅片换热器组成。胺回流冷凝器用于冷却顶部气流,将顶部蒸汽冷却成水。冷却器入口温度可以通过顶部气体分压在蒸汽温度表中查到。冷却器的出口温度通常在 130~145℉,主要取决于环境温度。胺回流冷凝器的热负荷和传热面积可通过下面的公式确定(Jones 和 Perry,1973):

$$H_C = 18 \times 10Q \quad (7-20)$$

$$A = 5.20Q \quad (7-21)$$

式中 H_C——胺回流冷凝器的热负荷,Btu/min;

Q——胺循环流速,gal/min。

回流塔是两相分离器,用来分离冷凝水中的酸气。冷凝水先在这里储存然后抽回到气提塔顶部回流。

(7)贫/富胺换热器。贫/富胺换热器为富胺溶液预热以减少再沸器的热负荷。同时冷却贫胺溶液并降低空气冷却器的负荷。管壳式、平板框架式的换热器都可以使用,富胺溶液流过不锈钢管,以较低速度(2~3.5ft/s)进入以减小腐蚀。通常两个液流的温度变化都在70~100℉,压力降低2~5psi。实际常用二个或更多换热器串联来调节温度,比如富胺气流温度比贫胺气流的出口温度高时(Manning 和 Thompson,1991)。

管壳式换热器的热负荷和换热面积可用以下公式计算(Jones 和 Perry,1973):

$$H_E = 27 \times 105Q \tag{7-22}$$

$$A = 11.25Q \tag{7-23}$$

式中 H_E——胺升温换热器的热负荷,Btu/min;

A——换热面积,ft^2;

Q——胺回流速率,gal/min。

(8)胺冷却器。醇胺冷却器通常是风冷或径向翅片冷却器,用来冷却进入吸收器前的贫胺溶液。进入吸收器贫胺溶液的温度应该比进入吸收器酸气的温度大约高10℉。胺溶液温度过低会降低吸收器中酸气的温度,使碳氢化合物冷凝。较高温度会提高胺蒸汽压力发生胺汽化损耗。冷却器的热负荷贫胺液流速,根据换热器流出的贫胺液温度及酸气的入口温度计算。

(9)胺系统回收装置。由于副反应和/或降解作用,各种杂质在胺系统中积聚,要根据所用的胺选择胺回收装置清除这些杂质。单乙醇胺(MEA[1])和系统中存在 CO_2 和 CS_2 反应生成耐热盐。因此,单乙醇胺(MEA)系统中通常包括回收装置。回收装置是一个吊桶式再沸器处理细小的贫胺溶液支流。回收装置的温度保持不变,以使水和单乙醇胺(MEA)沸腾从顶部管线流回汽提塔。当回收装置满了之后,先将其关闭,然后再将其倒入废物处理装置中,将热稳定盐清除,但是耐热盐携带的单乙醇胺(MEA)也被清除了。

二乙醇胺(DEA)比单乙醇胺(MEA)的沸点高,因而需要用其他方法回收,例如,用减压蒸馏来阻止醇胺液热降解。而且,二乙醇胺(DEA)降解速度很低。因此,在多数情况下,回收二乙醇胺(DEA)溶液是不实际、不经济,或是不必要的。溶液净化仍用机械方法和炭过滤法,也用苛性碱或苏打粉添加到溶液中来中和耐热盐。

除硫化氢的同时水分也会被从烃中分离出来。除湿是非常必要的,因为可以防止水分损坏干燥的催化剂并防止在低温情况下形成烃类水合物(例如,$C_3H_8 \cdot 18H_2O$)。脱水和脱硫处理所用的化学药品为乙二醇或醇胺处理液,处理液是乙二醇胺和大量乙二醇的混合溶液。混合物在吸收器和再生器中循环,和乙醇胺法中的乙醇胺循环是相同的。乙二醇在吸收器中除去碳烃化合物中水分,乙醇胺吸收硫化氢和二氧化碳,已处理的天然气从吸收器顶部流出;然后乙醇胺和乙二醇的混合溶液进入再生器,通过加热放出被吸收的酸气和水分。

7.2.3 碳酸洗和水洗

碳酸洗是一种清除气流中的酸气(如二氧化碳和硫化氢),控制排放的弱碱处理过程(Speight,1993)。其原理是碳酸钾吸收二氧化碳的速率随温度的升高而升高。

实践证明该方法在能发生逆向反应的温度条件下运行最好:

---

[1] 回收装置中单乙醇胺(MEA)溶液中清除出来的主要杂质是降解的产物,1-2(-羟乙基)咪唑啉酮和 N-(2-羟乙基)乙二胺,不可挥发物,如无机离子、硫化铁、高沸点烃类及耐热盐。

$$K_2CO_3 + CO_2 + H_2O \longrightarrow 2KHCO_3 \tag{7-24}$$

$$K_2CO_3 + H_2S \longrightarrow KHS + KHCO_3 \tag{7-25}$$

从结果来看水洗与用碳酸钾洗涤效果相同(Kohl 和 Riesenfeld, 1985)。在压力逐渐下降的情况下,也能发生解吸作用。吸收过程是纯粹的物理过程,并且吸收从酸气中脱出烃类的能力也较高。

7.2.4 甲醇法

甲醇是天然气加工业中用途最广的溶剂之一。从历史上看,甲醇是第一个商用的有机溶剂,并已用于抑制水合物、脱水、天然气脱硫和液体回收(Kohl 和 Nielsen,1997;Font Freide,2004)。而且大都是在低温下使用甲醇,因为其他溶剂在低温时黏度都比较大,甚至容易凝固,而甲醇却不会。低温下,还可以避免甲醇最大的弱点——高挥发损耗。再者,甲醇容易生产,相对便宜,这些优点使甲醇应用更为广泛。

除了蒸汽压力较高,甲醇的物理特性都优于其他溶剂。黏度低的优点在减小冷箱注入装置的压降和提高热传导方面有明显的作用。甲醇的表面张力比其他溶剂的小。表面张力过高容易使接触器里起泡。而甲醇不易起泡。然而,甲醇的主要缺点是蒸汽压力高,比乙二醇和胺要高好几倍。为了减少甲醇损失,促进水和酸气的吸收反应,吸收器和分离器的温度一般不高于 -20℉。

甲醇蒸汽压力高可以导致溶剂损失较大,看起来这是它很大的缺点。但较高蒸汽压也有明显的优势。当气体与溶剂没有充分混合时也能带来大的问题,但通常被忽略掉了。由于蒸汽压力高,甲醇在进入冷箱之前可以与气体充分混合而乙二醇却要冷箱里采用专门的喷嘴和特定的喷嘴位置来阻止其凝结。溶剂如果被带入下一个流程也是一个重要的问题。因为甲醇比乙二醇、胺及其他有机溶剂(包括贫油)更容易挥发,甲醇通常会在再生过程中就被排出。甲醇在汽提塔顶部的冷却器里分离出来并进一步提纯。可如果乙二醇被带入胺脱硫装置时,就会溶解在溶液中,可能会降解并稀释胺溶液。

随着 Rectisol 工艺的发展,甲醇的用途被进一步拓展,在 Rectisol 工艺中甲醇单独使用,或与甲苯混合以更有选择地分离出 H_2S,同时 CO_2 留在天然气中流向塔顶(Ranke 和 Mohr,1985)。与甲醇相比甲苯有另外的优点,羰基硫化物更容易溶于甲苯。Rectisol 工艺开始时主要用于从煤、原油和渣油部分氧化产生的酸气中去除二氧化碳和硫化氢及其他含硫物质,因为甲醇吸收这些杂质的能力,自然使它成为 Rectisol 工艺首选的溶剂。遗憾的是,在低温情况下,甲醇与气体中的烃组分有很强的亲和力。例如,丙烷比二氧化碳更容易溶于甲醇。Rectisol 工艺有两种形式(Hoochgesand, 1970):两段法和一次通过法。两段法的第一步是在发生转换之前脱硫,硫化氢和二氧化碳的浓度大约分别为 1% ~5%(体积分数)。脱硫后,进行甲醇再生,这一步可为硫回收产生高浓度的含硫原料。一次通过法只适用于处理高压下的部分氧化产物。当硫化氢和二氧化碳含量相差较大,一般在 1:50 左右时,一次通过法也适用(Esteban 等,2000)。

法国石油研究院(IFP)开发了一种工艺,用甲醇能同时脱水、除酸并同时控制烃的露点(Rojey 和 Larue,1988;Rojey 等,1990)。IFPEXOL -1 工艺用于脱水和烃的露点控制,IFPEXOL -2 工艺用于脱出酸性气体。IFPEXOL -1 的创新之处在于用一部分水饱和的气体进入低温分离器中的甲醇水溶液中回收甲醇。该方法解决了甲醇在大装置中注入时甲烷的蒸馏回收问题。除此之外,该工艺的冷却部分与注醇工艺非常相似。该工艺改进后包括一个将从低温分离器中来的烃液进行水洗的过程,提高了甲醇的回收率。IFPEXOL－2 脱除硫化氢工艺与胺处理法非常相似,只有工作温度不同。吸收器温度控制在－20℉以下以减少甲醇损失,再生器压力控制在 90psi。再生器中冷凝器需要通过冷却回收甲醇,但这个过程通常是在 IFPEXOL－1 后进行,这样即使处理液中的烃液浓度较高也没有关系(Minkkinen 和 Jonchere,1997)。

7.2.5 其他处理方法

磷酸钾脱硫和乙醇胺法的处理方法一样。处理溶液是高磷酸钾水溶液(K_3PO_4),它在吸收塔和再生塔中循环,与乙醇胺法中的乙醇胺循环方式是一样的。溶液通过加热再生。

其他方法包括碱处理法(图 7－3),是用高浓度氨基酸浓溶液去除硫化氢和二氧化碳。

热碳酸钾处理法(图 7－4)将天然气和炼厂气中的酸气含量从 50% 降至 0.5%,且处理装置与胺处理装置类似。

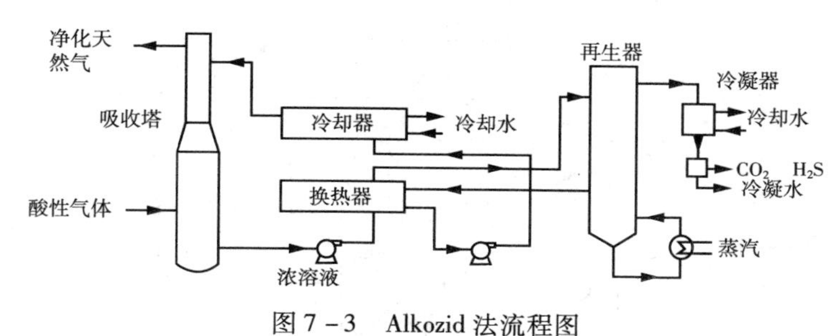

图 7－3 Alkozid 法流程图

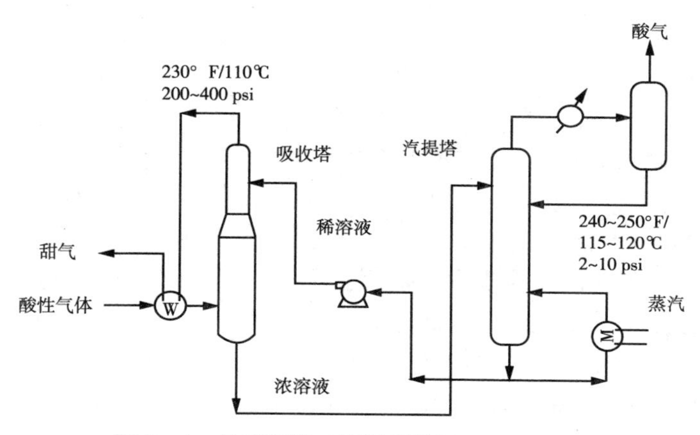

图 7－4 热碳酸钾工艺流程图(Speight,1993)

砷碱法也可以用来清除硫化氢和/或二氧化碳(图 7－5)。去除硫化氢时,反应物是碳酸钠或碳酸钾与亚砷酸盐和砷酸盐的混合物;去除二氧化碳时,用被三氧化二砷或亚硒酸或亚碲酸活化的热碱金属碳酸盐溶液。

分子筛去除气体中硫化氢(及其他硫化物)有很高的选择性,且有很高的连续吸收率。分子筛法对脱水同样有效,所以此方法可以同时用于脱水脱酸,然而天然气含水过高需要在上游脱水。分子筛法(图 7－6)与铁海绵法类似。热的清洁天然气流过反应床使其再生。

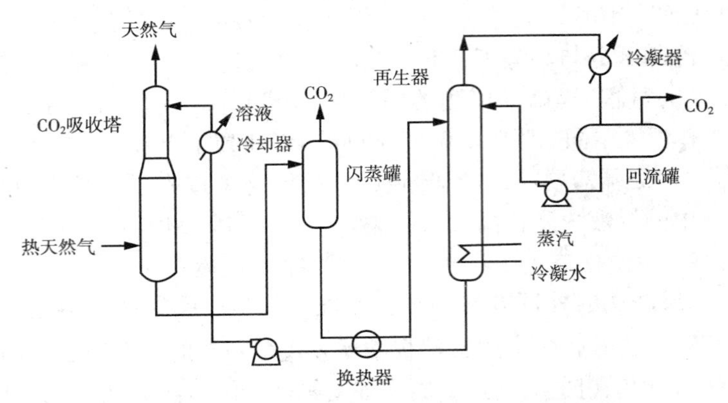

图7-5 Giammarco-Vetrocke 法工艺流程图(Speight,1993)

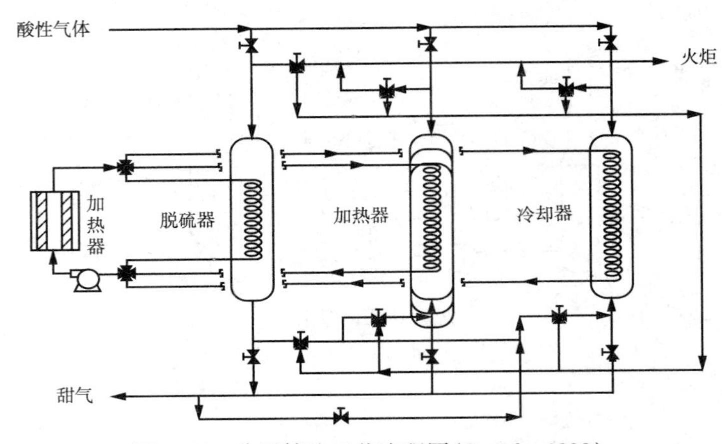

图7-6 分子筛法工艺流程图(Speight,1993)

当反应床温度升高,它将吸收的硫化氢释放到再生气流中。再生气体的酸性排出物送到火炬燃烧,再生过程有2%的气体损失。由于分子筛吸收烃组分会使部分天然气损失。在这个处理进程中,不饱和烃组分如烯烃、芳香化合物会被分子筛吸附。分子筛易被乙二醇这样的化学制剂"中毒",需要在进行吸附步骤之前完全净化气体。或者可以对分子筛采取保护措施,例如,可以在分子筛上放置较便宜的催化剂,这样可以防止催化剂中毒。这个做法类似于石油工业中使用的保护床或损耗催化剂(Speight,1993)。

目前,膜分离法仅限于脱除二氧化碳(Alderton, 1993)。膜分离技术的进步使其在天然气其他领域的应用也很有优势。新的膜材料和形状在天然气杂质处理应用中展现出了很好的特性和稳定性。新膜分离技术旨在三个方面的分离:氮气、二氧化碳/硫化氢,以及液态天然气(美国专利6,425,267,2002)。该方法采用两级膜分离系统设计。选择性膜分离不需要在低温下操作,并且资金和操作成本在经济可接受的范围内。

天然气工业中,新膜分离技术已经成熟(Lokhandwala 和 Jacobs,2000)。例如,膜允许可凝析气体通过,如C_{3+}烃类化合物、芳香族化合物和水蒸气,而阻止非可凝气体通过,如甲烷、乙烷、氮气及氢气等。自20世纪90年代早期,在全世界化学处理工业中,有超过50个系统安装了膜处理设备。主要应用在脱氮、液态烃回收和伴生气露点控制及汽轮机和发动机的燃气调制(Hall 和 Lokhandwala,2004)。

还有一种膜分离技术(美国专利 6,425,267,2002)可用来处理含有 C_{3+} 化合物或酸性气体的天然气。处理后的天然气在气田或处理厂可作为燃气动力设备的燃料,包括压缩机。该方法也可以用于生产天然气液(NGL)。

7.2.6 工艺选择

相对于其他工艺来讲,前面介绍的每一种处理工艺,在某些特定的应用领域都有自己的优势。因此,在选择合适的工艺时,要考虑下面几个方面(Morgan,1994;GPSA,1998):①空气污染条例规定的关于含硫化合物的处理和/或尾气净化(TGCU)要求;②原料气中酸性组分的类型和含量;③净化气的质量要求;④酸气要求;⑤酸性气体的压力、温度和净化气的输送压力、温度;⑥原料气的体积;⑦原料气中的烃类含量;⑧脱除酸性气体所要求的选择性;⑨投资费用和生产成本;⑩工艺的许可使用费;⑪液体产品的质量要求;⑫有害副产物的处理。

通常可以根据原料气组分和操作条件来简化选择处理方法。酸性气体分压很高(50psia)时可以使用物理方式来处理。原料气中重烃含量较高时则不用物理方式处理。若酸性气体分压低,且对净化气的质量要求不高时通常选用胺处理。工艺选择并不简单,因为要考虑众多因素。且初步评估之后,还需要进行相关的研究。

通常,陆上高于 90% 应用的是批量式处理和胺法工艺。且胺法是首选,因为费用较低,化学药品花费很少,这平衡了较高的设备费用。确定工艺方法的关键还是原料气的含硫量。若含硫量低于 20lb/d,批量式处理更经济,若含量硫量超过 100lb/d,胺法更合适(Manning 和 Thompson, 1991)。

7.3 硫回收工艺

酸性气体处理装置中出来的副产品主要是硫化氢和/或二氧化碳。二氧化碳一般排入大气,但有时用作 CO_2 回注。H_2S 通常被烧掉,转换成 SO_2 排放。环保条例限制 H_2S 的排放。而且还有很多特殊规定,这些规定也会做定期的修改。多数情况下,环保条例严格限制 H_2S 外排和再生循环过程中燃烧的量。

大多数硫回收工艺是通过氧化 H_2S 产生硫单质。一般是通过 H_2S 和 O_2 或 H_2S 与 SO_2 两个反应,这两个反应都能生成水和单质硫。这些工艺都是有许可的并用专门的催化剂和溶剂。这些工艺可直接用在采出气上。当原料气流量很大时,通常让采出气与化学或物理溶剂接触,在再生步骤中产出酸气后采用转换工艺处理。

硫回收有两个普通方法:液相氧化还原法和克劳斯回收法。

液相氧化还原法是采用化学吸收方法选择性地去除酸气中的硫化氢,它使用的处理液是含铁或矾的稀溶液。该工艺可在 H_2S 含量较少的情况下使用,某些情况下,能取代酸性气体脱除工艺。可以先在入口处用弱碱性液体洗除 H_2S,并将其氧化成硫单质。被还原的催化剂可在氧化装置中与空气接触再生。硫单质根据工艺可采用溶液悬浮或沉降法脱除。

克劳斯硫回收法应用最为广泛。克劳斯装置用于回收胺法再生器中排除的高含硫气流中的硫。这种方法可以处理硫化氢最大含量为 15% 的气体。其化学过程是将硫化氢氧化成二氧化硫,然后催化硫化氢和二氧化硫反应生成单质硫。该反应是分阶段的,如下所示。

$$\text{受热阶段:}H_2S + 3/2O_2 \longrightarrow SO_2 + H_2O \qquad (7-26)$$

$$受热和催化阶段:SO_2 + 2H_2S \longrightarrow 3S + 2H_2O \qquad (7-27)$$

该方法的第一阶段是反应炉中硫化氢在空气中燃烧生成二氧化硫。该阶段为下一阶段催化反应提供二氧化硫。多段催化使硫化氢转化得更彻底。每个催化段都是由加热装置、一个反应器及一个冷凝器组成。冷凝器在每段反应之后凝集硫蒸汽并使其从气体中分离。两段催化反应就能使转化效率达到94% ~95%,而三段催化反应能使转化效率达到97%。废气烧掉或在处理后排入大气。

硫回收法依赖于催化剂的寿命、反应段的数量等。克劳斯设备中两段装置的硫回收效率通常为90% ~96%,三段装置能到98%。由于平衡极限及其他硫损失,克劳斯设备的硫回收总效率一般不超过98%。

从克劳斯装置排除的废气按尾气处理,在过去,在排入大气前将尾气焚烧,目前由于环境保护提高了回收效率的标准,促进了克劳斯尾气净化(TGCU)装置的发展,这些装置基本原理各不相同,但都是为了脱除最后残留的硫化物。TGCU 装置十分昂贵,相当于一个克劳斯装置的花费。根据硫回收效率还是根据每吨 SO_2 的回收成本来选择 TGCU 装置,Gall 和 Gadelle (2003)给出了对比。

参考文献

Alderton ,P. D. ,"Natural Gas Treating Using Membranes,"paper presented at the 2nd GPA Technical Meeting,GCC Chapter,Bahrain(Oct. 27,1993).

Anerousis,J. P. ,and Whitman,S. K. ,"An Updated Examination of Gas Sweetening by the Iron Sponge Process,"SPE 13280,paper presented at the SPE Annual Technical Conference & Exhibition ,Houston, TX (Sept. 1984).

Arnold,K. ,and Stewart,M. ,"Surface Production Operations:Vol. 2:Design of Gas - Handling systems and Facilities,"2nd Ed. Gulf Professional Publishing, Houston, TX(1999).

Bhatia,K. ,and Allford,K. T. ,One - step process takes H_2S from gas stream. Oil Gas J. 84(42),44(1986).

Blanc,C. ,Elgue,J. ,and Lallemand,F. ,"MDEA Process Selects H_2S," Hydrocarbon Processing(August 1981).

Bullin,J. A. ,"Why Not Optimize Your Amine Sweetening Unit. "Paper presented at GPA Europe Annual Conference, Heidelberg,Germany (Sept. 25 -27,2003).

Bullin,J. A. , Polasek, J. C. , and Donnelly, S. T. , "The Use of MDEA and Mixtures of Amines for Bulk CO_2 Removal. "Paper presented at the 69th GPA Annual Convention,Tulsa,OK(1990).

Burnes,E. E. ,and Bhatia,K. ,"Process for Removing Hydrogen Sulfide from Gas Mixtures,"U. S. Patent,4,515,759 (May 1985).

Dobbs,J. B. ,"One Step Process. "Paper presented at the Laurance Reid Gas Conditioning Conference,Norman,OK (March1986).

Duckworth,G. L. ,and Geddes,J. H. ,Natural gas desulfurization by the iron sponge process. Oil Gas J. 63(37),94 - 96(1965).

Esteban,A. ,Hernandez,V. ,and Lunsford,K. ,"Exploit the Benefits of Methanol." Paper presented at the 79th GPA Annual Convention. Atlanta, GA(March 2000).

Font Freide , JHM,I. J. ,"Methanol: A Gas Processing Option." Paper presented at the GPA Europe Meeting,Provence,France(Sept. 22 -24,2004).

Fox,I. ,"Process for Scavenging Hydrogen Sulfide from Hydrocarbon Gases. "U. S. Patent,4,246,274(Jan. 1981).

Gall,A. L. ,and Gadelle,D. ,"Technical and Commercial Evaluation of Processes for Claus Tail Gas Treatment. "Paper presented at the GPA Europe Technical Meeting, Paris, France(Feb. 2003).

Gollmar, H. A., Removal of sulfur compounds from coal gas, 947 – 1007 In "Chemistry of Coal Utilization", (H. H. Lowry, (ed). Wiley, New York(1945).

GPSA Engineering Data Book, 11th Ed. Gas Processors Suppliers Association, Tulsa, OK(1998).

Hall, P., and Lokhandwala, K. A., "Advances in Membrane Materials Provide New Gas Processing Solutions." Paper presented at the GPA Annual Convention, New Orleans, LA(March 2004).

Hohlfeld, R. W., New H_2S scrubber cleans small or large gas streams. Oil Gas J. 129 – 130(Oct. 15, 1979).

Hoochgesand, G., Rectisol and purisol. Ind. Eng. Chem. 62(7), 37 – 43(1970).

Jenkins, J. L., and Haws, R., Understanding gas treating fundamentals. Petr. Technol. Q. 61 – 71(Jan. 2002).

Jones, V. W., and Perry, C. R., "Fundamentals of Gas Treating." Paper presented at the Laurance Reid Gas Conditioning Conference, Norman, OK(1973).

Kattner, J. E., Samuels, A., and Wendt, R. P., Iron oxide slurry process for removing hydrogen sulfide. J. Petr. Technol. 40(9), 1237(1988).

Khan, M., and Manning, W. P., "Practical Designs for Amine Plants," Petroenergy Workshop, Houston, TX (Sept. 1985).

Kohl, A. L., and Nielsen, R. B., "Gas Purification." Gulf Publishing Company, Houston, TX(1997).

Kohl, A. L., and Riesenfeld, F. C., "Gas Purification," 4th Ed. Gulf Publishing Company, Houston, TX(1985).

Kutsher, G. S., and Smith, G. A., "CO_2 Removal and Recovery Pegasol: A Solvent Process." Paper presented at the Laurence Reid Gas Conditioning Conference, Norman, OK(1966).

Lallemand, F., and Minkkinen, A., "High Sour Gas Processing in an Ever – Greener World." Paper presented at the 9th GPA – GCC Chapter Technical Conference, Abu Dhabi(May 23, 2001).

Lokhandwala, K. A., and Jacobs, M. L., "New Membrane Application in Gas Processing." Paper presented at the GPA Annual Convention, Atlanta, GA(March, 2000).

Maddox, R. N., "Gas and Liquid Sweetening," 2nd Ed. Campbell Petroleum Series, Norman, OK(1974).

Manning, F. S., and Thompson, R. E., "Oil Field Processing of Petroleum. Vol. 1: Natural Gas." Pennwell Publishing Company, Tulsa, OK (1991).

Manning, W. P., Chemsweet, a new process for sweetening low – value sour gas. Oil Gas J. 77 (42), 122 – 124 (1979).

Minkkinen, A., and Jonchere, J. P., "Methanol Simplifies Gas Processing." Paper presented at the 5th GPA – GCC Chapter Technical Conference, Bahrain(May 1997).

Morgan, D. J. "Selection Criteria for Gas Sweetening." Paper presented at the GPA Technical Meeting, GCC Chapter, Bahrain(Nov. 30, 1994).

Newman, S. A. (ed.), "Acid and Sour Gas Treating Processes." Gulf Publishing Company, Houston, TX(1985).

Polasek, J., and Bullin, J. A., "Selecting Amines for Sweetening Units." Paper presented at the GPA Regional Meeting, Tulsa, OK(Sept. 1994).

Polasek, J. C., Iglesias – Silva, G. A., and Bullin, J. A., "Using Mixed Amine Solutions for Gas Sweetening." Paper presented at the 71st GPA Annual Convention, Tulsa, OK(1992).

Ranke, G., and Mohr, V. H., The rectisol wash new developments in acid gas removal from synthesis gas." In "Acid and Sour Gas Treating Processes" (S. A. Newman, ed.). Gulf Publishing Company, Houston, TX(1985).

Rojey, A., and Larue, J., "Integrated Process for the Treatment of a Methane – Containing Wet Gas in Order to Remove Water There – fom." Assigned to the Institut Fran? ais du Petrole(IFP), U. S. Patent4, 775, 395 (Oct. 4, 1988).

Rojey, A. , Procci, A. , and Larue, J. , "Process and Apparatus for Dehydration, De – acidification, and Separation of Condensate from a Natural Gas", Assigned to the Institut Fran? ais du Petrole (IFP), U. S. Patent 4,979,966 (1990).

Samuels, A. , "Gas Sweetener Associates", Technical Manual, 3 – 88, Metairie, LA (1988).

Schaack, J. P. , and Chan, F. , Caustic – based process remains attractive", Oil Gas J. 5, 81 – 82 (1989).

Souders, M. , and Brown, G. G. , Fundamental design of absorbing and stripping columns for complex vapors. " Ind. Eng. Chem. 24, 519 (1932).

Speight, J. G. , "Gas Processing: Environmental Aspects and Methods. " Butterworth Heinemann, Oxford, England (1993).

U. S. Patent 6,053,965, "Fuel Gas Conditioning Process" (April 25, 2000).

U. S. Patent 6,425,267, "Two – Step Process for Nitrogen Removal from Natural Gas" (July 30, 2002).

Zapffe, F. , Iron sponge process removes mercaptans. Oil Gas J. 61 (33), 103 – 104 (1963).

8 天然气压缩

8.1 导言

“压缩”存在于天然气工业的方方面面，包括气举、气体回注（为保持地层压力）、天然气储集、天然气处理生产（天然气在流程或系统中的循环）、气体输送及分配系统，以及罐装、输送或储存气体。最近几年，提高管线输送压力是一个趋势。在一定的管线规格下，若输送压力较高，能增加输送天然气的量，减少因摩擦引起的输送损失，而且，在长距离天然气输送中可以不设增压站。天然气输送中，常用的压缩机有两种基本类型：往复式压缩机和离心式压缩机。往复式压缩机通常是用电机或燃气发动机作动力，而离心式压缩机则是用燃汽轮机或电机来提供动力。选择设备的关键参数有设备的寿命周期、资本成本、维修费用（包括检修和备用件）、燃料或能源消费。设备的使用率，且是否符合波动要求，也起着重要作用。燃气发动机和燃汽轮机都能用管输天然气作为燃料，电机则依赖于持续不断的电能。由于参数较多，选择最佳驱动装置的工作十分复杂，在做最后选择之前，要比较不同类型的驱动方式。经济可行性研究对确定一个方案的经济性并做出最佳选择是十分重要的。此外，必须确定压缩作业是否应多级压缩，是串联还是并联。

本章简要概述了两种主要类型压缩机和压缩机功率的计算方法，以及关于设计压缩机站还需要考虑的一些问题。所有计算都是根据从入口法兰到出口法兰的工况条件，也就是说，对于离心式压缩机，使用的进口法兰和出口法兰的工况条件，对于往复式压缩机，考虑了汽缸阀门以及脉冲消除装置中的压力损失。工艺设备如吸入式洗涤器或后冷却器的压力损失则单独计算。

8.2 往复式压缩机

往复式压缩机中气体的压缩和排出是通过汽缸中活塞的线性移动完成的。往复式压缩机用自动弹簧阀门，当阀门两侧存在一定压差，阀门打开。图 8 - 1 用理论压力 - 体积（$P-V$）的关系图描述了往复式压缩机运转过程。在位置 A，进气阀门打开，气体流入汽缸，压力 - 体积图中从 1 点到 2 点，在 2 点冲程开始反向，气体开始压缩。在位置 B，活塞在汽缸中完成一个冲程，汽缸内吸满气体。进气和排气阀门保持关闭状态。此后，活塞向左运动，进气阀门关闭。从位置 B 到位置 C 过程中，活塞向汽缸顶部运动，气体体积压缩同时压力升高，压力 - 体积图显示从点 2 到点 3 压缩过程。活塞继续向冲程终点运动（靠近汽缸顶部）直到汽缸压力等于排气压力，同时排气阀门打开（压力 - 体积曲线中点 3）。活塞到达点 4 后，排气阀门关闭，此时，汽缸内压力为排气压力（从位置 C 到位置 D）。当活塞反向运动时，汽缸内气体膨胀（从点 4 到点 1）直到压力等于吸气压力，活塞再次回到位置 A。

往复式压缩机，容易使进出其中的流体产生明显的压力波动。因此，压缩机的上游和下游都必须安装压力缓冲器以避免破坏其他设备。在建站设计时必须考虑压力缓冲器的压力损失（静态流压部分）。

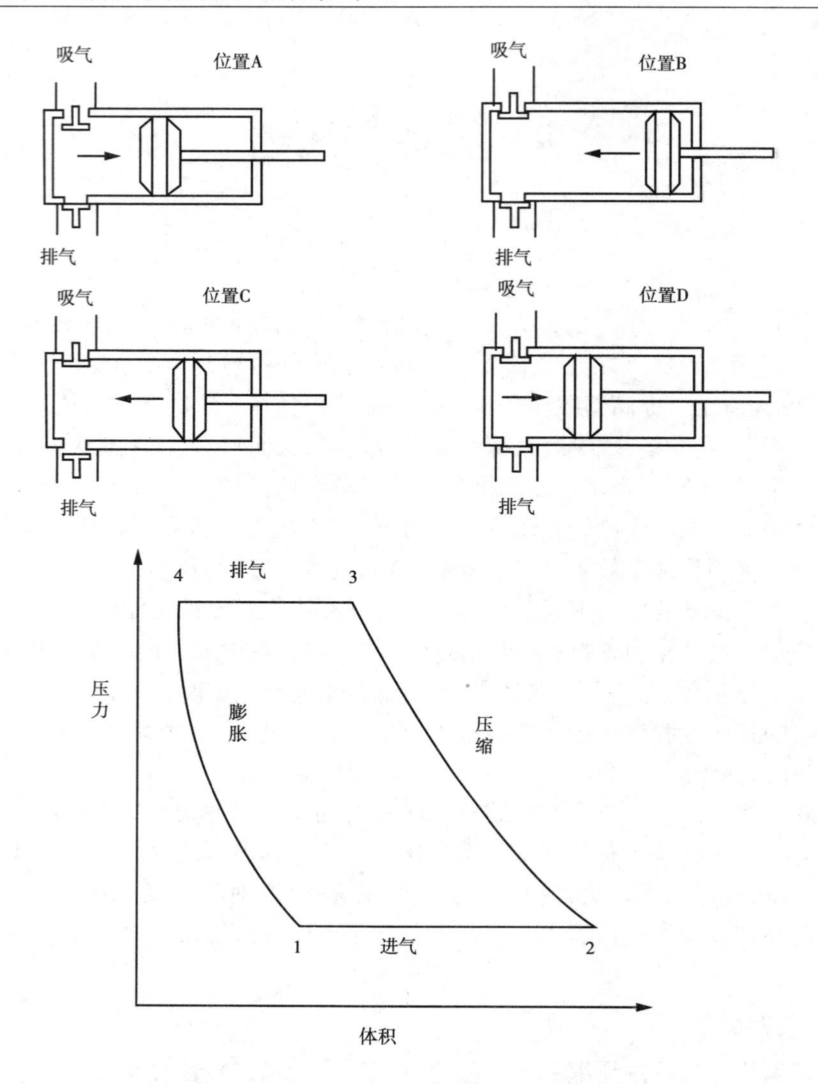

图 8-1 往复式压缩机压缩循环

由于排量和排出压力范围较大,往复式压缩机广泛应用于天然气处理行业。往复式压缩分高速和低速。一般高速压缩机转速在 900~1200r/min,低速压缩机转速在 200~600r/min。高速压缩机一般是“可分离的”,由压缩机机身和驱动装置组成,中间由联轴器或变速箱连接。对于一个完整的装置,动力汽缸和压缩机汽缸装在一个机架上,活塞附属在压缩机汽缸上。低速压缩机通常设计为一个整体。

8.3 离心式压缩机

下面介绍离心式压缩机的基本组成部件(图 8-2)。气体先进入压缩机进气喷嘴,然后被导入推进器,推进器由一定数量的旋转叶片组成,可以将机械能传递给气体,增加其流度和静压力。气体离开推进器进入扩散器,这里一部分动能将转换成静压力,扩散器可以是有叶片的,也可以是无叶片的,或者是涡旋形的。如果压缩机不只一个推进器,气体会通过回流通道和回流叶片被带入下一级推进器。如果压缩机只有一个推进器,或在多级压缩机中,气体从最后一个推进器的扩散器中流出之后进入排放系统。排放系统可以用蜗形管将气体动能转为静压力,或只是一个简单的容器来在排气法兰打开前收集气体。

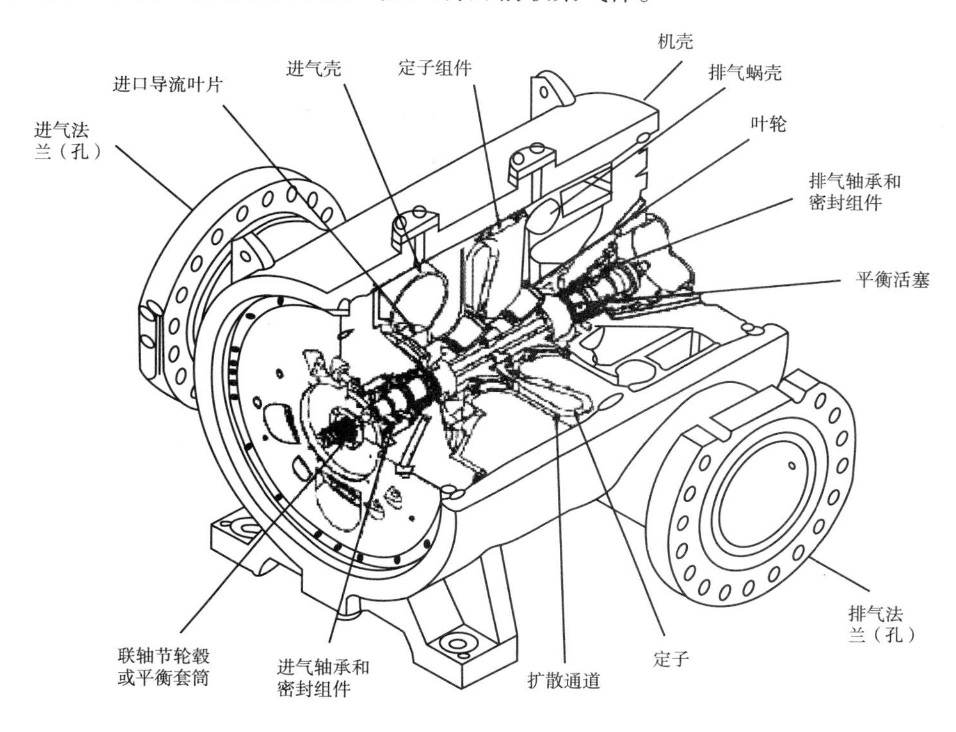

图 8-2 标准离心式压缩机剖视图(GPSA,2004)

离心式压缩机的旋转部分由推进器组成,两个径向轴承上(现代的压缩机,用的都是水力可倾填料轴承)运转,推进器产生的轴向推力由平衡活塞平衡,产生的合力被水动力可倾填料推力轴承平衡。为了防止气体从轴承末端逸出,通常加一个干气密封垫。整个系统安装在机壳里(通常为筒形的)。

一个压缩机由一个推进器和它后面的扩散器和回流腔(可能有)组成。压缩机体可以有一级或多级(能到 8 或 10)压缩。而整个压缩机组可由一个或多个压缩机体组成,有时也包括一个变速箱。管道压缩机一般是单组,有一级或两级压缩。

离心式压缩机的工作原理与往复式压缩机不同,其工作特点也不同。离心式压缩机广泛应用于化工厂、炼油厂、陆上和海上气举和气体回注、集气与输送。离心式压缩机出口压力可以高达 10000 psia,覆盖了往复式压缩机流量/压力范围。离心式压缩机通常由汽轮机或电机驱动。输气中应用的离心式压缩机的通常转速是:5000hp 的装置 14000r/min,20000hp 的装置是 8000r/min。

8.4 压缩机对比

下面是往复式压缩机和离心式压缩机的区别(GPSA,2004)。

往复式压缩机相对于离心压缩机的优点有:①适合体积流量较低和压缩比较高的情况;②

高压缩比条件下效率较高;③小型设备(不超过 3000hp)投资成本相对较低;④对流体组分和浓度的敏感性较低。

离心式压缩机的优点有:①在体积流量大、压力低的情况下较理想;②只有一个运动部件,结构简单;③在正常的工作范围内效率高;④维护费用低,利用率高;⑤单位工作面积下气体容量更大;⑥不会产生震动和脉动。

8.5 压缩机选择

选择压缩机的基本设计原则包括以下几个方面:①在不同工作条件下保持较高的工作效率;②最大的配置灵活度;③低维护成本;④低运行费用;⑤可接受的设备投资;⑥利用率高。

然而,根据每个方案及管道操作者专业经验的不同还有额外的要求。实际上,压缩机主要是根据购买者提出的操作参数对机器进行设计。规定选择的工艺设计参数如下(Akhtar, 2002):①流量;②气体组分;③进口压力和温度;④出口压力;⑤组件安装对于离心式压缩机,包括串联、并联、多级主体、多级部件、中间冷却等;对于往复式压缩机,包括汽缸数量、冷却、流量控制策略;⑥零部件数量。

在很多情况下,根据操作者的策略、排放要求、成本寿命周期假设等因素,压缩机及驱动装置的选型就已经确定了。但在选择压缩机时,还应对压缩机做水力分析以保证最佳应用。实际上,选择压缩机可以从一个工况点来定,这个点是最可能和最常见的工况点。基于单一工况点选择压缩机时需仔细评定,确保提供充分的速度安全系数(一般为 3% ~10%)及波动安全系数,这样可以涵盖其他潜在发生的重要情况。选型确定后,按选型绘制压缩机特性曲线图(对于离心式压缩机,是扬程与流量图),评价压缩机在其他工况条件的压缩机性能。在许多情况下,通过管道水动力分析和油气藏研究,可以得到多个工况点。这些工况有常遇到的,也有特殊情况下发生的。掌握了这些知识,就可能根据期望目标正确选择压缩机,如实现最低的燃料消耗。

压缩机的选择也可以基于额定点确定,即最大负荷的工况条件(最大体积流量、最小相对分子质量、最高的扬程或压缩比、最高的进口温度)。据此选择的压缩机指标会过高,反而在正常工作条件下运行效率不佳。

选定压缩机后,制造商能够提供如压缩机效率、转速及需求功率等参数,根据这些参数和外部条件(正常的温度和高度)可以确定驱动装置的大小。同时,组件安装和需要及期望的压缩机组数量(灵活性要求、增产方案对策和备机情况很重要)都要讨论制定。

8.6 气体压缩热力学

气体压缩过程是根据机械原理使气体从某一进口压力变为较高的出口压力。实际的压缩过程通常包括三个理想过程:等温压缩、等熵压缩和多变压缩。

等温压缩在压缩过程中温度保持恒定,但不是绝热过程,因为气体在压缩过程中产生的热量必须从系统中散出。

气体压缩过程中如果体系与外界没有热交换或没有气体热量散出以及压缩过程无摩擦,这样的过程称为等熵压缩或绝热可逆过程。在这种假定条件下,气体的熵值在压缩过程中不发生改变。

多变压缩过程类似于等熵可逆循环过程,但不是绝热过程。它可以表述为无限多个等熵过程的组合，每一个等熵过程之间因等压传热而间断。热量的增加保证了这个过程与实际情况一样产生相同的排气温度。

现在我们需要弄清楚一些气体压缩方面的特性，尤其是找到这些特性与稳定流热力学第一定律和第二定律的关系。第一定律（能量守恒定律）是：

$$\left(h_2+\frac{u_2^2}{2}+gz_2\right)-\left(h_1+\frac{u_1^2}{2}+gz_1\right)=q_{12}+W_{t,12} \tag{8-1}$$

式中，h 是焓值；u 是速度；g 是重力加速度；z 是相对高度；q 是热量；W_t 是压缩机对气体做的功。

忽略势能变化（由于高度变化对气体压缩机影响不大），绝热过程（$q_{12}=0$）的能量平衡方程可以写成：

$$\left(h_2+\frac{u_2^2}{2}\right)-\left(h_1+\frac{u_1^2}{2}\right)=W_{t,12} \tag{8-2}$$

$W_{t,12}$是改变气体热焓值需要的总功[1]，$W_{t,12}$与质量流量的乘积是需求功率 P。

$$P=m\cdot W_{t,12} \tag{8-3}$$

焓与动能相加得到总焓（$h_1=h+\frac{u^2}{2}$），功率与总焓的差的关系如下：

$$P=m(h_{t,2}-h_{t,1}) \tag{8-4}$$

如果有了总焓与气体压力和温度的关系，就可以用其来描述气体压缩过程。对于理想气体，比热容恒定，焓值与压力及温度的关系是：

$$\Delta h=C_p(T_2-T_1) \tag{8-5}$$

式中，T_1 是吸入温度；T_2 是排气温度；C_p 是压力恒定时的比热容。

对于等熵压缩，排气温度（T_{2s}）由压力比决定：

$$T_{2s}=T_1\left[\left(\frac{p_2}{p_1}\right)^{\frac{k-1}{k}}-1\right]+T_1 \tag{8-6}$$

式中，$k=Cp/C_v$；p_1 为吸入压力；p_2 是排气压力。

要注意定压摩尔热容 C_p 与定容摩尔热容是温度的函数，只有在理想气体中才能应用，二者的关系式为 $C_p-C_v=R$，其中 R 是气体常数。对于理想混合气体，等熵幂（k）也可以这样计算：

$$k=\frac{\sum y_i C_{pi}}{\left[\sum y_i C_{pi}\right]-R} \tag{8-7}$$

式中，C_{pi}是单一组分的摩尔热容；y_i 是组分的物质的量浓度。

---

[1] 实际上，功、水头和焓值改变没有区别。在同一单位制中（如国际制单位），功、水头和焓差有相同的单位（例如，国际制单位为 kJ/kg）。只有在不统一的单位制中（如美国惯用单位），我们需要考虑焓差（Btu/lbm）与水头和功（ft · lbf/lb_m）之间的热功当量（ft · lbf/Btu）。

实际气体的摩尔热容与理想气体不同,是压力和温度的函数。对于手工计算,理想气体的 k 值已经足够精确。

如果气体组分不详,且由烷烃(如甲烷和乙烷)组成,杂质真实含量不高,其相对密度(SG)不超过1,可用下面的经验公式来计算(Campell,1992)。

$$k = 1.3 - 0.31(SG - 0.55) \tag{8-8}$$

联立式(8-5)和式(8-6),理想气体等熵压缩的等熵水头(Δh_s)可由下式求得:

$$\Delta h_s = C_p T_1 \left[\left(\frac{p_2}{p_1} \right)^{\frac{k-1}{k}} - 1 \right] \tag{8-9}$$

对于实际气体[等式(8-9)中的 k 和 C_p 变成温度和压力的函数],用状态方程经过较复杂的计算得到气体焓值 h。这些关系式能够在压力、温度和熵值三个参数已知两个的情况下计算组分确定的气体焓值。

因此可以用下式计算实际压缩水头:

$$\Delta h = h(p_2, T_2) - h(p_1, T_1) \tag{8-10}$$

等熵压缩水头:

$$\Delta h_s = h(p_2, s_1) - h(p_1, T_1) \tag{8-11}$$

其中气体在吸入状态(s_1)时的熵值为:

$$s_1 = s(p_1, T_1) \tag{8-12}$$

Mollier 图(图8-3)清楚地描述了上述关系。

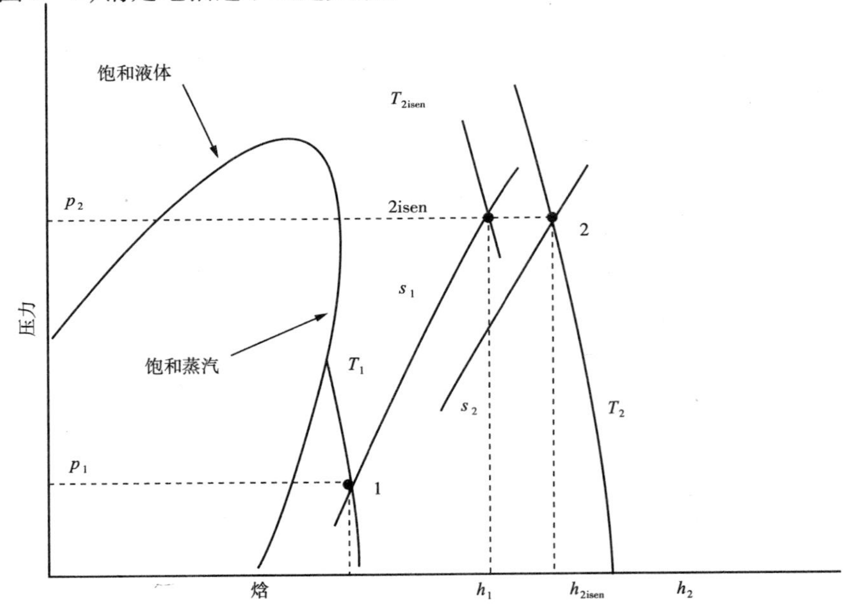

图8-3 Mollier(压力-焓值)等温和等熵压缩过程曲线

等熵压缩过程中，压缩机的工作性能可以根据实际水头（与压缩需要的总功率有直接关系）与理想水头的对比进行评定。等熵效率可定义为：

$$\eta_s = \frac{\Delta h_s}{\Delta h} \tag{8-13}$$

理想气体的实际水头可用下式计算：

$$\Delta h = \frac{1}{\eta_s} C_p T_1 \left[\left(\frac{p_2}{p_1} \right)^{\frac{k-1}{k}} - 1 \right] \tag{8-14}$$

进一步可把实际出口温度（T_2）的计算公式变为：

$$T_2 = \frac{T_1}{\eta_s} \left[\left(\frac{p_2}{p_1} \right)^{\frac{k-1}{k}} - 1 \right] + T_1 \tag{8-15}$$

由热力学第二定律得：

$$\dot{m}(s_2 - s_1) = \int_1^2 \frac{dq}{T} + s_{irr} \tag{8-16}$$

对于绝热流动，没有热量 q 交换，熵的变化被简单表述为压缩过程产生的损失。这些损失是由气体与固体表面的摩擦力以及不同能级的气体混合产生的。一个绝热可逆的压缩过程不改变系统的熵，这就是等熵压缩过程。实际水头计算等式中隐含了熵增（Δs），因为，

$$\Delta h = h(p_2, T_2) - h(p_1, T_1) = h(p_2, s_1 + \Delta s) - h(p_1, s_1) \tag{8-17}$$

如果压缩过程应用冷却器（两个串联的压缩机带有中间冷却器），熵增比没有冷却过程的要小，因此需求功率也将会减少。

多变过程与等熵过程基本一致（Beinecke 和 Luedtke，1983）。不同在于，对相同的压缩任务，多变过程和实际过程二者采用相同的出口温度，而等熵过程采用的出口温度与实际的不同（更低）。另外，等熵过程和多变过程都是可逆的。等熵过程也是绝热的，而多变过程有一定的热量传递。只有在吸入压力、吸入温度和排气压力已知的条件下，才能更好地解释给定气体的等熵压缩过程。对于多变压缩过程，还需要知道多变压缩效率或出口温度。对于任何无穷小的压缩段，多变压缩效率（η_p）是一个常量，可以写成：

$$\Delta h = \frac{1}{\eta_p} \int_{p_1}^{p_2} v \mathrm{d}p = \frac{\Delta h_p}{\eta_p} \tag{8-18}$$

式中，v 是比容；Δh_p 为多变压头，根据下式计算：

$$\Delta h_p = Z_1 R T_1 \frac{n}{n-1} \left[\left(\frac{p_2}{p_1} \right)^{\frac{n-1}{n}} - 1 \right] \tag{8-19}$$

多变压缩效率为：

$$\eta_p = \frac{\Delta h_p}{\Delta h} \tag{8-20}$$

对于压缩机设计者来说,多变压缩效率有一个重要的优点。如果压缩机有五级,且每一级等熵效率 η_s 相等,那么总等熵效率要低于 η_s。同样,若每一级多级压缩效率 η_p 相等,但整体压缩机的多变效率仍是 η_p。就性能而言,用多变压头和多变效率计算或用等熵压头和等熵效率计算,结果是相同的:

$$P = \dot{m}\Delta h = \dot{m}\left(\frac{\Delta h_s}{\eta_s}\right) = \dot{m}\left(\frac{\Delta h_p}{\eta_p}\right) \tag{8-21}$$

涡轮机应用中也能遇到不同程度的能量守恒。在概要中我们已经提到,涡轮机的空气动效果取决于两种能量形式的转换能力:动能(速能)和势能(压能)。

8.7 真实气体特性和状态方程

气体的压缩需要知道压力、温度及气体密度之间的关系。理想气体状态方程为:

$$\frac{p}{\rho} = RT \tag{8-22}$$

式中,ρ 是气体密度;R 是气体常数。

任何低压气体($p \to 0$)可用这个等式表示。

但是由于天然气压缩过程是在高压状态下进行的,该方程已不适用,需要引入一个变量——压缩因子:

$$\frac{p}{\rho} = ZRT \tag{8-23}$$

但是,压缩因子本身就是压力、温度和气体组分的函数。

焓值计算时也有同样的问题。对于理想气体,有:

$$\Delta h = \int_{T_1}^{T_2} C_p(T)\,dT \tag{8-24}$$

式中,C_p 仅是温度的函数。

这个公式比理想气体等式(8-5)的假设更接近实际气体。

对于实际气体,要在理想气体公式上加上偏差项(Poling 等,2001):

$$\Delta h = [h^0 - h(p_1)]_{T_1} + \int_{T_1}^{T_2} C_p dT - [h^0 - h(p_2)]_{T_2} \tag{8-25}$$

式中,$[h^0 - h(p_1)]_{T_1}$和$[h^0 - h(p_2)]_{T_2}$被称为偏差函数,因为它们表示真实气体与理想气体的偏差。它们与某一压力和温度下的焓值和低压参考状态下的焓值有关。偏差函数可根据状态方程单独计算,而 $\int C_p dT$ 是根据理想气体状态估算得到的。

状态方程是半经验公式,能够计算压缩因子和偏差函数。在气体压缩应用中,最常使用状态方程式是:雷德里希-邝状态方程,Redlich - Kwong,Benedict - Webb - Rubin,Benedict - Webb - Rubin - Starling 和 Lee - Kessler-Ploecker 状态方程(Poling 等,2001)。

Kumar(1999)等和 Beinecke 与 Luedtke(1983)对比了这些状态方程在压缩应用中的准确性。总体上,在典型的管道应用条件下(即高甲烷含量的气体,压力低于 3500psia),这些方程都得到准确的结果。而且 Redlich - Kwong 状态方程从计算原理上讲是最准确的(因为解是直接求得的而没有经过迭代)。

8.8 压缩比

压缩比(CR)是绝对出口压力与绝对吸入压力的比值。公式为:

$$CR = \frac{p_2}{p_1} \tag{8-26}$$

根据定义,压缩比通常大于1。如果是 n 级压缩且每一级压缩比相等,那么可以给出每一级的压缩比。

$$CR_{\text{stage}} = \left(\frac{p_2}{p_1}\right)^{1/n} \tag{8-27}$$

如果每一级的压缩比不相等,那么对每一级应使用公式(8-26)。

压缩比同时适用于单级压缩和多级压缩,当用于单级压缩机或多级压缩中的一级时,可以定义为单级或单位压缩比;当用于多级压缩机,它定义为总压缩比。用于普通气体输送管道(除了给管道供气的气站)的压缩机,其压缩比非常低(一般低于2)。采用往复式压缩机单级压缩或离心式压缩机的一个单体结构(有一个或两个推进器)就能满足要求。

压缩比是往复式压缩机的重要指标,离心式压缩机的压缩比主要通过气体组分和气体温度来求得。离心式压缩机的优势在于能求得总压头(和每级的总压头)。从公式(8-9)可以看出,离心式压缩机水头转化为压缩比主要取决于气体组分和入口温度。对于天然气($SG=0.58 \sim 0.65$),离心式压缩机的单级压缩比为1.4。当压缩气体 $SG=1.0$ 时,单级的压缩比大概为1.6。每一级的压力比通常要比多级压缩机压力比低。

对于往复式压缩机,压缩机压力比通常受到机械原因(连杆载荷)和温度限制。往复式压缩机汽缸压力比能达3~6。实际法兰对法兰的压力比值(由于阀门和气瓶损失)更低。对于可燃气体(如天然气),温度范围对压力比的限制要比机械限制先发生作用。离心式压缩机同样受到机械特性考虑(转子动力,最大速度)的限制和温度限制。当有这些限制条件时,应该采用多级压缩串联组合和中间冷却装置。此外,多级压缩需要一个最佳优化方案。例如,随着压缩比增加,压缩效率降低,机械应力和温度问题变得更严重。

压力比大于3时,压缩机之间应安装中间冷却器。中间冷却器通常安装在两级之间,这样可以减少需求功率,同时降低气体温度,以免产生不良高温[1]。理论上,如果保持各级的压缩比相同,就能使中间冷却器效果最佳以及各级之间没有压力损失,使需求功率最小。

然而,中间冷却器不可避免地要产生压力损失,受设计影响,压力损失一般为5~15psi。在初步设计中,冷却器的压力损失应该在10 psi左右(特别是天然气—空气冷却器,压降较大将使其失去经济性)。

应该注意的是一个具有无穷多级压缩机和中间冷却器的实际压缩系统,如果冷却器中的气体被冷却到初始温度,将会接近等温压缩(其中压缩循环的需求功率是压缩气体必要功率

---

[1] 冷却后会有液滴形成。这些液滴在级间洗涤器或分离器中被清除。

的最小值)。

级间冷却通常用天然气－空气冷却器实现。气体出口温度取决于环境空气温度。中间冷却器出口温度由冷却介质决定。如果用环境空气作介质,冷却器出口温度也就是第二级进口温度将高于环境干球温度 20～30 ℉。水冷却器的出口温度将高于冷却进水温度 20 ℉,但需要不断补给冷却水。冷却塔能使补给水温度比湿球温度高 25 ℉。

使用时,压缩机的排气温度需要在下游设备温度限制范围内(典型例子是管线涂层温度范围在 125～140 ℉)或其他原因的限制(如不影响冻土层),这时必须安装后冷却器。

8.9　压缩设计

压缩系统设计需要几个步骤,包括选择合适的压缩机类型,以及需要的级数。另外,根据压缩机的容量,也要确定压缩过程的需求功率。

8.9.1　确定级数

对于往复式压缩机,级数由总压比确定,如下所示(Arnold 和 Stewart,1999;Arnold,2002)。

(1)计算总压缩比。如果压缩比不高于 4,考虑一级压缩;如果大于 4,选用低级数,把各级压缩比控制在 4 以内。开始计算时,可以假设每一级的压缩比相等。在低压条件下可以使压缩比为 6,但这时机械应力损失更高且容积效率也更低。

(2)计算第一级的排气温度。如果排气温度过高(大于 300 ℉),可以通过增加级数或通过前冷却降低入口温度。推荐控制压缩机的尺寸使各级压缩的排气温度低于 300 ℉。建议空气冷却器的最高温度不能高于环境温度 20 ℉以上,这样可以降低第二级的入口温度并降低了功率需求。如果每一级的吸入气体温度降不下来,需要增加级数,重新计算排气温度。

注意往复式压缩机的温度上限为 300°F,因为温度超过 250 ℉,填料的寿命会缩短,而且压缩机油在高温下也会加速失效。离心式压缩机的温度上限是 350 ℉,这也是密封件(尽管特殊的密封件耐温范围能达到 400～450 ℉)或套管和法兰压力等级要求的温度上限。由于离心式压缩机的润滑油不与压缩气体直接接触,润滑油失效与否不在考虑范围内。

如果压缩气体中存在一定量的氧气,可能会引起燃烧(如气体与氧气的比值超过最低爆炸限),那么气体的温度要比之前要求的更低。对于往复式压缩机,这时需采用无油压缩(压缩气体不与润滑油接触),其特制的活塞可以在无润滑油情况下运行。同时,必须采取预防措施防止局部摩擦产生热点。

8.9.2　入口流量

压缩机容量是决定压缩机适用性的关键因素。可以用下式计算实际气体的入口流量[1]。

$$Q_G = 0.0283\frac{Z_1 T_1}{p_1}Q_{G,SC} \tag{8-28}$$

式中,Q_G 表示实际气体流量,ft³/min;T_1 是入口温度,°R;p_1 表示入口压力,psia;$Q_{G,SC}$表示标准气体流量,10^6ft³/d。

用实际气体体积流量与排气温度,在特殊场合下可以粗略地估计压缩机类型。尽管匹配

[1] 当采用实际体积流量来确定压缩机大小时,多数情况下实际体积流量也称为标准流量。标准流量是在确定的温度(60 ℉或 519.7°R)和压力条件下的流量,通常不是气体进入压缩机的压力和温度下的流量。

的选型可能有很多，但如进一步考虑其他的因素，如可靠性、维修保养及时、卖方的信誉及价格，可以使我们从中选择合适的压缩机。

8.9.3 压缩功率计算

确定将要选择的压缩机类型之后，还要知道需求功率，以便设计与之配套的动力装置。在用前面介绍过的两种方法确定气体功率之后(GHP)，由轴承、密封件和高速运转的齿轮摩擦引起的功率损失也要考虑在内。轴承和密封件的功率损失可以通过 Scheel's 公式估算得到(GPSA,2004)。对于往复式压缩机，机械摩擦损失和内摩擦损失范围为3% ~8%。对于离心式压缩机，估计机械损失范围在1% ~2%比较理想。

计算制动功率(*BHP*)，可用以下公式：

$$BHP = GHP + \text{机械损失} \tag{8-29}$$

详细的制动功率计算取决于压缩机类型的选择和级数。每级的制动功率可用式(8－30)计算(GPSA,2004)：

$$BHP = 0.0854 Z_{ave}\left[\frac{(Q_{G,SC})(T_1)}{E\eta}\right]\left[\frac{k}{k-1}\right]\left[\left(\frac{p_2}{p_1}\right)^{\frac{k-1}{k}} - 1\right] \tag{8-30}$$

式中，*BHP* 是每级制动功率；Z_{ave}是平均压缩因子；$Q_{G,SC}$是标准气体体积流量，$10^6 ft^3/d$；T_1是入口温度，°R。p_1，p_2 分别为进、出口法兰压力，psia；*E* 为额外功率(对高速往复运动部件，通常为0.72～0.82；对低速往复部件，为0.72～0.85；对离心部件，为0.99)；η 是压缩效率(往复式压缩等于1.0，离心式压缩为0.80～0.87)。

在公式(8－30)中，额外功率(*E*)反映了机械损失，以及在阀门和往复式压缩机减震器中产生的压力损失(通常管道压缩[1]低压缩比情况下压力损失更大)。因此要调整往复式压缩机减震器的进口和出口压力，降低压力损失。压缩效率反映实际压缩的过程。对于压缩比高于3时，离心式压缩机的效率比较低。超低流量(低于1000acfm)情况下，压缩机效率更低。

压缩机总功率是每级需求功率的总和。往复式压缩机需要考虑级间压力损失余量。一般假设气体在通过冷却器、洗涤器和管线以及汽缸实际出口和下一级汽缸实际入口之间时的压力损失为3%。对于离心式压缩机，级间产生的任何损失已经被包含在该级的效率里，并把前一级的出口温度作为下一级的入口温度。如果使用多组压缩机体，冷却器和管线的损失也要包括进来。

[例8－1] 已知离心式压缩机相关数据，回答下面的问题。操作条件：$P_s = 750$psia，$P_d = 1046.4$psia，$T_s = 52.7$°R，$T_d = 582.6$°R，$Q_{G,SC} = 34910^6 ft^3/d$

气体特性：$SG = 0.6$，$k = 1.3$，$Z_{ave} = 0.95$

问题：①等熵效率是多少？②实际体积流量是多少？③等熵压头是多少？④需求功率是多少(假设机械效率为98%)？

解：

---

[1] 往复式压缩机的许多计算过程中使用的额外功率(*E*)比之前提到的要高，这是因为这些计算考虑的是法兰对法兰的压力比[见公式(8－30)]，由于在压缩机入口法兰和出口法兰之间及减震器中的压力损失非常大，尤其是在低水头、高速流过程中，增加了法兰对法兰的压力比值。

①由等式(8-15)整理得：

$$\eta_s = \frac{T_1}{T_2 - T_1}\left[\left(\frac{p_2}{p_1}\right)^{\frac{k-1}{k}} - 1\right]$$

$$\eta_s = \frac{529.7}{582.6 - 529.7}\left[\left(\frac{1046.4}{750}\right)^{\frac{0.3}{1.3}} - 1\right] = 0.80$$

②质量流量：

$$\dot{m} = 0.884 \times Q_{G,SC} \times SG = 0.884\,\frac{lb_m}{10^6 ft^3/d} \times 349(10^6 ft^3/d) \times 0.6 = 185.1 lb_m/s$$

这样体积流量变为：

$$Q_1 = \frac{53.35}{144} \times \frac{\dot{m} Z_1 T_1}{p_1 \times SG} = \frac{53.35}{144} \times \frac{185.1 \times 0.95 \times 529.7}{750.06} = 76.68 ft^3/s = 4601 ft^3/min$$

③由公式(8-9)和 $C_p = (53.35/SG)Zk/(k-1)$ 得到等熵压头：

$$\Delta h_s = \frac{53.35}{0.6} \times 0.95 \times \frac{1.3}{0.3} \times 529.7\left[\left(\frac{1046.4}{750}\right)^{\frac{0.3}{1.3}-1}\right] = 14482 ft \cdot lb_f/lb_m$$

④由公式(8-30)计算功率得：

$$BHP = 0.0854 \times 0.95\left(\frac{349 \times 529.7}{0.98 \times 0.8}\right) \times \left(\frac{1.3}{0.3}\right) \times \left[\left(\frac{1046.4}{750}\right)^{\frac{0.3}{1.3}} - 1\right] = 6622 hp$$

8.10　压缩机控制

从广义上讲，压缩机的工况点取决于集输系统上的压力状况。反过来系统的压力又取决于流动状况，压缩机必须安装控制装置，防止工况超过压缩机操作界限指标(如主体负载、排气温度、驱动器有效功率、波动、堵塞、速度等)。并且必须控制压缩机输出与系统要求匹配。应用场合不同通常所要求的系统特性也不同。在管道输送中，吸入压力和排气压力与流体有关，进入管线的流体越多，增压站需要的压缩比越高以补偿管线的压力损失。在天然气处理厂，压缩机的吸入压力由上游压力控制的生产分离器确定。应用于增压时，排气压力由连接压缩机管线的压力大小决定，此时，进口压力是由系统确定的定值。在油气田生产中，吸入压力取决于流量，从气层中采出的气体越多，吸入压力就越低。压缩机吸入压力或排出压力是变化的，但压缩机工作时又要保持流量恒定，因此，必须对压缩机流量、压力或速度进行控制。控制方式取决于压缩机驱动装置。往复式压缩机和离心式压缩机都可由气体吸入节流或气体循环控制。然而，两种方法在天然气处理控制方面，效率都不高(但可以用来保护压缩机)，因为流量或压头的降低不会明显降低需求功率。

8.10.1　往复式压缩机

采用下述的方式可以控制往复式压缩机的性能：吸入压力、净空变化、速度、放空阀门和循环。往复式压缩机的压头流量特性曲线十分陡峭，这意味着改变压缩比对通过压缩机的实际流量影响很小。

可以通过改变压缩机运转速度来控制压缩机流量。如果压缩机采用内燃机或变速电机作为驱动器，可以用这种方法。内燃机和变速电机如果不在最佳运转速度下运转，功率会降低。内燃机速度可在最大速度的70% ~100%范围内调整。

如果驱动器是恒速电机，压缩机的功率调节由进气阀门卸料机或者排空装置控制。进气阀门卸载器能控制压缩机进口阀门保持打开，以防止压缩。排空卸载器由多个气室组成，但需要卸载时，这些气室打开。气体在压缩冲程被压进这些气室，在返程中膨胀回到汽缸，这样减少了补充气体的量和压缩机容量。用多级净空控制以及净空控制和进气阀门控制相结合也增加了系统的灵活性。图8-4显示了这类压缩机的控制特征曲线。

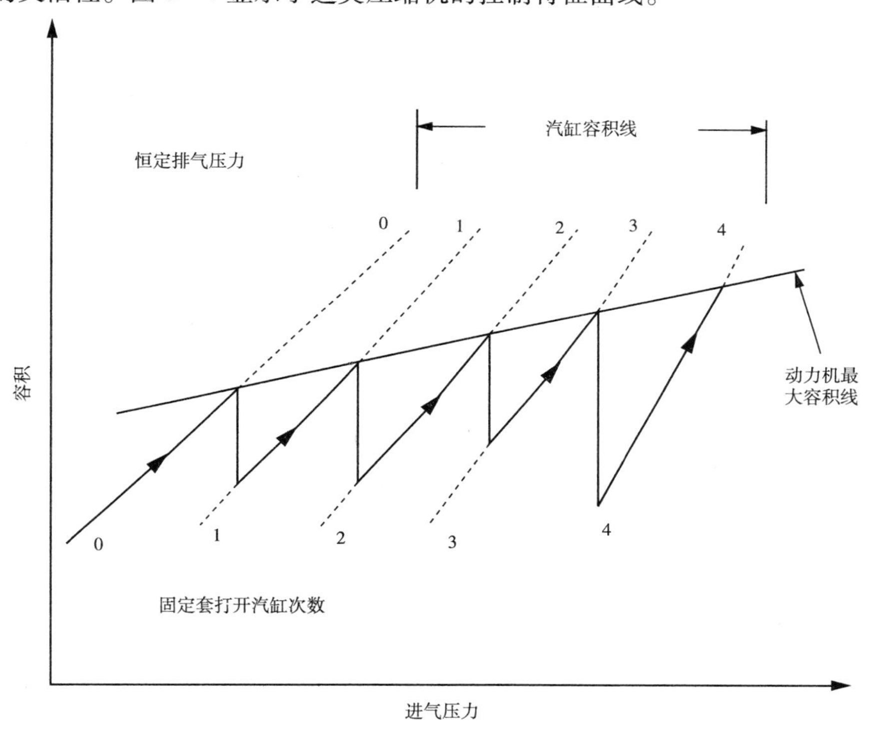

图8-4 带匀速驱动器和气室的往复式压缩机控制特性曲线(GPSA,2004)

往复式压缩机会在吸入和排气管线中产生流体脉冲扰动，因此，必须加以控制稳定流动，避免压缩机过载和欠载，以及给管线内和站内其他设备造成的震动问题。在进出口管线上安装适当尺寸的脉动控制瓶或脉冲减震器能明显减少流体脉动。

8.10.2 离心式压缩机

与往复式压缩机一样，必须控制离心式压缩机排量与系统要求匹配。尽管进出口压力变化，但压缩机运行需要稳定气流，因此要控制压缩机流量、压力或速度。控制方式也取决于驱动器。离心式压缩机有一个比较平坦的压头-流量特性曲线，这意味着改变压缩比对实际流量有明显影响。

通常通过控制速度、导向叶轮变化、入口节流和气体循环来控制离心式压缩机，只有在极少的情况下用扩散器可调叶片调节。采用气体循环工艺来防止压缩机受脉动影响。

改变压缩机转速可以控制压缩机流量，这是离心式压缩机的优选控制方式。双轴燃气轮机和变速电机能够在大范围内改变转速(通常为最大速度的50% ~100%或更高)。事实上,从1990年初期开始,在管线上安装的离心式压缩机都是由变速驱动装置驱动,一般是双轴燃气轮机。更早的或不用在管线上的驱动装置有时使用单轴燃气轮机(允许变速范围90% ~100%)和恒速电机。在这些装置里,用进口节流或可变导向叶轮方式来控制。

离心压缩机工作包络线受最大允许速度、最小允许速度、最小流量(脉冲流量)和最大流量的限制(节流或堵塞)(图8-5)。另一个限制因素是有效驱动功率。只有在流量最小时要特别注意,因为,它是由压缩机空气动力稳定范围确定的。流量低于这个范围将引起压缩机(脉动)内流体间歇反向脉动,最终造成压缩机损坏。现代控制系统能够监测出这种脉动并关掉机器或通过自动打开回流阀来完全避免产生这种情况。因此,事实上所有现代压缩机装置都使用装有调节阀的回流管线(图8-6),调节阀可以在流量接近稳定下限时增大流量。现代控制系统持续监测管线脉动时压缩机的工况点,并在必要时开关调节阀。现代设计的控制系统可以通过对比实测的压缩机工况点与脉动线(图8-5)来进行监测,为此,需要测量流量、吸入压力、排气压力、吸入温度以及压缩机速度等参数。

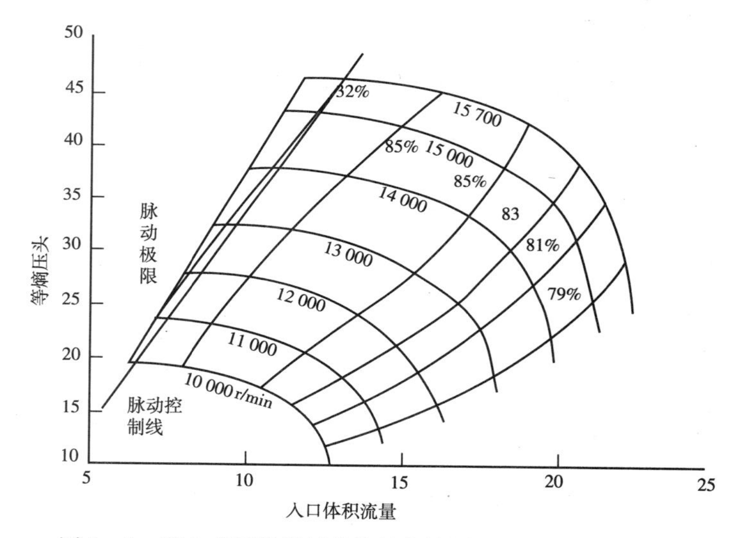

图8-5 离心式压缩机标准特性曲线图(Kurz 和 Brun,2001)

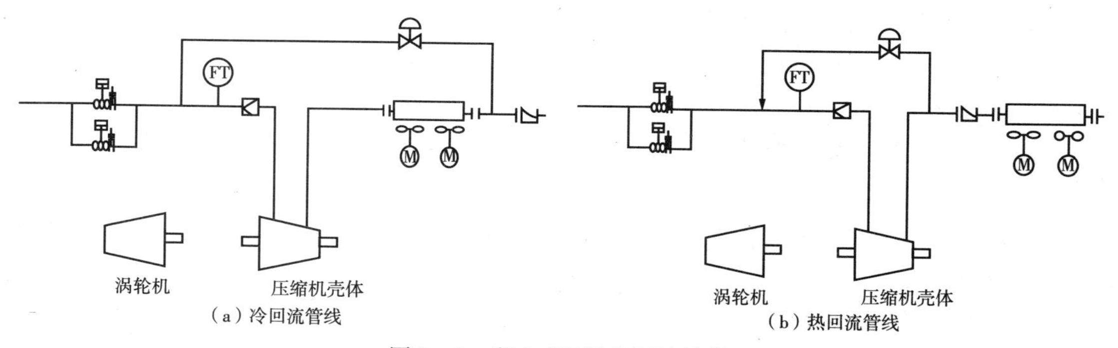

图8-6 离心式压缩机回流管线

8.11 压缩机特性曲线图

8.11.1 往复式压缩机

图8－7显示的是往复式压缩机的一些典型特性曲线图。由于往复式压缩机工作极限通常由机械极限确定(特别是最大连杆载荷),以及设备压缩比对入口状态和气体组分的变化反应不灵敏,通常通过示意图来描述进出口压力和实际流量,解释气室开关与速度变化带来的影响。

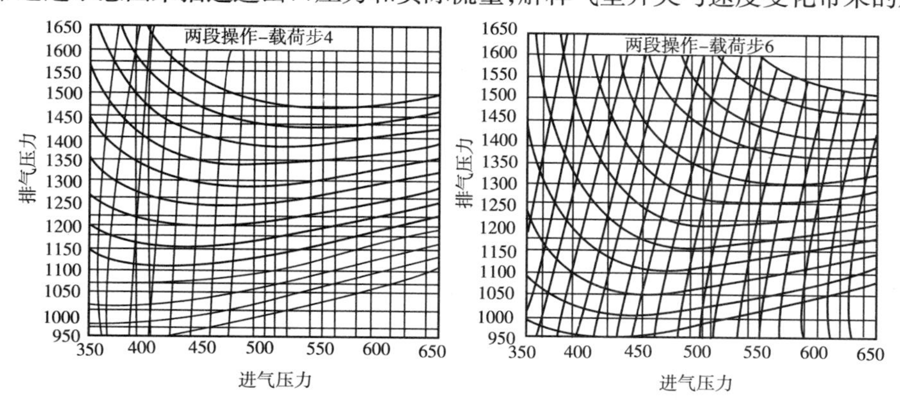

图8－7 两个不同载荷下往复压缩机速度控制曲线图

8.11.2 离心式压缩机

对于离心式压缩机,压头(不是压缩比)不随入口状态和气体组分的改变而发生变化。对于往复式压缩机,决定工况点的流量是实际流量而不是质量流量或标准流量。

压头与实际流量曲线图(图8－5)是描述离心式压缩机工作范围最常用的方法。即使入口状态和其他组分发生改变,这些曲线图变化也很小。它们描述了压缩机运转速度变化的影响,并确定了压缩机的操作参数范围,如脉动范围、最大速度和最小速度、节流状态下的最大流量。每一个给定的工况条件,如给定进口压力、出口压力、进口温度、流量和气体组分,都能在曲线上预先确定对应的等熵压头和实际流量的关系。而一旦操作点在压头与流量曲线图上确定,那么压缩机效率、需求转速以及脉动极限都能相应确定。

参考文献

Akhtar, M. S., "Selection and Optimization of Centrifugal Compressors for Oil and Gas Applications." Paper presented at the GPA Europe Spring Meeting, Bergen, Norway (May 2002).

Arnold, J. L., "Compressors in Energy－Related Applications." Compression, Chapter 5, pp. 17 － 19 (2002).

Arnold, K., and Stewart, M., "Surface Production Operations, Vol. 2: Design of Gas－Handling Systems and Facilities," 2nd Ed. Gulf Professional Publishing, Houston, TX (1999).

Beinecke, D., and Luedtke, K., "Die Auslegung von Turboverdichtern unter Beruecksichtigung des realen Gasverhaltens," VDI Berichte 487 (1983).

Campbell, J. M., "Gas Conditioning and Processing," 3rd Ed. Campbell Petroleum Series, Norman, OK (1992).

"GPSA Engineering Data Book," 12th Ed. Gas Processors Suppliers Association, Tulsa, OK (2004).

Kumar, S., Kurz, R., and O'Connell, J. P., "Equations of State for Compressor Design and Testing." ASME Paper 99－GT－12 (1999).

Kurz, R., and Brun, K., Degradation in gas turbine systems. ASME J. Eng. Gas Turbines Power 123 (1), 70 － 77

(2001).

Kurz, R., Ohanian, S., and Lubomirsky, M., "On Compressor Station Layout." ASME Paper GT2003 - 38019 (2003).

Mohitpour, M., Golshan, H., and Murray, A., "Pipeline Design and Con - struction: A Practical Approach." ASME Press, American Society of Mechanical Engineers, New York(2000).

Poling, B. E., Prausnitz, J. M, and O' Connell, J. P., "The Properties of Gases and Liquids." McGraw - Hill, New York(2001).

9 天然气脱水

9.1 导言

天然气、伴生气和尾气中通常都含有以液相和气相形式存在的水，其主要来源于脱硫过程中的水溶液。工程经验表明，必须减少和控制气体中的水含量，以确保天然气处理和输送安全。进行天然气脱水的主要原因有以下几点：①天然气在适合条件下能够与液态水或游离水结合形成水合物，阻塞阀门或管线；②水能在管线里凝结，引起段塞流和腐蚀；③水蒸气增大气体体积并降低气体热值；④天然气销售合同和输气管线的技术规格中通常都要求天然气最大含水量为7lb/MMSCF。

井口附近、集气管线及主要干管的重要位置处装有分液器，用来脱除井中气流带出的游离水。多级分离器也能够用来减少游离水。然而，脱除天然气中的水蒸气需要更复杂的处理方法。这个处理方法包括天然气"脱水"，该过程通过降低天然气露点温度，使水蒸气从天然气中凝结来实现脱水。

天然气脱水有几种方法。最常用的方法是液体干燥剂（乙二醇）脱水法、固体干燥剂脱水以及冷却法（例如气体冷却）。前两种方法是将大量水分子转移到液体溶剂（乙二醇）或结晶体（干燥剂）中。第三种方法利用冷却器使水分子凝结成液相，接着注入抑制剂防止水合物形成。脱水方法一般是在乙二醇法和固体干燥剂法中选择。这一章对这两种方法进行论述。冷却技术在第10章讨论。

其他脱水技术（如薄膜法、涡旋管和超声波法）一般很少使用，在此不作讨论。还有很多商业化方法用于专用的脱水系统。这些处理方法（如IFPEXOL）或溶剂（如Selexol）通常被用来提高常规设备的性能，其适用性要根据具体情况进行评估。

9.2 含水量的测定

评估或设计天然气脱水系统的第一步是测定气体的含水量。当设计酸气脱水设备和估算酸气处理厂入口分离器的水产量时，含水量数据是最重要的。对大多数气体系统，可用由经验数据得到的Mcketta－Wehe（1958）图确定含水量。这个图能用来预测甜气、外输管线中天然气的饱和含水量。有几种方法可用来确定酸性气体的饱和含水量。一般情况下，若酸性气体浓度小于30%，现有这些方法是令人满意的。但如果酸性气体浓度较高（大于50%），特别是在高压下，用现有的方法估计含水量时会导致严重的错误（Hubbard，1993）。Wichert和Wichert（2003）介绍了一种较好的方法，它基于图表，可以很好地估计不同含量范围的酸性天然气的平衡水蒸气含量，酸气含量范围为H_2S3%～38%（摩尔分数），CO_2为3%～43%（摩尔分数），压力290～10153psia，温度范围为50～347°F。这种方法的总平均误差不超过1%。但是可能有少数点偏差会超过10%。估算酸性气体含水量过程如下。

①用图9－1确定甜气在操作温度和压力状态下平衡水蒸气的含量。

②确定酸性气体中H_2S摩尔百分比当量浓度：

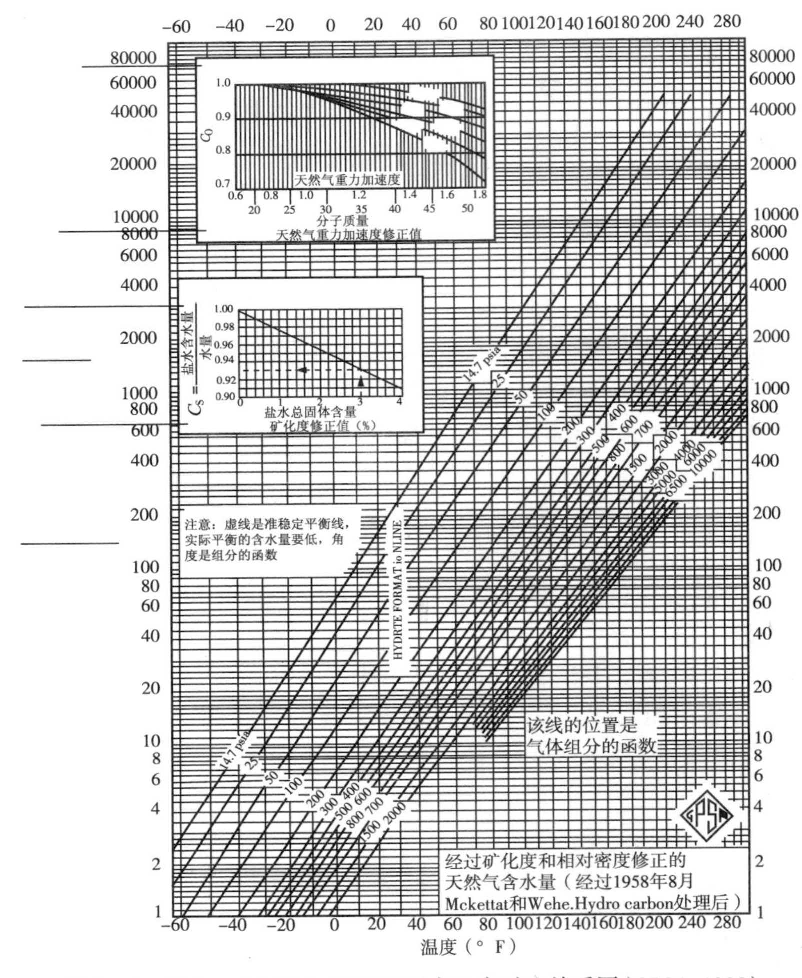

图 9-1 Mcketta 和 Wehe(1958)压力温度对比关系图(GPSA,1998)

$$H_2S\ 摩尔百分比当量 = H_2S\ 摩尔百分比 + 0.7 \times CO_2\ 摩尔百分比 \qquad (9-1)$$

③从图 9-2 底部左侧温度坐标,找到右侧 H_2S 摩尔百分比当量(必要时插在线之间)线上对应点。

④从这个点,移至上面的压力线,从压力点确定对应的左侧比例值。

⑤用步骤①中确定的甜气含水量乘以从步骤④得出的比例值,得到在给定压力和温度下酸性气体饱和水含量的估算值。

通常还根据文献中的状态方程(EOS)计算含水量。对高含硫天然气,特别是在高压条件下,与经验法相比,状态方程法得到的含水量估算值一般过高(Hubbard,1993)。

9.3 乙二醇脱水

天然气中的水蒸气可以用液体溶剂来吸收。在不同的气体干燥方法中,吸收法是最常用的一种方法。天然气中的水蒸气可以用液体溶剂来吸收。乙二醇是使用最广泛的吸收溶液,它们的特性符合商业应用标准。一些乙二醇溶剂已作商业化应用,效果较好。

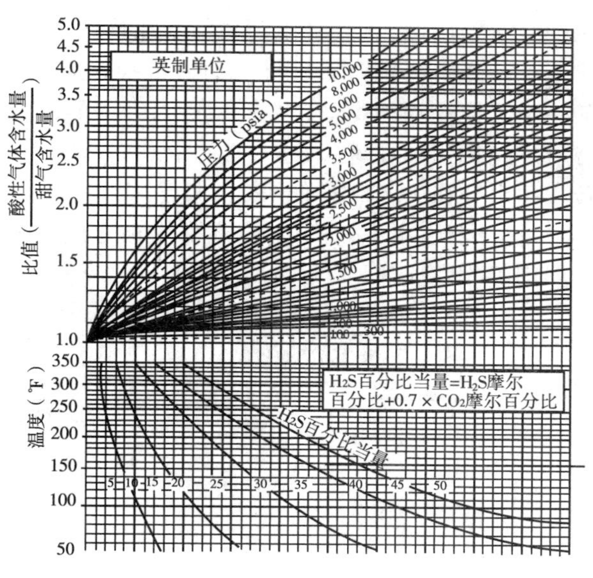

图 9-2　含水量比例图（Wichert 和 Wichert，2003）

常用的乙二醇[1]及其使用说明如下（Katz 等，1959）。

（1）乙二醇（MEG）。反应器中与天然气达到高蒸汽平衡，易于进入气相。可以用作水合物抑制剂，因此在低于 50°F 时能通过分离从天然气中回收。

（2）二甘醇（DEG）。高蒸汽压使其在反应器中大量损失。低分解温度所需要再凝温度较低（315～340°F），多数情况下不能得到足够纯的气体。

（3）三甘醇（TEG）。最常使用。再凝结温度 340～400°F，纯度很高。反应器温度超过 120°F 时，出现高蒸汽损失。露点温度降低至 150°F 可能发生汽提现象。

（4）四甘醇（TREG）。比三甘醇昂贵但在接触温度较高时损失较少。再凝结温度 400～430°F。

三甘醇是天然气脱水中最常使用的液体干燥剂。它的特性满足大部分商业指标，具体如下（Manning 和 Thompson，1991；Hubbard，1993）：

①由于沸点温度和分解温度较高，三甘醇在常压汽提器中很容易再生成浓度为 98%～99% 的溶液；

②三甘醇初始理论分解温度在 404°F，而二甘醇只有 328°F（Ballard，1966）；

③蒸汽损失比乙二醇和二甘醇少，因此三甘醇在符合管线水露点指标要求情况下，很容易再生成高浓度溶液；

④投资和生产成本较低；

在下面的过程描述和设计要点中重点讨论三甘醇天然气脱水。

9.3.1　工艺流程

首先通过天然气和乙二醇流动路径的概述，给出了三甘醇天然气脱水的工艺框架，然后详细描述了常用的三甘醇装置结构。如图 9-3 所示，湿天然气流通常首先进入入口分离器脱去所含的液态烃，然后气流进入吸收器（接触器），与低品位三甘醇对流接触干燥。三甘醇同时

---

[1] 最常见的乙二醇物理性质见附录 3。

也将挥发性有机化合物(VOCs❷)吸收,该有机化合物与水在再沸器中蒸发。干燥的天然气从吸收器中出来经过天然气/乙二醇换热器,然后进入销售管线。湿或"富"乙二醇溶液从吸收器中出来流经汇集池的一个盘管,在那里乙二醇被热贫乙二醇预热。经过乙二醇－乙二醇换热器,富乙二醇液进入汽提塔向下流经填料床进入再沸器。在再沸器中产生的蒸汽上升经过填料床将从乙二醇中吸收的水分和VOCs分离出来。水蒸气和放出的天然气从汽提塔顶部放出,热的再生贫乙二醇流出再沸器再次进入汇集池,在那里被返回富乙二醇冷却,然后被抽到乙二醇/天然气换热器,回到吸收塔顶部。

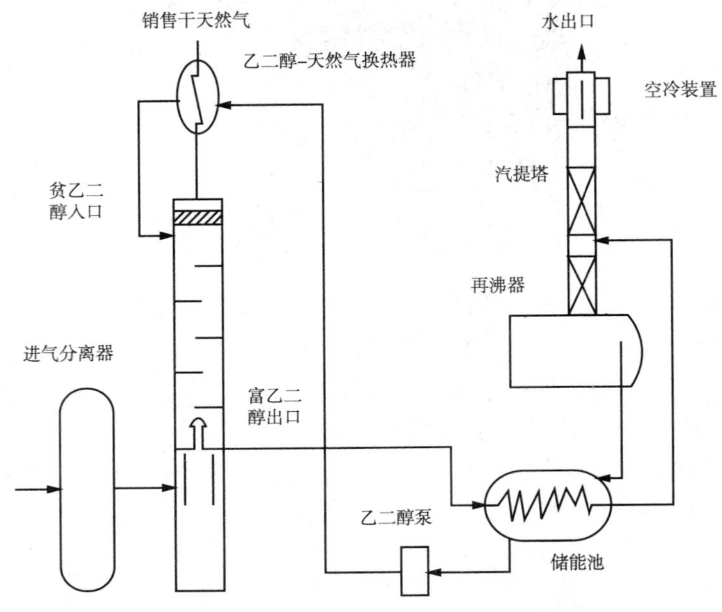

图9－3　三甘醇脱水简易流程图(Manning和Thompson,1991)

图9－3所示的简易流程图是常见的小型天然气脱水装置,小型装置中防止无意操作是首要问题。大型装置需要每天监控,增加了附属设备,提高了运行效率和降低了运行成本,如图9－4所示。

①富乙二醇离开吸收器进入冷却管,该冷却管在汽提塔顶部控制水的回流速率。这个温度控制确保了离开蒸馏室的水蒸气不带走过量的乙二醇。

②通过使用两个或更多管壳式换热器串联来提高冷富乙二醇和热贫乙二醇之间的热量交换效率。增加的回收热量减少了再沸器中的燃料消耗并防止乙二醇循环泵过热,同时允许闪蒸箱和过滤器操作温度在150°F,更高的闪蒸温度将确保最大程度脱除富TEG液中的天然气。

③富乙二醇通过闪蒸脱出溶解烃,脱出的烃可用作燃料或汽提气。

④富乙二醇在再凝器中加热之前要进行过滤,防止固态重质烃类杂质堵塞填料柱和再沸器燃烧管结垢。

9.3.2　设计要点

三甘醇脱水装置中设备运行和设计的详细信息说明如图9－4所示。

---

❷　对于天然气工业,VOCs的排放对环境造成很大影响,因此,需要对乙二醇脱水系统VOCs排放进行监控。

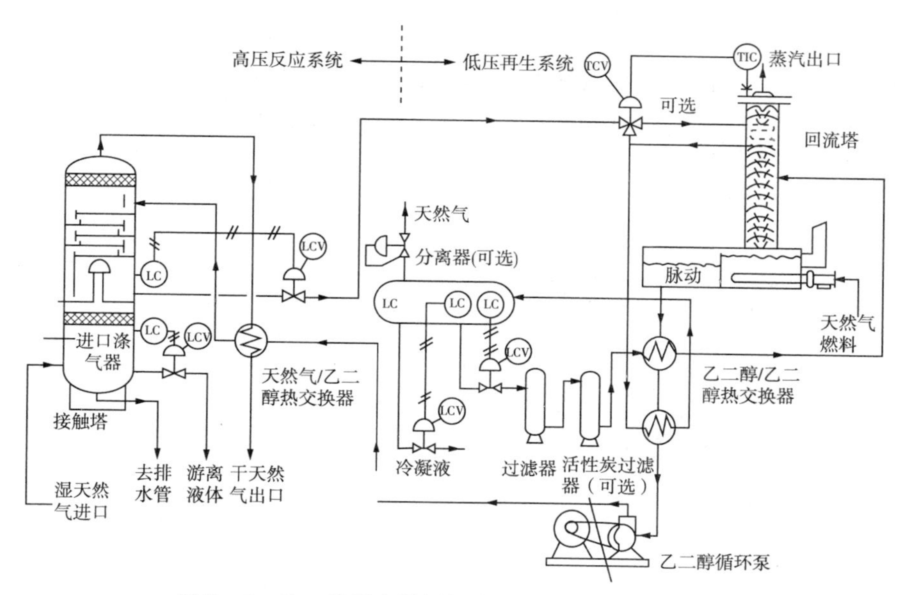

图9－4　乙二醇脱水装置标准流程图(NATCO,1984)

9.3.2.1　吸收器(接触器)

进入的湿天然气和贫三甘醇液在吸收器里对流接触以减少天然气的含水量使之达到规格要求(在次乙基乙二醇系统中,乙二醇直接注入到天然气流中。因此,不使用吸收器)。吸收器关键设计参数是:①天然气流量和相对密度;②气体温度;③操作压力(天然气压力);④出口露点和所需的含水量。

三甘醇系统脱水速率可以由气体流量、进气含水量以及预期排气含水量计算得出。脱水速率(假设进气被水饱和)计算如下:

$$W_r = \frac{Q_G(W_i - W_o)}{24} \tag{9-2}$$

式中,W_r 是脱水速率,lb/h;W_i 是进气含水量,lb/MMSCF;W_o 是排气含水量,lb/MMSCF;Q_G 是气体流量,lb/MMSCF。

乙二醇循环流量由脱水量确定。通常脱1lb水需要2～6gal三甘醇,一般为3gal三甘醇/lb脱水量。更高的循环流量脱水量增加不多,但会增加再沸器燃料和泵的负荷。如果三甘醇流量过低,会发生问题,因此需要一定量的过渡循环。过多的循环量可能使再沸器超负荷并阻止好的乙二醇再生。再沸器需要的热量与循环流量成正比。循环流量的增加将降低再沸器温度和贫乙二醇浓度,并降低乙二醇对天然气的脱水量。只有当再沸器温度保持恒定时,增加循环流量才会降低天然气露点。过度地限制循环流量也会影响塔盘的水动力条件和接触器性能以及在乙二醇－乙二醇热交换器中的结垢。因此,操作人员在计算减少循环量时,应控制在安全限度内或“舒适区域”。每个脱水装置的最佳循环流量的范围一般比最小循环流量大10%～30%(EPA430－B－03－013)。乙二醇最小循环量可由下式计算:

$$Q_{TEG,min} = G \times W_r \tag{9-3}$$

式中,$Q_{TEG,min}$是三甘醇循环流量的最小值,gal 三甘醇/h;G 是乙二醇与水的比值,gal 三甘醇/lb 脱水量。工业上可接受的经验法则为 3gal 三甘醇每磅脱水量。

图 9-5 描述的是在定量吸收器接触情况下,三甘醇浓度和循环量对露点降的影响。注意在循环流量很高时,曲线变得平坦。

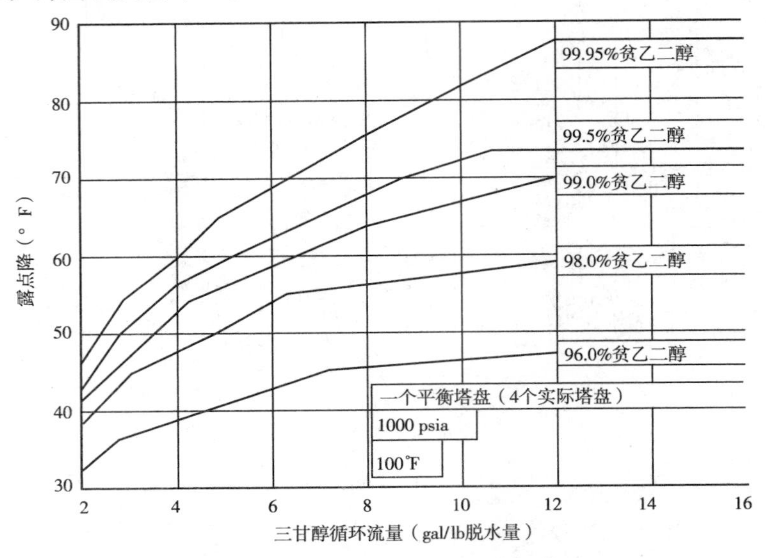

图 9-5 三甘醇浓度和循环量对露点降的影响

吸收器直径和吸收器级数根据天然气和乙二醇流量以及天然气相对密度选定。接触器(吸收器)直径可用下面的 Souders 和 Brown(1932)关系式估算:

$$V_{max} = K_{SB}\left(\frac{\rho_L - \rho_G}{\rho_G}\right) = \frac{4Q_G}{\pi D^2} \tag{9-4}$$

式中,D 是乙二醇接触器内径,ft;Q_G 是天然气体积流量,ft^3/h;V_{max}是气体最大表观速度,ft/h;K_{SB}是桑德斯和布朗系数,ft/h;ρ_L 是乙二醇密度,lb/ft^3;ρ_G 是塔中的天然气密度,lb/ft^3。

常规来讲,乙二醇吸收塔包含 6~12 个塔盘,为天然气与乙二醇提供充分的接触面积(Kean 等,1991)。在乙二醇恒定循环流量和贫乙二醇浓度下,塔盘越多,露点降越大。相反,三甘醇浓度相同时,塔盘越多,需要的循环流量越小。由于再沸器热负荷与乙二醇循环流量有直接关系,因此,设计更多的塔盘能够节约燃油。

尽管泡罩塔盘和浮阀塔盘都可以使用,但一些操作工更喜欢泡罩塔盘,因为泡罩塔盘更适合黏性液体,操作范围大且液气比低,而且不易渗漏。塔盘效率计算依据三甘醇/水平衡数据。为使设计准确,必须提供与准确的平衡数据一致的塔效率。但三甘醇/水/天然气系统的平衡数据仍有不确定性。如果使用准确的平衡数据时,在正常的吸收条件下(86°F,三甘醇浓度 99%~99.5%)泡罩塔盘的总效率基本能达到 40%~50%,默弗里效率[3]能达到 55%~70%(Oi,1999)。以前设计中推荐使用的塔盘效率在 25%~40%,这个数值过于保守。目前建议

[3] 塔盘默弗里效率(塔盘数为 n)定义为:(第 n 层塔盘气体摩尔分数 - 塔盘以下摩尔分数)/(第 n 层塔盘液相平衡摩尔分数 - 塔盘以下摩尔分数)

在正常的高压脱水条件下，保守设计中采用默弗里效率的值为50%，但前提是这个默弗里效率是从准确相平衡数据计算得出的（Oi，2003）。

乙二醇接触塔的标准塔盘间距为24in；缩小塔盘距离在发生气泡时会产生更大的泡沫夹带作用，加大乙二醇损失。接触塔总高度是基于塔盘数量总和再加6~10ft作为塔顶蒸汽蒸发区域和塔底进气区域的空间。

采用盘式三甘醇接触塔的一个原因是结构填料。近年发展起来的结构填料是过去随意填料的替代物，它采用定向表面改善了传质控制，与塔盘式接触器相比，盘式接触塔处理能力高且平衡塔高度低，因此，结构填料是设计新接触器和升级现存塔板式接触器的理想选择，它比塔盘更具有节约成本的潜力（Kean 等，1991）。Ghoshal 和 Mukhopadhyay（1993）对计算塔体直径和需要的填料高度进行了详细的讨论。

垂向的吸收塔使得乙二醇在进气操作压力下能够使气液充分接触。吸收塔顶部的消泡器和除雾器或吸收塔后面的分离器能够防止干天然气带走乙二醇，减少乙二醇损失。

9.3.2.2　蒸馏器（汽提器）

蒸馏塔或汽提塔用于连接再沸器再生乙二醇。对于许多脱水装置，蒸馏器垂直装在再沸器顶部，这样从再沸器出来的蒸汽直接进入蒸馏塔底部。控制再沸器温度、压力以及可能使用的汽提气，可在再沸器和蒸馏塔（再生器）中产生确定浓度的贫三甘醇。

如图9-6所示，再沸器温度控制贫乙二醇液中水的含量。将三甘醇再沸器中温度限制在400°F，也就限制了没有汽提气情况下贫乙二醇的最大浓度。一些操作工将再沸器温度控制在370~390°F以使乙二醇降解程度减到最小。这样将贫乙二醇浓度有效控制在98.5%~98.9%。

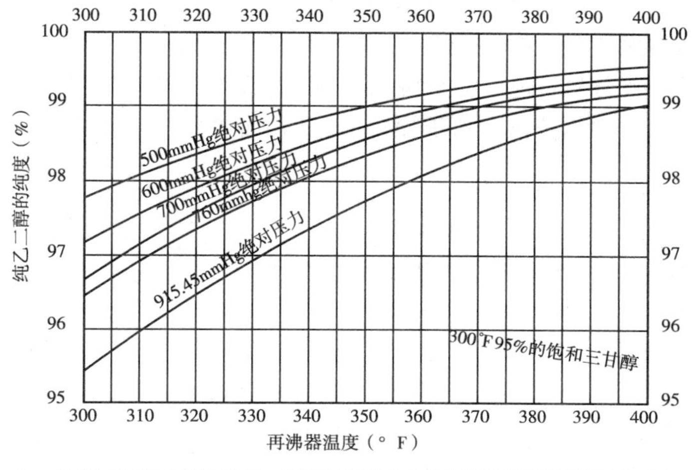

图9-6　在塔不同层段的纯乙二醇的纯度与再沸器温度关系图（GPSA，1998）

再生技术已经得到改进，能够得到更高的乙二醇浓度，使处理气的露点更低。通过向乙二醇再沸器底部注入干气的目的是：①通过减少水蒸气分压脱除乙二醇中的水蒸气；②搅动乙二醇加速水蒸气的分离，使三甘醇质量浓度从99.1%增至99.6%。通过使用对流汽提的填充塔能够提高干气注入效果，这样可使乙二醇浓度经再浓缩达到99.6%，增加了三甘醇的脱水能力（Coker，1994）。Drizo 法是由陶氏化学公司发明的，也是用烃溶剂作为定沸点萃取剂进一步降低三甘醇中水的痕迹含量。这是一个三次共沸蒸馏工艺，能使乙二醇浓度达到99.9%

(Smith 和 Tsai,1987)。

这种方法避免了汽提气扩散并降低运行成本。GPSA(1998)介绍了其他提高乙二醇纯度并得到更精确的水露点降的专利方法。

蒸馏塔直径根据液体负荷(富乙二醇和回流)和蒸汽负荷(水蒸气和汽提气)量确定。根据制造商的图版或基于再沸器热负荷量确定的标准尺寸,可确定塔直径(Caldwell,1976;Sivalls,1976)。也可以使用下面的近似方程进行计算:

$$D = 9(Q_{TEG})^{0.5} \tag{9-5}$$

式中,Q_{TEG}是三甘醇循环流量,gal/min;D是汽提塔内径,ft。

小直径塔(直径小于2ft)通常填充陶瓷的英塔洛克斯(Intalox)鞍形填料或不锈钢鲍尔环代替塔盘。大直径塔设计有10~20个泡罩塔盘或结构填料。

为防止蒸馏塔顶部乙二醇在汽化过程过渡损失,如果使用汽提气,需将冷凝器的温度保持在215°F或更低来控制回流。比较大型的天然气脱水装置使用管式水冷凝器控制温度。温度控制也能通过循环低温富乙二醇经过汽提塔顶部的回流旋管来实现。这个系统通常装有旁通阀门使操作工更好地控制塔顶部的温度。很多小型油田脱水装置在蒸馏塔顶部出口处使用带翅片的空气冷凝器。

9.3.2.3 再沸器

再沸器和蒸馏塔通常都是装置中的相互独立部分。再沸器通过简单蒸馏为在蒸馏塔中的富乙二醇再生提供热量。由于水和乙二醇沸点不同,分离相对容易。许多偏远的油田用直燃加热炉为汽化提供热量。一个水平U形火管燃烧部分天然气或从燃气系统中引来的燃气,其中可能包括相分离器中的闪蒸气。还有一些地方使用从再沸器冷凝系统中排出的未冷凝气体,但这些做法有一定的安全问题。大型脱水系统(如天然气处理装置)使用间接热源,如道氏传热流体(热油)、电或中压蒸汽。再沸器负荷可用下面的等式估算(Sivalls,1976):

$$Q_R = 900 + 966G \tag{9-6}$$

式中,Q_R是再生器负荷,Btu/lb(脱水量);G是乙二醇/水值,gal(TEG)/lb(脱水量)。这个估算式不包括汽提气,对燃烧效率未做修正。

再沸器在三甘醇(TEG)系统中的操作温度为350~400°F,这个温度控制贫乙二醇水浓度。尽管增加再沸器温度,能够提高贫乙二醇纯度,但TEG在404°F开始分解。再沸器操作温度不能高于400°F以防止TEG分解,燃烧器需要配备高温关闭装置以确保安全。有必要安装连续点火系统或再次点燃控制器。通常传统的再沸器在略微高于大气压、400°F时就可以得到纯度为98.7%的TEG,这对于达到85°F的露点降足够了。再沸器中的热流量应足够高以满足汽化要求,但不能过高以致引起乙二醇分解。对于典型的平均温度为400 ℉的TEG再沸器推荐设计热流量为8000Btu/(ft^2·h)。

9.3.2.4 缓冲罐(储液罐)

贫乙二醇通过溢流管或控制板从再沸器输送到缓冲罐或储存罐。因为在大多数情况下罐体并不做保温处理,贫乙二醇经过罐体时有一定程度的冷却。缓冲罐中可能还包含乙二醇/乙二醇热交换器。如果缓冲罐包含乙二醇/乙二醇热交换器,罐的尺寸规格应允许贫乙二醇有30min的滞留时间。某些设计也会提供独立的贫乙二醇储液罐。当储液罐被用作缓冲罐时,可能会有排放累积气体的通口,有时也用惰性气体层阻止乙二醇与氧气接触引起氧化。存储罐上排出的气量较小,因为大部分贫乙二醇中的挥发性有机化合物(VOCs)在蒸馏器中已经被除去了。

9.3.2.5 热交换器

在乙二醇装置中有两种类型的热交换器:乙二醇/乙二醇和气体/乙二醇。下面讨论两种类型热交换器的设计和操作。

(1)乙二醇/乙二醇换热器。乙二醇/乙二醇换热器在冷却贫乙二醇时预热富乙二醇。换热器有外换热器和内换热器(安置在缓存罐内部)。对于小型标准设计,内换热器制作经济,但是不能把富乙二醇加热到200 ℉以上。外部乙二醇/乙二醇换热器包括如下几种:

①内管带有翅片的绝热串心管;

②外壳和管道;

③平板和框架。

三种外换热器都能把富乙二醇加热到大约300 ℉。与内换热器相比,用外换热器提高温度100 ℉可以减少大约600Btu/gal的再沸器负载。

(2)干气/贫乙二醇换热器。这种类型的换热器使用现有的干天然气去控制吸收器中贫乙二醇温度。乙二醇温度相对于天然气温度过高会减少TE6的吸湿作用。相反,过低的温度会促使乙二醇发泡损失,并且增加乙二醇的碳氢化合物吸收和潜在的蒸馏室通风口的排放物(Kirchgessner等,2004)。

热交换器尺寸可用通用的设计程序确定。典型的准则如下所示(Manning和Thompson,1991)。

①乙二醇/乙二醇换热器。

a.考虑结垢和流动变化,负载要按设计要求再增加5%。

b.贫富乙二醇的进入温度是已知的;热端(贫乙二醇进入,富乙二醇排出)温度接近60 ℉,使富乙二醇的预热温度达到最大值。

c.两个以上的热交换器应串联布置,避免温度交叉。

d.较小的装置可以用缓冲罐和换热绕管代替乙二醇/乙二醇换热器。罐体积基于30min滞留时间和长度直径比为4,最小的尺寸是直径1.5ft、长度3.5ft。

②贫乙二醇/干气换热器。

a.贫乙二醇在吸收器中出口温度应比入口气体温度高5~10 ℉。因此贫乙二醇从180~200 ℉冷却到110~120 ℉。这个过程可在如下装置中完成:小装置中的双管交换器(小于25MMSCF/d);大装置中的翅片-风扇式换热器或者水冷管壳式换热器(大于25MMSCF/d)。

b.设计热负荷应为污垢和流动变化增加5%~10%余量。

9.3.2.6 相分离器(闪蒸罐)

很多乙二醇脱水装置包含一个排放分离器和一个三相真空分离器。排放分离器从热富乙二醇(乙二醇中夹带大约90%的甲烷和10%~40%的挥发性有机化合物)中除去溶解气并减少蒸馏器中挥发性有机化合物的排放。湿乙二醇或富乙二醇在50~100磅/in和100~150 ℉下闪蒸。排放分离器中排出的闪蒸气体可以用作补充燃料或者再沸器中的汽提气。除掉大量甲烷和轻烃的湿乙二醇流入乙二醇再生器,在这里经加热蒸发掉吸收水、残留的甲烷和挥发性有机化合物并将其排放到大气中,贫乙二醇则循环回气体接触器(EPA430 - B - 03 - 013,2003)。

如果有液态烃存在,那么三相真空分离器是非常合适的。它可以使得液烃在进入蒸馏器之前被除去,在蒸馏室里液烃会产生排放物或引起蒸馏室出口过多的乙二醇损失。因为烃是在真空下收集的,所以烃类是稳定的,而且没有蒸汽损失和风化发生(Kirchgessner 等,2004)。

三相分离器的设计和两相分离器的设计非常相似,略有不同的是它有一个二次调节阀和排放累积烃相的液位控制器。两相(气体/乙二醇)分离器推荐的液体滞留时间是 5 ~ 14min,三相(气体/液烃/乙二醇)的是 20 ~ 30min。

在没有相分离器的乙二醇装置中,富乙二醇可能有单独的气体 - 乙二醇相,处于堵塞或者段塞流状态。这可能会使收集的富乙二醇样品有偏差,应该用合适的校正因子估算。

9.3.2.7 乙二醇循环泵

循环泵用来传输乙二醇。在乙二醇系统中用各种各样的泵和驱动设备,包括天然气/乙二醇驱动的容积泵或乙二醇平衡泵和电马达驱动的往复泵或离心泵。天然气/乙二醇泵在缺乏电力的野外 TEG 脱水器中比较常见。这种类型泵通过留在吸收器中的高压乙二醇提供一部分驱动能量,其余能量由吸收器中吸收的气体提供。这种额外的泵气最大可达 8SCF/gal(取决于吸收器压力),并在相分离器中回收,可用作再沸器中的燃料或汽提气。为提高脱水效率,处理厂中较大型的脱水器使用马达驱动泵。在可能的情况下,使用电泵替代乙二醇平衡泵能产生显著的经济和环境效益,这包括通过减少气体损失、提高运行效率和减少维修成本取得的经济回报(EPA430 - B - 03 - 014,2004)。

往复泵的选型可根据生产商提供的目录或者按照机械能量守恒标准和预计达到 70% ~ 80% 泵效。泵引起的温度升高可以由泵工作时增加的乙二醇热容量来估计。BS&B 公司(1960)基于 80% 泵效和 90% 马达效率推荐以下快速估计方法:

$$\text{泵马力} = 2 \times 10^{-7}(Q_{TEG}) \times P \tag{9-7}$$

$$\text{电千瓦} = 1.833 \times 10^{-7}(Q_{TEG}) \times P \tag{9-8}$$

式中,Q_{TEG}为 TEG 的流量,gal/min;P 为系统压力,标准大气压。

9.3.2.8 过滤器

在乙二醇系统中经常使用两种类型的过滤器。纤维填料过滤器用来去除颗粒物质,炭过滤器用来吸收溶解在乙二醇中的有机杂质。

9.3.2.8.1 纤维(填料)过滤器

乙二醇中的固相悬浮含量应该控制在 0.01%(质量分数)以下,减少泵磨损、交换器堵塞、吸收器底板和汽体填料结垢、再沸器消防管的固相沉积以及乙二醇发泡等问题。固相过滤器用来去除直径在 5μm 以上的颗粒,其常见的设计是长度为 36in,直径为 3in 的带壳圆柱形单元,每个单元的流量为 1gal/s 或 2gal/s。整个过滤器设计压力降为 12 ~ 15psi。

固相过滤器的首选位置是吸收器底部高压一侧。这种过滤器将会把吸收器中悬浮的外来固相颗粒在进入乙二醇泵前除去。为了进一步加强过滤,可以在乙二醇换热器与再沸器之间安装一个低压乙二醇过滤器。这样布置的好处是乙二醇经过乙二醇/乙二醇交换器的预热以后黏度降低。

9.3.2.8.2 炭过滤器

活性炭过滤器用来去除溶解在乙二醇中的杂质，例如高沸点的烃、表面活性剂、油井作业化学药剂、压缩机润滑剂和三甘醇(TEG)降解产物。坚硬、致密的煤基炭是填料的首选。炭过滤器应被放置在滤袋式过滤器的下游位置以防炭过滤器被颗粒堵塞。最常见的炭过滤器配置是滑流型过滤器，滑流流量占总流量的20%。首选设计配置是使用全通径炭过滤器罐，设计滞留时间为15~20min，表观流速为2~3gal/(min·ft^2)。

9.3.3 存在的问题

与TEG脱水装置中的每个部分相关的操作问题在下文将分别描述(Ghoshal Mukhopadhyay,1993;Hubbard,1993;Gas Technology Institute,2001;Chakraborty和Bagde,2004)。

9.3.3.1 吸收器

与吸收器有关的最主要的操作问题是脱水不充分、发泡和乙二醇中烃的溶解度问题，这些问题将在下面逐一阐述。

(1)脱水不充分。脱水不充分(即湿商品气)的原因包括有：贫乙二醇含水过量、吸收器设计不合适、入口气体温度过高、乙二醇温度过低、乙二醇循环流速过大或过小。乙二醇纯度在吸水率中起着重要作用，因此需要最低贫乙二醇浓度来获得设定的露点压力降。乙二醇含水过高将导致脱水效果差。

出口气露点指示吸收器的运行情况。不合适的吸收器问题常常发生在乙二醇脱水装置是从原址搬迁过来的情况下。事实上，相同流速的气体可能有不同的含水量，这取决于现场的温度、压力和气体组分。因此，当乙二醇装置移到不同的装置中时，应该检测该装置的含水量。

入口气体温度标示乙二醇吸水量的多少，在较低的入口气体温度下，乙二醇所要去除的水也就相应较少。因此需要监视天然气脱酸气装置中贫胺冷凝器和脱硫气体冷凝器的运行情况。

吸收器顶部的贫乙二醇温度会影响顶段水的分压，在这里高TEG温度可能会引起出口气体湿气含量上升。导致再沸器温度增加到400℉以上，此时乙二醇将会发生降解。

(2)发泡。发泡会导致乙二醇随着气流被带出吸收器顶部，引起乙二醇大量损失，降低乙二醇装置的吸水效率。发泡原因可归结为机械原因和化学原因。高气体流速通常是导致乙二醇机械夹带的原因，当流速过高时，乙二醇被举升到分馏塔盘顶部并随气体流出容器。设计不合理、操作时气体流速超过设计值以及塔盘/填料损坏或堵塞都会引起高流速。虽然通常在吸收器顶部安装有高效除雾板，但是过高的流速仍可能携带乙二醇流过除雾器。

化学发泡通常可能是由乙二醇中的杂质、液烃、油井作业化学药品、盐和固体引起的，因此需要足够的入口分离过滤系统(筒式过滤器和活性炭床)防止化学污染形成的发泡。过滤器只要不被颗粒堵塞(可通过过滤器两端的压降来显示)或者被烃饱和就能有效工作。因此唯一的操作问题就是过滤器的更换频率。

(3)TEG溶液中烃的溶解度。在气体脱水技术中TEG中芳香烃的溶解度是一个重要的问题，因为芳香烃可能从再生器中释放到大气中。事实上在吸收器中TEG能够吸收气体中相当多的芳香烃成分(苯、甲苯、乙苯和二甲苯)，这些芳香烃通常从再生器中释放到大气中。尽管这些排放物数量很少，但环境和安全机构仍然非常重视。有关部门推荐了几种减少芳香烃排放物的方法。迄今为止最常采用的方法是再生器顶部芳香烃组分冷凝，随后将其从冷凝水中分离。由于芳香烃在水中溶解度很高,这种方法增加了水处理难度,但是它简单而且相对成本较低。

9.3.3.2　蒸馏器(汽提器)

蒸馏器的主要问题是乙二醇汽化引起过量损失。蒸汽中 TEG 的浓度(即乙二醇的蒸发损失)在 250 ℉以上显著增加。当乙二醇离开蒸馏器时出现羽状物表明过多的乙二醇汽化。因为乙二醇比空气重,羽状物下沉而没有上升,表明乙二醇正在汽化。与水或者乙二醇式的冷凝器对比,带翅片的空气冷凝器中乙二醇过量汽化是更严重的问题。虽然带翅片的空气冷凝器简单便宜,但是它们对环境温度极其敏感。例如在冬季,蒸馏器顶部低温引起过多的冷凝水会淹没再沸器,这会对乙二醇充分再生产生不利影响,也减少了乙二醇潜在的露点降,引起吸收器脱水不充分。同样,当再沸器压力增加,把液体吹出容器顶部时,也会发生乙二醇过量损失。在夏季没有充分冷却也会引起乙二醇过多的汽化损失。

9.3.3.3　再沸器

与再沸器相关的操作问题包括盐伤害、乙二醇降解和与酸性气体相关的问题。

(1)盐伤害。从油田携带过来的盐水溶液将对乙二醇系统造成伤害。钠盐(典型的如氯化钠)是主要的问题来源,这是因为 NaCl 在热的 TEG 中比冷 TEG 中溶解度低;NaCl 在再沸器工作温度(350 ~400 ℉)下会从溶液中析出沉积在火管上,限制热传递,导致火管表面温度增加,引起局部生热,增加乙二醇热降解量。沉积的盐也会腐蚀火管。溶解的盐不能通过过滤器去除。作为行内规定,当含盐量达到 1% 时,乙二醇就应排放掉和回收。如果让含盐量增加到 1% 以上,严重的腐蚀和热降解将威胁系统安全运行。

(2)乙二醇降解。乙二醇降解主要由氧化或者热降解引起。乙二醇容易氧化形成腐蚀酸。氧气随输入气体从开放的存储罐或池子经过密封填料进入系统。虽然抗氧化剂(例如混合 1: 1 的单乙醇胺和 33% 的联氨溶液)可用来减少腐蚀,更好的减少腐蚀的方法是用天然气封盖乙二醇,这种方法可以用在存储罐顶部空间和其他乙二醇可能接触氧气的地方。乙二醇的热降解源于以下条件:高的再沸器温度,高的热流量和局部过热。再沸器温度应保持在 402 ℉以下防止降解。好的火管设计应该能在本质上解决高热流量。局部过热是由于盐或烃的沉积引起的。此外,乙二醇热降解产生的酸性产物降低了 pH 值,增加了降解速度,产生恶性循环。

(3)酸性气体。一些天然气含有 H_2S 或者 CO_2,这些酸性气体可能被乙二醇吸收。在再沸器和蒸馏器中能除去酸性气体。一元、二元或者三元乙醇胺添加到乙二醇中可以提供针对酸性气体的腐蚀保护。

9.3.3.4　缓冲罐

当缓冲罐也作为乙二醇/乙二醇换热器时,需要监测液面确保贫乙二醇覆盖富乙二醇盘管。否则,热交换不充分,贫乙二醇会在过高的温度下进入吸收器中。

9.3.3.5　换热器

换热器的主要操作问题是热传导效果差,这会导致贫乙二醇过热。如果发生这种情况,将会导致脱水不充分和露点降不足。同时,贫乙二醇的温度增加,乙二醇汽化损失加剧,造成产出气中乙二醇的含量增加。热传导效果差和由此导致的贫乙二醇温度过高问题主要是由于换热器堵塞、尺寸过小或者循环速率过大造成的。像盐、颗粒、焦炭和树胶这类的沉积物会堵塞换热器。如果换热器尺寸不够,就需要附加换热器。缓冲罐换热器盘管腐蚀也会产生运行问题,这种腐蚀能导致贫富乙二醇之间的交叉污染。

9.3.3.6 相分离器(闪蒸罐)

在相分离器中滞留时间不足可能会导致烃流体中包含大量的乙二醇,反之亦然。这最可能是乙二醇循环过快造成的。烃和循环过快的影响将在下面讨论。

9.3.3.7 乙二醇循环泵

与循环泵和循环速率相联系的主要问题是可靠性、泵磨损、循环过快或慢。

(1)可靠性。泵的可靠性很重要,因为泵是整个脱水系统中唯一的运动部件。好的设计中,在泵的吸入管线安装滤网或滤袋过滤器防止外来物质损坏泵。保证泵的可靠性还可以通过把贫乙二醇温度限制在180~200℉和确保过滤良好来实现。如果乙二醇变脏或过热,泵的磨损、泄漏和失效就会增加。严重的情况下,乙二醇从密封处泄漏可达到35gal/d。

(2)泵磨损。当乙二醇平衡泵的O型圈和密封磨损后,就有可能使富乙二醇污染贫乙二醇。这增加了贫乙二醇的含水量并可能导致:①气体不能按管线技术要求干燥;②操作者为补偿湿贫乙二醇而增加乙二醇的循环量(和排放物)。因为泄漏,准确检测乙二醇循环量会有困难。

(3)循环过快/循环慢。过高的乙二醇循环速度会导致很多问题。如果装置过度循环乙二醇,贫乙二醇可能会未经充分换热冷却,产生的热贫乙二醇可能达不到预计的脱水率。高循环速率缩短了液流在相分离器的滞留时间,导致脱烃不足,这会引起烃沉积、乙二醇损失、发泡和排放问题。乙二醇循环速率过快也会导致再沸器中的需热量明显增加。因为排放物与循环率成正比,所以过快循环将会产生更多的挥发性有机化合物排放物。

乙二醇循环慢则无法在吸收器中提供充足的乙二醇来满足脱水所需,这将产生湿商品天然气。

考虑到上述问题,应根据检测处理过的湿气露点优化乙二醇流量。

9.4 固体干燥剂脱水

固体干燥剂脱水基于吸附原理,吸附是固体干燥剂界面和天然气中水蒸气附着的一种形式。由于吸附作用,水会在干燥剂表面形成一层极薄的液膜,这其中不发生化学反应。

固体干燥剂比乙二醇干燥剂更有效,能把气体干燥到浓度小于0.1ppmv(0.05lb/MMCF)。然而为了减小固体干燥器的体积,经常先使用乙二醇脱水装置去除大多数水分,它可以把含水量减少到大约60ppmv左右,这会减小固体干燥剂的用量。

使用固体干燥剂替代乙二醇干燥剂有明显的经济和环境效益,包括降低固定资产投资、减少操作和维护成本、使挥发性有机化合物和有害气体污染降到最小。关于其经济和环境效益的详细讨论可以在EPA430-B-03-016(2003)中找到。

9.4.1 干燥剂性能

干燥剂性能常用单位质量干燥剂吸水的质量表示。干燥剂性能取决于很多因素,如吸入气体的相对湿度、气体流量、吸附区域温度、颗粒大小、干燥剂工作时间、污染程度以及干燥剂自身(Huntington,1950)。吸湿能力不随压力波动变化,除非压力会影响到前面提到的各种因素。下面是三个表示性能的术语(Campbell,1992)。

(1)静态平衡吸水量。在平衡单元中没有流体流动时新干燥剂的吸水量(根据吸附等温线)。

(2)动态平衡吸水量。流体以工业流量流过干燥剂时,干燥剂的吸水量。

(3)有效吸水量。是指考虑了吸水能力会随时间降低,且所有干燥剂都不能被充分利用情况下的设计吸水量。

9.4.2 干燥剂的选择

市面上有各种各样的干燥剂可供选择,一些只对干燥气体有用,而另一些既能脱水也能去除重烃。对于一个特定应用,正确选择干燥剂是很复杂的事情。在气体脱水过程中使用的固体干燥剂,需要具备以下性质(Campbell,1992;Daiminger 和 Lind,2004)。

①平衡时高的吸收能力。这可以减少所需吸附剂的体积,能够使用较小的容器以减少设备投资和再生所需的热量。

②高选择性。这可以减少不希望除去的有价值组分的损耗,而且可以全面降低运行成本。

③再生简单。相对低的再生温度可减少能量需求和运行成本。

④低压降。

⑤良好的机械特性(如高破裂强度、低磨损、低粉尘、稳定抗老化)。这些性质可降低吸收剂更换频率,减少了生产中的停工损失,降低了整体维护工作量。

⑥便宜,耐腐蚀,无毒,化学性质不活泼,高体积密度以及吸水脱水体积变化不显著。

在干床脱水器中最常用的商业干燥剂是硅胶、分子筛和活性铝。

硅胶(硫酸和硅酸钠反应生成的凝胶的总称)广泛用作干燥剂,可用于气体液体脱水和天然气中烃的回收。其主要性质如下:①最适合天然气常规脱水;②比分子筛容易再生;③高吸水能力,它能吸收自身质量45%的水;④比分子筛成本低;⑤能将露点降为 -140 ℉。

用于天然气干燥的硅胶应该是 Sorbead 类型,这种类型的硅胶遇水稳定。而大部分其他类型的硅胶遇水会产生微细粉末。EngelhardSorbead 硅胶是高性能、极其稳固的硅胶,主要用于控制天然气中烃的露点,其最大的优点是寿命长,但它只能用于脱水。高吸附能力、干燥性能和低露点(-158 ℉)是 Sorbead 硅胶的特性。Sorbead 干燥剂有各种尺寸和物理特性可选,满足不同生产环境。与其他类型的硅胶相比,其长寿命减少了运行成本,同时它优良的性能保证了天然气处理装置的操作安全。

分子筛是具有硅铝四面体三维交叉网格结构的结晶碱金属硅酸铝。这种结构是由直径范围 3~10Å($1Å=10^{-10}m$)的均匀孔隙连接的洞穴组成。孔隙大小取决于筛子类型。Bruijn 等人(2002)和 Meyer(2005)详细谈论了不同类型的分子筛以及它们的应用。分子筛是多功能的吸收剂,这是因为它能根据要求加工成特定的孔隙尺寸。

①它脱水能力强,可使含水量降至 0.1ppm 以下;

②在低温处理之前,它是首选的脱水方式(特别是液化天然气);

③特别适合除 H_2S、CO_2,脱水,高温脱水以及脱重烃流体和高选择性脱除;

④比硅胶昂贵,但是脱水效果更好;

⑤需要更高的再生温度,运行成本更高。

分子筛脱水系统也可以代替 Drizo 工艺,然而由于需要很多高温高压容器,分子筛系统的安装成本是同样 Drizo 系统的 2~3 倍(陶氏化学公司,1985)。

有几种类型的氧化铝可作为固体干燥剂。活性铝是人工或天然形成的一种氧化铝,它加热后具有活性，广泛用于气体液体脱水。如果使用恰当，它会使露点降至 -158 ℉以下。活性铝再生比分子筛所需的热量少，再生温度也很低，但是分子筛脱水的露点更低（GPSA，1998）。

值得注意的是没有一种干燥剂是完美全能的。在有些应用中，干燥剂的选择主要取决于经济因素。有时工艺操作条件也决定着干燥剂的选择。如果一种装置设计很好，不同种类干燥剂很少能互换使用。经常出现的情况可能是同类干燥剂间的替换，例如用一个供应商的分子筛替换另一个供应商的分子筛。

9.4.3 工艺流程

典型的固体吸收剂脱水工艺流程如图 9-7 所示。这个过程周期性地交替执行，每个吸附床相继进行吸附解吸过程。在吸附阶段，要处理的天然气被送入吸附床进行选择性地吸附水。当吸附床饱和时，输入热气使吸附剂再生。在再生之后和吸附之前，需要冷却装置。这可以通过输入冷气来实现，冷气被加热后，还可用于再生过程。在这些情况下，循环操作需要四种吸附床在连续[4]基础上干燥气体：两组吸附床在吸附或气体干燥循环时同时运行；一个吸附床在冷却循环中运行；一个吸附床在再生循环中运行。最简单的情况（图 9-7）是一个吸附床在吸附时运行，另一个在脱附时运行，两个装置周期转换（Rojey 等，1997）。

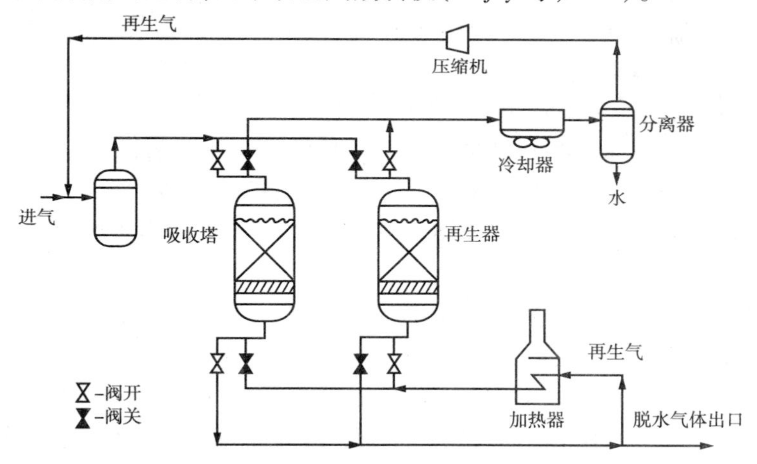

图 9-7 固体干燥剂脱水装置简易流程图

在气体干燥循环中，湿的输入气体首先通过入口分离器，在这里去除游离液体、雾气和固体颗粒。由于游离液体可引起吸附剂分解，因此这是系统很重要的一部分。它可导致高压力降和窜流，降低装置的整体效能。如果吸收装置位于醇胺脱硫化氢装置，乙二醇装置或者压缩机的下游，那么需要安装过滤式分离器。

除了使用入口分离器最大限度地除去水滴，特殊的耐水吸收剂保护层也可以加在主吸收层的顶部。这种耐水性可以通过热处理得到（如长时间高温加热），然而这种工艺大大降低了吸水剂的能力（Daiminger 和 Lind，2004）。

在吸收循环中，入口湿气通常沿着塔向下流。被吸附组分的吸附速率取决于它们的化学性质、分子大小和固体材料的孔隙大小。水分子首先在干燥床顶层被吸附。干燥的烃气在整个干燥剂层中被吸附。但上部干燥剂饱和水以后，湿气流中的水开始替换较低层干燥剂先前

[4] 因为力学的原因和磨损的风险，吸附剂对于连续循环通常是不合适的。

所吸附的烃。液烃也会被吸附,并将占据本该是水分子占据的孔隙空间。对于入口气体的每一种组分,都存在一个从顶部到底部组分饱和区间,从这个深度以下的干燥层开始吸附该组分。饱和区间的厚度称为传质区域(MTZ)。这是组分从湿气流向干燥剂表面传递质量的区域或层。在传质区域气体的含水量从饱和状态减少到1ppm(GPSA,1998)。随着气流继续流动,传质区域层向下移动,水替代先前被吸附的气,直至全部层都饱和水蒸气。当传质区域前沿到达层的底部时,就会发生见水。如果整个层都完全饱和了水蒸气,排出气就会和进气湿度完全一样。显而易见,在干燥剂饱和水之前必须从吸收循环切换到再生循环(加热和冷却)。

任何时候,都必须至少有一个塔在吸附,其他塔加热或冷却使干燥剂再生。当塔切换到再生循环时,一些湿气(如入口分离器下游的入口气体)在高温加热器中被加热到450~600 ℉,然后被送到塔除去先前吸附的水。随着塔内温度的增加,干燥剂孔隙捕获的水变成蒸汽,再被天然气吸收。这些气体离开塔顶,被再生气体冷却器冷却。当气体冷却后,水蒸气饱和度显著降低,水被冷凝。水在再生器分离器中分离,冷的饱和再生气经循环再用于脱水。该过程可以通过控制脱水塔压力实现,保持脱水塔压力比再生塔或者再压缩再生气的压力要低。当以这种方式干燥吸附床时,有必要使冷气在塔中流过使其恢复至正常操作温度(100~120 ℉)。冷却气可以是湿气或者脱过水的气体。如果是湿气,在作为冷却气使用过后必须要脱水,这是因为热塔不能使气体充分地脱水。

在循环过程中,装置中反应床的转换由一个时间控制器来执行指定时间内的切换操作。切换周期变化很大。较长的切换周期需要较大的反应床和额外的设备投资,但会延长反应床的寿命。典型的双床循环有8h的吸附时间、6h加热时间和2h冷却再生时间。对于带有两个吸收床、一个再生床的三床吸附装置有16h的吸附时间,切换时间正好为24h,可保证3年内运行良好。

吸附器可采用内部或外部隔热。内部隔热层主要用来减少总的再生气体量和成本(投资成本会更高)。采用内部隔热层避免了对吸附器罐体的冷热损耗。常用可铸耐火材料衬里作为内部隔热。适当地处理和应用耐火材料能防止衬里开裂,衬里开裂会使一些湿气绕过干燥剂层,少部分绕过的湿气会引起低温装置的冻结。沿容器每几英尺布置一个壁架可以消除这类问题。

9.4.4 设计参数

以下参数可近似估计固体干燥剂的脱水性能。但它们只能在给定循环周期、容器数量和配置的条件下,进行特定干燥剂脱水能力的初步计算。由于干燥剂的脱水能力主要取决于它的时效特性,因此强烈建议设计固体干燥剂脱水装置时要参考干燥剂供应商(例如CECA,1984;Grace,1988;Union Carbide,1988;Zeochem,1989)所提供的信息。对于时效性,由于每个干燥剂供应商都把它作为自己的知识产权加以保密,因此一般没有现成的准则,这时经验十分重要。只使用文献中的数据进行设计会得到不经济或无法正常工作的装置。

9.4.4.1 许用气体流速

通常,在干燥过程中,随着气体流速的下降,干燥剂对气体的脱水性能会增加(当然有上限流速,其取决于吸附动力学,还有一些常见因素,例如防止反应床流体化限制上限流速)。当真实流速较低时,气体脱水效果较好。因此,可以适当降低气体流速,从而充分利用干燥剂。但是，对于定量气流，流速过低要求塔的横断面较大，也会在干燥床上形成窜流，导致不完全脱水。因此在设计流速时，需要兼顾塔的直径和干燥剂的最大利用率。图9－8显示了分子筛最大许可表观流速。由于压力降的原因，要求流速较小。

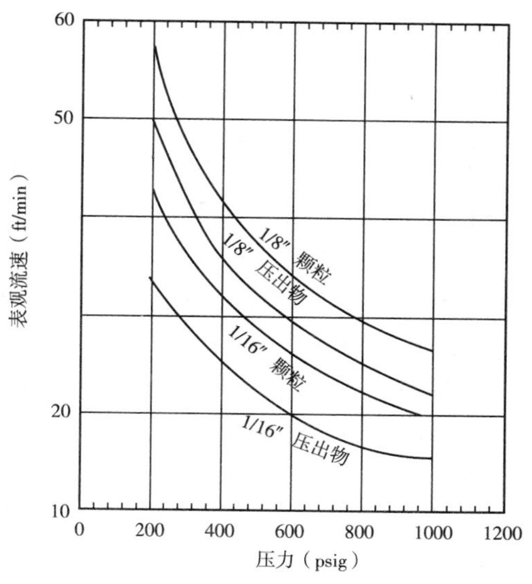

图9－8　分子筛脱水最大许可表观流速

确定分子筛气体表观流速的另一种选择是使用Ergun(1952)方程，它是Δp与V_{SG}、μ、ρ和干燥剂尺寸之间的函数关系：

$$\frac{\Delta p}{L} = B\mu V_{SG} + C\rho_G V_{SG}^2 \qquad (9-9)$$

式中，$\Delta P/L$是单位长度干燥床上的压力降，psi/ft；μ是气体黏度，cP；ρ_G是气体密度，lb/ft^3；V_{SG}是表观气体流速，ft/min。

表9－1中给出的是方程(9－9)所用到的分子筛材料常数。

表9－1　方程(9－9)使用的参数

颗粒类型	剪切黏度	
	B	C
1/8″颗粒	0.0560	0.0000889
1/8″压出物	0.0722	0.000124
1/16″颗粒	0.152	0.000136
1/16″压出物	0.238	0.000210

从方程(9－9)中可以看出，气体表观流速越大，通过干燥床的压力降就越大。因此设计气体流速要权衡最大气体流速和允许压力降。通过全部干燥床的压力降大约是5psi，最高不能超过8psi(GPSA，1998)。大部分设计$\Delta P/L$值在0.31～0.44psi/ft，典型气体表观流速在30～60ft/min(Grace，1988；Coker，1994)。

9.4.4.2　干燥床长度直径比

气体表观流速确定之后，干燥床的直径和长度就可以根据吸附器的几何尺寸计算出来。最简单的吸附器通常是圆柱塔，内部充满固体干燥剂。干燥剂厚度变化从几英尺到30ft或者更大。一定气体表观流速下，干燥床最小内径公式(Ergun，1952)如下：

$$D^2 = \frac{25Q_G TZ}{PV_{SG}} \qquad (9-10)$$

式中，D是干燥床直径，ft；Q_G是气体流速，MMSCFD；T是入口气体温度°R；P是入口气体压力，psi；Z是压缩因子；V_{SG}是表观气体流速，ft/min。

干燥床长度(L_B)可由下面的公式确定(Collins,1967):

$$L_B = \frac{127.3W}{\rho_b D^2 X} \quad (9-11)$$

式中,L_B 是干燥床长度,ft;W 是吸附的水的质量,lb/周期;ρ_b 是干燥剂体积密度,lb/ft^3;X 是干燥剂最大有效吸水能力,lb 水/100lb 干燥剂。

通常要求干燥床长度与直径的比值大于2.5。有时也使用1:1这样的低比例。但是,如果湿气的流速不均匀、窜流,以及接触时间不够都会影响天然气脱水效果。

9.4.4.3 干燥剂吸水能力

干燥剂的最大有效吸水能力可由式(9-12)来计算。但这是一个经验公式,不能准确地包含所有影响传质区域的因素。它只有在一定限度压力、温度、时效机理和组成等范围内才是合理的(Campbell,1992)。

$$XL_B = X_S L_B - 0.45 L_Z X_S \quad (9-12)$$

式中,X 是干燥剂有效容量,lb 水/100lb 干燥剂;X_S 是饱和时动态容量,lb 水/100lb 干燥剂;L_Z 是 MTZ(传质区域)长度,ft;L_B 是干燥床长度,ft。

方程(9-12)中的数值0.45是测试得出的平均值。它是MTZ(传质区域)长度的函数,其范围为0.40~0.52,通常按分布曲线模式取值。动态吸水能力 X_S 必须反映干燥剂时效和其他类似因素,它表示干燥剂对吸附区域后面水的有效吸附能力。由于干燥剂在使用中效能降低,因此其所选用的数值要保证干燥剂将来一段时间内的吸收能力以优化更换成本。图9-9(a)可用来预测方程(9-12)中的 X_S 值,X_S 是相对饱和度的函数。气体相对饱和度由最后产液态水的分离器或油藏的压力和温度决定。如果有水从入口洗涤塔中排出,就说明入口气体已经饱和了。如果没有水从洗涤塔中排出时,那么在先前接触中的饱和水量除以脱水器得到的水量就是水的相对饱和度值,为小数。

图9-9(a)中的数值比空气中理论数值要低一些。它们是针对天然气的,反映了吸附表面对烃的选择性,以及在实际装置中,在正常降效条件下较短时间使用后的预期动态含水饱和度。对于胶体和氧化铝而言,图9-9(a)中的数值应该需用温度校正。分子筛在所示温度范围内无需校正温度。图9-9(a)中的数据乘以图9-9b中的数据得到方程(9-12)中的 X_s 值。从方程(9-12)中得到的"X"是原始活性干燥剂的有效吸水能力。这比降效后的有效吸水能力要大。方程(9-12)仅用来校正由于传质区长度(MTZ)而未使用的干燥床数量。

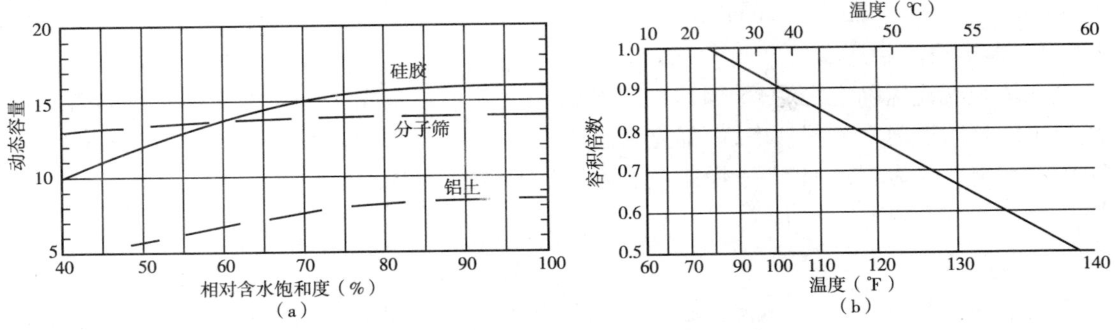

图9-9 温度和相对含水饱和度对干燥剂动态容量的影响(NATCO,1987)

9.4.4.4 MTZ 长度

MTZ 长度(L_{MTZ})取决于气体组成、流动速率、天然气中水的相对饱和度和干燥剂的负载能力。压力对其影响很小,特别是在 300psia 以上。对于硅胶,MTZ 长度可以用下面的方程估算(Simpson 和 Cummings,1964):

$$L_{MTZ} = 375\left[\frac{m_w^{0.7895}}{V_{SG}^{0.5506}(RS)^{0.2646}}\right] \quad (9-13)$$

式中,L_{MTZ}是 MTZ 长度,in;m_w 是水负载量,lb/(h · ft^2);V_{SG}是天然气表观速度,ft/min;RS 是入口气体相对饱和度,%。

方程(9-13)中 L_{MTZ}的值引自于 Simpson 和 Cummings(1964)的空气干燥法。这些值对于天然气干燥同样适用。对矾土筛和分子筛而言,由方程(9-13)得出的区域长度要分别乘以系数 0.8 和 0.6。由于这两种筛能容纳的烃较少,所以得到的区域长度较短。

水负载的计算方程可以写成以下形式(Ledoux,1948):

$$m_w = 0.053\left[\frac{Q_G(W)}{D^2}\right] \quad (9-14)$$

式中,Q_G 是气体流量,MMSCFD;D 是干燥床直径,ft;W 是天然气含水量,lb/MMSCF;m_w 是质量水负载。方程(9-14)是由每标准单位体积含水量除以干燥床横断面积转化而来的。

9.4.4.5 见水时间

含水带的见水时间 t_b(h),可由下面的公式估算(McCabe 等,1985):

$$t_b = \frac{0.01X\rho_b L_B}{m_w} \quad (9-15)$$

给定一组气流条件、水负载量、周期时间和塔的结构,就可计算干燥床大小。按照早期的规定,干燥剂卖方会负责这些计算甚至承担风险。由于目前设计效率越来越高以及错误的设计会误导工艺选择,因此这些计算非常重要。

9.4.5 存在的问题

操作问题可能是由固体干燥剂装置的设计、操作及维护不当而引起的,本部分将分析操作问题(Manning 和 Thompson,1991)。

9.4.5.1 干燥床污染

干燥床污染最常见的原因是入口气体分离器没有完全除去污染物。此外,如果离开分离器的再生气体与进气混合进入脱水器,在分离器失效的情况下,液烃和水会被携带入干燥剂中。再生分离器也应该安装一个与气体入口处相似的过滤装置以防止重复污染。

9.4.5.2 高露点

高露点是引起操作问题的两个常见问题之一,可能原因如下。

①入口湿气体从内部隔热层的裂缝绕过脱水器。可以通过外壳上的热点和脱落的油漆检测到衬里或者喷涂隔层上的裂纹是否漏气。还有其他的征兆,如快速见水和再生期间排放气体温度快速升高等。

②阀泄漏也可能会使湿气绕过脱水器。即使是热气轻微泄漏,在阀的较冷一侧也会检测

到温度上升。通常使用超声波传送器检测。

③干燥剂不完全再生也会导致吸水能力下降和明显的过早见水。为确保干燥剂充分再生,应该分析吸收塔再生时的入口和出口温度。加热阶段结束时,在一定时间内(30min 至 2h,这与吸收塔的设计有关)出口气体温度应保持几乎不变。根据隔热层的质量,入口和出口温度差不应超过 59 ~68 ℉。

④流速增加、温度过高、压力较低会引起入口湿气含水量过高。要注意吸收器入口温度防止天然气饱和。温度的微小变化也会引起含水量显著增加。

9.4.5.3 过早老化

脱水开始时可以获得满意的露点,但是以后露点发生变化。尽管脱水能力会随使用时间降低,但应稳定在初始脱水能力的 55% ~70% (Ballard,1983)。脱水能力的提前“老化”起因于入口水载荷、入口天然气重烃(C_{4+})的不断增加、甲烷蒸汽的进入、干燥剂污染,或者不完全再生等因素。

9.4.5.4 热液损害

加热吸收塔时,若不使用均匀加热和中间加热过程会导致容器内温度严重不均。底部分子筛温度很高,很快释放出了吸附的水分,而此时顶部的分子筛还在吸收水分,这样底部释放的水会在顶部层冷凝,这种现象称为回流。持续加热会使分子筛在水中沸腾,引起热液损害,分子筛的类型不同损害程度不同。为防止分子筛的热液损害,正确选择分子筛的配方(胶合剂和沸石)非常重要。再生条件参数也应该仔细选取(Meyer,2003)。实际上再生温度越高,分子筛中出现的液相水就越多,分子筛的损害就越严重。在工业装置中还需要限制液相水的量(气相过饱和会产生冷凝水),因为液相水会降低发生热液损害的温度,此时使沸石溶解形成中间产物,水从中起到稳定剂的作用会加速这一反应(Suckow 等,1992)。

9.4.5.5 液体滞存

分子筛中的液体(主要是胺类)滞存量对脱水工艺有负面的影响(例如化学分解产生的泥饼或颗粒使气流分布不均,造成压降增加和吸附时间降低等)。为了减少吸收塔中的液体滞存量,必须提高分离器的效率。再生工艺也应调整,使温度适当增加以避免水再冷凝。更新干燥装置能改善运行状况,但使用一个更耐用的分子筛也可起到正确的调整作用,例如 SRA。SRA 吸附剂比常规吸附剂优越之处在于它在天然气净化装置的热再生步骤中能提供更好的机械阻力。

9.4.5.6 底部支撑

有时候操作者会遇到支撑网或分子筛透过支撑网格泄漏的问题,导致不得不更换整个反应载体。此处的设计要点是支撑床机械设计良好,在支撑网上安装三个钢丝网(4 目、10 目、20 目)并保证配置正确数量和尺寸的陶瓷球。

参考文献

Ballard,D. ,How to operate a glycolplant. Hydrocarb. Proc. 45(6),171 - 188(1966).

Ballard,D. ,“The Fundamentals of Gas Dehydration. ”Gas Conditioning Conference,University of Oklahoma,Norman,OK(1979).

Ballard,D. ,“How to Improve Cryogenic Dehydration. ”Petroenergy,83,Houston. TX(Sept. 12 - 16,1983).

Bruijn, J. N. H. , etal. , "Maximizing Molecular Sieve Performance in Natural Gas Processing. "Paper presented at the 81st Annual GPA Convention, Dallas, TX(March11 - 13, 2002).

BS&B Engineering Company, Inc. , Dehydrate(conc, glycol). Hydrocarb. Proc. 69(4), 76(1960).

BS&B, "Product Section 34:00 Dehydrators. "Black, Sivalls&Bryson, Inc. , Oklahoma City, OK(1960).

Caldwell, R. E. , "Glycol Dehydration Manual. "NATCO Group, Tulsa, OK(Jan 30, 1976).

Campbell, J. M. , "Gas Conditioning and Processing, "3rd Ed. Campbell Petroleum Series, Norman, OK(1992).

Carroll, J. J. , "Natural Gas Hydrates, A Guide for Engineers. "Gulf Professional Publishing, Amsterdam, The Netherlands(2002).

CECA, SILIPORITE Molecular Sieves, Product Brochure, Paris LaDefense, France(1984).

Chakraborty, A. , and Bagde, A. , "Operational Problems in Gas Sweetening and Dehydration: A Reckoner. "Paper presented at the GPA Europe February Meeting, Hammersmith, London, UK(2004).

Coker, A. K. , Program sizes solid desiccant dryer for natural gas. OilGasJ. 92(7), 74 - 78(1994).

Collins, J. J. , AIChE Symp. Ser. , No. 74, 63:31(1967).

Daiminger, U. , and Lind, W, Adsorption - based processes for purifying natural gas. World Refining14(7), 32 - 37 (2004).

Dow Chemical Co. , "Economic Comparison of WT - 2, TEG with Stripping Gas and Molecular Sieves. "Sales presentation(1985).

EPA430 - B - 03 - 016, "Replacing Glycol Dehydrators with Desiccant Dehydrators. "Lessons Learned, Natural Gas Star Program, U. S. Environmental Protection Agency(EPA), Washington, DC(2003).

EPA430 - B - 03 - 013, "Optimize Glycol Circulation and Install Flash TankSeparatorsin Glycol Dehydrators. "Lessons Learned, Natural Gas Star Program, U. S. Environmental Protection Agenc - y(EPA), Washington, DC(2003).

EPA430 - B - 03 - 014, "Replace Gas - Assisted Glycol Pumps with Electric Pumps. "Lessons Learned, Natural Gas Star Program, U. S. Environmental Protection Agency(EPA), Washington, DC(2004).

Ergun, S. , Fluid flow through packed columns. Chem. Eng. Prog. 48, 2(1952).

Ghoshal, P. C. , and Mukhopadhyay, S. , "Improving Glycol DehydrationUnit Efficiency. "Paper presented at the 2nd Technical Meeting of Gas Processors Association GCC Chapter, Bahrain(Oct. 27, 1993).

GPSA Engineering Data Book, 11thEd. Gas Processors Suppliers Association, Tulsa, OK(1998).

GTI, "Glycol Dehydrator Operational Problems. "Gas Technology Institute Publications, DesPlaines, IL(2001).

Grace, "Molecular Sieves. "Davison Chemical Division, W. R. Grace&Co. , Baltimore, MD(1988).

Hubbard, R. , "Recent Developments in Gas Dehydration and Hydrate Inhibition. "Paper presented at the 2nd Technical Meeting of Gas Processors Association GCC Chapter, Bahrain(Oct. 27, 1993).

Huntington, R. L. , "Natural Gas and Natural Gasoline. "McGraw - Hill, NewYork(1950).

Katz, D. L. , etal. , "Handbook of Natural Gas Engineering. "McGraw - Hill, NewYork(1959).

Kean, J. A. , Turner, H. M. , and Price, B. C. , Structured packing provensuperior for TEG gas drying. OilGasJ. 89 (38), 41 - 46(1991).

Kirchgessner, D. A. , Richards, R. G. , Heath, F. , and Smith, R. D. , Advanceddehydrator design recoversgas, reduces-emissions. Oil Gas J. 102(28), 52 - 60(2004).

Kohl, A. L. , and Riesenfeld, F. C. , "Gas Purification, "4th Ed. Gulf Professional Publishing, Houston, TX(1997). Natural Gas Dehydration 363Le Bec, R. etal. , "New Developments in the Molecular Sieves Field and Their Impact on the Natural Gas Industry. "LNG12, Perth, Australia(1998).

Ledoux, E. , Chem. Eng. (March1948).

Manning, F. S. , and Thompson, R. E. , "Oil Field Processing of Petroleum, "Vol. 1. Pennwell Publishing Company,

Tulsa,OK(1991).

McCabe,W. L. ,Smith,C. J. ,and Harriott,P. ,"Unit Operations of Chemical Engineering,"4th Ed. McGraw - Hill, NewYork(1985).

Mcketta,J. J. ,and Wehe,A. H. ,"Use This Chart for Water Content of Natural Gases. "Petroleum Refiner(Hydrocarbon Processing),37,8,153(Aug. 1958).

Meyer,P. B. Chr. ,"Hydrothermal Damaging of Molecular Sieve and How to Prevent It. "Paper presented at the GPA-Europe Conference,Paris,France(Feb. 2003).

Meyer,P. B. Chr. ,"Overview of Molecular Sieves Technology for Gas Treatment. "Presented at the GPAEurope Gas Processing Overview Session,London,UK(May 19,2005).

NATCO,"Adsorption Systems – Gas Processing. "Technical Development Program,Tulsa,OK(1987).

NATCO,"Glycol Dehydration Systems. "TSL Catalog,511 – A2,Tulsa,OK(1984).

Oi,L. E. ,"Calculation of Dehydration Absorbers Based on Improved Phase Equilibrium Data. "Proceeding of the 78th GPA Annual Convention,Nashville,Tennessee(March2 - 3,1999).

Oi,L. E. ,Estimation of tray efficiency in dehydration absorbers. "Chem. Eng. Proc. 42,867 - 878(2003).

Rojey,A. ,Jaffret,C. ,Cornot – Gandolphe,S. ,Durand,B. ,Jullian,S. ,and Valais,M. ,"Natural Gas Production,Processing,Transport. "Editions Technip,IFPPublications,Paris,France(1997).

Simpson,E. A. ,and Cummings,W. P. ,A practical way to predict silica gel performance. "Chem. Eng. Prog. 60(4), 57 - 60(1964).

Sivalls,C. R. ,"Glycol-Dehydration Design Manual. "Sivalls,Inc. ,Odessa,TX(June1976).

Smith,R. S. ,and Tsai,M. J. ,"Application of Drizo Dehydration in North Sea Gas Processing. "Unit Operations in Offshore and Onshore Gas Processing,Int. Chem. Eng. Symposium,Aberdeen(June1987).

Souders, M. , and Brown, G. G. , Fundamental design of absorbing and stripping columns for complex vapours. Ind. Eng. Chem. 24,519(1932). 364 Handbook of Natural Gas Transmission and Processing

Suckow,M. ,Lutz,W. ,Kornatowski,J. ,Rozwadowksi,M. ,and Wark,M. ,Calculation of the hydrothermallong term stability of zeolites in gas – desulphurization and gas – drying processes. Gas Separ. Purif. J. 6(2),101 - 108 (1992).

Union Carbide,Technical-Data,Danbury,CT(1988).

Wichert,G. C. ,and Wichert,E. ,New charts provide accurate estimations for water content of sour natural gas. Oil GasJ. 101(41),64 - 66(2003).

Zeochem,"Molecular Sieve Type 4A. "Technical Data Z12 – 1M – 82,Zeochem,Louisville(1989).

10　天然气液(NGL)回收

10.1　导言

天然气处理一般是将天然气中较重的液态烃组分除去,这些较重的液态烃组分通常称为天然气液(NGL),包括乙烷、丙烷、丁烷和天然汽油(凝析油)。天然气液的回收不仅有助于天然气露点的控制(避免在运输中形成液体),而且同时又可以将 NGL 销售,与天然气销售相比可以获得更多的收益。其中天然气较轻的液态烃组分,例如乙烷、丙烷和丁烷,可以作为燃料或者原料销售给炼油厂或石油化工厂;而较重的部分可以用作调和汽油。NGL 作为天然气液与燃料销售的价格差别很大,这种差别通常称作缩水价值,它表明了天然气加工处理预期回收水平的高低。当然无论经济效益如何,天然气加工处理必须符合运输安全和燃烧安全的标准,因此回收利润率并不是决定天然气液回收程度的唯一标准。天然气液回收一般在比较集中的处理工厂进行,回收的天然气液经过处理符合销售标准后,再进入天然气液输送设施。

本章简要地介绍了从天然气中分离凝液并把它们分馏成不同组分的基本工艺,此外还说明了天然汽油和液化石油气(LPG)的不同处理方法。

10.2　NGL 回收方法

图 10－1 表明了不同温度和压力下天然气的相态特征。相图中在相包络线内除反凝析以外的区域,随着温度的降低天然气液(NGL)会逐渐析出。反凝析现象在天然气液(NGL)生产中起着重要的作用,生产时初始压力高于临界点压力,当温度降低到临界凝析温度以下时天然气液就会再次汽化。因此确定温度正处于相包络线上的哪点至关重要。

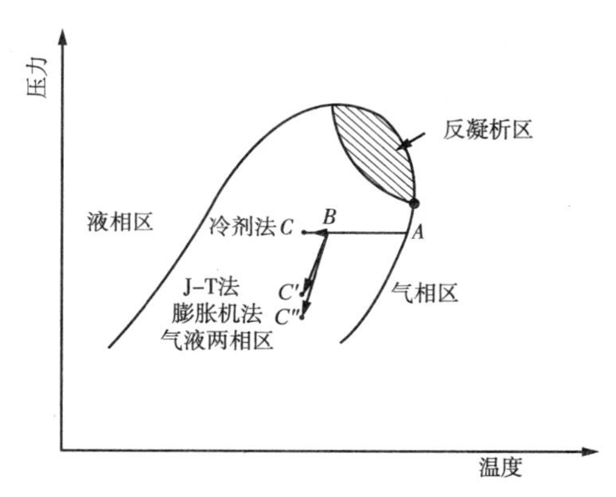

图 10－1　不同 NGL 回收技术的热力学过程

基本的 NGL 回收工艺与图 10－1 表征的含义有着密切的关系。后面将讨论几种 NGL 回收工艺的具体流程和相关细节。

10.2.1　制冷法

制冷工艺就是在不同温度下冷凝或冷却气体、蒸汽或者液体的工艺。本节讨论几种 NGL 回收的制冷工艺。

10.2.1.1　机械制冷法

机械制冷法是回收 NGL 最简单和最直接的工艺方法。如图 10－2 所示,冷冻机使用丙烷作为制冷剂,通过循环压缩蒸汽提供机械制冷或外部制冷,然后采用往复式或离心式压缩机把制冷剂从低压环境移至高压环境。如图 10－2 所示,气－气热交换器通过传送的气体进行额

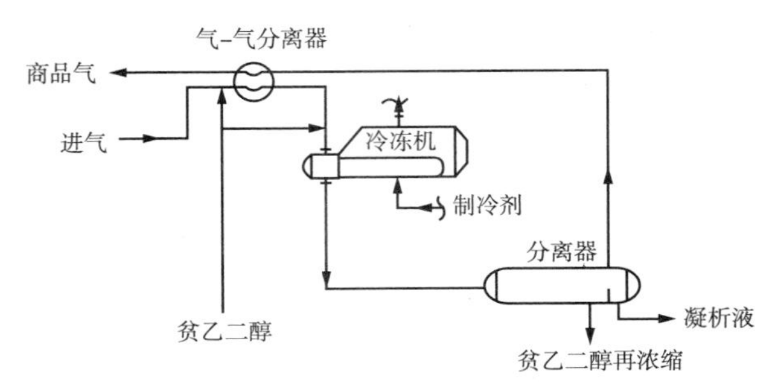

图 10-2　机械制冷工艺的流程图(Geist,1985)

外的制冷,并使用冷分离器让温度较高的进气逆流。冷气流离开交换器的温度接近入口热气体的温度,从经济角度看,以 5 ℉左右为宜。图 10-2 中的冷却器是一个管汇集中的装置。处理过的气流在管内流动,释放能量给环绕管壁里的液体制冷剂,然后制冷剂(主要是丙烷)被蒸发掉,主要以饱和蒸汽的形式离开制冷器。

外部制冷工艺的气体热动力过程如图 10-1 中的曲线 *ABC* 所示。*A* 到 *B* 是气-气热交换,*B* 到 *C* 是冷却。

当冷冻机处理的天然气中有水时,采取气体脱水或添加水合物抑制剂的方法都能阻止水合物形成。如果处理温度相对较低,通常在制冷之前就应该对气体进行脱水。如果温度较高,在气-气热交换器中注入抑制剂(通常是甲醇或乙二醇)是最简单最经济的办法(Rojey 等,1997)。

由于交换器中经常发生冻结,冻结会引起部分交换器管道堵塞,从而使压降增大,热交换减少。因此在气-气热交换器或制冷器入口通常注入乙二醇防止水合物形成或冻结,稀乙二醇溶液含有吸附水时,可在冷的交换器中分离,重新冷凝和循环。

机械制冷工艺适用于预期凝液量很大的情况。这种工艺也可用于回收液化石油气[1],回收率可达到 90% 以上,并且简单的丙烷制冷系统就能提供 -40°F 的温度(Lee 等,1999)。直接制冷工艺方案有很多种,根据设计参数而有所不同,例如气体组分、工艺压力和 LPG 回收目标。Russell(2001)给出了详细的讨论。

(1)制冷剂的选择。任何材料都有可能用作制冷剂。理想的制冷剂要求无毒,无腐蚀性,它的压力-体积-温度(*P-V-T*)性质及物理性质都应与系统的要求匹配,并具有高的汽化潜热。实际的选择只有一条,就是具有理想的物理性质,在合理压力和规定温度下能够汽化和冷凝。一般制冷剂使用的最低限制是其常压沸点。通常的做法是在制冷器上施加压力以获得较高的压缩机效率、减少装备尺寸及避免空气进入到系统中。丙烷是目前最常用的制冷剂,它具有容易获取(通常现场生产)、便宜、以及良好的汽化压力曲线特点。然而丙烷易燃,但如果合理考虑装置设计和正确操作,这不难避免(Campbell,1992)。

(2)串联制冷法。串联制冷由串联冷凝器连接的两个制冷热敏电路组成,其中一个是低温电路的冷凝器,另一个是高温电路的蒸发器。在需要的汽化温度下,串联系统使用一种制冷剂冷凝另一种主要的制冷剂。这种方法通常适用于 -90 ℉以下的温度,此时轻烃气体或其他低沸点的气体和蒸汽可被冷却(Lee 等,1999)。为获得系统最高的综合效率,两个串联系统的制冷剂是不同的。串联制冷系统在天然气处理中并不常见,在要求不高的制冷工艺中通常使用混合制冷剂法或膨胀制冷法(GPSA,1998)。

(3)混合制冷剂法。串联制冷法的备选方案是混合制冷剂法。混合制冷剂是两种或更多制冷剂组分的混合,其轻组分降低了汽化温度,重组分则允许在环境温度下冷凝。蒸发过程可在一定温度范围内发生,而不像单一制冷剂必须在某一恒温下使用。混合制冷剂是为了使其

[1] 液化石油气是丙烷、丁烷以及两者混合物的一种简称,由两个不同的物质生产而来。

汽化曲线匹配流体的冷却曲线。热交换发生在对流交换器,也可能在铝板散热片上,而不是在壶状冷却器里。由于提供尽可能最合适的温度给制冷机,混合制冷剂法的优点是有更好的热交换效率(Mackenzie 和 Donnelly,1985),而且装置的数量也减少到只有一个串联系统。缺点是设计更复杂,且若制冷剂不完全汽化,重组分就会在制冷机中聚集(Campbell,1992)。

10. 2. 1. 2　自冷法

与外部制冷相反的是,在自制冷过程中(图 10 – 3),处理过的气体预冷入口气体(通过气体交换器),随后入口气体通过一个阀门用等焓膨胀法(如 J – T 膨胀法)进一步冷却,使重烃组分和水冷凝。在这个过程中,入口气体的温度随压力降低而降低,正如图 10 – 1 中曲线 *ABC′*所示,所以温度变化主要取决于压力降的多少。为满足蒸汽压和组分的技术要求,凝液需要在一个或更多的分离器中尽快除去。从低压分离器出来的气体(LTS)已经符合天然气销售的标准。如果处理过的气体膨胀压力较低,它需要再次被压缩至销售管线的压力,所以天然气在高压下开采最有利,此时无需再压缩就可以膨胀至销售管线压力。若气体再次压缩,需要的再压缩功率会很大程度上影响工艺效果。

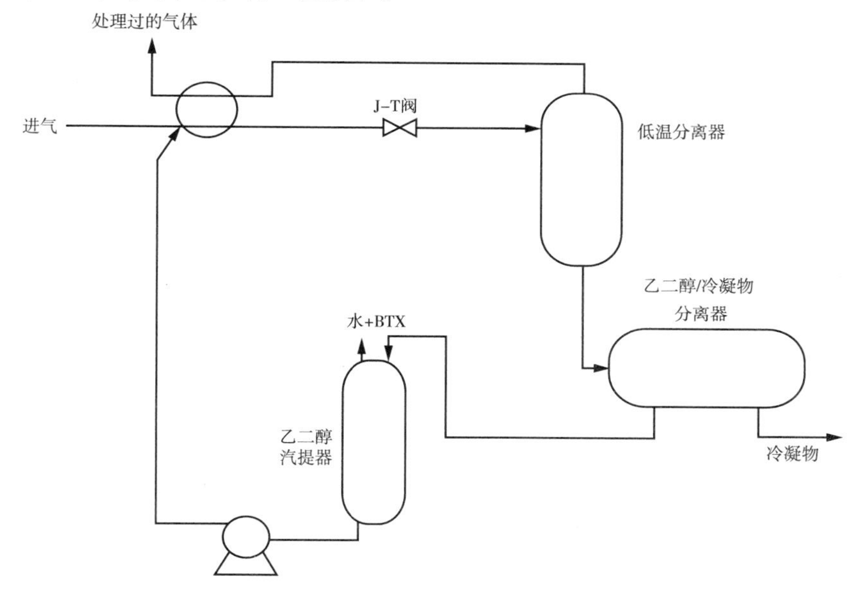

图 10 – 3　自冷法系统流程图(Brands 和 Rajani,2001)

为了防止冷却范围受到当前压力下水合物形成温度的限制,气 – 气热交换器在通常初始部分注入诸如甲醇或乙二醇之类的水合物作为抑制剂,因为乙二醇有较强的亲烃性,所以乙二醇汽提器排出的废气常含有二甲苯等(Brands 和 Rajani,2001)。因此乙二醇和烃凝析液需要在三相分离器中加热分离,乙二醇能在汽提器中再次生成。

如果目标是回收乙烷或者比机械制冷法更多的丙烷,自冷冻就是一种好方法,它特别适用于日产$(5 \sim 10) \times 10^6 ft^3$ 的小气量生产情况。如果入口气体压力非常高,自冷冻工艺就更加利于选择。为了达到设备的预期寿命,保持气藏的高压力非常重要,不过如果气体非常充足,低压的输入气体可适用于低温制冷设备或直线制冷工艺。

10. 2. 1. 3　深冷法

使用自冷法时若压力不能达到所需露点压力,可以考虑使用深冷法。此方法在天然气凝液回收中经常使用。这些装置投资成本高,但操作成本低,此外它们有大批运动部件且运行复杂(Ewan 等,1975)。在低温或涡轮膨胀装置中,膨胀涡轮取代了前面两个工艺中的冷却器或焦耳-汤姆逊阀,进气的膨胀使涡轮轴工作,减少了气体热焓,焓的减少产生了巨大的温度降,比简单 J-T(常焓)工艺的温度降要大。这种膨胀过程在图 10-1 中的曲线 *ABC″*上已注明。涡轮机可以连接到压缩机上,而压缩机再次压缩气体只损失总压力的很少一部分,这会导致处理过的气体压力偏高,将提高二次压缩时管线的技术要求。

虽然各种膨胀机的构造设计有一些不同,但是大部分膨胀机装置有着相同的基本工艺流程,如图 10-4 所示。气体首先在高温气-气热交换器里冷却,然后在丙烷冷却机中冷却,之后这种部分冷凝的气体被送入分离器。分离器中出来的液体直接输送到脱甲烷塔中,而气体则被送入低温气-气热交换器中进一步冷却。从较冷分离器出来的气体通过膨胀涡轮机膨胀到脱甲烷塔中的压力,约为 100~450psia,膨胀涡轮机同时产生冷却/冷凝气并做有用功,这可以用于再次压缩销售气。一般情况下,只有 10%~15% 的进气可在低温分离器中冷凝,温度通常在 -30~-60 ℉。膨胀器把进气压力(600~900psia)降低到脱甲烷塔的 100~450psia。脱甲烷塔标准入口温度是 -130~-150 ℉,如此低的温度足以使大部分乙烷液化。脱甲烷塔是一个分离甲烷和乙烷的低温蒸馏塔。甲烷及比甲烷轻的组分(例如氮气)是塔顶蒸汽的主要产品,而已烷和较重组分(例如丙烷、丁烷和重烃)是塔底部的主要产品,底部产物中甲烷和乙烷的物质的量比一般是 0.01~0.03。由于膨胀器出口通常是两相流,在膨胀器中产生的液体可以在脱甲烷塔中回流(Elliot 等,1996),脱甲烷塔底部产物可以进一步分流生产乙烷、丙烷、丁烷和天然汽油的纯净产品流。底部产物的温度通常低于周围温度,因此进气可以用作再沸器的传热介质,这给进料提供了额外的制冷,提高了乙烷回收率,一般能达到 80%(Holm,1986)。脱甲烷塔顶部产物与进气进行热交换以后,再压缩至商品供应管线压力,作为商品气供应。

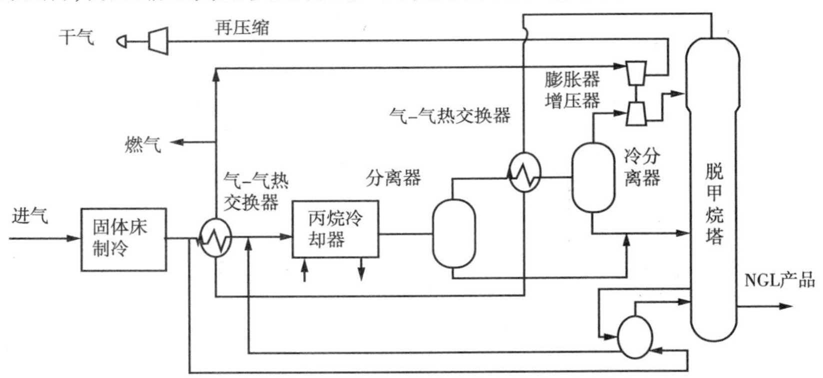

图 10-4 低温制冷装置典型流程图(Ewan 等,1975)

当膨胀后的气体压力相对重组分冷凝而言足够高时,才可以应用深冷法,如果达到的气体压力较低(低于 725psi),就必须使用外部机械制冷把它冷却到指定温度(Cranmore 和 Stanton,2000)。另外如果进气中天然气凝液含量相对较低[低于 2.5~3gal/10^3ft^3(GPM[1])],自冷法(气-气热交换器)就足够了。然而对于中等富气,使用机械制冷法是最经济的获得乙烷高回

[1] GPM 表示天然气流中潜在可回收的天然气凝液量。产气中天然气凝液的含量可从干气的 0.2GPM 到富气的 20GPM。

收率的方法(Ewan 等,1975)。

需要指出的是,在这种工艺中很容易达到烃露点的规定,但与自冷冻相似,需要在天然气气流上游脱水防止形成水合物,装置上游固体床脱水是防止形成水合物的一种成熟技术,有时在膨胀器上游也可以注入少量甲醇和乙二醇。

总的来说,深冷法是现在使用的 NGL 回收方法中最先进的技术。它具有高的回收率(一般能全部回收丙烷和较重的 NGL,回收 50% ~90% 以上的乙烷),投资费用低且操作简单(Lee 等,1999)的特点。对于富气流或者没有市场的轻 NGL 产品(C_2 和 C_3),这种方法就没有吸引力,然而对于富集 NGL 的气体,简单冷冻可能是最好的选择。

天然气处理厂液体回收阶段的操作成本和可行性操作问题都直接影响处理成本。众所周知,所选液体的回收效率是影响操作成本的一个重要因素,另一个重要因素是在不影响效率或丙烷回收率的条件下,选择适用的回收操作工艺(Pitman 等,1998)。随着工业技术的成熟和提高乙烷回收效率的需求,几种新颖且智能的设计被开发出来。迄今为止,Ortloff 的天然气低温冷却方法(GSP)和残余分离气体法(RSV)代表了从天然气中高效回收 NGL/LPG 的技术,特别对于含高浓度二氧化碳[1]的天然气更是如此,这将在下面进行讨论。

(1)Ortloff 气体低温冷却法。常规设计乙烷回收率能达到 80%,为了提高乙烷回收率,必须给脱甲烷塔设计回流源,开发 GSP 方法就是为了解决这个问题及常规膨胀器方案遇到的其他问题。如图 10-5 所示,在这个过程中,从低温分离器出来的一部分气体进入热交换器后,全部冷凝并随上部流体低温冷却。该流体随后闪蒸到脱甲烷塔顶部,为脱甲烷塔提供回流。膨胀器进气则进入蒸馏塔顶部下面的几个层。因为这种改进,低温分离器可以在大于系统临界点的较高温度条件下运行,需要再压缩的残留物少于传统膨胀方法中的残留物。

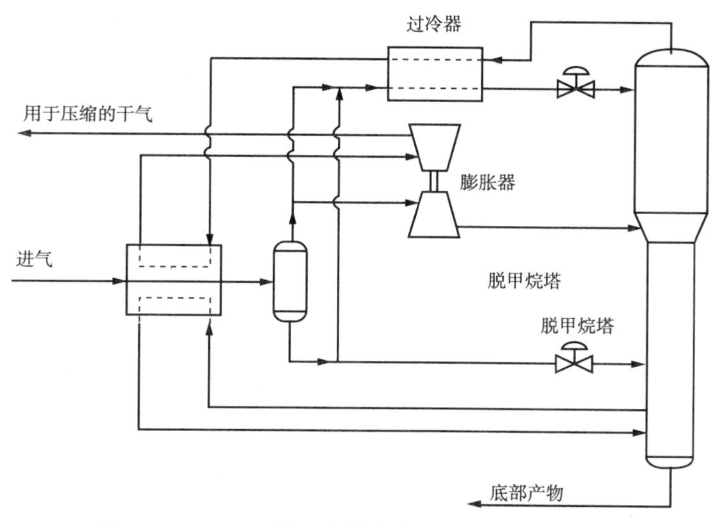

图 10-5 Ortloff 低温气体冷却法(Pitman 等,1998)

GSP 设计有几种改进方案。一种是把从低温分离器出来的一部分液体和气体一起送到顶

[1] 大多数天然气凝液回收过程需要除去 CO_2,避免在处理厂的冷却部分生成(凝结)固体。

部交换器,这可以进一步减少再压缩所需的功率。也可设计只用一部分低温分离器的液体作为回流,这种改进方案主要用于高于3gal/min的富气(C_{2+})。GSP允许CO_2存在,而许多设计要求除去CO_2以获得高回收率。CO_2是一种特别的组分,与操作压力有关,GSP设计通常可以允许2%以下的CO_2含量。当进气中有CO_2时,低温液体中的高浓度的C_{2+}组分有助于减少集中在塔顶低温部分的CO_2数量,在CO_2不凝固的情况下得到较高的乙烷回收率。抑制乙烷可以采用相同的过程,但是在这种操作模式下由于顶部进气中丙烷浓度较高导致丙烷回收效率显著降低(Pitman等,1998)。

自从20世纪80年代早期,Ortloff的GSP方法已成为高乙烷回收率的NGL装置的较先进方法,大部分现行的NGL回收技术基本都是在GSP方法基础上改进而来的(Nasir等,2003)。

(2)Ortloff剩余分离蒸气法。另一种产生回流的方法是循环一部分剩余气,再压缩返回到塔顶,也就是RSV方法。如图10-6所示,这种工艺流程和GSP设计很相似,略有不同的是一部分剩余气通过进口热交换器返回,此时流体全部冷凝且达到干气商品供应管线压力,然后流体闪蒸到脱甲烷塔顶部提供回流。低温冷却的进气分离,膨胀器出口流体并不是送入塔顶而是送到塔底。回流为系统提供更多制冷,实现更高的乙烷回收率。回收率是设计循环量的函数。

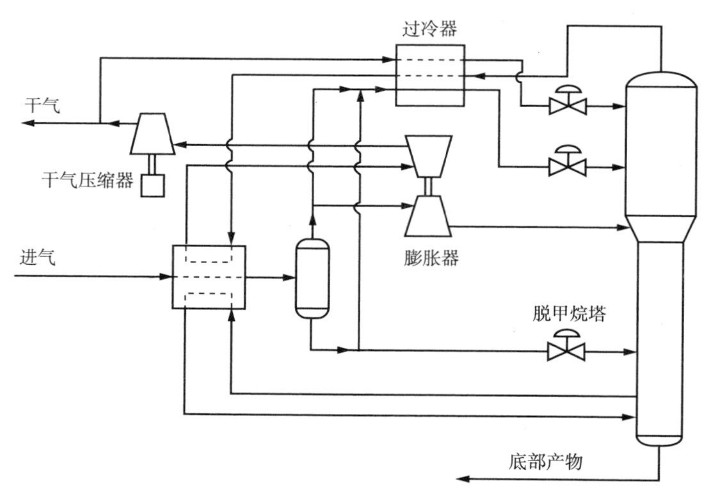

图10-6 Ortloff干气闪蒸分离法简图(Pitman等,1998)

RSV工艺已成功用于很多设备,它耐CO_2,且回收率可以通过循环量来调节,因而RSV工艺可获得较高的乙烷回收率而仅受设备功率的限制。

10.2.2 脱吸油法

NGL回收的吸附方法类似于天然气脱水使用的吸附方法。主要的不同是,在NGL吸附中使用吸附油,而天然气脱水时使用乙二醇。这种吸附油对NGL具有亲和力,这与乙二醇对水有亲和力是一样的。

贫油吸附法是最古老的、效率最低的NGL回收方法。如图10-7所示,在这种工艺中,被处理的气体在填料式或者盘式的吸收塔内(一般在室温且接近商品天然气压力的条件下运行)与吸附油(贫油)接触,贫油优先从天然气中吸附最重的烃类(C_3~C_{7+})。

天然气从吸附塔的顶部离开，同时饱和了天然气里重烃的吸附油从吸附塔底部流出，然后膨胀释放出吸附的大部分甲烷。饱和吸附油接着被送至脱乙烷塔除去所有甲烷和部分乙烷。在塔顶注入新的冷却油防止乙烷和 C_{3+} 解吸附。饱和吸附油然后流到再生塔中，在这里被加热到足够高温度，把丙烷、丁烷、戊烷和其他天然气组分蒸发到顶部，并且再生溶剂（贫油）还可循环使用。

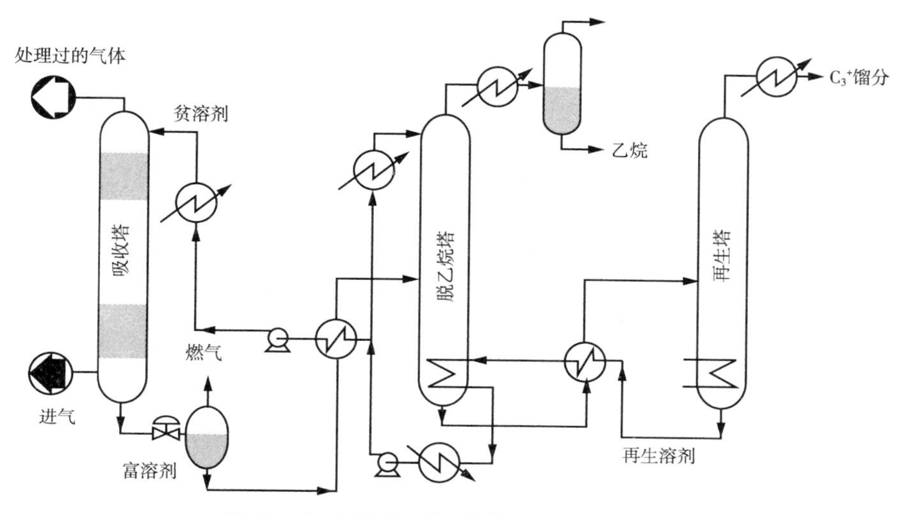

图 10－7　吸油装置流程简图（Rojey，1997）

值得注意的是油吸附装置不能有效地回收乙烷和丙烷，它需要循环使用大量的吸附油，要求额外的维护，并且消耗太多的燃料。但是可以改进油吸附装置，增加一个制冷循环提高丙烷回收率。贫油装置可达到的液体回收率通常是：丁烷和天然汽油 99%，丙烷 65% ～75%，天然气中含有乙烷 15% ～25%（Spletter 和 Adair，2001）。

由于造价昂贵且操作更复杂，并且贫油会随时间变质，难以预测从天然气中除去液体的效率（Arnold 和 Stewart，1999），因此现在已经很少使用和设计贫油吸附装置。一般将现有的贫油装置经回收后，翻新再应用。

10.2.3　固相层吸收法

这种方法使用能够吸附天然气中重烃的吸附剂，吸附剂可以是硅胶或活性炭。有重烃时不能使用活性氧化铝，因为此时重烃会污染吸附剂（Rojey，1997）。值得注意的是，设计基于吸附剂的除重烃系统比设计只除水的系统要复杂得多。例如可能需要不同等级的吸附剂，系统设计必须适用于多组分吸附剂（Daiminger 和 Lind，2004）。

除重烃的吸附剂工艺如图 10－8 所示。此工艺相对于气体是连续的，但是相对于吸附床是周期性的，因为吸附床充满凝液时必须再重新生成。将循环的热气体通过吸附床就可以再生成。通过冷却、浓缩和相分离从再生气中回收凝液。当限定吸附剂体积时，为回收大部分烃，最好使用相对短的循环时间，约 1h。实际上，循环时间可以在相当大的时间间隔内变化，从 20min 到几个小时，这取决于气体中烃的富含程度（Ballard，1965）。

这种工艺适合浓度相对低的重烃。如果气体处于接近临界凝析压力的高压，这种工艺也非常适用。在这种情况下，制冷过程无效，吸附分离成为达到所需技术标准唯一的方法（Para-

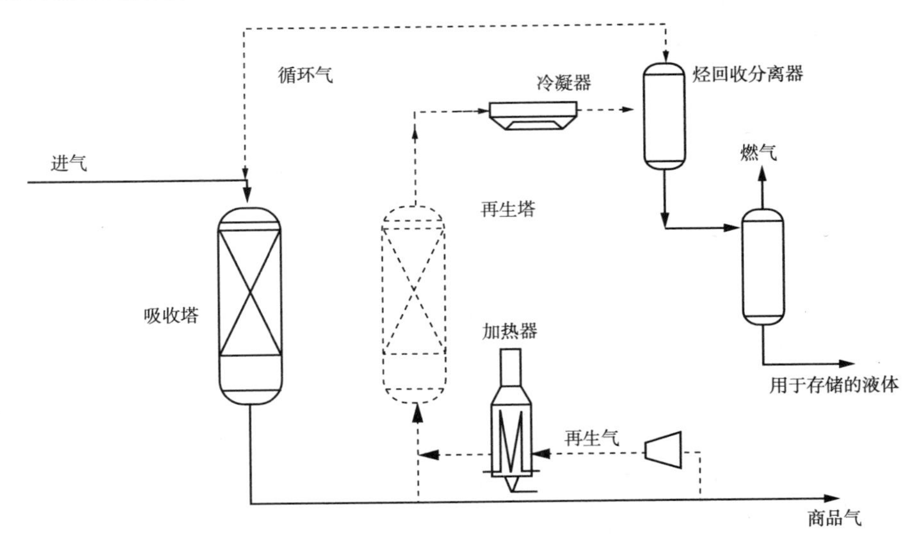

图 10-8 固体床装置简图(Foglietta,2004)

sons 和 Templeman,1990)。

吸附过程容易启动,且容易在处理量变化很大的情况下操作,因此对于变化和“开关”频繁作业,这种工艺非常有用。然而吸附床既笨重又昂贵,这种工艺不常使用,但是在一些特别情况下可以考虑,例如在需要对烃露点控制的偏远地区。

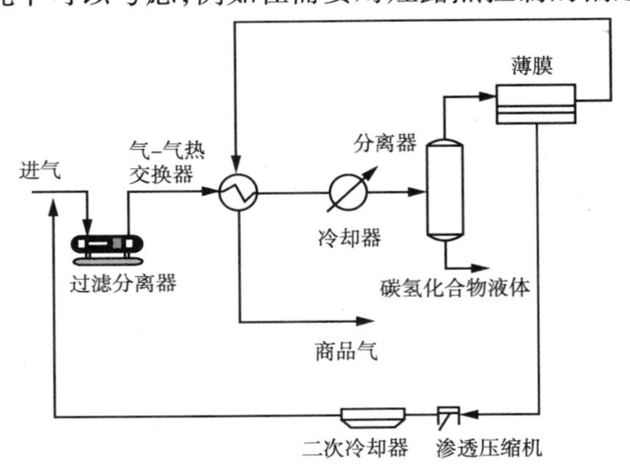

图 10-9 薄膜分离工艺流程简图(Foglietta,2004)

10.2.4 薄膜分离法

冷冻和低温装置一直以来用于 NGL 回收,这些装置投资成本和操作成本都很高,此外它们包含大量的旋转部件,操作起来很复杂。薄膜分离法提供了一种去除和回收重烃的简单且成本低的解决方案。图 10-9 是薄膜分离法回收 NGL 的简图(Foglietta,2004),如图 10-9 所示,分离过程是基于高流量的薄膜,这种薄膜可选择性地渗透比甲烷重的烃。这些烃穿过薄膜,通过再压缩和冷凝,作为液体回收。通过薄膜的剩余流体除去了部分重烃,然后被送到销售天然气气流中。

气体渗透薄膜通常由渗透性好的玻璃质聚合物制成。然而,为了有效分离,薄膜必须允许物质可以在压力差的驱动下透过薄膜,而对于甲烷不具有渗透性(Rojey 等,1997)。薄膜技术研究公司已经为天然气处理工厂成功开发了一种新的薄膜技术工艺,这种技术是一种独特的橡胶膜,现在已被用于从甲烷中分离 C_{3+} 的天然气处理,这种新的薄膜法非常适用于 NGL 回收和伴生气的露点控制,也可以弥补现有天然气处理装置的不足。Lokhandwala 和 Jacobs 已经给出了关于这种新颖的薄膜技术以及它在天然气处理工业中应用的详细讨论(2000)。

薄膜系统用途很多,可以设计处理多种进料条件。因为质量轻、结构紧凑,这些系统非常适合海上应用。

10.2.5 NGL 回收方法选择

选择一种成本低、高效率的 NGL 回收技术需要考虑很多因素（Mehra 和 Gaskin，1999）。主要影响因素包括进气状态（气体压力、气体贫富程度和杂质）、下游状态（剩余干气压力、预期的液态产品和液体分离设施）和综合条件（有效费用和燃料费、厂址、已有的基础设施和市场稳定性）。除了进气组分和操作模式外，任何工艺最具决定性的技术特征就是进气压力和许可的单位压力降。选择 NGL 回收方法建议参考以下准则（Brands 和 Rajani，2001）。

①当压力足够高时，自冷法需要最少的资金。然而，如果进气和处理后气体之间的压差不够时，需要补充加压。

②当进气压力接近于处理后气体压力时，或者超过一定范围的压降时，使用深冷法会更经济。

③当进气压力远远低于所需的商品供应管线压力时，最经济的方法是运用附带加压的机械制冷法除去重烃，而不是在自冷法之后接着进行加压机械制冷。这是因为压缩机使用成本较高。

④当进气压力等于或低于所需商品供应管线压力时，固体床吸附是一个不错的选择，它能快速启动，即使进气组分和流量有变化也很稳定。通常固体床法仅对含重烃组分较少的气体比较实际。富气需用冷却法。

很明显固体床吸附法比自冷法更有竞争力，与自身冷冻法相比，固体床吸附装置在较低压差下就可操作，不需要额外的压缩。实际上，在较低进气压力和露点要求严格的情况下，固体床吸附法从经济的角度来看更为适用。

控制烃露点的薄膜应用并没有明确的标准。尽管目前它用于贫燃料气较为常见，但用于其他方面仍有待探索。

10.3 天然气液分馏

天然气液回收装置的底部流体可以作为混合产品出售，这对于当地需求不足的独立小型工厂是很常见的，混合产品通过卡车、铁路、驳船或管线被送到指定地点做进一步处理。更经济的方法是把液体分馏成不同组分，这些组分作为单纯产品更有市场价值，然而由于天然气和 NGL 相对价格的波动，从天然气中提取 NGL 的相对动力也在变化，且从天然气中提取 NGL 的水平具有随意性。安全因素决定最低提取水平，技术和 NGL 相对市场价值之间的平衡决定着最大提取水平。

将 NGL 气流分离成不同组分的工艺称为分馏。在分馏装置中，液体分离成有商品价值的产品，然后通过油轮（出口）和油罐车（国内消费）进入市场。通过加热混合的 NGL 流体，并把它们通过一系列的蒸馏塔进行分馏。分馏利用了不同 NGL 产品有不同的沸点性质，随着 NGL 流体温度的增加，最轻的 NGL 产品（沸点最低）在塔顶汽化，然后冷凝成纯净的液体流到储存罐，塔底较重的液体混合物被运送到第二个塔，然后重复这种工艺，经过分离和储存得到不同的产品。这种工艺一直重复到 NGL 分离出各种组分。

正如图 10-10 的分馏流程图所描绘的那样，分馏塔常根据其顶部产品来命名，比如，脱乙烷塔表示顶部产品是乙烷，脱丙烷塔表示顶部产品是丙烷等。液体天然气通常按照下面的次序加热，把较轻的产品从较重的产品中分馏出来(Tuttle 和 Allen，1976)。

(1)脱乙烷塔。分馏的第一步是分离乙烷和丙烷，乙烷进入塔顶，而丙烷和较重组分从分馏塔底部分离出来。

(2)脱丙烷塔。下一步是分离丙烷和异丁烷，丙烷进入塔顶，异丁烷和较重组分从脱丙烷塔底部分离出来。

(3)脱丁烷塔。下一步是把丁烷从戊烷以上的组分(C_{5+})中分离出来。丁烷进入塔顶，戊烷以上的组分从塔底分离出来。

(4)丁烷分离器或脱异丁烷塔。从脱丁烷塔中出来的丁烷可以分离成正丁烷和异丁烷。异丁烷从上面出去，正丁烷从塔底排出。

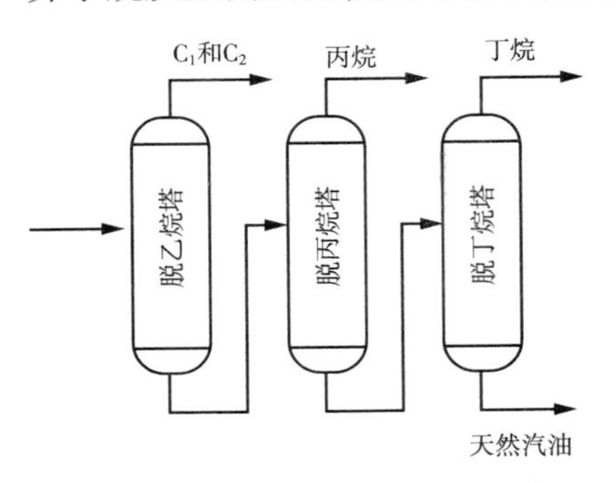

图 10－10 分馏装置流程简图

图 10－10 所示的系统通常生产丙烷、丁烷和天然汽油。在这个系统中，脱乙烷塔必须除去所有的甲烷、乙烷和其他成分，这三种产物有任何一种存在都无法销售。有时蒸馏塔的数量会根据每种产品的市场形势有所变化，例如当液化石油气的市场仅在一年的某段时间时，顶部的液化石油气混合物可以和第二个塔底部生产的天然汽油一起生产，第三个塔将会关闭不运行。

需要注意的是 NGL 分馏生产单一组分产品时，例如石油化学制品等级的乙烷原料或者燃料等级的丙烷时，可以在有天然气处理设施的地点进行，但更多选在区域市场中心等其他地点(Spletter 和 Adair，2001)。

10.3.1 分馏塔流程

对于垂直分馏塔，蒸汽和液体混合物在塔里发生对流并反复接触，每次接触，部分液体汽化，部分气体冷凝。随着蒸汽在塔内增加，蒸汽流开始富集低沸点的轻组分，相反，下降的液流富集高沸点的较重组分。图 10－11 是一个典型蒸馏塔的简图。要处理的液体混合物称为进料，从位于塔中间位置称为进料盘的装置送入。进料塔板把塔分为顶部(富集或者精馏)和底部(汽提塔)。进料流到塔底，在再沸器底部被收集起来。供应热量给再沸器产生蒸汽。从再沸器中上升的蒸汽再输入到塔底。从再沸器除去的液体称为底部产品或简单地称为底部沉积物。蒸汽向塔顶上升，并最终从塔顶离开，然后冷却塔将它冷却。冷凝液储存在称为回流罐的容器(储存器)里。这些液体的一部分循环回塔顶，称为回流，系统除去的冷凝液称为馏分或顶部产物。

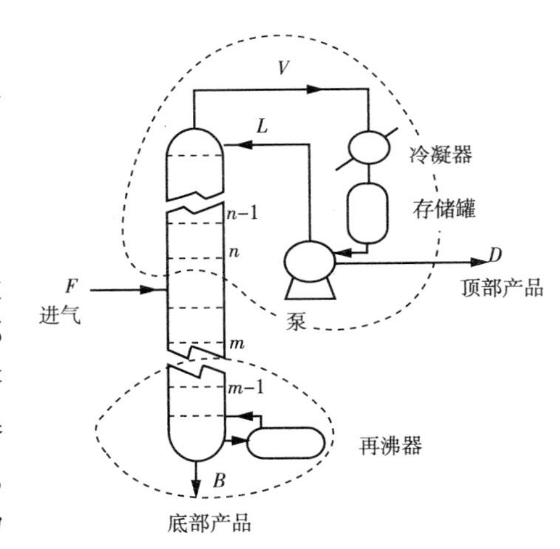

图 10－11 分馏塔简图(Compbell，1992)

为了避免降低分流塔再压缩的工作压力，分流法应在最小压力损失下进行，并尽可能在管线压力下进行。唯一的局限性是高压分馏必须保证每级塔都在低于临界压力下安全地进行，确保气液两相共存。设计者还必须关注压力对分馏塔里关键组分[1]相对挥发性的影响，随着分馏塔工作压力的增加，相对挥发性降低，这使得难以完全分离两种临界组分。

分馏塔的工作压力是根据需要分离的组分和回流冷凝器里冷却介质（空气、水和冷却剂）的温度设定的。这个压力是在选择的冷凝器温度下分馏塔工作的最低压力。当然压力也与塔顶的露点压力或者泡点压力有关。顶部产物在泡点压力下成为液体产物，在露点压力下成为气体产物。

10.3.2 分馏塔类型

有两种类型的分馏塔：①盘式分馏塔，设计各种各样的盘用于承载液体，使气液有良好的接触，因此分离效果更好；②填充分馏塔，用填料代替盘增加了气液相的接触。

盘的设计有很多种类型，但是最常见的是泡罩塔盘、阀盘和筛盘。然而，由于阀盘和筛盘效率高、工作范围大、容易维护、成本低和容量大（在给定直径的条件下），在许多应用中它们已经代替曾被高度评价的泡罩塔盘。现在已发明了很多种填料，并且一些已经广泛使用，填料分为在塔里任意堆放和手工叠加堆放两种，任意堆放填料用于较小的塔，而叠加填料仅用于较大的塔。

传统上，天然气处理厂中的大部分蒸馏塔都是盘式塔，然而近年来填充塔也变得非常普遍。与盘式塔相比，填充塔的优点是低压力降（0.2 ~ 0.6inH_2O/ft 填料）和对于高汽水比系统有更大的容量（在给定直径的条件下）。填充塔也可以使用较小的设备降低成本，其缺点是：①塔的堵塞，填充塔对污物和其他外部杂质非常敏感；②填料调节有限，且存在液体分布不均匀（这对大量理论级的填充塔有严重的影响）和串槽（这是大填充塔运行差的主要原因）的问题。关于填充塔设计的详细讨论已超出本书的范围，可参考 GPSA（1998）和 McCabe（2001）。

10.3.3 分馏塔设计

影响蒸馏塔设计和运行的重要因素是获得所需分离物的盘的数量、塔的直径、再沸器的热量输入和冷凝器的热量输出。根据通则，分馏塔的动态分析是基于物质平衡和能量平衡。

10.3.3.1 整体物质平衡

在分馏塔设计中，首先应该计算塔的物质平衡（如图 10 - 11 所示）。在稳定状态下，两个独立的物质平衡可以写成如下形式：

$$F = D + B \tag{10-1}$$

$$FX_F = DX_D + BX_B \tag{10-2}$$

式中，F 是进料摩尔流量；D 是蒸馏器摩尔流量；B 是底部摩尔流量；X_F 是进料组分的摩尔分数；X_D 是蒸馏塔组分的摩尔分数；X_B 是底部组分的摩尔分数。

从方程（10 - 1）和方程（10 - 2）中显而易见，对于给定的进料组分，顶部和底部产品的技术要求决定了塔的整体物质平衡。换言之，为了满足蒸馏物和底部产物的技术要求，蒸馏物和

[1] 多组分混合物中的两种组分需要分离时，比如主要组分或临界组分，低沸点成分将凝聚在顶部产品中，高沸点成分凝聚在底部产品中，这些组分的选择由设计者决定。

底部产物流量必须准确且唯一。

10.3.3.2 盘的理论最少数量

满足技术要求的出口处的盘数量首先由理论数量决定。理论量是一个理想的数量，存在相平衡，然而实际的盘由于气液接触时间的限制不能达到平衡。一旦知道所需的理论数量，就可计算每个盘[1]的总效率得出实际盘的数量。盘效率典型值是0.5～0.7，且取决于一系列因素，例如盘的类型和内部气液流动条件。Perry(1997)和McCabe(2001)已经给出了关于该问题的详细资料。

对给定分离所需盘的理论最少数量是塔在完全回流的情况下运行时出现的，决定最少数量盘的最严格方法是逐盘计算。然而Fenske方程给出了快速且相当精确计算最少盘数的方法，它可以在无限回流塔内任意比例的两种组分i和j中应用，选好关键组分之后，组分i和j分别对应关键轻组分和关键重组分。Fenske方程(1932)有几种形式，其最简单的形式如下：

$$S_{\mathrm{m}} = \frac{\lg\left[\left(\frac{X_{\mathrm{LK}}}{X_{\mathrm{HK}}}\right)_{\mathrm{D}}\left(\frac{X_{\mathrm{HK}}}{X_{\mathrm{LK}}}\right)_{\mathrm{B}}\right]}{\lg(\bar{\alpha})} - 1 \qquad (10-3)$$

式中，S_{m}是理论最少盘数；X_{LK}是关键轻组分的摩尔分数；X_{HK}是关键重组分的摩尔分数；$\bar{\alpha}$是平均塔温下的相对挥发度；下标D和B分别指蒸馏物和底部产物。

相对挥发度的定义是给定条件下关键轻组分K值[2]与关键重组分K值之比。如果塔顶到塔底的相对挥发度值变化缓慢，推荐使用几何平均法的极大值计算相对挥发度(McCabe等，2001)。

10.3.3.3 进料盘位置

进料盘位置的决定条件：进料在一定温度下被送入，保证进料盘内的塔温梯度没有急剧的变化。实际上并没有确切的进料塔盘定位方法，只有几种计算方法估算进料盘位置。实用的经验公式如下(Kirkbride，1944)：

$$\lg\left(\frac{N}{M}\right) = 0.206\lg\left[\left(\frac{B \cdot X_{\mathrm{HKF}}}{D \cdot X_{\mathrm{LKF}}}\right)\left(\frac{X_{\mathrm{LKB}}}{X_{\mathrm{HKD}}}\right)^{2}\right] \qquad (10-4)$$

式中，N是精馏段理论盘数；M是提馏段理论盘数；B是底部产物摩尔流量；D蒸馏物摩尔流量；X_{HKF}是进气关键重成分；X_{LKF}是进气关键轻成分；X_{LKB}是底部产物中关键轻组分；X_{HKD}是蒸馏物中关键重组分。

表10－1中包含了实际盘数，这是因为不可能每个盘都达到气液间的完全平衡。出于计算的考虑，理论盘数可能比实际盘数少很多。

有时McCabe－Thiele图(1925)可用来估计进料盘的位置，按惯例在估算位置的每一边都增加一些盘。通常，随着进料段移动到塔的较低处，顶部易挥发组分越来越少，而底部产物包含更多的易挥发组分。顶部成分的变化不如底部成分变化显著。

---

[1] 有时，增加额外的盘(最高10%)用来调节安全系数设计不足的塔。

[2] 分配系数或k值被定义成气相中某组分的摩尔分数与该组分在液相中的摩尔分数的比值。

表 10－1 典型分馏塔参数/盘数量

(Arnold 和 Stewart，1999)

塔	大致区域		
	压力范围（psia）	主线之上的实际塔板数量	主线之下的实际塔板数量
贫油吸收塔	200～1100	24～30	20～50
富油脱甲烷塔	450～600	20～30	20～50
富油脱乙烷塔	175～300	24～30	20～50
富油蒸馏塔	85～160	12～60	16～60
制冷设备脱甲烷塔	550～650	14～30	26～30
制冷设备脱乙烷塔	350～500	10～70	20～70
制冷设备脱丙烷塔	200～300	17～70	18～70
制冷设备脱丁烷塔	70～100	18～70	15～70

10.3.3.4 最小回流比

当塔的盘数趋于无限大时，就会得到给定分离条件下的最小回流比[1]，它对应着用于分离的最小再沸器热负载和冷凝器冷负载。确定最小盘数的最精确方法是逐盘计算，这个算法是由 Holcomb 等（1942）证明的反复试算法。在几种计算最小回流比的方法中最常用的是 Underwood 方法，它包括了以下两个方程：

$$\sum_{i=1}^{i=n}\frac{\alpha_i X_{Fi}}{\alpha_i - \varphi} = 1 - q \qquad (10-5)$$

$$\sum_{i=1}^{i=n}\frac{\alpha_i X_{Di}}{\alpha_i - \varphi} = R_m + 1 \qquad (10-6)$$

式中，α_i 是组分 i 在平均塔温下的相对挥发度；X_{Fi}是进料中组分 i 的摩尔分数；X_{Di}是蒸馏物中组分 i 的摩尔分数；q 是进料的热状态，即 1mol 进料转化成饱和蒸汽所需的热量与进料摩尔潜热的比值（沸点进料 $q=1.0$，露点进料 $q=0$，两相进料 $0<q<1.0$）；R_m 是最小回流比；n 是组分数；φ 是常数。

应用方程（10－5）和方程（10－6）计算最小回流比必须保证 φ 值满足方程（10－5）。这可用试算法求解，唯一的解在关键轻重组分相对挥发度之间。由于所有组分的相对挥发度是基于关键重组分的，这意味着 $1.0<\varphi<\alpha_{LK}$。用满足方程（10－5）的 φ 值代入方程（10－6）计算最小回流比。在这个计算中，蒸馏物成分从塔上的开口处获得。有时该方法计算的最小回流比是负值，这亦说明应该试试其他的一些方法，或者进料和蒸馏塔顶部产品之间的分离可能在未达到平衡时就已经完成（Walas，1990）。

---

[1] 由于应用回流比（回流物与馏出物的比值），分馏塔的分析得到简化。

Underwood 方法(1948)简化假设流量是常数，且温度与相对挥发度无关，结果很准确。当简化假设不适用时，可以进一步对流量以及温度与相对挥发度的关系进行校正。

Underwood 方法(1948)只给出了最小回流比的近似值。它的值一般会高出 5% ~20%，因此它可用于塔的设计。

10.3.3.5 实际回流比

随着回流比的增加，越来越多饱含易挥发组分的液体循环回塔里，分离效果变得更好，因此只需要很少的盘就可以得到相同的分离度。给定的分离边界条件可用最低水位(全回流)和最小回流(无限盘数)来表示。很明显任何一个条件都不能代表实际工作条件，仅仅说明了塔工作的限制条件。

Gilliland 关系式(1940)广泛用于计算实际的回流比。一旦计算出最小理论盘数和最小回流比后，就可以用 Gilliland 关系式计算固定盘数的实际回流比，或者反过来计算固定回流比的盘数。盘式塔的 Gilliland 关系式可以用下面的方程描述(Eduljee,1976)：

$$Y = 0.75(1 - X^{0.5668}) \tag{10-7}$$

式中，$Y=(S-S_m)/(S+1)$，$X=(R-R_m)/(R+1)$；R 是实际回流比；R_m 是最小回流比；S 是理论塔盘的实际数量；S_m 是理论塔盘的最小数量。

工作回流在数值上等于超过最小回流的那一部分数值，最终由运行成本和投资成本之间的经济平衡确定。大多数塔都设计在 1.2 ~1.5 倍的最小回流比下运行，因为这最接近最低运行成本(回流大说明再沸器的工作量也大)。然而该范围内的回流比对总成本影响不大，因此回流大于最佳值时更有利于操作(McCabe 等,2001)。

表 10-2 给出了回流比的典型值和不同分流塔的塔盘效率。这些不是实际设计值，但却是以往应用中典型值的指导准则。实际选择取决于很多因素，例如进料成分、燃料成本和投资成本。

表 10-2 典型分离塔条件(GPSA,1998)

塔	回流率①	回流率②	塔盘效率(%)
脱甲烷塔	最大进气	最大进气	45 ~60
脱乙烷塔	0.9 ~2.0	0.6 ~1.0	50 ~70
脱丙烷塔	1.8 ~3.5	0.9 ~1.1	80 ~90
脱丁烷塔	1.2 ~1.5	0.8 ~0.9	85 ~95
丁烷分离塔	6.0 ~14.0	3.0 ~3.5	90 ~110
富油分馏塔	1.75 ~2.0	0.35 ~0.40	顶部 67 底部 50
富油脱乙烷塔	—	—	顶部 25 ~40 底部 40 ~60

①与顶部产物对应的回流率[lb · mol/(lb · mol)]。

②与进气对应的回流率(ft^3/ft^3)。

需要指出的是，对于特定的分离任务实际需要的盘数取决于塔盘效率和填充塔效率(如果使用的话)。因此任何引起盘效率下降的因素都会降低塔的性能,影响盘效率的因素包括污垢、磨损和腐蚀,这些因素发生的速率取决于被处理液体的性质,因此应针对盘的结构选择合适的材料。

设计分馏塔首先是确定预期分离度所需的盘数和进料盘的位置,其他要考虑的问题是塔盘距离、塔直径、内部布局和冷热负载,所有这些都是互不相容的参数,因此分馏塔设计通常是一个逐次接近法。如果设计阶段解决不了这些矛盾,在实际工作时塔就不能很好地运行。

10.3.3.6 塔容量

塔容量表示每单位平板面积上的气体或液体流量。根据塔直径和内部部件的类型不同,气体和液体处理容量有水力界限,包括上界和下界。在非常大的气体或液体负载下,由于过多的液体雾沫或下流管容量不够,塔会溢流,而低流量下可能发生液体渗漏和气体脉动等问题,当达到它的水力界限之前预期分离效率会下降,将导致产品不合格,因此塔需要在指定的界限内运行。

为了估计塔的水力状态,有显著气液流量变化的各段都要计算气体流动所需的塔直径,这些段包括顶端和底端、循环回流段和进料段,绘制各段的直径就可以得到塔的径向轮廓,然后就可以找出限制塔流量的瓶颈(Gadalla 等,2003)。

在最大蒸汽负载下(通常在顶部塔板之下),运用下面的方程就可以计算最大气体负载所需的直径(Souders 和 Brown,1932):

$$V_{max} = C\sqrt{\frac{\rho_L - \rho_V}{\rho_V}} \tag{10-8}$$

式中,V_{max}是最大气体流速,ft/s;ρ_L 是液体密度,lb_m/ft^3;ρ_V 是气体密度,lb_m/ft^3;C 是分选系数,ft/s。

分选系数(C)根据装置数据估计,不同工作条件下“C”的不同关系式已经有人给出(Perry,1997),表 10-3 给出了常用值。Souders 和 Brown 方程(1932)计算的塔容量约有 20% ~ 40% 的保守量,Brown 等(1943)已经指出了这一点。

表 10-3 分选系数对应的塔板间隙

C(ft/s)	塔板间隙(in)
0.122	18
0.150	21
0.167	24

设计塔的一般方法是选择塔盘距离,估计可能的气体载荷,并用下式计算塔直径(GPSA,1998):

$$D = \sqrt{\frac{Q_V}{V_{max} \times 0.7854}} \tag{10-9}$$

式中,D 是塔直径,ft;Q_V 是体积气体流量,ft^3/s;V_{max}是最大气体流量,ft/s。

这种方法最早是为泡罩塔盘设计的,给出的直径很保守,尤其对于其他类型的塔盘。

当处理大量液体负载时,可用液体载荷而不是气体负载来确定塔直径。这样可获得一个安全的液体载荷,同时最终的设计对于气体流量也不会过载(McCabe 等,2001)。

如果分馏塔的直径为2ft或者更小,在大多数情况下用填料塔代替盘式塔会更经济。制造商会提供填充材料的数据,可确定与标准泡罩塔盘同等质量交换所需填料的数量。

在大直径塔里通常使用常见塔盘,但一些操作人员也应用了规则填料的新成果,规则填料可以使塔直径更小,高度更低。另外填料增加了额外的气液接触界面,在分离塔高度相同的条件下,分离的效率会提高。

塔的高度是理论盘数和实际盘效率的函数,当塔的工作条件确定后,就可以从塔盘式或填料式制造商提供的可用数据选择塔的直径和高度。

10.3.3.7 总热平衡

分馏塔设计基本计算流程的最后一步是确定分馏塔周围的总热平衡。设计塔时,确定任意假设[1]的塔的经济可行性及可取性非常重要,总热平衡在评价和检修蒸馏塔方面也有应用价值,通过总热平衡可以确定存在的操作问题或者塔工作不正常的原因。蒸馏塔总热平衡可以写成如下形式:

$$Q_R + Q_C = h_D D + h_B B - h_F F \tag{10-10}$$

式中,Q_R 是再沸器热负载;Q_C 是冷凝器热负载;h_D 是蒸馏物的热焓;h_B 是底部产物的热焓;h_F 是进料热焓;D,B,F 是分别是蒸馏物、底部产物和进料的流量。

再沸器的热负载随分馏塔的热损失增加而增大。轻烃分馏塔的热量损失是热负载的3%,更准确的热量损失可以使用传热系数1.0Btu/(h·ft²·℉)及塔绝缘层与大气温度差来估计。从这一点来看,分馏塔工艺设计的所有计算结果都应仔细检查和研究。如果所有的结果都令人满意,最终塔尺寸的计算就完成了。

10.3.4 设计流程

推荐使用下面的步骤确定分馏塔的设计参数(Campbell,1992;GPSA,1998):

①确定进料成分、流量、温度和压力;

②根据进料和产品确定塔的开口;

③确定冷凝器温度(顶部气流)和塔的压力,这将用于计算再沸器温度;

④计算理论盘的最少数量和预期产品的最小回流比;

⑤综合计算实际盘和实际所需回流比;

⑥通过冷凝器热平衡确定冷凝器负载,再通过塔热平衡确定再沸器负载;

⑦计算塔的尺寸。

通常使用平衡级法设计蒸馏塔,然而塔设计的校正和总体方法不使用平衡级,而是有所改变,针对不平衡问题考虑盘的传热和传质过程。不平衡级法必须结合准确的相间传质过程,模型公式应包含同步传热效应,采用非平衡级法的原因是该方法获得的塔的轮廓与传统方法截然不同,这种差异对设计有重要的影响,其主要缺陷是缺乏应用的填料和盘之间的物质交换关系。因此新的设计方法仍然要谨慎使用。

---

[1] 在分馏塔中,气流和液流的实际变化由焓平衡决定,并且强加的摩尔流量不变的假设限制可以通过严格的焓平衡被移除,焓平衡在物质平衡和相平衡中使用。

10.4 汽油和液化石油气加工

天然汽油（凝析液）和液化石油气（LPG）经常受酸性化合物污染，例如硫化氢、二氧化碳、氧硫化碳（COS）、二硫化碳、硫醇和单质硫。特别严重的是硫化氢、硫醇和单质硫，含硫化氢的天然汽油有难闻的气味且具腐蚀性，硫醇也使汽油难闻，单质硫使汽油具有腐蚀性。

当作为进料时，LPG 中的硫化氢会形成游离硫或硫醇。如果硫醇含量很大会使液化石油气十分难闻，而且它燃烧的产物也具有难闻的气味。二氧化碳含量过高会增加 LPG 压力，降低发热量。氧硫化碳和二硫化碳虽然没有腐蚀性，但会在自由水中缓慢水解成硫化氢，使产品有腐蚀性（Bullin 等，1995）。

含有害物质的产品应该除去硫化氢、氧硫化碳和单质硫，或者除去硫醇或者把它们转化成危害小的化合物。液—液接触法使用碱、链烷醇胺水或固体氢氧化钾，可以从 LPG 和汽油中除去硫化氢和二氧化碳。当硫化氢和二氧化碳组分含量很低时，简单的碱洗既经济又有效，但是随着污染物含量增加，供应和处理苛性碱的高成本就使这种方法不切合实际了。胺处理法是非常不错的备选方案，特别是现场有胺处理装置时更是如此，Bullin 等（1995）已经详细讨论了用胺脱硫的设计思路。

将单质硫和多硫化物溶液混合可以将单质硫从汽油中除去。当然单乙醇胺（GPSA，1998）可以把氧硫化碳除去。硫醇可以通过一些方法转化为二硫化物，这些二硫化物会留在脱过硫的烃中，因此硫的总含量没有变，然而硫是以二硫化物形式（无味）存在而不是以硫醇形式存在。这种方法或者其他可用方法的组合取决于产品中硫醇的含量及必须满足的技术标准（Fischer 等，1993）。接下来讨论两种普遍的处理方法。

10.4.1 亚铅酸钠脱硫醇工艺

在将硫醇转换为二硫化物的一系列方法中，亚铅酸钠氧化脱硫醇是最古老的方法。处理亚铅酸钠时，通常将残留 0.0004% 的硫醇，这种浓度对四乙基铅的敏感性汽油几乎没有或有很小的影响。在这一过程中，氧化铅碱性溶液（通常是铅化钠）与硫醇接触形成铅硫醇（溶解于油中）的油气流。然后混合物经过强力硫（对铅有很高亲和力）处理，使硫醇向一种被称为二硫化物（存留在油气流溶液中）的物质转化。用铅酸钠溶液除去汽油中硫醇这一过程的反应式为：

$$2RSH + Na_2PbO_2 \longrightarrow (RS)_2Pb + 2NaOH \qquad (10-11)$$

$$(RS)_2Pb + S \longrightarrow R_2S_2 + PbS \qquad (10-12)$$

注意到应该在化学剂中加入过量硫磺，以便硫醇完全转化为二硫化物，但是太多的硫黄将造成硫化物的形成（Maddox，1974）。若没有硫磺，利用大气中氧气和氢氧化钠溶液也可产生相同的转化，只是比较缓慢且不完全［方程式（10-12）］（McBryde，1991）。

10.4.2 梅洛克斯脱臭过程

应用萃取脱硫[1]工艺来处理最终产物，即通过该方法使所有硫醇化合物失去活性。也可以应用该工艺来处理液化石油气、汽油以及较重组分。这种处理方法是对含硫醇的高硫原料

---

[1] 硫磺代表氧化硫醇。

的萃取,与 NaOH 共同置于一个由环球油品工艺部门设计的具有高性能塔盘的多级萃取塔中反应。这一萃取反应见下面的方程式:

$$RSH + NaOH \longrightarrow NaSR + H_2O \tag{10-13}$$

萃取以后,提取的硫醇以硫化钠形式存在,然后被催化氧化为不溶于水的二硫化物油(RSSR),如下面的方程式所示:

$$4NaSR + O_2 + 2H_2O \longrightarrow 2RSSR + 4NaOH \tag{10-14}$$

这种二硫化物油被沉淀分离出来作为燃料或者是在加氢处理装置中再进一步处理,而再生的氢氧化物进一步循环进入萃取塔中。

梅洛克斯溶液有非常高的脱硫度,如果要求更高的脱硫度,梅洛克斯法还可以用固定床将硫醇催化转化为二硫化物。

轻质原料如液化石油气的处理,没有除臭要求,因为在萃取过程中,硫醇几乎被完全分离出来,而其他含有高相对分子质量硫醇的原料可能需要结合梅洛克斯脱硫萃取法除臭(环球油品,2003)。

参考文献

Arnold, K., and Stewart, M., "Surface Production Operations, Vol 2: Design of Gas - Handling Systems and Facilities," 2nd Ed. Gulf Professional Publishing, Houston, TX (1999).

Ballard, D., How to operate quick - cycle plants. Hydrocarb. Proc. Petr. Refiner. 44(4), 131 (1965).

Brands, D. S., and Rajani, J. B., "Comparison between Low Temperature Separation (LTS) and SORDECO Process for Hydrocarbon Dewpointing." Paper presented at the GPA Europe Annual Conference, Amsterdam, The Netherlands (Sept. 2001).

Brown, G. G., et al., Trans. AIChE J. 39(1), 63 (1943).

Bullin, J. A., Polasek, J., and Rogers, J., "Design Considerations for Sweetening LPGs with Amines." Paper presented at the 74th GPA Annual Convention, Tulsa, OK (1995).

Campbell, J. M., "Gas Conditioning and Processing," 3rd Ed. Campbell Petroleum Series, Norman, OK (1992).

Cranmore, R. G., and Stanton, E., "Modern Petroleum Technology" (R. A. Dawe, ed.), Chapter 9. Wiley, New York (2000).

Daiminger, U., and Lind, W., Adsorption - based processes for purifying natural gas. World Refining 14(7), 32 - 37 (2004).

Eduljee, H. E., Hydrocarbon Processing, 120 (Sept. 1976). Elliot, D. G., Chen, J. J., Brown, T. S., Sloan, E. D., and Kidnay, A. J., The economic impact of fluid properties research on expander plants. Fluid Phase Equilibria 116, 27 - 38 (1996).

Ewan, D. N., Laurence, J. B., Rambo, C. L., and Tonne, R., "Why Cryogenic Processing?" Proc. 54th GPA Annual Convention, Houston, TX (March 1975).

Fenske, M. R., Fractionation of straight - run Pennsylvania gasoline. Ind. Eng. Chem. 24, 482 - 485 (1932).

Fischer, E., Goel, R., and Saunders, D., "Preliminary Process Selection for Natural Gas Liquid (NGL) Treating." Proc. 72th GPA Annual Convention, 248 - 256, San Antonio, TX (March 15 - 17, 1993).

Foglietta, J. H., "Dew Point Turboexpander Process, a Solution for High Pressure Fields." Paper presented at the IAPG 2004 Gas Conditioning Conference, Neuquen, Argentina (Oct. 18, 2004).

Gadalla, M. , Jobson, M. , and Smith, R. , Increase capacity and decrease energy for existing refinery distillation columns. Chem. Eng. Prog. 99(4) 44 – 50 (2003).

Geist, J. M. , Refrigeration cycles for the future. Oil Gas J. 83(5), 56 – 60 (1985).

Gilliland, E. R. , Ind. Eng. Chem. 32, 1101 (1940).

GPSA Engineering Data Book, 11th Ed. Gas Processors Suppliers Association, Tulsa, OK (1998).

Holcomb, D. E. , et al. , Ind. Eng. Chem. 34, 590 (1942).

Holm, J. , Turboexpanders in energy saving processes. Energy Prog. 6(3), 187 – 190 (1986).

Kirkbride, C. G. , Petroleum Refiner 23(9), 321 (1944).

Lee, R. J. , Yao, J. , and Elliot, D. , Flexibility, efficiency to characterize gas – processing technologies. Oil Gas J. 97(50), 90 – 94 (1999).

Lokhandwala, K. A. , and Jacobs, M. L. , "New Membrane Applications in Gas Processing." Paper presented at the 79th GPA Annual Convention, Atlanta, GA (March 2000).

Mackenzie, D. H. , and Donnelly, S. T. , Mixed refrigerants proven efficient in natural gas liquids recovery process. Oil Gas J. 83(9), 116 – 120 (1985).

Maddox, R. N. , "Gas and Liquid Sweetening," 2nd Ed. Campbell Petroleum Series, Norman, OK (1974).

Manning, F. S. , and Thompson, R. E. , "Oil Field Processing of Petroleum," Vol. 1. Pennwell Publishing Company, Tulsa, OK (1991).

McBryde, W. A. E. , Petroleum deodorized: Early Canadian history of the "Doctor sweetening process." Ann. Sci. 48, 103 – 111 (1991).

McCabe, W. L. , and Thiele, E. W. , Ind. Eng. Chem. 17, 605 (1925). McCabe, W. L. , Smith, J. C. , and Harriott, P. , "Unit Operations of Chemical Engineering," 6th Ed. McGraw – Hill, New York (2001).

Mehra, Y. R. , and Gaskin, T. K. , Guidelines offered for choosing cryogenic or absorption for gas processing. Oil Gas J. 97(9), 62 – 67 (1999).

Nasir, P. , Sweet, W. , Elliot, D. , Chen, R. , and Lee, R. J. , "Enhanced NGL Recovery Process Selected for Neptune Gas Plant Expansion." Paper presented at the 82ndGPA Annual Convention, San Antonio, TX (March 9 – 12, 2003).

Parasons, P. J. , and Templeman, J. J. , Models performance leads to adsorption – unit modifications." Oil Gas J. 88 (26), 40 – 44 (1990).

Perry, J. H. , "Chemical Engineers Handbook," 7th Ed. McGraw – Hill, New York (1997).

Pitman, R. N. , Hudson, H. M. , Wilkinson, J. D. , and Cuellar, K. T. , "Next Generation Processes for NGL/LPG Recovery." Paper presented at the 77th GPA Annual Convention, Dallas, TX (March 16, 1998).

Rojey, A. , Jaffret, C. , Cornot – Gandolph, S. , Durand, B. , Jullin, S. , and Valais, M. , "Natural Gas Production, Processing, Transport." Editions Technip, Paris, France (1997).

Russell, T. , "Gas Processing Basics." Paper presented at the 80th GPA Annual Convention, San Antonio, TX (March 11, 2001).

Souders, M. , and Brown, G. G. , Fundamental design of absorbing and stripping columns for complex vapors. Ind. Eng. Chem. 24, 519 (1932).

Spletter, K. G. , and Adair, L. , US gas processing profitability statistics. Oil Gas J. 99(21), 54 – 59 (2001).

Tuttle, R. , and Allen, K. , "Treating System Selection for Fractionation Plants." Proc. 55th Ann. Conv. GPA. , San Antonio, TX (March 1976).

Underwood, A. J. V. , Fractional distillation of multicomponent mixtures. Chem. Eng. Prog. 44(8), 603 – 614 (1948).

UOP, "Merox Process for Mercaptan Extraction." UOP 4223 - 3 Process Technology and Equipment Manual, UOP LLC, Des Plaines, IL (2003).

Walas, S. M., "Chemical Process Equipment: Selection and Design." Butterworth - Heinemann, Boston (1990).

11 天然气销售输送

11.1 导言

天然气作为一种世界范围的能源供给越来越重要。目前，许多重大的工程正计划通过地下管道将大量天然气从处理厂高压输送到分配系统，再销售给大量工业用户。这些管道利用沿管线的一系列压缩机站将天然气进行长距离的输送。另外，安装在压缩机站排气侧的气体冷却器，可以使压缩气体维持在特定的温度，防止当天然气管道下游压降减少时，由于高温使输气管道内部和外部涂层遭到损坏。本章从基本的观点出发，涉及天然气销售输送中的所有重要的概念。

11.2 气体流动原理

天然气销售输送管线的优化设计要求用精确的方法来预测给定流量下的压降，或是预测与配置的压缩功率和能源需求（例如气体燃料）相关的一定压降下的流量，来作为技术和经济评价的一部分。换句话说，需要一种实用的方法来将通过管道的天然气的流量与管道性能、天然气性质以及诸如压力和温度等作业条件联系起来。应用最为广泛的方法是单相干气管线中等温稳态压降或流量计算法。这些方法反映了天然气输送系统工程中最基本的关系（Beggs，1984；Smith，1990，Aziz 和 Ouyang，1995）。它们也是一些其他的更复杂的瞬变流计算及地面管道设计的基础。

11.2.1 一般流动方程

假设：在管道内径恒定，等温流动。综合 Bernoulli's 方程可用式（11－1）表示（Uhl，1965；Schroeder，2001）：

$$Q_{sc} = C\left(\frac{T_b}{P_b}\right)D^{25}\left(\frac{p_1^2 - p_2^2}{f\gamma G T_\alpha Z_\alpha L}\right)^{0.5}E \tag{11-1}$$

式中，Q_{sc}表示标准气体流量，即在标准温度和压力下测定的流量，ft^3/d；T_b 表示标准状况下的气体温度，519.6°R；P_b 表示标准状况下的气体压力，14.7psia；p_1 表示进口气体压力，psia；p_2 表示出口气体压力，psia；D 表示管道内径，in；f 表示莫氏摩擦系数；E 表示流动效率因子；γ_G 表示天然气的相对密度；T_α 表示管道平均热力学温度，°R；Z_α 表示平均压缩因子；L 表示管道长度，mile；C 是常数，为 77.54。

方程（11－1）假设条件通常情况下适合于长管道，但方程式仍增加一个修正假设条件的流动效率因子 E。当干气流过新管道时，流动效率因子值接近 1，随着管道老化以及遭受不同程度的腐蚀，流动效率因子的值将减小（Campbell 等，1992）。实际应用中对单相气流，如果没有采用必要的干燥程序或者没有安装洗涤器，就可能出现水或冷凝水，这些水分会损坏压缩设备，甚至造成管道局部腐蚀。在天然气输送管线中出现的液态产物也会造成流动效率因子的急剧减小。一般情况下，效率因子取决于管线中液态物质的含量，在 0.6～0.92 变化（Ikoku，1984）。随着气相中液态物质含量的增加，管道效率因子不再适用于两相流动特性，此时应该采用两相流方程(Brill 和 Beggs,1991;Asante,2002)。

管道通常不是水平的,但是只要斜率不是太大,可以在方程(11-1)采用流动效率因子 E 来修正流体静水压头,如下所示(Schroeder,2001)。

$$Q_{sc} = C\left(\frac{T_b}{P_b}\right)D^{2.5}\left(\frac{p_1^2 - p_2^2 - H_c}{L\gamma GT_\alpha Z_\alpha f}\right)^{0.5}E \tag{11-2}$$

$$H_c = \frac{0.0375g(H_2 - H_1)P_\alpha^2}{Z_\alpha T_\alpha} \tag{11-3}$$

式中,H_1 是进口处标准高度,ft;H_2 是出口处标准高度,ft;g 是重力常数,ft/s^2。

平均压缩因子 Z_α 由平均压力 p_α 和平均温度 T_α 确定,其中 P_α 由方程式(11-4)计算求得(Campbell 等,1992):

$$p_\alpha = \frac{2}{3}\left[(p_1 + p_2) - \left(\frac{p_1 p_2}{p_1 + p_2}\right)\right] \tag{11-4}$$

式中,p_1 和 p_2 分别为上游和下游绝对压力。

平均温度由方程式(11-5)确定:

$$T_\alpha = \left[\frac{T_1 - T_2}{\ln\left(\frac{T_1 - T_s}{T_2 - T_s}\right)}\right] + T_s \tag{11-5}$$

式中,T_s 是土壤温度;T_1 和 T_2 分别为上游和下游温度。

对于气体,得到 p_α 和 T_α 的值后,可以应用 Kay's 法则和气体压缩因子图版得到压缩因子值(Campbell 等,1992)。

11.2.2 摩擦系数相关性

用基本流动方程计算压降时,需要一个摩擦系数。但是,由于摩擦系数是流量的函数,整个流动方程是隐性的。为了确定摩擦系数,用一个无量纲值来表征流体流动,称为雷诺数[方程式(11-6)]。

$$Re = \frac{\rho VD}{\mu} \tag{11-6}$$

式中,Re 是雷诺数,无量纲;D 是管径,ft;V 是流体速度,ft/s;ρ 是流体密度,lb_m/ft^3;μ 是流体黏度,$lb_m/(ft \cdot s)$。

当雷诺数小于 2000 时,流动为层流。当雷诺数大于 2000 时,流动为湍流。在中高流量流动的高压输气管道中,存在两种流动类型:局部湍流(光滑管流)和整体湍流(粗糙管流)。对于气体来说,雷诺数由方程式(11-7)确定:

$$Re = \frac{0.7105P_b\gamma_G Q_{sc}}{T_b\mu_G D} \tag{11-7}$$

式中,D 是管径,ft;Q_{sc} 是气体流量,标准 ft^3/d;μ_G 是气体黏度,cP;p_b 是标准压力,psia;T_b 是标准温度,°R;γ_G 是天然气的相对密度,无量纲。

由于方程式(11－7)是按照气体流量的比给出的雷诺数,所以对于天然气行业来说,它是一个更方便的表达雷诺数的方法。

另外一个与摩擦系数相关联的参数是管糙率(ε),它通常是雷诺数和管道相对粗糙度的一个函数(绝对粗糙度与管道内径的比值)。不同的管道,管糙率不同,表(11－1)给出不同管道的管糙率。随着使用年限的增加,这些值会在2～4的范围内增加。

表11－1　管糙率(Norsok Standard,1996)

管道类型(新的、干净的)	ε(in)
碳素钢被腐蚀	0.019685
碳素钢未被腐蚀	0.001968
玻璃纤维管道	0.0007874
钢内部由环氧树脂包裹	0.00018～0.00035

在方程(11－1)中的莫氏(1944)摩擦系数f由莫氏图查找。图11－1为莫氏相关曲线图。莫氏图由四个区域组成:层流区域、过渡流区域、局部湍流区域及整体湍流区域。

左边的层流区域是流量极低的区域,在这一区域流体严格地流向同一方向,而且摩擦系数与流量关系密切。层流区域的摩擦系数由Hagen－Poiseuille方程定义:

$$f = \frac{64}{N_{R_e}} \tag{11-8}$$

右边部分的整体湍流区域描述了既包含主要流动方向的流动,也包含完全横向流动(返混)的流体流动。由于在这一区域不存在理想化平滑的管线,湍流摩擦系数与流量没有关系,仅表现为管糙率的函数。由Nikuradse粗糙管定律给出摩擦系数:

$$\frac{1}{\sqrt{f}} = 2\lg\frac{D}{\varepsilon} + 1.14 \tag{11-9}$$

方程式(11－9)表示如果管糙率增加,则摩擦系数增加,从而导致更高的压降。相反地,降低管糙率,就可以使摩擦系数和压降变小。在雷诺数较高的情况下,多数管道不是理想平滑的(Schilichting,1979);因此,工程人员对Nikuradse(1933)关于流体流过粗糙管道的研究有很大的兴趣。

局部湍流区域是中等流量区域,虽然在其粗糙区域外仍存在层流边界层,但管内流体为横向流动。局部湍流由Karman&Prandtl平滑管道定律来表征(Uhl,1965):

$$\frac{1}{\sqrt{f}} = 2\lg(Re\sqrt{f}) - 0.8 \tag{11-10}$$

此关系式作为实验结果的准确表达式,获得了广泛的认可,但是Zagarola(1996)研究了高雷诺数下平滑管中的流动,指出高雷诺数下这个关系式是不准确的。他认为在前面的关系式中预测的摩擦系数偏低。

当处于过渡区域时,即从理想的光滑管到粗糙管,此时摩擦系数怎样变化还没有达成一致意见。但是,Colebrook(1939)提出了另外的实验结果,针对流体在理想的光滑管中的流动和

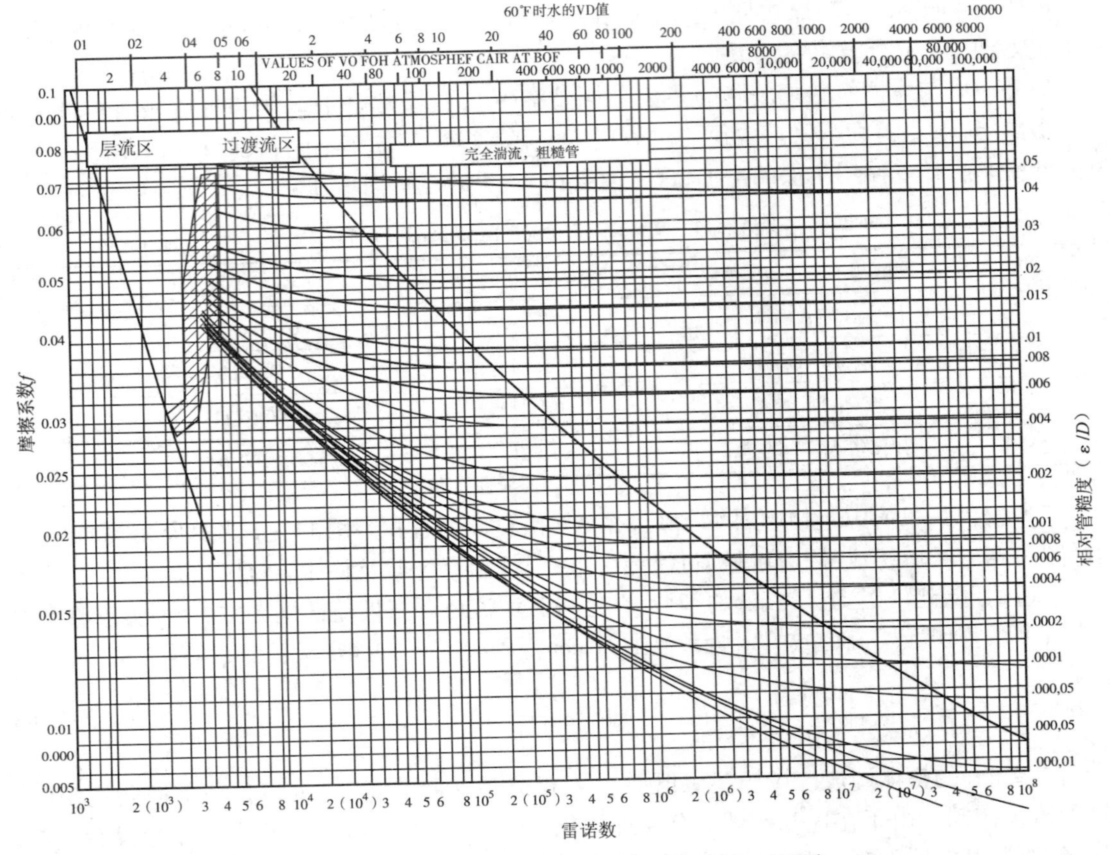

图 11-1　莫氏相关曲线图(Streeter 和 Wylie,1979)

粗糙管的流动之间的过渡区域的摩擦因子变化,推导出了一个有效的关系式。关系式如下:

$$\frac{1}{\sqrt{f}}=-2\lg\left(\frac{\varepsilon/D}{3.7}+\frac{2.51}{Re\sqrt{f}}\right) \tag{11-11}$$

莫尔(1944)总结了 Colebrook(1939)方程适用于雷诺数高于 2000 的摩擦系数。方程的精度在实验误差范围之内(光滑管在 5% 以内,粗糙管在 10% 以内)。作为粗糙管摩擦系数的计算标准,这个方程式得到了普遍认可。但是,由于 Colebrook(1939)方程是超越方程,需要迭代,不利于模拟计算。而且,因为必须通过合理的初始摩擦系数的估定,才能保证这个方程收敛,所以这个方程式很难编程实现。此问题难以解决,应该尽量避免将问题复杂化。因此推荐使用修正的 Colebrook 方程式,在实际的管流工程计算中代替经典的方程式。Garland 等(1999)对这个问题给出了详细说明。而后 Jain(1976)又提出了一个显式的摩擦系数关系式,这个关系式可以与 Colebrook(1939)方程相媲美,而且它不要求迭代。与 Colebrook 方程相比,相对管糙率在 0.000001 ~ 0.01 以及雷诺数在 $5\times10^3 \sim 1\times10^8$ 时,误差在 1% 以内。因此对所有需要湍流测定的摩擦系数的计算,通常建议使用 Jain 关系式。

摩擦因子常常依据范氏摩擦系数来表示,是莫氏摩擦系数的¼。应注意避免混淆摩擦系数的使用。

11.2.3 实用流动方程

莫氏摩擦系数f是一般气体流动方程不可或缺的部分。因为它是一个高阶非线性方程，应该从图表中或由一个非线性方程式迭代得到。莫氏摩擦系数的近似值可以使气体流动方程式不需要迭代而直接求解，因此得到了广泛的应用。四个较为常用的莫氏摩擦系数近似值分别是 Weymouth、PanhandleA、PanhandleB 以及 IGT(Beggs,1984;Ikoku,1984)。Weymouth 方程式使用式(11－12)来逼近莫氏摩擦系数，剩下的三个方程式都使用式(11－13)来逼近莫氏摩擦系数，这里m和n都是常数。表(11－2)给出了这些常数值。

$$f = m(D)^{-n} \tag{11-12}$$

$$f = m(Re)^{-n} \tag{11-13}$$

表 11－2　方程(11－12)和(11－13)中的常数值

方程	m	n
Weymouth	0.032	0.333
Panhandle A	0.085	0.147
Panhandle B	0.015	0.039
IGT	0.187	0.200

雷诺数可以使用式(11－7)来逼近。对粗糙管中的湍流来说，除了雷诺数之外，管糙率也影响摩擦系数。因此，选择效率因子修正管糙率的计算。

可以将这些近似值代入流动方程式中，得到最终方程式(11－14)(Ouyang 和 Aziz,1996)：

$$Q_{SC} = \frac{a_1\left(\frac{T_b}{P_b}\right)E(p_1^2 - p_2^2)^{0.5}D^{a_2}}{(\gamma_G)^{a_3}(T_\alpha Z_\alpha L)^{a_4}(\mu_G)^{a_5}} \tag{11-14}$$

式中，a_1到a_5都是常数，这些常数是摩擦系数的近似值以及气体流动方程的函数。表11－3给出了这些常数值(Kennedy,1993;Towler 和 Pope,1994)。

从表 11－3 可以看出，在雷诺数较大的情况下，气流量并不是气体黏度的一个显函数。这是因为在层流中黏度是非常重要的，气体管流通常处于部分或全部紊流状态。但是，正常情况下，黏度项产生的影响很小。当黏度绝对值改变 30% 时，由此产生的计算气流量的变化大约仅为 2.7%。因此，一旦一个管道气体黏度值确定了，即使用于确定这一黏度的条件发生小的变化，对由方程式(11－14)预测出的流动产生的影响仍将会很小(Huntington,1950)。

表 11－3　方程 11－14 中的常数值

方程	a_1	a_2	a_3	a_4	a_5
Weymouth	433.46	2.667	0.5000	0.5000	0.0000
Panhandle A	403.09	2.619	0.4603	0.5397	0.0793
Panhandle B	715.35	2.530	0.4900	0.5100	0.0200
IGT	307.26	2.667	0.4444	0.5556	0.1111

几乎所有较早发表的方程都是由基本气体流动方程式推导而来的，但是当求解析解时，每一个方程式都包含一个特殊的摩擦系数逼近值。例如，Weymouth(1912)方程用一条直线来逼近摩擦系数。因此，在大多数流动情况下，所得到的摩擦系数的近似值一般是比较粗糙的(Kennedy,1993)。这个方程式很容易过高地估计压降值，因此和其他的气体流动方程相比，由此得到的估计值较差。但是，在设计气体分配系统方面，可以使用 Weymouth 方程，因为过高地估计压降值，可以增加系统的可靠性(Maddox 和 Erbar,1982)。在实际应用中，Panhandle 方程常常用在大口径长管道中，这时雷诺数是莫氏图中平滑的部分。Panhandle A 方程式最适用于比大口径管道小的中等口径管道(直径为 12 ~ 60in)，并且气流量为中等流量，在中等压强下工作(800 ~ 1500psia)。Panhandle B 适用于大流量、大口径(＞36in)、高压(1000psi 以上)的输送管道(Maddox 和 Erbar,1982;Kennedy,1993)。

由于摩擦系数会因为雷诺数和管糙率的不同而变化很大，不存在普遍适用的气体流动方程。然而多数情况下，管线管理者可以通过测量流量、压力以及温度来确定特定的管道流量方程，然后反过来再计算管道效率或有效管糙率。

11.3 天然气温度预测

在管道及相关设备的设计和管理方面，预测管道的温度分布已经变得越来越重要。通过已知的数据来计算管道中任意一点的流动气体温度，从而确定出防止水合物生成而使用的管线加热炉的位置(Towler 和 Mokhatab,2004)，每一个加压站的进口气体温度以及维持下游特定气体温度所需要的最小气体流量。为了预测温度的分布、准确地计算压力降值，需要将管道分为若干小段。由于必须知道每一个点的温度和压力才能计算能量平衡关系，因此温度改变的计算过程是迭代的。类似地，压力损失计算也是迭代的，为了确定用于计算压力降的那一段管线的相的物理性质，必须得到沿着管道每一点的压力和温度。多数情况下，可利用的数据量是不充足的，因此，建立一个可用的温度分布需要一系列复杂的交互计算。此外，管道外部环境特征，例如土壤数据和温度，起着重要的作用，由于其沿着管道路线变化，因此需要一个相容的模型来准确地估算温度分布。一种简单合理的方法是根据所定义的土壤特征以及对夏季和冬季区分的主要的土壤温度，将管道分为许多小段，然后计算主要由外部环境所引起的总热量变化。由于该方法简单，使得对温度分布预测的近似分析方法得到了发展，在工程的应用方面，这种方法在大多数情况下是令人满意的。

这些方法需要的基本关系是热量和机械的能量平衡以及管道中流动气体的物质平衡。综合的热量平衡可以表达为下面的方程(Buthod 等,1971)：

$$C_p\left(\frac{\mathrm{d}T}{\mathrm{d}x}\right)-\eta C_P\left(\frac{\mathrm{d}P}{\mathrm{d}x}\right)+\left(\frac{V}{gc}\right)\left(\frac{\mathrm{d}V}{\mathrm{d}x}\right)+\left(\frac{g}{gc}\right)\left(\frac{\mathrm{d}H}{\mathrm{d}x}\right)=-\frac{\mathrm{d}q}{\mathrm{d}x} \tag{11-15}$$

式中，T 是气体温度；p 是气体绝对压力；V 是气体在管道中的线速度；q 是单位质量流体的热量损失；C_p 是特定压力热量常数；η 是焦耳—汤姆逊系数；H 是海拔基准点；x 是管道沿线距离；gc 是换算系数；g 是重力加速度。

方程(11 -15)推导中主要的假设条件是各压缩站点的工作条件相同。

在计算单位管线长度管道到土壤的热量交换时，使用到了 Kennelly 方程式(11 -16)(Neher,1949)

$$\frac{dq}{dx}=[2\pi K(T-T_S)]/m_G\ln[(2H'+\sqrt{4H'^2-D_0^2})/D_0] \quad (11-16)$$

式中，K 是土壤热导率；T_S 管道中心线深度的原状土壤温度；m_G 是气体流量质量；H' 管道的埋深（以管道中心线为基准）；D_0 是管道的外径。

式（11－16）中的一个基本假设是气体的温度与管壁的温度相等（管壁到流体表层的热传导忽略不计）。

方程式（11－17）给出机械能量守恒（Streeter 和 Wylie，1979）：

$$\frac{1}{\rho}\frac{dq}{dx}+\frac{VdV}{gcdx}+\frac{2fV^2}{gcD_i}=0 \quad (11-17)$$

式中，ρ 是气体密度；f 是范氏摩擦系数；D_i 是管道内径。

连续性方程（11－18）建立了速度与压力、温度之间的关系（Buthod 等，1971）：

$$\frac{dV}{dx}=\frac{-m_G}{\rho^2A}\left[\frac{\rho}{p}-\frac{\rho}{Z}\left(\frac{\partial Z}{\partial P}\right)_T\right]\frac{dp}{dx}-\left[\frac{\rho}{T}+\frac{\rho}{Z}\left(\frac{\partial Z}{\partial T}\right)_p\right]\frac{dT}{dx} \quad (11-18)$$

式中，A 是管道内穿过面积；Z 是气体压缩因子。

在计算管道中气体温度和压力分布时，可以由方程式（11－15）和式（11－18）联立求解。关于此方程组的具体解法，可以参考数值分析课本，例如 Constantinides 和 Mostoufi（1999）。

用来确定管道中温度损失的特征方程式是一般方程式的联合形式。但是，为了获得综合方程组，即使假设或简化的影响是未知的，也要作相应的假设和简化。差分方程数值解法的一个主要优势是需要较少的假设条件。考虑到这个情况，Coulter 和 Burdon（1979）提出了一个综合方程式，具体如下：

$$T_X=\left\{T_1-\left[T_S+\left(\frac{\eta}{a}\right)\left(\frac{dp}{dx}\right)\right]\right\}e^{-ax}+\left[T_S+\left(\frac{\eta}{a}\right)\frac{dp}{dx}\right] \quad (11-19)$$

式中，T_1 是进口气体温度；a 项定义如下：

$$a=\frac{2\pi RU}{m_GC_P} \quad (11-20)$$

式中，R 是管半径；U 是总传热系数。

可以用方程式（11－19）来确定管道沿线的温度分布，忽略热力学能和势能，假设定压下的比热容 C_P 以及焦耳－汤姆逊系数沿着管线保持恒定。在大多数应用中，这些假设条件与事实接近，结果通常很准确。而且，在长输气管道当中，当压力降较小时，由于管伸长引起的温度降落是较小的（Buthod 等，1971），方程式（11－19）简化为方程式（11－21）：

$$T_X=T_S+(T_1-T_S)EXP(-ax) \quad (11-21)$$

方程式（11－21）不考虑焦耳－汤姆逊效应，它描述了在输送管道中的膨胀气冷凝现象。因此，一般预计管道中的流体达到土壤温度的时间比方程（11－19）给出的预测时间要长。

尽管设计这样的管道付出了大量的努力，但很少有人注意到定压下焦耳－汤姆逊系数和比热容并不是常数。然而，Edalat 和 Missouri（1988）设计了一个新的分析技术，用于研究被埋的气体管道温度分布的预测。他们考虑了 η 和 C_P 温度和压力的函数,为了了解这个方法详细的处理过程,建议读者参考一些原始的文献。

[**例 11-1**] 相对密度为0.827 的天然气,以 $180\times10^6ft^3/d$ 通过一条水平管道运输,这条管道长104.4mile,内径为19in。进口压力和温度分别为1165psia、195°F,要求出口压力是735psia。令总传热系数为 $0.25Btu/(h\cdot ft^2)$,焦耳-汤姆逊系数是0.1093°F/psi,气体比热容(C_p)是 $0.56Btu/(lb_m\cdot °F)$,土壤温度为60°F,求在气体的温度达到水合物形成温度以前它输送了多远?(请注意,这些条件是非常罕见的,因为所有出口天然气都进行了干燥,以避免水合物生成。只有当脱水单元或抑制剂泵不工作时,水合物才可能在天然气出口管道处形成)

解:

由给出的数据:

$$\rho_G=\frac{p\times MW}{ZRT}=\frac{1165\times0.827\times28.96}{0.776\times10.7316\times554.6}=6.041(lb_m/ft^3)$$

$$Q=Q_{sc}\left(\frac{p_b}{P}\right)\times\left(\frac{T}{T_b}\right)\times Z=180\times10^6\times\frac{14.7}{1165}\times\frac{554.6}{519.6}\times0.776\times\frac{1}{86400}=21.773(ft^3/s)$$

$$m_G=6.041\times21.773=131.530(lb_m/s)$$

$$a=\frac{\pi\times1.5833\times0.25\times5280}{131.530\times0.56\times3600}=0.0247miles^{-1}$$

解方程(11-19),得到

$$T_x=41.82+53.18\exp[-0.0247x]$$

同时用自适应方程和Katz相对密度图,来进行水合物形成温度的预测,以确定天然气水合物出现的位置。在这种情况下,天然气水合物的温度是70.5℉。天然气水合物出现的第一个位置在管道24.94mile的地方。但是,在大部分天然气输送管道中,常常使用方程式(11-21)。应用这些参数,得出解为 $T_x=60+35\exp[-0.0247x]$。基于此方程式,天然气水合物出现的第一个位置是这个管线48.62mile处,这就意味着方程(11-21)预测的管线中流体形成天然气水合物的时间比方程(11-19)预测的更晚。

在例子中,应该注意到传热系数 U 以及焦耳-汤姆逊系数 η 对温度分布的影响很大。根据方程(11-19),应该对管道24.94~104.4mile处进行加热,以阻止天然气水合物生成。这个结果主要由 U、η 以及土壤温度 T_S 决定。如果管道有较强的隔热性,同时 U 减少到 $0.1Btu/(h\cdot ft^2)$,管道中加热的地方应该扩大到36.67mile以外,仍旧需要加热。同时应注意到当 $U=0.25Btu/(h\cdot ft^2\cdot °F)$ 时,出口温度将会降到45.87°F;当 $U=0.1Btu/(h\cdot ft^2\cdot °F)$ 时,出口温度将降到43.27°F,它们都在外部土壤温度以下。很大程度上管道中较强的压力降作用造成了这种现象。同时管道绝热又加重了这一问题,因为绝热促进了焦耳-汤姆逊冷凝效应。方程(11-21)根本不能解释这一效应。

为了避免天然气水合物的形成,温度应该满足这样的条件:管道中不存在水合物形成的地方。为防止岸上天然气输送管道内形成天然气水合物,通常采取热力增产措施。这一技术包括热源的使用,以注入热蒸汽或热液体的方式直接应用,或是间接地通过电场的方式。补充的热量使温度升高，从而使水合物分解。在稳定状态下直接方法效果较好，在湍流或封闭状态下效果不好(Lervik,1998)。然而，间接加热对这些湍流的情况是比较灵活的，例如岸上气体输送系统的管线加热炉的安装。当输送和配气系统处于冷环境中，这种方法特别适用。另一个阻止水合物形成的方法是绝热。事实上某些情况下，使用合适绝热方法可以不安装加热器(Carroll,2003)。

11.4 天然气管线输送中的不稳定流动

输气管道运作时，气体为不稳定流，由于需求的变化，例如出口和进口流量改变，压缩机开始启动或者停止，控制设置点等。事实上，实际作业中稳定的状态很少。气体流动的不稳定状态说明需要一个有效的湍流管道模型来描述这种情况。换句话说，这个模型应当能解决与时间相关的流动方程式。但是，当对管线建模时，如果做这样简化的假设是很方便的：只要我们将一个载入的或稳定的因子与后者瞬时设计的因子合并以检测阻止不合适的管线型号，则流动是等温稳态的(Santos,1997)。人们广泛使用稳态模型来设计管线、估计流量和管线充填量。但是，在许多情况下，稳态流体的假设条件和与之对应结果在工程上往往造成错误。输气管线中气体的非稳态流动可以用一维方程，即一个状态方程、连续性方程、动量以及能量方程来描述。在实际应用中，基于管线现场情况所作的假设条件决定了数学关系的形式。对于由需求变动而引起的缓慢的非稳态流动，一般假定管线中的气体有足够的时间与周围的恒温环境达到热平衡。类似的，对于快速的非稳态流动，一般假设压力在瞬间发生变化，认为管线中的气体与周围的环境并没有进行热量传递。对于此类情况，不能忽略热传导。Streeter 和 Wylie(1970)提出了不同的方法，它能精确地模拟气体输送管道中的非稳态流动。这些方法超出了本文讨论的范畴，读者可以参考原著。

11.5 压缩机站与相关管线装置

为了满足用户对天然气的需求，沿着管线安装压缩机站，以提高管道中气体压力，借此提高管线输送能力。压缩机站包括一个或多个压缩机组，每一个压缩机组包括一个压缩机以及包括阀门在内的传动器、控制系统以及排气管和噪声衰减系统。每一个压缩机站都有入口过滤器或者对接导管，以保护压缩机，防止其被液体和夹带的微粒损坏。除了压缩机站以外，在管道沿线压力和流体需要被检测和调控的地方，还有注气点和输出点，每个类似的站点都包括压力控制和流量测量设备。

11.5.1 压缩机驱动

输送系统具有大容量的流体，压缩机站常具有低压头。对于这种低压头、大容量情况，离心式压缩机是较理想的。离心式压缩机是高速运转的机器，理想情况下，它应具有高速的传动设备。这些设备可以是燃气轮机、燃气发动机或电动机。选择设备时主要考虑成本问题，包括安装成本和维护成本、燃料或者能量消耗、可靠性、可操作性等。考虑这些因素，可以发现燃气发动机是低速运行的，需要一个变速箱与压缩机相连接，因此就大口径的、高压输气管线系统的安装成本来说，与其他传动设备相比，燃气发动机没有竞争力。燃气轮机是高速运转的机器，能直接与压缩机相连接，毫无疑问是很适用的速度传动设备。而电动机可分为有固定速度和可变速的两类。使用电动机的变速传动设备(VSD)要比燃气轮机适用得多。当地的后勤供给和合理的电价决定着是否要选择使用电动机。在安装成本方面，它与燃气轮机相比很有优势。变速传动设备有维护成本低、启动快、噪声小、不排放二氧化碳等优点。

选用燃气轮机还是电动机,如何做出这个决定,一般根据当地的后勤、成本、适用性、供能的可靠性等方面来进行考虑。由于管道中一直存在天然气,因此对于燃气轮机来说,不存在可用又可靠的能源供给问题。对电动机来说,在压缩机站附近短距离内,必须要有一个适用的电网。输送电线造价较为昂贵,而且还得有一套独立供给的备用设备,以防电线出现事故。假设这些条件都满足了,接着要考虑燃料与电的成本对比,总体性能、维护及作业成本,这些经常要在计算使用周期成本和经济评估中进行论证。使用周期成本必须计算和测试电价和气价对成本增加的敏感性结果。考虑电和气的相互关系,必须有一份长期的供电合同,以减少风险。不能用柴油机作为动力源,因为引入了其他的燃料,对运输和存储产生了额外的成本,所以它与电动机情况相似。

11.5.2 压缩机结构

天然气管道工程要求高昂的基建费用,因此涉及投资风险问题,工程负责人员试图将产能最大化,将投资最小化,以便使天然气的输送效率更高。同时减少管线输送存在剩余容量。压缩机装置是连续的还是并行的,主要依赖于经济成本以及故障模拟的分析(Santos,2000)。

11.5.3 转换计量站

从管线中分支出减压装置和计量站,用以降低压力,计量向各种用户提供的气量。减压装置和计量站的主要设备包括过滤器、加热器、减压设备和调节器、流量计量道。另外,每个站点通常会配备排放物收集与处理设备、气体系统仪表设备以及应急储罐等。

11.5.3.1 过滤器

在每一个站点安装了天然气过滤器组,用来清除在气流中夹杂的液体和固体颗粒。这种过滤器用气旋的方式来离心分离固相微粒和封隔压力容器中的液体。这些微粒以及液体将会过滤到排水沟中,储集起来并定时进行排放。

11.5.3.2 加热器

安装天然气加热器以防止由于压力降而引起的天然气水合物、液态烃和水的生成。设计加热器来提高气体的温度,当压力下降以后,在最大流量工作条件的情况下,气体的温度将处于露点温度以上。加热器是一个自然循环式的水槽,温度维持在 158 ~ 176°F。此时使用天然气成本是较高的,通常使用高效的冷凝反应炉来代替,以达到重复加热气体的目的,比水槽加热好。

11.5.3.3 减压与监控系统

减压系统将针对天然气用户的供给压力控制在一个调节值。每一个这样的系统至少由两组减压系统组成,一组处于工作状态,另一组处于准备状态。每一组系统正常情况下包括两个气门,一个是运行气门,另一个是管理气门。每一个气门配有一个调节器来调控气门,以保持预置的排气压力。

11.5.3.4 计量系统

为了监控管线系统的运行状态,必须在许多位置测定气体流量,在一些更特殊的地方,还要进行输入检测,这些位置包括从气源接收到气体的地方,到将气体出售、分配的地方。考虑到计量的目的,究竟为功能监控还是为销售的需要,使用的测量技术将随着所需要的精确度不同而变化。一般情况下,输入监测计量站会包括一个或两个操作过程,在每一个操作流程中,带有一个已标定的计量注孔。

11.6 天然气销售输送管线设计原则

天然气输送管线的设计一般包括以下因素的优化：管径、压缩机站位置、燃料的利用率以及最大的工作压力。这些因素每一个都在一定程度上影响着整体设计结构以及运行费用，因此，一个优化的设计可以改善系统结构和运行的经济成本，以及整个工程的竞争力。

11.6.1 管线尺寸标准

管线尺寸的大小一般可以根据合理的压力降、压缩比以及允许的气体流速进行选择。天然气输送管道中的合理压力降必须使所需的设施以及运行费用最低，例如管线自身的成本、安装的压缩电动机、压缩机的型号大小及数量，以及燃料的消耗。事实上，站点之间的大的压力降将导致大的压缩比，并且可能导致压缩机站的性能变差。经验表明最具有性价比的管线压力降应该在 3.50 ~ 5.83psi/mile（Hughes，1993）。但是，对某些管线（短管线）来说，压力降不是主要因素，仅需依据流速来考虑管线的尺寸大小。为了阻止管道被侵蚀、干扰或者振荡，流速应该保持在允许的最大流速以下，特别是对于那些气体流速有可能超过 70ft/s 的管道。现场经验表明，含二氧化碳馏分 1% ~2% 的系统中，应该限制气体流速低于 50ft/s，因为在高气体流速下，很难阻止二氧化碳侵蚀管线（Kumar，1987）。

在多数管线中，建议通常情况下气体流速的值为侵蚀速度的 40% ~50%。有一个经验法则，当流体速度超过方程（11 －22）给出的值时，开始发生管线侵蚀。方程（11 －22）（Beggs，1984）如下：

$$V_e = \frac{C}{\rho_G^{0.5}} \tag{11-22}$$

式中，V_e 是侵蚀流体速度，ft/s；ρ_G 是天然气密度，lb/ft^3；C 是经验常数。

在多数情况下，C 值取 100。根据美国石油学会（1984）建议：连续使用时，C 值取 100；间歇使用时，取值为 125；对连续的、不腐蚀的、防蚀的情况，如果没有固态颗粒出现，C 可以取 150 ~200 之间的值。

选择了合适的管道内径之后，需要确定管道外径（管壁厚度）。在保证管线的完整性的前提下，管道建设的造价应尽可能地低。

［例 11 －2］ 对于天然气输送管道部分管线，根据下列数据计算腐蚀速度，忽略气体黏度影响。

$$Q_{SC} = 25.710^6\text{ft}^3/\text{d} \qquad p_1 = 425\text{psia}$$

$$T_\alpha = 90^\circ\text{F} \qquad L = 8280\text{ft}$$

$$\gamma_G = 0.7 \qquad D = 12\text{in}$$

$$Z_\alpha = 0.925 \qquad E = 1.0$$

解：

①由 Panhandle A 方程式来计算出口压力：

$$25.7 \times 10^6 = \frac{\left[403.09 \times \dfrac{519.6}{14.7} \times (p_1^2 - p_2^2)^{0.5} \times 12^{2.619}\right]}{0.7^{0.4603} \times \left(549.6 \times 0.925 \times \dfrac{8280}{5280}\right)^{0.5397}}$$

$$p_1^2 - p_2^2 = 7062.765(\text{psia}),因此 P_2 = 416.608(\text{psia})$$

②计算平均压力和气体密度:

$$p_\alpha = \frac{2}{3}\left[(425 + 416.608) - \frac{425 \times 416.608}{425 + 416.608}\right] = 420.817(\text{psia})$$

$$\rho_G = \frac{p_\alpha \times MW}{Z_\alpha RT_\alpha} = \frac{420.817 \times (0.7 \times 28.96)}{0.925 \times 10.731 \times 549.6} = 1.563(\text{lb}_m/\text{ft}^3)$$

③根据方程(11-22)计算腐蚀速度。假定连续工作,$C=100$。

$$V_e = \frac{100}{1.563^{0.5}} = 79.971(\text{ft/s})$$

④通过管线检查气体流速,确保不会发生过度的腐蚀。

计算的实际气体流速如下:

$$Q = Q_{SC}\left(\frac{p_b}{p_\alpha}\right) \times \left(\frac{T_\alpha}{T_b}\right) \times Z_\alpha$$

$$= 25.7 \times 10^6 \times \frac{14.7}{420.817} \times \frac{549.6}{519.6} \times 0.925$$

$$= 10.166(\text{ft}^3/\text{s})$$

因此,气体流速为:

$$V_G = \frac{10.166}{\frac{\pi D^2}{4}} = 12.950(\text{ft/s})$$

气体流速低于侵蚀速度,因此不可能出现侵蚀。但是,这个速度足可以阻止固相颗粒的沉淀。

11.6.2 压缩机站间距

在长距离输气管道系统中会有许多压缩机,这时有必要对压缩机站点的位置进行优化。压缩机站的位置根本上由均衡的资金和一定条件下的操作成本决定,这反映了输送系统的计划操作条件。这个过程会变得复杂而冗长,尤其是站点位置的选择需要以能够处理坡道环境的方式设计,这种环境不仅包括初始条件,还包括与管道经济情况相关的后期条件。在有可能延伸的情况下,可以设计成环线,这可能是一个增加管线输气能力的更好的选择。

对于给定的管径,假设管线工作压力(压缩机站的排气压力)和相连的压缩机站吸入压力的比值取决于工程调整的最大压缩比,可以由气体流动方程来计算压缩机站之间的距离。理想情况下,管线应该在尽可能接近最大允许工作压力(MAOP)下工作。因为如果管线中流体的密度大,那么输气效率就会好。该方法给出了如何选择压缩机站的位置是最经济的,所以建议使用基于管线经济性考虑的选择方法。

考虑到气体流动的要求,假定初始管径,得出合理的压缩比(对于输气管线一般为1.3~1.4)和气体流速,在最大允许工作压力下,根据设定的最大排气压力,来确定压缩机站的位置。测试其他管径,再一次进行压缩机站位置的计算。根据最低的资金成本和操作成本来确定最优的管径,其结果用图表表示。根据预先定义的经济假设和风险,在图中做出输送比率(单位 US$/MMBtu)与输送容量之间的关系曲线,即所谓的"J"型曲线(Santos 和 Saliby,2003)。这些假设包括设备的设计寿命、要求的资金回收速率以及用来显示每年的操作费用的贴现因素。作出总的成本与压缩机排气压力的关系曲线图,选出与最低总的成本相对应的排气压力,将此压力作为最佳的操作压力。

一个好的设计方法应该包括最大产能的设计、所需压缩机站的个数和它们的位置以及在每个工作年度产能下降后需要撤掉的站点等。这样的方法需要更好的设计来确定合适的设备,还需要制定压缩机站和压缩机组的安装计划。

基建费用(CAPEX)包括各种成本,例如管道、阀门、各种配件、压缩机、涡轮(电动机)、监控和建造以及装配成本等。作业费用(OPEX)包括所有维护费用和监管以及燃料或能源费用。基建费用可以根据以往经验及数据库得到。作业费用可以根据具体的工程项目和经验来估计。作业成本中最重要的部分是燃料或能源成本以及设备维修成本。燃料成本与压缩机功率直接相关。为了解释压缩机站点位置如何影响管线运行的经济性,可以建立一个简单的模型。这个假设的管线模型基于一个 1000mile 长的系统,在一个最大压力为 1000psia,流量为 $100010^6ft^3/d$ 的条件下运行。假设单位管线长度和站点位置之间具有相同的压力损失,计算出下游的第一个入口压力,功率需要将压力升到设定的排驱压力。重复这一个过程,所需的总功率是所有站点功率的和。如图 11-2 所示,所需总功率随着站点距离增大而增加。数据不变,图 11-3 为功率与站点数量的关系。显然,管线功率增加压缩机站点减少的总成本,比较低功率下许多压缩机站点的成本要低。对大型压缩机组来说,这样相当于每功率的安装成本比较低,并且对于大型机组较少的压缩机站热力动态指示更好。这就可以解释为什么必须对每一个工程作经济评估,根据基建费用和作业费用来考虑所有相关的信息。

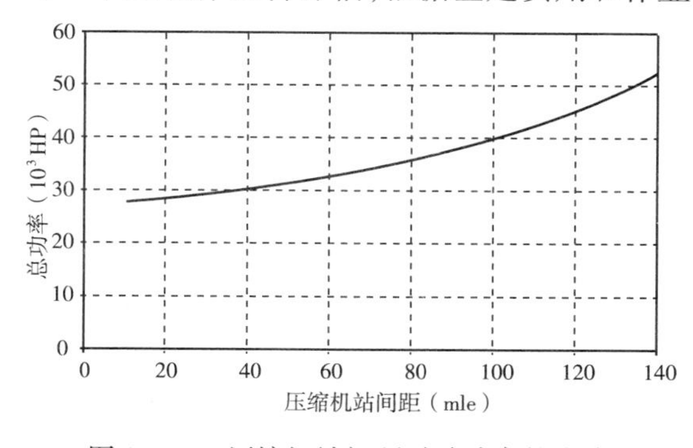

图 11-2　压缩机站间距对总功率的影响

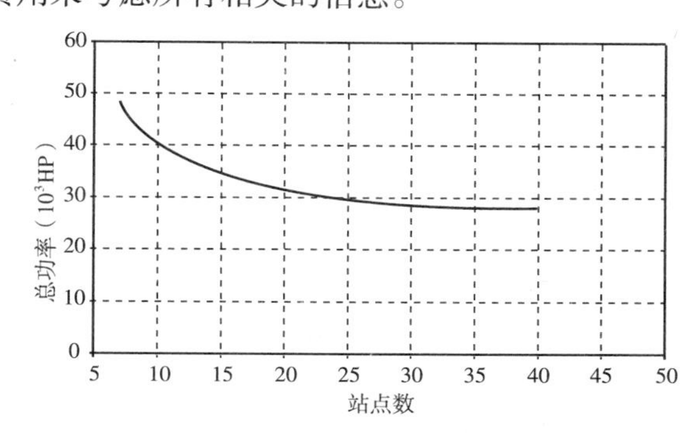

图 11-3　压缩机站点数对总功率的影响

尽管管道管径较大,基建费用较高,但在最大的管道平均压力下,可以获得最大输送效率。燃料的使用与功率相关,所以最小作业成本与靠近的压缩机站位置相关。但是有两个因素影响优化结果,第一个因素是小涡轮压缩机组比大的效率低(需要消耗更大的特定的燃料),虽然在单位功率为 20000hp 以上时,这个影响较小。站点成本是一个较大的影响因素,并且减小了资金成本随着站点数量的减小的量(不是线性减少的,因为大的站点相应的成本更大)。这样就使优化的位置远离在图 11-2 中给出的最小距离。

因为存在基建费用和作业费用之间的区别,每一个工程必须单独进行考虑,然而一般的结论,站点短距离产生较大的输送效率,虽然不一定是最经济的。

经验表明大压缩机组比小的更有效率,因为较大的离心式压缩机和气体涡轮压缩机有较好的效率。但是,工作组停工或产生故障方面的影响应该在瞬时分析(Santos,1997)中进行模拟,这样可以定义剩余容量,根据待命的工作组或空闲设备建立一个维护标准。

当找到了较佳的方案时,应该进行稳定性测试,不仅对预期的输送能力,而且也对各种可信的异常状况进行测试。制定出了优化的方案以后,然后应用到实际工程中,伴随着高程变化以及包括位置的可用性等所有具体因素,都可能导致调整和管理制度的改变。

11.6.3 压缩机动力

设计管线系统的下一个步骤是计算站点最大需求功率、建立设定点。一般情况下,一个新的管线系统,从一个较低的流量变化到较高流量需要几年的时间,在压缩机和驱动器的选择方面必须考虑这些条件的改变。可以用多种方法进行流量增加的调节。一个方法是初始期在交替的节点安装压缩机,随着规定的流量的增加,再进行中间的站点建造。另一个方法是在每一个站点安装一个机组,当流量增加时,在这个站点再增加机组。在设计阶段,容量的向上等变率将决定压缩机站点以及在站点上需要的其他的机组的安装计划。稳态与非稳态的水力模拟将有助于进行精确的设计,并且保证没有任何意外情况的发生,工程工作性能较好。在设计阶段,也可以进行压缩机机组的重新选择(Santos,1997)。在瞬时分析时,另外一个需要检查的重要工作是在早期压缩机运行图里的管道操作点,这样选择出合适的推进器,以及随着每年的容量增加,相应增加的压缩机的数量。可以对各种不同的压缩机制造商的产品进行建模,检测其性能和原材料使用情况。靠近管线的操作或循环操作,也可以在瞬时分析阶段进行确认,在一个管线的设计阶段,这样的模拟,是重要的基础工作。

当决定了压缩机的位置,可以使用式(8-28)计算要求的驱动器功率。

11.7 管线运行

在这个工业供应链当中,在勘探和开发之间,管线作业是输送的主体部分,或者说上游的终点在前,下游的终点在后。管线作业发展到目前的规范程度(即强制要求的),正是基于风险管理原则推动下的业绩。

这些发展趋势来自于因降低作业成本而引起的竞争压力,同时也来自于从技术和应用方面沿着该方法而设计的多年的管道操作经验。这些发展也促使了管道操作工具的改进。由于超过了原来构思的大约25年的设计寿命,许多管道设施都老化了。现今,大部分设施仍在继续工作,一部分是因为经济原因,更换掉它们的成本太高了,一部分是因为这些管道设施仍具有继续使用的价值。了解了这些,作业公司可以继续使用这些设备,但是需要经常地检查这些设备,增强这些设备易损的意识。

目前,管道作业已经进入了一个崭新的阶段。虽然基本工作仍在继续,例如机械作业和设备的维护,但这些设备包括管线、阀门、阀促动器、防蚀和控制以及管道监控,还有安全性方面的关注,在考虑资源的优化问题时,仍需完善安全性、可靠性和效率方面的问题。由于这些管道系统的扩展和合并,常常由其他单位在不同的设计、建造以及不同的作业原理下完成,这使得问题更困难。同时可以通过员工重新组织以及协作之间求同存异来改变这种状况。一些公司保持自由,而其他一些公司组成集团公司,为了克服这些变化,现在管道作业人员在他们的施工过程中努力实现标准化,规范他们的表现并且改进。

一些长时间才会显现的风险,例如腐蚀和环境相关的问题开始证明是突发性事件。其他一些在管道内或有筑路权的附近的基础设施的建设发展中可以看到第三方事故的增加,以及运行外界阻力。此时,管道监督因素的增加,使得设备管理方案更加复杂。工程负责人员研究这些方案,以更好地理解管道事故对风险评估的影响结果。

结果,管道作业的重点转向了下列方面。

(1)在减少风险的措施中进行有效的选择。

(2)为克服综合性威胁,对管道进行具体的作业和维护练习。

(3)在检查、管理、检测和维护工作中确定优先次序。

(4)支持与管线的修改相关的决定,例如修复或改变正在使用中的设备。

这些重点要求管道作业活动包括下列因素(Mokhatab 和 Santos,2005)。

(1)初始评估和风险确认。

(2)综合性评估,由以下方面组成:

①管道内的监测;

②水静力测试;

③直接评估;

④故障管理和工作的适应性;

⑤信息管理和数据完整;

⑥风险管理。

(3)完整性管理方案。

(4)作业者资格认证和培训。

(5)作业流程,包括不正常作业条件下的处理。

(6)突发性事件管理。

(7)作业优势。

这些因素是对管线作业的良好补充。作业人员不仅应该意识到它们,更应该精通它们,不断地改善这些因素,将它们与全体系统的完整性管理结合在一起。

参考文献

API RP 14E,"Design and Installation of Offshore Production Platform Piping Systems," 4th Ed. Production Department, API, Dallas, TX(April 1984).

Asante, B., "Two - Phase Flow: Accounting for the Presence of Liquids in Gas Pipeline Simulation." Paper presented at 34th PSIG Annual Meeting, Portland, Oregon (October 23 - 25, 2002).

Aziz, K., and Ouyang, L. B., Simplified equation predicts gas flow rate, pressure drop. Oil Gas J. 93(19), 70 - 71 (1995). Beggs, H. D., "Gas Production Operations." OGCI Publications, Oil andGas Consultants International, Inc., Tulsa, OK (1984).

Brill, J. P., and Beggs, H. D., "Two - Phase Flow in Pipes," 6th Ed. Tulsa University Press, Tulsa, OK (1991).

Buthod, A. P., Castillo, G., and Thompson, R. E., How to use computers to calculated heat pressure in buried pipelines. Oil and Gas J. 69,57 - 59 (1971).

Campbell, J. M., Hubbard, R. A., and Maddox R. N., "Gas Conditioning and Processing," 3rd Ed. Campbell Petroleum Series, Norman, OK(1992).

Carroll, J. J., "Natural Gas Hydrates: A Guide for Engineers." Gulf Professional Publishing, Amsterdam, The Netherlands (2003).

Cleveland, T., and Mokhatab, S., Practical design of compressor stations in natural gas transmission lines. Hydrocarb. Eng. 10(12), 41 - 46(2005).

Colebrook, C. F., "Turbulent Flow in Pipes with Particular Reference to the Transition Region between the Smooth and Rough Pipe Laws." J. Inst. Civil Engineers, 11, 133 - 156, London (1939).

Constantinides, A., and Mostoufi, N., "Numerical Methods for Chemical Engineers with MATLAB Applications." Prentice Hall, New Jersey (1999).

Edalat, M., and Mansoori, G. A., Buried gas transmission pipelines: Temperature profile prediction through the corresponding states principle. Energy Sources 10, 247 - 252 (1988).

Garland, W. J., Butler, M., and Saunders, F., "Single - Phase Friction Factors for MNR Thermalhydraulic Modeling." Technical Report, McMaster University, Ontario, Canada (Feb. 23, 1999).

Goulter, D., and Bardon, M., Revised equation improves flowing gas temperature prediction. Oil Gas J. 77, 107 - 108 (1979).

Hughes, T., "Optimum Pressure Drop Project." Facilities Planning Department Internal Reports, Nova Gas Transmission Limited, Calgary, Alberta, Canada (1993).

Huntington, R. L., "Natural Gas and Natural Gasoline." McGraw - Hill, New York (1950).

Ikoku, C. U., "Natural Gas Production Engineering." Wiley, New York(1984).

Jain, A. K. "An Accurate Explicit Equation for Friction Factor." J. Hydraulics Div. ASCE 102, HY5 (May 1976).

Kennedy, J. L., "Oil and Gas Pipeline Fundamentals," 2nd Ed. Pennwell, Tulsa, OK (1993).

Kumar, S., "Gas Production Engineering." Gulf Professional Publishing, Houston, TX (1987).

Lervik, J. K., et al., "Direct Electrical Heating of Pipelines as a Method of Preventing Hydrates and Wax Plugs." Proceeding of the International Offshore Polar Engineering Conference, 39 - 45, Montreal, Canada (May 24 - 29, 1998).

Maddox, R. N., and Erbar, J. H., "Gas Conditioning and Processing: Advanced Techniques and Applications." Campbell Petroleum Series, Norman, OK (1982).

Mohitpour, M., Golshan, H., and Murray, A., "Pipeline Design and Construction: A Practical Approach." ASME Press, American Society of Mechanical Engineers, New York (2002).

Mokhatab, S., and Santos, S., Fundamental principles of the pipeline integrity: A critical review. J. Pipeline Integr. 4(4), 227 - 232(2005).

Moody, L. F., Friction factors for pipe flow. Trans. ASME 66, 671 - 684(1944).

Neher, J. H., The temperature rise of buried cables and pipes. Trans. AIEE68(1), 9 (1949).

Norsok Standard, "Common Requirements: Process Design." P - CR - 001, Rev. 2, Norwegian Petroleum Industry, Norway (Sept., 1996).

Nikuradse, J., "Stromungsgesetze in Rauhen Rohren." Forschungsheft, Vol. B, VDI Verlag, Berlin (July/Aug., 1933).

Ouyang, L. - B., and Aziz, K., Steady state gas flow in pipes. J. Petr. Sci. Eng. 14, 137 - 158 (1996).

Santos, S. P., "Transient Analysis: A Must in Gas Pipeline Design." Paper presented at 29th PSIG Annual Meeting, Arizona (Oct. 15 - 17, 1997).

Santos, S. P. , "Series or Parallel: Tailor Made Design or a General Rule for a Compressor Station Arrangement?" Paper presented at 32nd PSIG Annual Meeting, Savannah, GA (Oct. 28 – 30, 2000).

Santos, S. P. , and Saliby, E. , "Compression Service Contract: When Is It Worth?" Paper presented at 35th PSIG Annual Meeting, Berne, Switzerland (Oct. 15 – 17, 2003).

Schilichting, H. , "Boundary Layer Theory," 7th Ed. McGraw – Hill, New York (1979).

Schroeder, D. W. , "ATutorial on Pipe Flow Equations." Paper presented at 33rd PSIG Annual Meeting, Salt Lake City, UT (Oct. 17 – 19, 2001).

Serghides, C. K. , Estimate friction factors accurately. Chem. Eng. 63 – 64(1984).

Smith, R. V. , "Practical Natural Gas Engineering," 2nd Ed. Pennwell, Tulsa, OK (1990).

Streeter, V. L. , and Wylie, E. B. , Natural gas pipeline transient. SPE J. 10, 357 – 364 (1970).

Streeter, V. L. , and Wylie, E. B. , "Fluid Mechanics." McGraw – Hill, New York, (1979).

Towler, B. F. , and Pope, T. L. , New equation for friction factor approximation developed. Oil Gas J. 92(14), 55 – 58 (1994).

Towler, B. F. , and Mokhatab, S. , New method developed for siting line heaters on gas pipelines. Oil Gas J. 102 (11), 56 – 59 (2004).

Uhl, A. E. , NB – 13 Committee, "Steady Flow in Gas Pipelines." Institute of Gas Technology, Report No. 10, American Gas Association, New York (1965).

Weymouth, T. R. , "Problems in Natural Gas Engineering." Trans. ASME, Reference No. 1349, 34 (1912).

Zagarola, M. V. , "Mean Flow Scaling of Turbulent Pipe Flow." Ph. D. thesis, Princeton University, Princeton (1996).

12 天然气处理厂控制机器自动化

12.1 导言

天然气处理装置的自动化已经成为天然气处理中越来越重要的一个方面。现在,特定类型的自动化装置数目是新装置的构建当中一个主要的决定因素。由于通过机械手段去除了当前装置中的瓶颈且改善了处理效率,自动化成为进一步改善效率的一个焦点。通过实施自动化可以为充分利用设备的力学性能提供各种必要的手段,并且能够使装置以稳定、可靠的方式高效运行。一套好的自动化装置平台能发挥杠杆作用,在恰当的时间向相应的员工提供正确的信息,以及时做出正确的决定。历史数据可在任何实际的时间范围内搜集到并且能进行统计分析。利用这些历史数据,可以重新建立受干扰的情况,只需定义这些数据的使用方法就能自动生成生产报告。许多处理人员将他们的装置升级到更高级控制系统,例如分布控制系统(DCS)。一些处理人员问到"这样做的好处在哪里",这个问题的正确提问应该是"我能怎样做,才能将自动化设备利用率最大化"和"衡量这些好处的最佳方法是什么"。

这一章将讨论当今天然气处理装置中的自动化方面的问题,包括细则、控制、数据搜集、作业信息、优化设计和管理信息等方面的内容。在这一章中还分析了各种方法的优点和缺点,并且讨论了鉴定和量化自动化优点的策略。

12.2 早期天然气设备实现自动化的方法

最早的天然气处理装置通常由手工控制,通过手工开启、压缩和关闭阀门来满足作业要求。后来气动控制系统得到广泛应用。这些气动控制系统使用比例积分微分(PID)控制器将模拟结果传递到控制阀门以改变它们的开启状态。只要有一个可用的传感器作为控制器的过程变量,那么就可以自动锁定由操作人员给出的参考点。利用出现故障的设备或没有气动信号的设备,气动控制系统也可以完成分散控制。在大多数情况下,它使用压缩空气作为输送动力;但是,在一些较远距离的作业当中,则使用天然气以及液压油。不含油的空气作为一种可靠的清洁能源,在气动控制系统作业中起着至关重要的作用。

尽管气动控制系统在某些方面仍在使用,随着电子控制系统的发展,电子控制系统逐渐成为了使用标准。尽管电子控制阀门在市场上出现许多年了,现在无论是新的还是旧的装置,大多数控制阀门仍采用气动控制。电子控制器依靠较低的价格以及较高的可靠性而很快被认可。这些控制器包含较少的需要维护的运动部件。对全新的设备来说,导线代替了气压管,在控制阀门中增加的电子传感器代替了气动传感器。过程传感器,例如温度传感器、压力传感器、水平仪和流量计,都被换成了可用的经验证过的电子类型器件。电子仪器也被广泛地应用到安全系统中,例如震荡传感器、燃烧炉管理系统和应急关闭系统。其他特殊的控制器,例如为转动设备和三调制重复关闭设备开发的专用波动控制器也得到了开发和应用。

12.3 基于微处理机的自动化模式

12.3.1 可编程逻辑控制器

随后接着开发的产品是可编程逻辑控制器(PLC)。这种控制器最初是为分散的处理厂应用而设计的,例如自动制造工业。这些控制器利用一个微处理程序来模拟电子继电器。由于可编程逻辑控制器获得了广泛的认可,其功能扩展到包括微分控制器和其他的非分散系统应用的性能。在气体处理工业中,可编程逻辑控制器对分批式的作业仍然是非常有效的,例如固体底座气体脱水和启动以及对转动设备的关闭等作业。这个自动化平台常用于较小新设施和进行小范围改进的旧设施。推荐使用人机交互界面(HMI)监测 PLC 的运行。

12.3.2 分布控制系统

关于分布式控制系统(DCS)的定义存在一些分歧,但是一个相当简单的定义就是在一个普通电脑平台上,在许多不同的处理单元中间扩展或分布的一种控制系统方法。由于数据安全性问题得到了解决,无线方式得到了认可,但是这些系统通常是硬性连接的,并且只存在于有限范围内。分布式控制系统具有集中控制的优点,同时又保留本地控制的能力。真正的分布式控制系统使用本地化控制,反过来,这些本地化控制系统由中心位置设定的操作人员控制。一个分布式控制系统包括:远程控制台或设备;通信媒介;中心控制台或设施;控制、界面和数据库软件。

一个简单的分布式控制系统是把一个可编程逻辑控制器与一台位于现场办公室内的电脑连接起来。较大的系统可能是基于可编程逻辑控制器,但是也很可能由许多特殊设计的小控制台组成,包括用来提供输入输出和通信用的所有的设备。设计一个控制系统与控制系统具体细节中需要考虑到的一点就是每一个节点的自治程度将由网络情况来决定,否则系统就会崩溃。一个真正的分布式系统允许最远的节点在中心控制设备失去连接的情况下独立地运行。每一个远程节点应该能够存储最低要求的处理数据,并且在这种情况下也能运行。在这种方式下,可以避免潜在的昂贵的灾难性的处理破坏,这种方式认为是一种监控和数据采集(SCADA)系统。大部分系统使用这些通信协议,例如以太网络或是其他的依赖于数据通信系统厂商的开放标准,来进行数据和命令的传输(Capano,Dan,Distributed Control Systems Primer,DTS,Inc.)。

12.3.2.1 远程控制台

数据通信或者监控和数据采集系统的远程控制台常常指的是一种远程传输单元(RTU)。一个常见的远程终端设备包括接线盒、输入/输出模块(包括模拟的和数字的)、一台电脑或专业处理器和一个交互界面。根据它所处位置的不同,一个远程终端设备能够对一个或数个给定过程进行监测和控制。

12.3.2.2 通信媒介

通信媒介是连接远程终端设备与中央控制设备的导线或者无线连接。连接方法有许多种:通常为普通导线、同轴导线或是双扭线,它们都可以与中心控制电脑和远程机组或远程控制台之间进行连接。通常认为在不同的线路之间,为了增加系统的可靠性,连接两条导线是比较安全的。网状系统作业是从发送站或节点接收数据,打包并将信息输送到合适的接收站点。当运行数据通信系统时,应考虑电动噪声、物理干扰和软件故障发生的可能性。

12.3.2.3 中心控制

控制室是活动进行的中心,它为有效地监测和控制处理设施提供各种手段。控制室包括集线器管理接口,也就是一台电脑,它能够运行为特定目的而设计的专业软件。它可能有多个控制台,其数目会根据存取数据的多少而有所变化。在大多数情况下,每个操作人员或管理者有特权开放或多或少的接口来控制这个系统。例如,工厂管理人员可能对它的设施有绝对的控制权,而一个技术人员可能在一些特殊的处理过程中仅仅对一些特定的数据有访问权。这样做是为了避免突发事件以及处理故障的发生。这种设计也可以提供一些安全方面的保障,确保只有受过正确培训和经过授权的人员才能操作设备的各个不同的部分。集线器管理接口提供给作业人员远程处理的图示方案。依靠作业人员的技能和交互界面的精密度,作业人员可以很方便地描述处理流程,不论是简单的统计图表显示还是生动的动画声音。在交互界面的设计方面,大多数程序包提供给作业人员很大的自由度。每个系统都会共享输入输出数据库。

该数据库包括所有数据通信系统中定义的输入输出,但这并不意味着将会监测控制所有的处理数据,它只存储设计者需要监控的特定数据。数据库可以看作是一个设计人员对过程的详细评价,这种评价体现了设计人员对特殊的设施实施的最有效的控制。控制软件参照数据库来正确标记每一个远程节点。每一个数据库输入对应系统中的一个实体,无论它是一个物理节点还是内部的软节点,如一个警报、定时器或者屏幕实体。早期的可编程逻辑控制器和数据通信系统的一个缺点是使用了某些不合适的通信协议。其中的一些协议,例如 MUDBUS 协议作为事实标准,提高了通信的复杂程度,但仍存在一定的限制性。

12.3.3 标准及协议

最近,由于个人电脑的广泛普及,控制系统的交流协议形成了标准。以太网和对象链接及嵌入(OLE)的过程控制(OPC 技术)是两个被广泛接受的协议。以太网主要用在设备与设备之间的通信,而 OPC 主要应用于应用程序对应用程序之间的通信。为了进一步将设备与设备之间的通信标准化,设计了各种现场总线的方案。早期的数据通讯系统也是基于传统计算平台,例如虚拟地址扩展和许多不同的 UNIX 系统版本。虽然 SolarisUNIX 仍在广泛使用,但是微软的 Windows 平台越来越受欢迎。

12.4 设备控制与过程系统

12.4.1 天然气集输

一般情况下,集气系统通过调节压力进行控制。大部分集气系统主要使用往复式压缩机(需要一个活塞或螺旋推进器),所以本节主要讨论这种压缩方式的控制。当运行这种机器时,应当考虑测杆负载、最大排驱温度和液体进入的最小和最大速度。防止液体进入压缩机是非常重要的,所以应该安装一个适当大小的具有筛孔衬垫的上游洗涤器,还需要一个自动抽取液体的液面调节器。集气压缩机的根本目的是保持井口压力下降到与下游设施压力一致,无论是气体处理系统、液体恢复设施还是输送管道都达到一个最小的压力。往复式机器的速度主要控制吸入压力,而排驱压力由流量和下游阻力控制。对这些压缩机来说,速度范围是很有限的,但是可以在最大速度的 90% ~100% 调节。其他的容量控制形式包括囊和阀卸载机,这些可能是手动的或自动的。测杆载荷是压缩机的压差(排气压力低于进气压力)的函数,不得超过额定值,否则将会损坏压缩机。因为没有直接的方法来控制排驱压力,所以可以安装循环管线,使气体循环到吸入管中,以提高吸入压力。这个管线通常由一个最小流量控制器控制,但是从效率角度来说,更有效的是控制压差,甚至可配置控制平台相应的测杆载荷。为了提高效率,循环管线应该在排放冷却器和排放洗涤器之后设置。压缩机温度的升高值由排气压力与进气压力的比决定。高温会使管道弯曲并损坏填充物。为了保持温度低于最高允许值,应该控制排气压力、减小排气速度或提高循环速率。空气是冷凝气体储集系统中排放天然气的主要介质。下列设备通常用于控制这些冷凝器：百叶窗；开、关鼓风机；多级变速鼓风机；活螺距鼓风机；可变速鼓风机或干气回注器。

在大多数情况下，下游工艺中首选较低温度下的气体分离冷却器。然而，温度低于水合物生成温度或冰点是不合适的。在这种情况下，需要用温度控制器来控制上述冷却器以保持理想温度。可通过逻辑控制鼓风机何时打开何时关闭，或选择合适的分离速度。

12.4.2 天然气处理

气体净化的主要方法是使用化学吸附剂。这一过程与使用吸收剂进行气体脱水相似。这里指出了它们之间的一些不同点。

①气体净化的目的是脱酸性气，因此接触点出口气体应该分解为 H_2S 和 CO_2

②设定回流加热温度低于最大水保留温度。

③在一些情况下，要求将 H_2S 的加工处理与 CO_2 的加工处理进行对比，接触点出口分析装置可以使萃取剂的温度超过设定温度，这样就使得在再沸器中使用的热介质与吸附剂的比率提高。

有时也用物理吸附，利用一系列的闪蒸容器，可以在较低的温度下，产生更好的吸附。在闪蒸的最后阶段，常常使用到一个真空装置。在这种情况下，真空驱动器可能需要速度控制或流体控制中的喷射器，以阻止容器破裂。使用降压能量来驱动二次循环泵的液力涡轮机是十分有效的。这常常需要额外的泵来弥补功率的不足。

12.4.3 硫回收

最一般的硫回收处理过程是克劳斯法，在这种方法中，1/3 的 H_2S 应该转化为适量 SO_2。当 H_2S 与 SO_2 比达不到2：1时，理论硫回收率会明显下降。这时就必须加入适量的氧，通常以空气的形式加入到反应炉中。在反应的最后阶段，煅烧之前，安装一台尾气分析器。当排放风箱中的空气燃烧时，常常需要两个并行阀门、一个主阀门、一个调整阀门。理想情况下，燃烧的空气主要通过操纵前方的进料口控制，即由酸性气体含量和 H_2S 百分比的变化来调控。尾气分析器中的回料将控制调整阀门。由于空气流入和尾气分析中时间延迟可能会很明显，新的模型预测方案将会改善维持理想配比的能力。

反应炉温度应该维持在最大和最小温度之间。红外测量在这个作业中是非常有效的一种方式。可通过提高或降低空气预热的温度来提高或降低反应炉温度。否则，引入的空气需要调整。反应堆内的转换是在较低温度下的有利均衡状态和较高温度下的有利运动状态之间进行的。当催化剂更新之后，均衡状态占支配地位，而当催化剂到了使用周期的末期时，运动状态占支配地位。当温度较低时，应注意一个因素是转化器出口温度应该维持在硫露点温度之上。转换器出口温度主要由再加热装置控制，它直接控制转换器入口温度。可以将再加热分为直接或间接两种。直接再加热是在反应炉的出口，热气绕过废热锅炉，从每一个转换器的入口注入。当运动状态允许造成的较少气体绕过时，在转换的辅助阶段造成更多的气体，以降低转换器入口温度。间接再加热使用一种介质进行加热，例如气流或热油。使用间接方法时，对再加热进行控制是比较简单的。冷凝器是空气冷却器或水冷却器，它们在最低温度下工作，以达到最小露点温度。

12.4.4 天然气脱水

这一部分包括在天然气处理作业中经常使用的两种类型的天然气脱水方式。一种是吸附作用,一般使用一种甘醇物质;另一种是固体床吸附,一般使用分子筛。

12.4.4.1 吸附作用

用吸附作用脱水时,需要对几个方面进行控制。包括:较低的吸附剂流体速率和温度、接触器压力、闪蒸器压力(在适用的情况下)、汽提塔压力、汽提塔再沸、汽提塔回流。

因为天然气脱水的目的是除去气流中的水,所以出口气流应该使用湿度计进行连续的监测。通过监测这个读数,可调节吸附剂的流量和输入汽提塔的热量。吸附剂的流量应与湿度计中读数纠正的气体流量成比例关系。当湿度低于要求时,要进行调整,因为汽提塔中,除了潜热之外,也保存了显热。热介质进入汽提塔中的流量应该根据湿度计的读数进行纠正和控制。当含水量比要求的高时,也应该进行调整,因为脱水能力由吸附剂内水的含量决定。如果在低级吸附剂增加的情况下,没有增加流体的热量比例,那么低级吸附剂的含水量可能不会降低。底层温度不适合作为控制的基准,因为它仅仅显示了汽提塔底部压力下水的沸腾温度。比较好的参数是压力补偿的顶部塔盘温度。这个数据与低级吸附剂的含水量有直接的关系。降低吸附剂温度可以改善吸附剂储水的能力,但太低的温度可能导致吸附剂内碳氢化合物冷凝,产生泡沫。理想的方法是控制吸附剂的温度在天然气进口的温度5~10℃以上。

可以应用的另一种方法是考虑水的含量、流量和入口气体温度的前馈方法。模型预测方法可以说明低级吸附剂温度、流动和汽提塔加热的相互影响关系。接触器的高压可以增加其容量,并增强对水的吸附作用。在不影响回压阀运行的情况下,应该使用回压控制器维持一定的高压。当接触器和汽提塔之间存在闪蒸器时,应该将压力维持在尽可能低的水平。只需要很小压力可将液体推进接触器中,这样就降低了对汽提塔的要求。在参考点附近,当液体水平线超过要求的死区时,可以使用该方法提高或降低闪蒸箱压力。如果液体升高到死区以上,压力就会增加;一旦液体降低到死区以内,压力会慢慢地下降。这个方法对非线性水平控制最为有效。

应该维持汽提塔压力尽可能地低,这样可以降低脱掉的水的沸点,如果安装了闪蒸箱,也应该在较低的压力下运行。应该安装压差测量装置,这样可以显示出溢流的开始点。当压差接近参考点压力时,则应该提高汽提塔压力以缓和溢流。出于环境的考虑,应该设定回流冷凝器的温度,以获得最大的夹杂乙二醇的回收率,而不会冷凝过量的水。

12.4.4.2 吸附剂

因为用固定床层吸附剂去湿是一个多床层的处理过程,所以主要的控制是循环和层间转换。干燥剂工作的方式是去湿、再生、冷却以及备用。通常情况下,对一个固定的时间段设定一个周期,通过对每一个时段设定转换阀门,使这些床层循环作业。

12.4.5 液体回收

12.4.5.1 冷凝物稳定

在一个馏分塔中,除去氢化合物轻质部分使冷凝物稳定。建议用非线性水平控制方式给闪蒸罐或供液容器提供一个稳定的给料速度。由于冷凝物的性质,在线分析是非常困难的。通常使用底部温度,最好使用冷凝压力,来控制对再沸器的热量供给。实验室分析结果可以用来确认底部温度参考点的精确性。可以加入理论的属性预测值,将参考点的温度设定到实验室更新的值以内。当使用回流温度时,应该用进料塔板上方的灵敏板控制。为了加强分离作业,考虑到总的压缩机约束条件,塔内驱动压力应尽可能地低。

12.4.5.2 致冷

通过制冷可获得大量天然气的冷凝液。在气体处理过程中,丙烷是主要使用的致冷剂。其主要控制方面包括:压缩装置、压缩驱动装置、致冷剂凝结器、降压变压器以及冷凝器。在这个过程中经常使用离心式压缩机和往复式压缩机,它们以涡轮机、电动机或气体引擎驱动器为驱动装置。

对于离心式压缩机和测杆加压下的往复式压缩机,在较低的压缩机吸入压力下,可以得到较低的温度。而吸入压力直接影响冷却器内压力。

冷却器液面水平控制决定着冷却器内制冷剂的流量。通过控制确保冷却器管密封是十分关键的。在每一个压缩阶段以前,无论何时都需要用洗涤器或者降压变压器清除液体。在多阶段系统中,应该使用洗涤器清除液体。洗涤器压力的设定,应该与压缩机载入和高阶到低阶汽化物的逆转相协调。可以参考本章中压缩机和驱动控制方面的内容。

12.4.5.3 低温回收(透平膨胀机过程)

现在回收天然气中的冷凝液时,主要用涡轮泵扩张器进行膨胀的方法。控制涡轮泵扩张器来实现各种目标,最常用的参数是:入口压力、脱甲烷塔的压力或者残余压力。通过操控导向叶片控制扩张器的速度。焦耳－汤姆逊阀门允许扩张器大量排液。分开的系列控制器常常控制导向叶片和焦耳－汤姆逊阀门,这样当导向叶片使用完之后,焦耳－汤姆逊阀门将打开。由涡轮泵扩张器驱动的压缩机需要一个循环阀门维持最小的流量以实现过载保护。根据精确的制冷回收处理方法,对于热交换器电路的流体分解、制冷器、分离器水平和压力分布图等需要辅助的控制设备。热交换器电路的流体分解常常用一定流动比率来表示。通过配置这个比值可以防止自旋或防止温度低于涡轮泵扩张器上游的低温分离器内的临界温度。

12.4.5.4 脱甲烷塔

脱甲烷塔是涡轮泵扩张器处理中必需的。进入这个塔中的不同进料是在这个流程中不同阶段的产物。有时候塔侧再沸热源和再沸器底部热量对热交换器管线是必需的。不过很少控制塔侧再沸器温度,可以通过调控再沸器底部的热量,来控制底部温度和冷凝压力。

理想情况下,这个结果将会重新设定底部压力。由于塔侧再沸器、入口流量和入口成分会造成的干扰,脱甲烷塔是比较好的控制模型预测的候选装备。基于涡轮泵扩张器和剩余压缩约束条件的脱甲烷塔的压力最小化,对增加液体回收率起主要作用。

12.4.6 轻烃分馏

天然气液分馏包括脱乙烷、脱丙烷、脱丁烷和丁烷分离。每一个控制方案都是类似的。这些分馏塔主要的控制点是再沸加热、回流和压力。对供液罐和底部的波动,建议使用非线性控制。通过进行再沸加热可以控制底部成分。进料塔板温度之下的敏感温度决定着组分组成。将温度控制为冷凝压力温度是最理想的。

通过控制回流来控制底部成分组成。进料塔板温度之下的敏感温度决定着组分组成。最好将温度控制在冷凝压力温度。用最小回流法可以确保回流超量时,再沸加载不增加,相反的,对一个给定的分离装置,超量的回流导致较大的回流量。对一个给定的分离装置,内回流计算和多变量控制法能量消耗最小。

在溢流、冷凝器温度和液压系统底部等约束条件下,应该将塔中压力最小化。塔的压力测量数据可显示溢流的出现。在较低的温度下,由于压缩机的可用功率可能有限,回流会更加困难。在塔的底部,必须有足够的水压,允许流体进入下游塔中,或满足对泵的最小的水压要求。多级量控制法可以有效地处理压力最小化问题。

12.4.7 离心式压缩机

在各种气体处理过程中,包括注入进料、残余物处理和制冷压缩,离心式压缩机(利用叶轮增加蒸汽动能)得到广泛的应用。这些压缩机通常由燃气轮机或电动机驱动,但是有时也由汽轮机驱动。对这些机组的操作,需要考虑许多控制因素。除去上游的液体、过载预防、吸入压力、排泄压力和驱动器速度控制等都是首要的问题。用压缩机上游反应槽除去上游液体,清除任何夹带的液体,以一个液平面为参考点,用泵自动抽取液体。一个简单的开、关水平控制方案就可满足这种要求。

对一个给定的吸入压力,过量的水压会造成过载。可以减少压缩机驱动器传递的功率,或使气体从压缩的较高阶段重复循环,以阻止过载。降低压缩机驱动器速度是最有效的方式。然而,一些驱动器的速度范围是有限的。有许多方法可以迅速增加吸入压力,如利用回注气体使用逆过载或是逆转阀门。最先进的方法是对于操作状况变化较大的情况考虑气体密度和水压曲线特征。最简单的方法是确保压缩机流量最小或者吸入压力最小。这些较简单的方案由于过于保守,产生的效率很低。使用冷却气体和气体循环步骤最小化的逆转阀门方法也是最有效率的能量利用方法。

依靠调节驱动器速度、再循环气体或使用节流阀可以控制吸入和排泄压力。调节驱动器速度是能效最高的方法。燃气轮机的速度范围通常较大。水轮机的速度范围适中。电动机的速度可能是不变的,然而,变速变频的驱动器越来越受欢迎。

12.4.8 离心泵

离心泵与离心式压缩机类似,但是很少由燃气轮机驱动。离心泵与离心式压缩机也有相同的控制因素,但除了清除上游液体外,还要除去上游夹带的水蒸气。净吸入压头决定了激增点。因此,泵的吸入管中液体的液面水平高度和密度是很重要的。

12.4.9 循环泵

循环泵通常由电动机驱动,但是在一些应用中,由汽轮机或水轮机驱动。这些泵在作业中是自适应的,很少需要控制。最平常的控制是容量控制,因为它们是容积式机器。基于最小流量或上游水平高度考虑的变速和液体循环是主要的容量控制方式。

12.4.10 应用

在天然气处理工厂中,用于天然气处理的最一般的设备是制冷系统、加热系统(热油或蒸汽)和冷却水系统。首先涉及制冷系统。热油系统使用加热气、混合罐和集管。对一个工厂来说,也可以使用多于两级的热油温度。通过分开的集管系统,温度重新分布。一些处理剂,例如胺类和乙二醇,当遇到高的表层温度时将会降解。较低温度的热介质将使再沸器表层温度达到最低。常用的热油温度方案是把从缓冲槽中处理过的所有热介质收集起来。对高温集管,热油的一部分会从加热器输送到温度定位点。缓冲槽中有足够的液体绕过加热器,与适当数量的加热油进行混合,达到低温加热的目的。蒸汽系统也常常使用许多不同的温度(或压力)。锅炉产生满足高压加热的足够的蒸汽。蒸汽使用设备、热交换器和汽轮机将废蒸汽排进低压加热器重新利用,或是排进压缩系统以收集或重新利用。在低温条件下,将蒸汽排进低压集管中重新使用的汽轮机被称为顶汽轮机。其他的汽轮机都是压缩汽轮机。

为满足整个蒸汽系统所有温度(或压力)水平的要求,在压力控制下使用放压阀将高压蒸汽输送至低压集管中。通常是在大气压下,以最低的集管压力收集排放系统的排放物。将收集物除氧,填充到锅炉给水系统以补充损失,并再煮沸。对流程温度的控制,可简单地依据换热器调节热介质流量来完成。

12.5 自动化应用

自动化平台的应用是从中央控制室使用电子方式传输数据开始的。这些应用主要体现在收集信息,并利用它,以达到经济高效运行的目的。

12.5.1 历史资料

能够把大量的数据收集和存储到硬盘是微机自动化平台的一个明显优势。即便如此,几家厂商已专门开发历史数据专家软件,以便更有效地、更好地存储和分析数据。数据压缩技术使用最小的空间来存储最多的信息,同时维持数据的完整。这些数据历史包与工具用来辅助进行挖掘数据、作图、制表和统计学分析处理,也可以操纵历史数据库自动生成报告。

12.5.2 资产及动态管理

资产及动态管理软件已研制成功,还加入了丰富的信息,这些信息现在可应用到微机自动化系统。这些应用包括下面的几部分:计算机维护管理、产生工作次序、预测维护、控制回路的性能及调整、在线生产设备性能监测、处理流程绩效监测。

资产管理主要用于维护工厂设备,可以使用这些工具完成库存管理、工作秩序、预测维护计划、检修计划以及规划转机。这些软件中许多与企业规划系统相联系。可以应用控制回路性能监控和调整包来确定控制回路中是否出了问题,例如阀门、定位器、控制器校正。其他的应用包括当故障发生时,确定振动、温度及其他旋转设备的关键参数。

可以通过在线运行过程模块来对比实际的动态和预期的动态。可以计算和监测换热器堵塞、扩展器和压缩机的效率以及塔效率。这些软件包括数据相容性特点,以克服对不连续的、遗失的或坏的数据及如何调整处理模型的问题。

为了提高天然气处理和轻烃分馏产业中处理厂的赢利能力,定义、分析个别设施,以精确控制回路。这些回路是每个设备的经济驱动器。以下是一个应用清单,列出了哪些应用需要最少控制变异性以及哪些需要强化规格限制,以达到最大的经济效益。

(1)蒸馏塔。进料和回流流量控制回路、回流温度控制回路、再沸器温度控制回路、再沸器水平控制回路、压力控制回路。

(2)气体压缩机。压力及流量控制回路、浪涌控制回路、操作台循环控制回路以及气体温度控制回路。

(3)酸性气体处理系统。汽提塔再沸器温度控制回路、架空汽温度控制回路、汽流的流量控制回路、接触器和闪存汽包水位控制回路、热油加热器燃料和空气流量控制回路。

(4)水沸系统。汽包水位/给水流量控制回路、蒸汽压力和燃料流量控制回路、给水加热器控制回路、燃烧空气/氧气控制回路。

(5)工厂设备系统。冷却水流量控制回路、发射燃料加热器和空气流量控制回路、制冷机组水位控制回路。

通过熟练的过程顾问和控制工程师进行有效的工艺性能检查来优化控制回路是一种增加工厂经济效益的有效手段。是否进行有效的控制可以决定一个有工厂还是将来的命运:是成为一个有经济活力的工厂还是将来暂时停产还是进行资产转让。

正如前面所讨论的,由于下列情况,基本控制回路极大影响工厂业绩。

①处理流程优化过程中,需要优化的是整个过程,包括硬件和软件两部分。

②处理流程优化过程中,最终的控制回路是比较重要的一个因素。

③控制回路的优化过程,降低了系统的异常性,并增加工艺可靠性。

④对成功地应用高级控制系统而言,优化控制回路是基础的步骤。

⑤丰厚的经济回报来自于合适的控制设备的尺寸、选择和处理控制设备的维护。

⑥连续的在线监测环路设备和回路性能,是实现最低生产成本、减少处理设施周期成本的一个关键因素。

12.5.3 资料处理控制

从自动化系统得到的数据,可连接到资料处理控制软件包。这个软件用来生成运行图表、工艺容量分析、处理流程特征描述、实验设计和因果图。对确定工厂不稳定和不合格的产品的原因,这一类资料是相当有价值的。当测评工厂的基本能效和确定改善控制后的收益时,它也是一个很好的工具。当应用于连续生产工艺时,资料处理控制概念是许多六西格玛和其他质量评价方法的基础。

12.5.4 高级调整与控制

随着以微处理器为基础的控制器的出现,进行高级调整与控制更为容易了。这种控制方法通过使用级联控制器、选择器、前供给和比率等,基本上将原来单输入单输出控制变为多输入。例如,Shinseki 讨论了各种可以在这种方法中使用的控制方案。虽然无法使用单回路气动装置和电子控制器,但以微处理器为基础的控制器的软件配置方法替代了管运行、导线和其他的一些需要用更容易的控制器形式完成的控制。

12.5.5 多变量预测控制

多变量预测控制是更简单、更强大的控制形式。自 20 世纪 70 年代起,这种形式的控制已经应用于石油炼制业,它可以提供真正的多输入多输出控制。多变量预测过程控制提供了一种结构性的方法来管理过程中的约束条件,例如对阀门及温度和压力变化率的限制。使用长期预测模型可以确保对这些变量的约束条件不被破坏。这样就能确保生产包络的维护在处理流程约束条件范围内进行。最近推出了提高这方面性能的技术,包括约束二次规划。为了确定控制器最佳的设置点和约束值,可以实行一个外部优化。可以把这个优化描述为一个线性规划技术,结合一个稳态模型和一个成本函数,确定最优的操作点,这些最优的操作点可以基于最低的能源用量、最大吞吐量,或它们之间的一个平衡得到,也可以基于其他标准得到。

图 12-1 是一个应用于典型制冷脱甲烷塔的多变量控制方法的示意图。多变量控制器充分利用了处理流程中的互动性质。关键控制变量可用关键操纵和扰动变量的函数来模型化。流量取决于压力剖面、可用压缩功率和膨胀机效率。当有更多的可用功率,如在夜晚和天气较凉时,那么流量就会增加,或者脱甲烷塔的压力降低,以增加轻烃回收率,满足给定的流量要求。随着塔压力的调整,对甲烷或二氧化碳、乙烷等的轻烃质量的控制就变得更加困难。随着

塔压的调整,多变量控制器可确定合适的输入热量,以保持最大的回收率和产品质量。压力补偿温度是这种方法的一个关键因素。

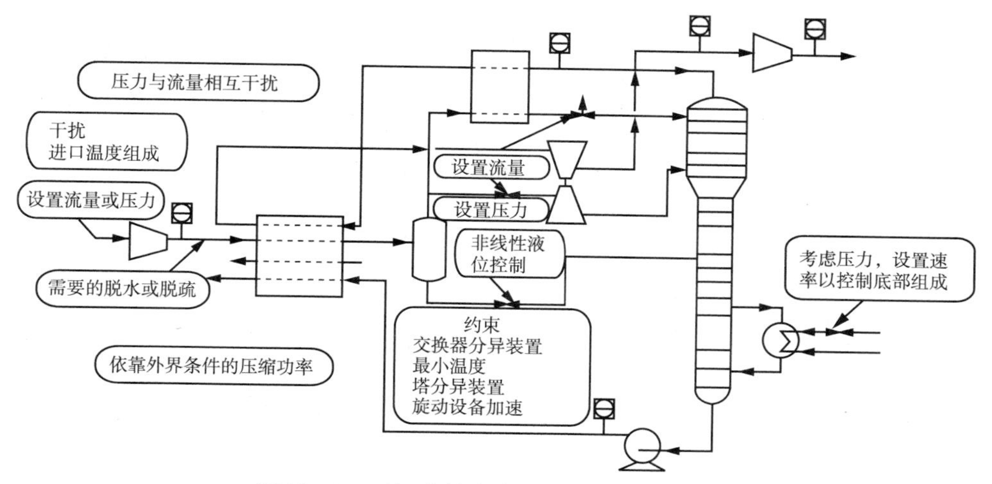

图 12 - 1　对标准制冷脱甲烷塔的多变量控制

其他控制变量是最小和最大流量、压力、温度、程度、速度等。脱甲烷塔压力、液流分离、沸流及装置的入口压力是一些可调节的变量,而某些干扰因素,如残留管线压力、进水流量、进气成分也应该考虑。

在前面提到过的方式中,关键控制器机组使工厂一直处于最优的操作点。控制器被有效地解耦,从而像汽车上的巡航控制那样做出调整。在许多方面,其统计过程控制的目标得到实现。

图 12 - 2 显示了高级控制的优势。首先,由于控制更接近由模型预测的设定点的容量,降低了过程的不稳定性。一旦不稳定性降低,那么这个过程可以推进到过程运行的约束临近状态,这时利润就能达到最高。在这个区域,操作人员会很犹豫,因为此时可能会超出约束条件。而随着高级过程控制的出现和发展,设定点可更接近这些约束条件,无需担心超出约束条件。

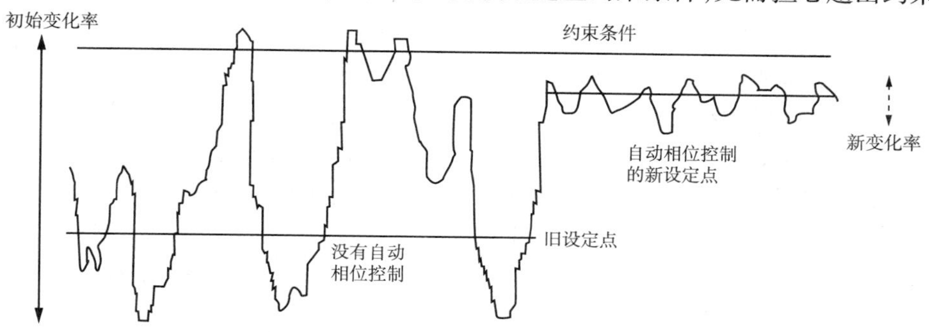

图 12 - 2　高级控制影响(包括对约束条件的作业闭合器以及减少变化)

12.5.6　优化

更高一级的自动化是实现最优化。对比较简单的最优化问题,可以使用线性规划技术。非线性规划技术对解决更加复杂的优化问题可能更有效,此时线性规划技术显得没有效果。随着计算能力进步和数学优化的发展,在线、严格的优化已经变成现实。石油炼化在这方面一路领先，但在天然气处理方面也已经得到应用。优化系统必须依靠一个多变量预测控制系统。随着稳定的多变量预测控制系统性能的提高，优化系统的效能也会提高。

随着优化技术带来的商业关注，多变量预测控制的发展应该强调操作管理上的要求。表12－1详细展示了近期关于改善操作管理以及多变量预测系统应用效能的技术发展情况。这些技术的进步提高了基本过程的操作水平。这使得不合格的员工被替代，从而需要称职的工作人员，更需要有价值的业务能力，提高效率及可靠性、降低成本及提高产品质量，而且能反映不断变化的业务需求。

表12－1　多变量预测控制技术近期的发展(Canney,2004)

发展	技术
非线性控制器	神经网络和其他的经验模型技术
自动处理测试	多阶段，随机序列测试
性能监测	模型适应性的度量标准
远距离执行和支持	网络的应用
自适应系统	背景测试以及模型区分
嵌入式控制系统	配备有效处理程序的强大处理器

网络系统和网络能力继续影响着先进技术的应用。一些公司具有中央支援中心或协同应用服务提供商。利用自动化测试技术可以轻易地实现远程监控。性能监测技术和工具可以为预期的性能标准提供清晰的基准点。也可以通过远程进行更新和改进。这些功能减少了项目和支持成本，进一步完善了多变量预测控制措施的经济性。现在使用混合的整体规划技术和增强的状态空间方法，改善模型，降低没有测到的干扰条件为传感器技术方面的新发展提供了新的、有价值的、低成本的处理信息。估算财物的方法和预测多相复杂反应系统行为的方法也正在发展中。多变量统计方法继续发展进步。可视化技术可能是终端用户清晰地接收到模型的关键。

12.5.7　统筹发挥自动化平台的效能

为了得到最大的效益，应该将自动化平台容量提升到最大。平台自身价值约是成本的80%，另20%是潜在价值。通过对平台进行一些技术改造可以得到额外的收益。这包括足够的基础工厂建设以及现有厂房的改造。与以后再加入测试设备相比，在工程建设当中就加入这些设备在经济方面则更有效。可以使用控制系统咨询制度，而不是仅仅依靠设备制造商。由于提供的方案比竞争者包括了更多的测试设备，许多设备制造商失去了竞争力。在控制系统升级时，不要仅按种类进行替换，而应该替换并增强其功能。当一套数据通信系统只是被当作仪表盘的替代物时，它的附加价值是有限的。

12.5.7.1　自动化升级总体规划

对现存在的设施，在每一个机组的相对效益和提升的价值得到估计后，针对许多气体处理器研制了自动化升级总体规划。用这种方法最大的收益是可以抵消大部分的初始平台成本。添加了平台之后，一旦基础设施到位，I/O成本将比初始安装低。当气体处理器组配备了自动化咨询系统之后，总体规划颇为有效。咨询公司能分享他们过去的经验，并向未来的发展提出应考虑的建议。

12.5.7.2 确定收益

完全杠杆式自动化系统的益处是非常多的，包括以下几个方面。利用适当的方法很容易对这些益处进行量化。

①控制室合并（减少人手）。

②工厂可靠性（时间）。

③工厂稳定（更好的效率，由于较少进程干扰）。

④维护管理（减少库存）。

⑤产品质量（较少的不专业惩罚或者放弃过度处理产品）。

⑥持续的推动约束（增加吞吐量和回收率以及节约能源）。

⑦最优化（节约能源和提高回收率）。

关键是要选择适当的指标通过适当的度量得到基线测量和监测的结果。

（1）基准线。良好的基准线是确定收益的一个至关重要的因素。历史数据是制定良好的基准线所必需的。历史数据应包括：主要的测量手段以及任何用来规范结果的因素。举例来说，乙烷回收应该规范为进气流量和组成，以及周围的温度。应该丢弃干扰期的数据以及异常值。真实的处理过程的变异最好用每分钟捕捉的数据来进行测量。要制定高质量的基准线，除了统计分析外，还需要对作业过程有良好的理解。除了测量一个处理过程的平均绩效外，基准线还可以揭示出处理过程中不定的程度以及产生变异的原因。减少不稳定是自动化的主要好处之一。随着不稳定的减少，处理过程会有更多的机会达到经济高效运行状态。

（2）统计分析。统计分析是确定自动化优势的关键。一个好的统计分析将给出在变化的情况下，给出最准确的处理流程的绩效评估。在之前和之后的绩效评估中，平均绩效永远是最后的措施。平均值应该在规范化的基础上进行评估，这样绩效评估就可以在公平的或相对等价的基础上进行。全部液体或乙烷完全回收是不规范的评估。标准 $bbl/10^8ft^3$ 的进气是一个较好的度量标准，但没有考虑进气组成的改变。回收率水平考虑到了进气组成，而没有考虑入口流量或者提供更多的可用的机械功率的环境条件。对正常的响应曲线，数量变异可以用标准偏差来衡量。依赖于处理流程以及变异的来源，从任何一两个标准改进的偏差都是合理的预期。一个核对的方法是将最好的能效与平均能效进行比较。将这个偏差与标准偏差进行比较，从而得出改善最高标准偏差的可能性。因为标准偏差是一个绝对值，很难与平均值进行比较，变异系数是标准偏差除以平均值，它是标准偏差的一个相对测量值。换句话说，变异系数是一个表征改善潜力的百分比。所有的反应都不是规范的或钟形的，峭度是对响应曲线偏斜的一个测量，当评价标准偏差时，应予以考虑。一个异常响应的常见的例子是当处理流程运行时，接近其物理极限，就向上扬或下跌，远离其物理极限，就向相反的方向变化。消除干扰情况有时可以使响应曲线转向规范的状态。利用自相关性、功率谱和傅里叶变换等工具，多变量控制软件包还包括进一步确定处理流程动态能效的能力。在不确定的情况下，确定经济收益，始终是一个挑战。虽然在处理流程改善潜力的测评方面，站在提高产品质量的角度，我们有良好的度量标准，但是这些改善的价值依赖于经济条件，如定价、原料供应和产品的需求等。风险管理工具，如蒙特卡罗模型，在这些经济收益的范围超过各种预测到的不同范围的条件下，可以用来确定范围和准确性。

(3)绩效改进措施。许多公司都采用六西格玛管理法和统计的方法建立绩效改进措施,自动化可大大提高六西格玛和其他改善绩效措施的效率。反过来说,这些绩效改善方法的精密性显示了自动化带来的优势。以六西格玛方法为例,来说明绩效改进方法和自动化是如何互为补充的。六西格玛方法的四个阶段包括测量、分析、改善和控制(Breyfogle,1999)。

没有自动化,测量有时是困难而痛苦的。自动化和历史资料的使用,使测量和分析工作变得容易得多。经过数据采集后,可以通过处理流程性能评估、运行图、因果矩阵等评估性能改善的可能性,找到关键技术点。自动化中的很多因素在六西格玛方法的执行和控制阶段,都是适用的技术。稳定处理流程一直是性能改善中的一个关键性因素,可以使用自动化技术,尤其是高级控制技术来实现。控制阶段出色的表现说明了自动化自身的优势。

12.6 冷凝稳定剂案例研究

下面的内容综述了一些高级控制特征的实例应用以及它们的优势。它是一个冷凝稳定处理过程的实例研究。研究这个部分高级处理控制的主要原因是质量方面的问题。冷凝产物应该满足由顾客定义的雷德蒸汽压(RVP)要求。早期对产物的研究方法主要依靠实验室样品来检验雷德蒸汽压,这是很少见的。可以使用现场分析器,但比较昂贵。作为现场分析器的替代物,最重要的质量检测是通过推理手段得到的。自动相位控制方法提供一套稳定的装备,减少了雷德蒸汽压变异。

突尼斯小组在他们的气体冷凝生产系统中应用了多变量控制系统。这个冷凝生产系统在位于突尼斯的克斯的汉尼拔工厂。该项目的目标是最大限度地增大冷凝物的产量,改善冷凝稳定处理流程的稳定性,并确保在任何情况下都能满足产品的质量要求。这个工厂的终端处理气体量是5.4MMSCM/D,冷凝塔作业通常为550L/min,控制雷德蒸汽压在12pisa范围内。冷凝物可以作为原油进行出售,因此比液化天然气产品更具有价值。

图12-3是凝结过程的详细示意图。冷凝的液态烃从捕集器送进工厂,在稳定器进料/底部热交换器E-201内进行预加热。预加热过的进料在稳定器进料鼓D-201中被迅速闪蒸。从进料鼓出来的液体通过进料/底部热交换器E-0250进一步被预热,然后局部流体控制器FC-02016将它送入稳定器T-201。进料鼓液面调节器LC-02007通过操控进料进入鼓中,来维持一定液面高度。闪蒸气被输入高压燃料系统。在进料鼓中,靠一个保护罩把其中的水分离,这些水被送入位于液面控制器下方的加温燃烧器内。在回注氮气装置中,从热分离器D-0701中出来的冷凝液态氢被送入回注氮气装置液态闪蒸鼓D-0202中。闪蒸气被输入高压燃料系统中,从鼓中出来的液体送入位于液面控制器LC-02026上方的稳定器中。

由于可以除去其中的轻质组分,冷凝稳定器T-201减少了冷凝蒸汽压力。它是一个有24个托盘的气柱。从稳定器进料鼓中出来的液体被送入托盘9的中点处,从回注氮气装置中出来的液体被送入顶部托盘。从稳定器出来的顶部的蒸汽,通过一个背压式控制阀,被输入低压燃料系统中,这个控制阀用来维持塔压为参考压力。

塔的底部被一个挡板分为两部分。这个挡板没有延伸到它的底部,所以在这两部分之间存在混合部分。从底部托盘出来流入该位置的液体,是通过直接稳定器再沸炉H-201选择性抽取出来的。从再沸器中出来的两相流返回到另一个分隔空间,在这个空间,将液体分为稳定的产品和流入塔中以提供溶出作用的蒸汽。

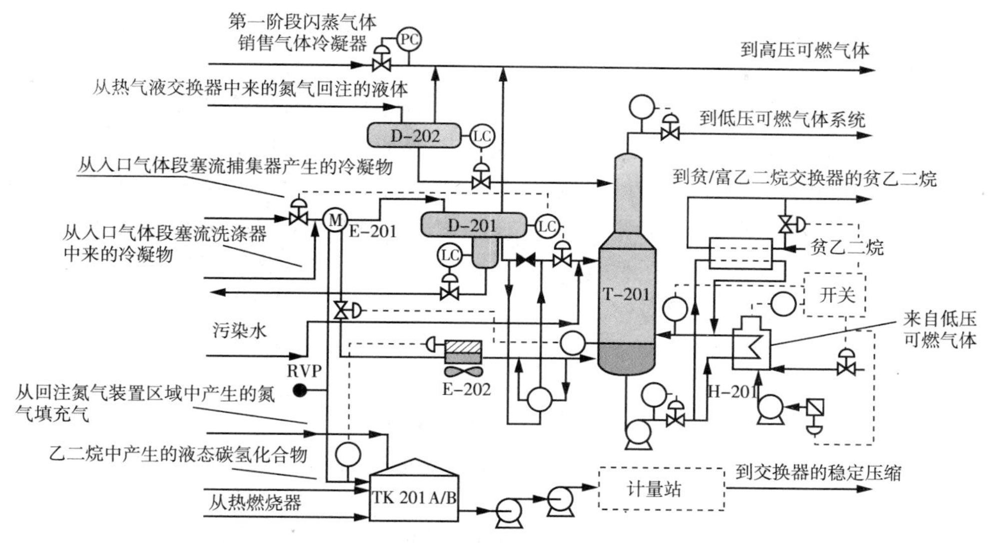

图 12-3　突尼斯的汉尼拔工厂的最终压缩处理概略

如果需要更多热量，乙二醇/凝析油换热器 E-0203 会提供附加的热量。

稳定的凝析油离开 LC-02001 型调节平衡器，在 E-0202 型凝析油冷凝器中冷凝，接着在 E-201 型换热器中与进口端的凝析油进行交换，最后被输到 TK201A/B 凝析油储集罐中。

凝析油平衡器的主要作用如下：

①控制雷德蒸汽压到处理器的指定值；

②始终按照操作约束条件的限制单元实施；

③使单元操作稳定。

控制器使用雷德蒸汽压的实时在线评估（推理式）。通过更严格控制的目标值，可以减小高估的雷德蒸汽压值及与之相关的储集罐中稳定凝析油的闪蒸值，还可以缩短油罐运移时间，从而减小损失。产品说明书中的雷德蒸汽压是 10～12psia。图 12-4 给出了关键过程变量的前后变化趋势。在 APC 安装前，雷德蒸汽压的原始评估的平均值为 12.25psia，标准偏差为 0.43。APC 安装之后，标准偏差降至 0.26，有 95% 的把握控制雷德蒸汽压在处于 12psia 极限之下的 11.5psia（Hotblack，2004）。

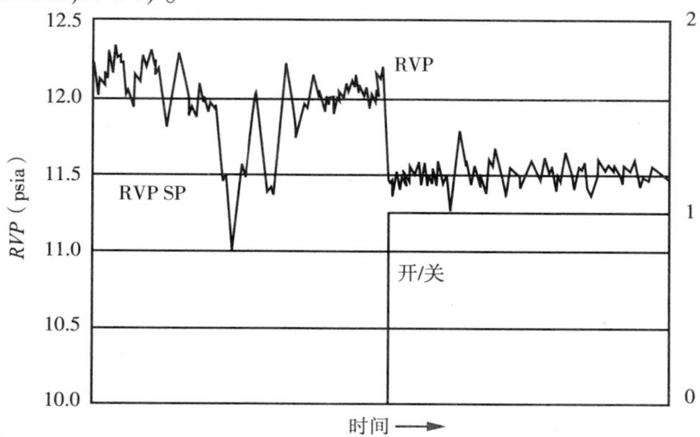

图 12-4　BG Tunisia'a 装置雷德蒸汽压关键过程变量的前后变化趋势（Hotblack，2004）

约束条件的最优化会使程序达到最优化,它不会违背诸如凝析油购买商要求的雷德特蒸汽压极限等程序限制因素。

使用第一原理和神经网络系统技术的雷德蒸汽压传感器为控制提供了连续的测量。实验室样本定期融入控制方案,这样会提高精度并且可以保持产品的质量。

通过联合应用基于 Antoine 蒸汽压方程的第一原理和神经网络基本方程,可直接推算出估计值。第一原理模型和神经网络都要求稳定的柱体底座温度(TI - 02035)和最高蒸汽压(PC - 02045)。可以通过实验室分析的反馈来调整加工误差和过程中的测量错误。为了达到这个目的,至少要每周插入一个实验室样品。

参考文献

Breyfogle, F. W. ,"Implementing Six Sigma." Wiley, New York (1999).

Canney, W. , Advanced process control powers developments in operations management. Oil Gas J. 102(42), 50 (2004).

Capano, Dan, Distributed Control Systems Primer, DTS, Inc. Hotblack, C. , BGTunisia's advanced process control improves condensate product stability. World Oil Mag. 225, 9 (2004).

Kean, J. , "Maximize Plant Profitability through Control Loop Optimization." Paper presented at the 79th GPAAnnual Convention, Atlanta, GA (March 13 - 15, 2000).

Poe, W. A. , and Harris, S. , "Gas Processing Plant Automation A - Z." Paper presented at the 84th GPA Annual Convention, San Antonio, TX (March 13 - 16, 2005).

Rinehart, N. F. , "The Impact of Control Loop Performance on Process Profitability." Paper presented at AspenWorld - 97, Boston, MA (Oct. 15, 1997).

Shinskey, F. G. , "Process Control Systems: Application, Design and Tuning." 4th Ed. McGraw - Hill, New York (1996).

推荐文献

Aguilar, J. , Poe, W. A. , Gamez, J. P. , Clay, R. M. , and Stegall, R. P. , "Compressor Multivariable Control." Paper presented at the ISA Conference, Philadelphia, PA (Oct. , 1994).

Alexandre, M. C. , Owen, M. , Basu, U. , and Poe, W. A. , "Multivariable Control of Texaco's Eunice South Gas Plant." Paper presented at the 77th GPA Annual Convention, Dallas, TX (March 16 - 18, 1998).

Al Rougha, S. Y. B, Ni, H. , Viswanathan, S. , and Gejji, S. , "Multivariable Control of ATHEER'S HABSHAN Gas Plant." Paper presented at the 79th GPA Annual Convention, Atlanta, GA (March 13 - 15, 2000).

Berkowitz, P. N. , Papadopoulos, M. N. , and Poe, W. A. , "Multivariable Control and Optimization for Sulfur Plants." Paper presented at the 47th Annual Laurence Reid Gas Conditioning Conference, Norman, OK (March 2 - 5, 1997).

Clay, R. M. , Chou, K. , Everett, G. J. , Poe, W. A. , and Gamez, J. P. , "PCBased Amine Treating and Sulfur Recovery Unit Optimization."

Paper presented at the National Petroleum Refiners Association (NPRA), New Orleans, LA (Nov. 1993).

Clay, R. M, Chou, K. , Everett, G. J, Poe, W. A. , and Gamez, J. P. , "Optimization of Amine/Claus Units." Sulphur Magazine, 231 (March - April 1994).

Colwell, L. W. , Ma, S. , Moran, M. M. , Poe, W. A. , Wu, P. , and Gamez, J. P. , "Multivariable Control of Amine Treating and Sulfur Recovery Operations." Paper presented at the 45th Annual Laurence Reid Gas Conditioning Conference, Norman, OK (Feb. 26 – March 1, 1995).

Colwell, L. W., Moran, M. K., and Poe, W. A., "How to Justify and Implement Advanced Process Control Projects." Paper presented at the ISA Conference, New Orleans, LA (Oct., 1995).

Colwell, L. W., Papadopoulos, M. N., Poe, W. A., and Gamez, J. P., "What's New in Multivariable Predictive Control." Paper presented at the 74th GPA Annual Convention, San Antonio, TX (March 13 – 15, 1995).

DeVries, S., Dearwater, G., and Poe, W. A., "Maximize The Profitability of Your Gas Plant Assets – The Integrated Gas Plant of TheFuture." Paper presented at the 16th International Venezuelan GPA Conference, Caracas, Venezuela (2002).

Ferber, P., Poe, W. A., Basu, U., and Venkatarmanan, G., CNGT installs fuel minimization system to reduce operating cost. Pipeline Gas Indus. 82, 3 (March 1999).

Kennedy, J. M., Saunders, A., and Poe, W. A., "Reducing Human Intervention in Gas Processing." Paper presented at the 81st GPA Annual Convention, Dallas, TX (March 11 – 13, 2002).

Khalil, A. M., Taha, O., Dunn, M., Al – Yousif, M., and Dhaliwal, S., "Application of Multivariable Predictive Control on a Liquid Recovery Process." Paper presented at the 83rd GPA Annual Convention, New Orleans, LA (March 14 – 17, 2004).

Lyne, M., Pidlisny, S., Treiber, G, Powley, R., Toffolo, D. S., and Bell, M., "Natural Gas Plant Advanced Control and Optimization." Paper presented at the 75th GPA Annual Convention, Denver, CO (March 1996).

Munsif, H., and Poe, W. A., "A Unique and Improved Approach to Multivariable Control." Paper presented at the AIChE National Meeting, New Orleans, LA (March 8 – 12, 1998).

Poe, W. A., "Developments in the Application of Multivariable Control and Optimization to Gas Process Operations." VII Encuentro Técnico ISA Occidente, Maracaibo, Venezuela (Sept., 2001).

Poe, W. A., and Berkowitz, P. N., Gas plant advanced process control using personal computers. Petr. Technol. Q., 99 – 106 (Winter 1997/1998).

Poe, W. A., and Papadopoulos, M. N., "Optimal Allocation of Compressors Using Mixed Integer Algorithm." International Federation of Operations Research Societies, Fourth Specialized Conference: OR and Engineering Design, St. Louis, MO (Oct., 1995).

13 天然气处理厂的动态模拟

13.1 导言

很长时间以来,天然气处理和输送设施设计和改进都采用建立模型的方法。在天然气处理装置操作流程和设计的所有阶段中,普遍使用稳态模型。动态模拟已经使用了很长时间,但是精确的第一原则动态模拟仅限于专家使用,控制工程师则一直使用转换函数为基础的模型,该模型不能代表系统的非线性和启动阶段的不连续性。直到20世纪90年代晚期,天然气处理工程师和控制工程师之类的专业人员才普遍接受了动态模拟技术。现在的软件可以帮助具有一些天然气过程控制知识的过程工程师和具有一定天然气处理知识的控制工程师非常容易地建立动态模型。限制动态模拟的使用条件不是动态模拟难应用,而是动态模拟的执行时间较长,它通常是稳态模型执行时间的2~4倍。通常的做法是首先雇用一个咨询顾问来开发这个模型,然后作业公司或工程公司的工程师使用这个模型来进行必要的研究。

本章讨论动态处理模型的应用领域和建立模型需要考虑的因素,包括天然气处理装置中经常用到的通用的和专用的设备。文中分析了一些具体的天然气处理单元中的动态模型。通过一些案例阐述了动态模型的应用和对天然气处理和输送装置操作的影响。

13.2 动态模拟的应用范围

动态模拟的应用范围分为两大类:一类是工程公司经常应用动态模拟进行装置设计,另一类应用是帮助作业公司了解装置的操作情况。

13.2.1 处理厂设计

动态模型在处理厂设计中有几个方面的应用。动态模拟所带来的利益通常难以定量化。在装置设计中,动态模型可以重复使用,认识到这一点很重要。动态模型将随着设计和工程的进展而变化。最详细和最精确的模型应该应用于装置投产及以后的阶段(Brown 和 Hyde,2001)。

13.2.1.1 可控制性和可操作性

一台新装备早期设计阶段或装备整修阶段所做出的决定会对装置的可控制性和可操作性产生明显的影响。如果设计阶段的计算只使用稳态处理模拟,就会在以后发生潜在的控制性及操作性问题,而新的动态模型则能克服上述缺点。动态模型会阐述更多可预见的问题,让控制工程师采取合适的控制策略以减轻或消除控制性问题。动态模拟的使用会提高新颖方案的通过率和新的或整修过的装置的最终效率。

因为这些问题需要在处理的早期阶段进行分析,所以在方案设计完成时建立的模型必须进行简化。在这个阶段,通常要验证一些做法和方案,动态模型无法给出定量的答案,它只是对处理的稳定性和控制的可行性提出建议。

13.2.1.2 安全性分析

在天然气处理过程中，需要确保装置的操作人员及装置附近的人员的安全。责任心与装置的安全性相关。对于一些装置设计来说，使用动态模型已经是标准的惯例，但奇怪的是动态模型在其他领域的应用仍然受到限制。

对于高压状态下操作的任何装置，减压研究都是工程的重要环节。减压研究用来分析设备停止、装置泄压时的压力和温度状态。减压研究阐述了装置必要的扩张能力，研究结果会对容器材料的选择产生影响。如果容器泄压导致温度过低，为防止金属变脆，一般用不锈钢代替碳素钢。其他类别的减压研究与点火反应槽所在的位置有关。本研究的主要目的是确定最小排气速率以确保容器压力在可控制范围之内，降低容器压力防止因温度升高而造成容器壁破裂。

所有的装置都有紧急关闭系统（ESD）。安全地关闭全部或部分装置的设计系统非常复杂，通常很难预测装置关闭时出现的各种后果。装置的动态模拟模型是合理地建立紧急关闭系统的重要工具。经常可以看到事故发生时用动态模型分析已发生事故的确切起因，但如果设计阶段就使用这个模型则可阻止事故的发生。模拟紧急关闭条件下装置的状态需要精细的模型，这项模拟通常比其他方面的应用更具有挑战性。紧急关闭系统时，许多装置会关闭，流动会停止，任何一个工程师都知道理论上的停止和实际上的状态有时会存在差异。

13.2.1.3 确定启动程序

模拟启动程序也需要详细的模型。尽管通常启动条件也涉及停止大多数设备的工作和没有流体流动，但是这项模拟比 ESD 模式稍微容易点。

使用动态模型检验装置的启动程序能减少数周的开工时间。实施起来需要两个步骤：一是向模型发送启动命令；二是运行这个命令同时观察装置模型的状态。出现问题时，可以停止模型，检查启动命令并重新运行。不仅启动程序变得合理化，从事此项工作的工程师还会对装置的状态有详细的了解，这有助于在装置启动和随后的操作期间做出更好的决策。

13.2.1.4 分布式控制系统测试

分布式控制系统（DCS）测试本身并不能确保装置动态模型的设计，但如果可用，那么运行 DCS 测试所需要做的修改会非常的小。DCS 测试的目的是检验连接装置与 DCS 测试系统以及 DCS 内部标牌的电缆是否已经正确连接。显然动态模型不可能检查电缆线路，但是来自于动态模型的信号可以替代装置的信号。这非常有助于验证 DCS 内部的逻辑连接。如果某台控制器出现测定错误，那也很容易被发现，因为动态模型为此项测定提供的是真实的数据。与拟随机数字相比，更容易从真实数字中辨别出错误数字。

13.2.1.5 操作员训练

操作员训练系统是动态模拟的一项经典应用。目前这只是基于详细动态模型的一项应用。在大多数新工程里，操作员训练系统逐渐变成了一个标准要求，该系统还推动了动态模拟在装置设计阶段初期的应用，作为早期工作的一部分，动态模拟可以在操作员训练系统中多次使用。

除了动态模型外,操作员训练系统还包括其他几个部分。

①模拟实际 DCS 操作的操作台和备用操作台。

②教员操作台——让教员监测学员的进步,并给操作员讲解在实际操作中可能出现的错误及其他可能遇到的问题。

③自动系统可能会对操作员的表现进行打分并/或让操作员按预定义好的训练方案进行操作。

④各种模块之间进行通信的软硬件。

13.2.1.6 先进的过程控制

先进的过程控制,尤其是多变量预测性控制(MPC),正常情况下需要存储装置数据及操作装置的阶段性测试结果。因此,MPC 通常只有在装置调试后才能作业。使用动态模型就不会再有任何限制,并且可以从模型阶段性测试中得到一些必要的信息。稍后会对这部分做详细的介绍。

13.2.2 处理厂操作

通常每次使用处理厂操作的动态模型时都要做一定的调整。尽管将来非常有可能使用动态模型,但这不是创建这样模型的确切的理由或者说额外的理由。不过,通常很容易量化使用动态模型所带来的好处。

13.2.2.1 故障检修

应用动态模型,可以更安全更容易地解决装置操作和控制中出现的问题,而不会对产量产生任何影响。动态模型可以在任何实际装置中工程师难以测量的地方进行模拟。为了保持一定的产量,往往会忽略解决问题需要的测试。设备工程师设想的解决办法不一定是对的,执行一个未经过测试的方案可能会带来不安全的操作。

使用动态模型时,最坏的情况就是模型失败。例如,为了确保执行方案在异常条件下也可以运行,工程师可以在一系列的操作条件下进行测试。

13.2.2.2 设备性能的提高

多数装备工程师都知道接收装置中的大多数控制器是人为控制的。人工控制将会增加装置的操作成本。一个典型的例子就是为了确保产品达到技术要求,将蒸馏塔的回流速率设为一个相对较高的值。大多数情况下(大约 85% 的时间里),需要的回流速率并不高,只要在不到 5% 的时间里固定回流速率就可以保证产品的质量。因此可以很容易计算出自动控制条件下获得的财政收益。

出于对操作杆的不信任,一般选择对操作杆进行人工操作。不信任通常可能有两种原因:一种是操作员没有正确理解异常情况时操作杆如何应对;另一种原因前面已经介绍过,即操作系统异常时操作杆无法应付。

即使没有全面的操作员训练系统,操作员也可以通过动态模型来了解如何处理一系列典型的控制系统异常。在开始阶段,操作员会对一些故障做出不合理的反应,但应用动态模型后,操作人员就会了解为确保产品质量而必须熟练掌握系统的具体操作,在自动控制状态下可以帮助操作员建立更多的自信,并让操作杆按自动模式运转。

当然,操作员很容易对自动操作产生不信任,但在这种情况下,可以按 13.2.2.1 中所描述的方法用动态模型来改善控制器的状态,随后向操作员阐述问题已经解决,从而恢复操作员对自动控制系统的信心。

13.2.2.3 事故分析

尽管事故分析决不是动态模型的应用优势,但它通常只是使用动态模拟的第一步。事故发生之后,需要分析事故发生的原因。如果事故造成危害,会有法律条文来鉴定事故的原因。在这项分析中,通常应用动态过程模拟模型确定导致事故发生的施工原因以及如何紧急关闭程序以尽可能减轻事故的后果。

13.2.2.4 操作员决策支持

操作员决策支持是动态模拟模型的一项新的应用。在这类应用中,动态模拟模型实时运行并且从真实装置中接收到同样的输入信号。人们不可能用测试设备覆盖全部装置来得到我们想要的所有信息。为了更好地评价当前操作,这种实时的模型可为操作员和工程师提供贯穿全部装置的模拟测试结果。长管线及异常高温反应器或反应出口是处理过程中典型的组成部分。实时模型的第二项应用是它的预测能力。假设动态模型模拟的速度足够快,它可提前数分钟甚至数小时预测真实事件。这一信息可以用来改善处理事件的能力并保持装置在技术规范内运行。

13.2.2.5 操作员培训

对于操作员来说时时更新操作知识是很重要的。特别对于高自动化的设备来说,使用模拟器来处理故障问题是很重要的。新的操作员也会从操作员训练系统中获益。

因此,作为装置投产的一部分,保证操作员训练系统的及时更新是非常重要的。这就意味着,如果 DCS 屏幕和系统发生了任何改变,操作员训练系统也要随之改变,同样装置的任何改变也必须体现在动态处理模型中。

13.2.2.6 高级过程控制

应用高级过程控制(APC)系统需要很大的投资,所以不会轻易做出这样的决定。动态模拟模型可以辅助确定 APC 装置的关联性,它还能提高装置本身的效率。

应用动态过程模拟,运行多变量预测控制器(MPC)装置测试的步骤非常简单。测试结果可用来设计多变量预测控制器及在动态模型上运行多变量预测控制器。对比现存的控制系统与多变量预测控制器装置的性能,可以确定是否有必要投资使用多变量预测控制器装置。在模型上运行测试步骤与在实际装置上运行测试步骤相比具有如下优点。

①装置运行没有扰动。

②测试步骤可以在更广泛的条件下进行。

③测试步骤不受装置操作人员能力、装置事故及其他与装置测试步骤不相干的事件影响。

④动态模型不会受阀门卡住及运行测试步骤时其他可能使装置使用期限缩短的事故干扰。

⑤测试时动态模型运行的比实际装置快,因此,实际中可能需要数天的测试步骤在模型中至多只需 1h 就可完成。

当 MPC 最终设计完成并投入运行时,首先使用动态模拟模型实时运行。这可以发现实际装置投产期间可能会出现的问题。尽管 MPC 模型需在实际装置操作中验证,但这仍会加速 MPC 的投产并降低 MPC 投产期间可能会对产量造成影响的风险。

13.3 建模原则

13.3.1 模型的精细水平

动态模拟模型需要的精细水平主要依赖于实际应用。多数情况下模型包括几个详细复杂的子模型和其他几个反映全面动态特性的粗子模型。气体压缩机模型即是一个典型的例子。

最初气体压缩机模型用来分析抗冲击控制逻辑的状态。这种情况下最重要的是准确模拟在主流线上和抗冲击系统里气体的体积。模型中应用的控制逻辑与商用系统的完全一致。因为压缩机脉动是一种非常迅速的现象,所以这些控制器的脉冲调制时间只有50ms,模型的时间步长要反映到这些现象,因此时间步长可能会小于50ms。结果,模型运行的可能不如实际运行快。不过,在这种情况下,人们所在意的时间间隔至多只有几分钟,因此,模型运行慢并不是个问题。

压缩机动态模型的第二项应用是操作员训练。由于事件发生的速度太快,操作员来不及反应,此时模拟就不再适用了。一方面,模型步长及运行速度会增加;另一方面,为了让操作员做他认为应该做的事,必须在动态模型中包含人工操作的泄压阀。在初始应用中则不需要考虑这么详细。

评估模型的详细程度应该以模型的目标为基础。这项评估不是对整个模型进行全局评估,但是应该考虑装置的每个部分以及设备的每一个部件的作用。

13.3.2 模型计算速度

模型计算速度通常被视为模型的一个实时因子。它是实际时间与模拟时间的比值。不同的应用领域对速度的要求不同。对于操作员训练模拟器来说,模拟时间至少不能低于实际操作所用的时间。实时因子一般比较高,实际时间最多可达模拟时间的10倍。例如,这可以加快操作员在稳定过程中的操作速度。

对于工程研究来说,研究某一事件所花费的全部模拟时间是一个重要因素。理想状态下,模拟时间不会超过10min。这意味着一个持续3h的事件其实时因子至少为18。如果所研究的事件仅持续1min,那么实时因子为0.1也可以接受。

模型计算速度主要受下列因素影响:

①积分器的时间步长;

②模型的复杂性;

③流体的组分数及热力学模型的复杂性。

这些因素同时也会影响模型的精度,因此,必须在速度和精度之间寻找到一种平衡。

13.3.3 特殊设备的建模原则

下面介绍建立不同设备模型时要考虑的因素。建立模型的手段不同,介绍的详细程度不同。只对模型的主要部分进行详细介绍。

13.3.3.1 阀门

建立合理阀门模型的最低要求是,选用正确的 C_v 值和正确的阀门类型。对某些研究来说,反映阀门的动态特性很重要。例如,需要一定的时间紧急关闭阀门。考虑到研究的安全性,关闭时间长短是很重要的。大多数装置都有一个或很多个止回阀。在动态模型中包含这些阀门是非常重要的,尤其是当模型在非正常操作情况下运行时。

13.3.3.2 旋转装置

对于泵、压缩机和膨胀机来说，最好的方法是使用设备的动态曲线。如果得不到这种工作特性曲线，也可以很容易从设备的正常操作点开始创建一般的工作特性曲线。然后用速度或吸收功率来补充工作特性曲线。对于大多数用发动机发动的设备，除研究开启和关闭现象外，最好选择速率说明书。对燃气轮机驱动的设备，选择吸收功率的说明书更为合适。

如果研究关注的是装置的开启和关闭，则模型中有必要包含诸如发动机转动惯量、摩阻损失和发动机动力学（例如电动机等）方面的细节。

13.3.3.3 管道输送设备

管道模型的详细程度很大程度上依赖于其应用领域。对于处理管道问题，建立压力损失模型就够了。与设备的体积相比，管道体积通常可以忽略。对压缩机抗冲击系统建模是个值得注意的特例。为获得正确的结果，精确地描述系统的体积是至关重要的。对输送管线来说，模型需要更加详细，通过理想的模型要得到包括管线中产品的时间滞后、温度的渐进和流体的多相流动等结果。因此事先知道管线的纵剖面、管线的直径、钢管型号、绝缘性和环境等方面的信息是必不可少的。

13.3.3.4 蒸馏塔

蒸馏模型应该可以恰当地反映液相和气相的持液率。例如，塔盘与填充塔的明显区别是，填充塔持液率越小，填料塔组合扰动的反应时间就越少。

为了建立蒸馏塔的稳态模型，通常会降低理论级数。如果在动态模拟中使用同样的方法，需要用修正的气体和液体的持液体积来校正塔盘或填充塔的特征曲线。另一种方法是使用塔盘效率并使用的塔盘数目与实际塔中的数目相同。但要注意的是塔盘效率与塔的整体效率是不同的。

13.3.3.5 热交换机

热交换机的详细程度主要取决于热交换机的功用和所研究的现象。例如，如果交换机是用于储存之前的凝析气冷却而且研究的焦点是交换机设备的上游，那么可以使用这样一个模型只假设交换机始终可以将流体冷却到需要的温度就足够了。在天然气液化装置中，光谱的反面会有一个板翼式换热器。在这种情况下交换机是装置的心脏，模型要精确描述交换机的结构，并考虑到金属的比热容和金属温度的动态变化等因素。这个模型需要提供交换机内部诸如温度和压力分布图等方面的信息。

13.3.3.6 控制系统

与稳态模拟相反，动态模拟成功的关键是建立控制设备模型。通常动态模拟的最终目标是控制策略和控制器调节，但如果不知道控制系统的确切结构，模型会在非正常操作条件下迅速结束。

对于正常微分（PID）控制器，主要考虑的因素包括正确的操作方向（反向还是正向）、实际调整的参数和测试设备的使用寿命。一旦模拟的模型达到相对稳定的状态，就可把注意力集中在对控制系统的精确描述上。

可以有各种形式的高精度描述。对操作员训练系统，大多数 DCS 卖方会提供模拟 DCS 系统的软件。而模型本身通常仅用于描述非控制装置。DCS 模拟软件会从模型中获得装置的测试值,与实际的 DCS 会从装置中获得测试结果类似,并且 DCS 会根据预先定义的控制算法对阀门发出信号。

高精度模拟特殊控制器对于压缩机抗冲击控制器的校验是至关重要的。通过合并动态模拟器的部分模块、写一个控制器专门的模型、把模型连接到评估程序中甚至硬件中等方法可以实现这一描述。

13.4 设备控制与加工系统

本节列举出了气体处理及运输过程中不同的操作动态模拟的一些典型应用。这些应用通常由操作中使用的特殊设备来控制。

13.4.1 天然气的集输

天然气的集输的关键设备是管线、阀门和压缩机。其应用范围非常广泛。

①估算凝析油堆积的风险及相应的段塞尺寸。

②出口管线密封能力研究。

③管线停输的安全性研究。

④管线降压研究。

⑤压缩站抗冲击控制研究。

13.4.2 天然气加工

吸收塔和再生塔是吸收 CO_2 和 H_2S 的主要设备,主要应用胺类溶液吸收酸性气体。如果进气的质量有明显的波动,则证明动态模型是有用的。在这种情况下,流通的胺类溶液的数量和贫胺类溶液的性质会直接影响尾气的质量,同时贫胺类溶液的性质又会受进气中的酸性气体含量的影响。

13.4.3 硫回收

硫回收组件的性能主要受处理过程中各反应器的运行影响。反应器性能的关键因素是调整进入反应器气体中空气与天然气的比例。如果进气中酸性气体的量不稳定,为了处理这种波动并提高控制器的调节能力,可以使用动态模型来选择最好的控制策略(Young 等,2001)。

13.4.4 天然气脱水

乙二醇天然气脱水工艺流程与天然气除酸流程相似。进气口水量及天然气产量的波动会影响尾气的质量。使用控制策略,可通过选择合适的乙二醇流量和保持贫乙二醇的质量来确保产品的质量。

对使用摩尔筛床的脱水流程,动态模拟的应用与装置开工的应用相似。这个模型包括驱动筛床转换和再生循环的逻辑部分。一旦运行这个模型,可通过在模型上运行逻辑部分和研究摩尔筛床单元关键的运行参数来实现。

13.4.5 流体回收和天然气液化

冰箱是这些流程中的关键设备。冰箱交换器中热量的流动会在流程中引起多级热循环,这使得设备更加难以控制。全部流程详细的动态模型(包括详细的冰箱模型)有助于理解这些热循环引起的强烈的交互作用。这些交互作用的控制策略可以进行详细的测试处理(Valappil 等,2005)。

从压力和流量的角度来看,与压缩机相连的涡轮膨胀机或者是离心膨胀机的运行是很重要的。一旦偏离设计的条件,涡轮膨胀机的功率会随设计条件快速下降。在没有其他辅助的前提下,很难解释操作动态中运行条件的暂时偏离所产生的影响。动态模型会有助于理解这种状态,并选择正确的控制结构和调节控制器以处理与设计条件的瞬时偏离。

13.4.6 液化天然气分馏

液化天然气分馏系统由一系列分馏塔组成。因为对分馏塔中顶部产品和底部产品的纯度要求非常严格,所以不能直接控制分馏塔。在特定的分馏塔的操作条件及技术规范下,以及进口气体之间扰动的条件下,动态模型会提供最佳的控制策略。

13.5 案例分析 1

结合实例研究分析了拉丁美洲海上平台燃气系统启动的基本原理。燃气系统的微分控制器如图 13-1 所示。

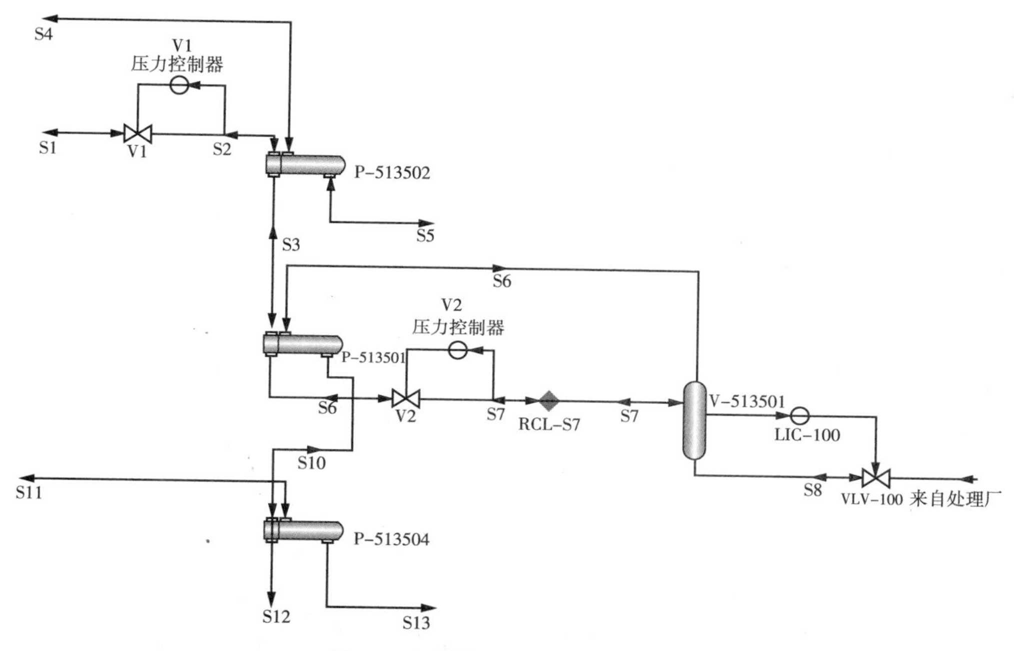

图 13-1 燃气处理系统流程简图

在图 13-1 中,从稳态分析得到结论,无需对气体管线预加热就可启动系统。(Wassenhove,2003)。

13.5.1 导言

正常操作情况下,涡轮发电机中燃烧掉的可燃气来自于压力 180kgf/cm² 、温度 38℃的平台主压缩系统,系统进气口端压力降至 100kgf/cm²,温度降至 17℃。然后在 P-513502 处将可燃气用热水预加热至 60℃,另外通过焦耳-汤姆逊阀门将压力降低到 45kgf/cm²,因此温度可以保持在 16℃左右。在最后一次降压后,凝析油和气的混合物被输送到凝析油容器筒(V-513501)中,凝析油返回到流程中,容器中的气通过气-气热交换机(P-513501)后向前输送。来自于 P-513501 处的燃气平均温度在 43℃,在 P-513504 热交换机处用热水加热至 63℃,然后输送往涡轮发电机。

涡轮发电机系统的目标是生产出具有一定流速、一定压力且温度至少高于露点温度20℃的可燃气流,这是涡轮发电机需求方要求的最小值。为满足材料温度的限制,燃气出口温度也必须保持在0℃以上。

在平台启动/重启期间,平台上没有气源,但是可以在5℃条件下,向冷管线中输入天然气。没有热水可以用来预热时,一个解决方法是用柴油启动涡轮发电机,但该方法无法实现,原因是要在平台上输入柴油,需要调整涡轮发电机来解决柴油的补给问题,还有几个可能会导致生产率低下及不必要的损失的问题。动态模拟的目标是在常温管线中输入天然气并且以25℃海水循环加热气体的启动条件下研究可燃气系统的精确状态。

13.5.2 稳态分析

稳态分析结果清楚地表明,从热动力学和理论上讲,正常操作条件和冷启动模式会导致供给涡轮发电机的天然气温度高于露点温度且接近于20℃的限制。因此,这看似可以提供高于露点温度20℃的燃气。不过,这并没有考虑到启动期间的瞬变过程。只有动态分析才能彻底回答这个问题。

13.5.3 动态分析

在第一套启动方案中,供气之前的循环水温度在25℃。一旦水的流动达到稳定,管线中会输送出常温天然气。图13-2描述了HYSYS动态模型的系统温度线状图。

当输入的冷气体撞击温暖的交换器时,气体会被加热,其中一些重质组分会在冷凝液罐中瞬时蒸发并通过气-气冷凝器返回。然后燃气的露点温度会在大约4min后持续升高,直到回收中的冷凝装置和阀门V2处的J-T效应达到稳定。因为P-513504处会进行热交换,燃气出口温度会保持相对稳定。因此,燃气温度非常接近露点温度,4.1min内能达到24℃。由于这个方案太接近极限值,在没有更深入研究的前提下是不能采纳的。

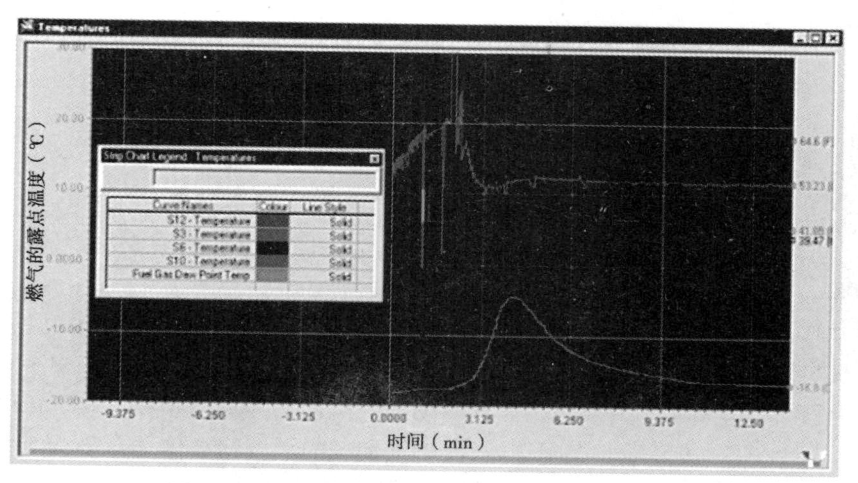

图13-2 输入管输天然气:系统温度(冷水循环)

第二套启动方案假定首先在冷管线中流动的是天然气,然后供水系统进入管线。图13-3以曲线图展示了这个例子中的系统温度。

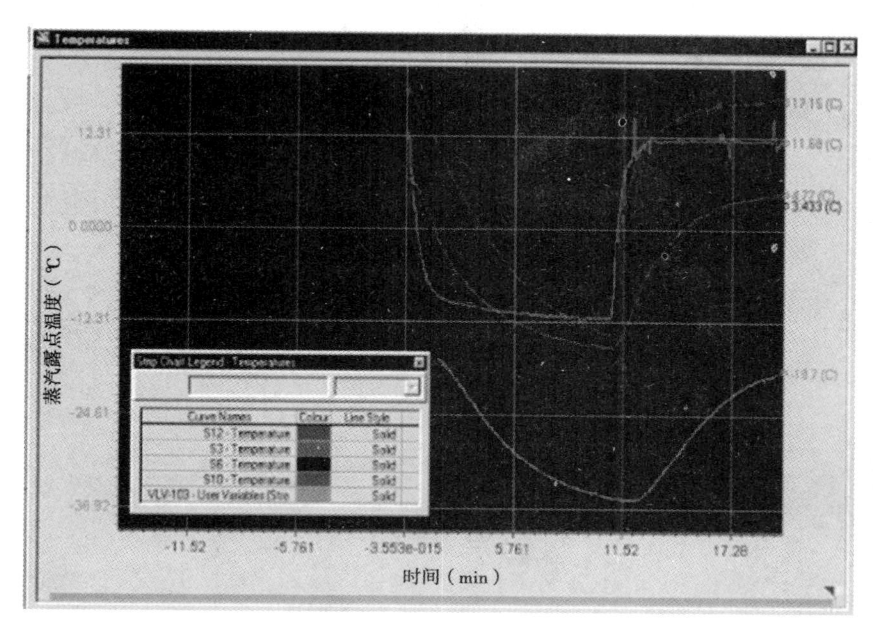

图 13-3 供水系统：系统温度（输入管输天然气）

由于气-气交换机的 J-T 效应和冷功效，开始时气体露点温度不会升高，但会和气流保持 12℃的温差。在这个模式中，露点温度最终会与气流温度相同。燃气出口的温度也会一直降低，4min 内会达到材料的温度极限 0℃。水系统启动阶段温度在 10min 后会恢复，并且燃气总是与露点温度保持着 40℃温差。

13.5.4 结论

动态模型以最接近露点温度或原料温度的方式，清楚地显示了平台燃气系统各种启动模式下潜在的问题。然而，动态模型也显示了这一系列程序的组合，先从水流动开始，然后加速流动，这可以保持无柴油气体燃料启动时所有合适的流量和温度，从而节省了数百万美元。

13.6 案例分析 2：管道干线动态模型简介

位于荷兰境内北海测定 235mile 长的 NOGAT 干线通过荷兰 DenHelder 附近的陆上天然气处理设施与 8 个海上平台相连。每个平台都向管线输送天然气和凝析油，所以运行的管线内是两相流动；其中两个平台位于油田，石油分离装置放出的气体压缩后输送到管线。气体输送系统的总流量是每天 22000000m^3，每天还伴有 750m^3 的凝析油（La Riviére 和 Rodriguez，2005）。

陆上设施包括一个 1000m^3 的段塞捕集器，用于消除干线采出液中的挥发性组分的凝析油分离装置和一系列低温分离装置（LTS），这个装置干燥那些优先输送到配气管网中的销售气体。如图 13-4 所示。

操作这个系统主要有两大挑战。

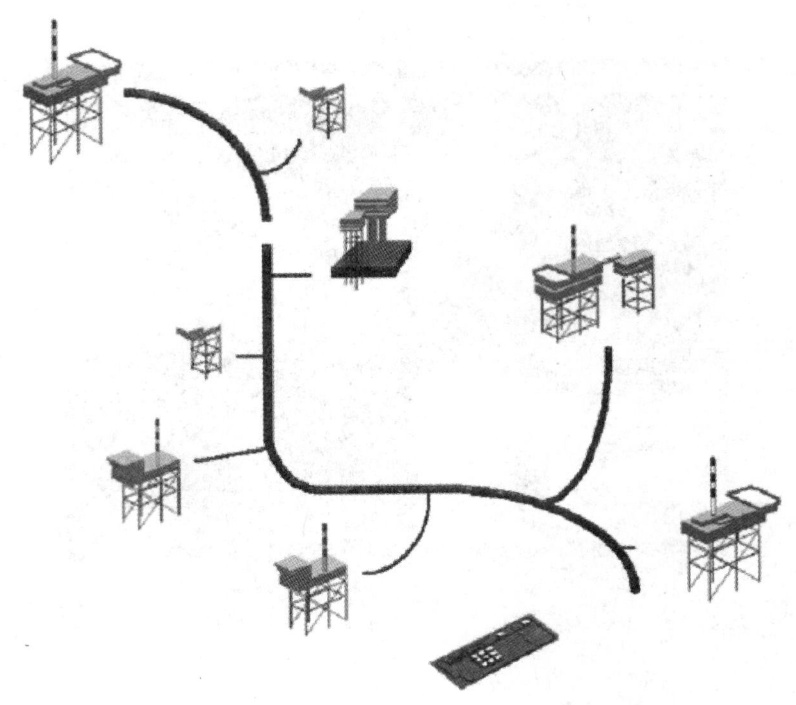

图 13－4　NOGAT 干线系统(La Riviére 和 Rodriguez,2005)

①根据其不稳定指标[1]来控制销售气体的质量。不同的平台会产出不同数量和质量的气体,这些气体会在不同位置输入到管线中。因此,干线输送的天然气会随管线长度和时间的不同,气体质量也不同。尽管如此,售出的天然气质量必须始终保持在合同范围内(即不稳定指标介于 49～54)。

②控制干线中凝析油的累积量。在低流量时期,管线内部残留的凝析油数量会增加,干线降压时尤为严重。现有的段塞流捕集器及凝析油分离能力会限制斜坡段的开采速度,为保持干线持液率低于某个临界值,必须制订周期性的清洗计划。干线中的不稳定指数和沿干线方向的凝析油持液剖面都不能通过现场设施直接测量得到。

实际应用中建立了一套系统,它使用动态模拟作为主要的模拟手段并用历史数据来评估当前的操作状况。应用过程中要在历史数据与模拟模型之间做一些必要的数据转换。应用中要将两个动态模型整合成一个。这两个模型就是实时模型和预测模型,实时模型用来监测干线当前工作状况,预测模型执行假设分析,确定操作条件下已知的或未知的变动带来的后果(以供气速率为代表)。

标准的工艺流动,可以模拟气源及凝析油源。气体流速可通过历史数据自动进行修正。凝析油流速可通过每个平台上的平均凝析油气比(CGR)来计算。凝析油与气的组成按固定的参数设定。可以使用按动态模拟器内部单个运行的专有模型来模拟多相管流。假定干线内

[1] 不稳定指数是一个用来比较不同等热焓量气体特性的量度。它被含义为容积的高热值与气体相对密度的平方根的比值。

的温度剖面与周围环境的温度剖面相同(模拟运行显示了这种假设)。北海温度表考虑了深度和日期的因素,可以从北海温度表中得到周围环境的温度剖面。

凝析油气的物性可通过专有的对比关系及数据库来计算。尽管现有的色谱分析仪会提供高达 49 种化学物质的信息,但为达到理想的模型计算速度,将 C_6 以上的组分进行简化重组。

对于要考虑严格物性计算的动态两相流动来说,即使用当今功能强大的台式计算机,计算速度仍然是个限制因素。因此,必须通过优化干线单元格的数目、时间、步长及化学组分的数目,选择一个综合考虑计算速度和精度之间的折中方案。选择最合适的参数值来运行精确的模拟。实时干线模型给出 84 个数学网格,在单独的数学处理器中,其计算速度可达到真实运行速度的 40 倍。预测模型是实时模型的一个复本,它使用的网格比实时模型(32 个网格)少,但运行速度却比实时模型快 250 倍。

尽管预测模型会在一定程度上牺牲精度,用户输入的、估计及预测模拟将来的平台流动对预测结果的影响比模型精度的影响还要大一些。

通过模拟模型能计算平台排泄压力和气体输送流动,应用后的结果被存为历史数据。空间离散信息,如压力、温度、流量、速度和持液剖面,会存储在专用数据库中。系统历史数据的界面会显示实际的条件及模型的计算数据。系统图解的界面引发预测性假设及前沿性研究。预测模型保留过程和主干线路的内部条件,作为模拟的初始状态,用户选定编辑个体平台流量和陆上套管的压力及流量。预测的时间范围也需预先输入。

操作员可使用历史数据建立图形用户界面,可获得模型的实时和预测模型提供的模拟结果。大量的图表展示了预测结果,这些图表记录了沿干线方向管线条件的改变(如不稳定系数、成分、凝析油持率、速率、流量和压力),这些变化是时间的函数。图 13-5 显示了集油总站观测到的和模拟的天然气不稳定系数对比图。

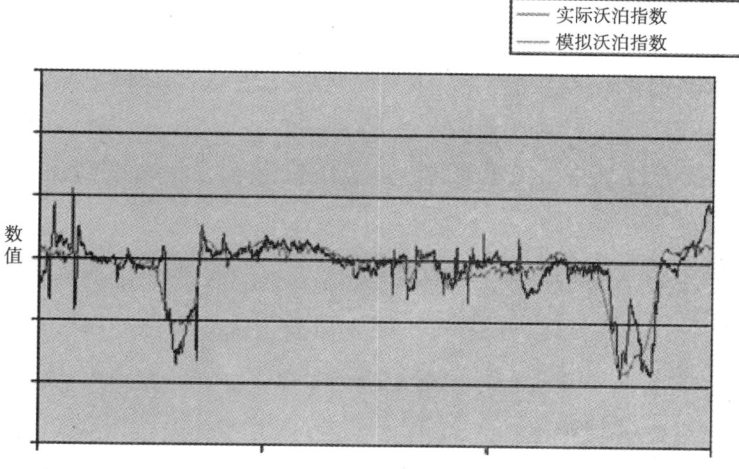

图 13-5 实际不稳定系数与模拟不稳定系数之间的对比(La Riviére 和 Rodriguez,2005)

把过程工程学模型与历史数据库中存储的实时测量数据结合起来,已经成功地为操作决策提供了帮助。2003 年 3 月陆上处理设备的控制室安装了可以画图的计算机软件,操作员成功地利用了这个系统预测和管理天然气品质。工艺工程师现在也开始使用为实时系统开发的校正模型,例如对干线内大量的凝析油进行清除处理的脱机分析。通过校正平台的流量,可以阻止段塞流捕集器可能发生溢流的危险。系统模型的中心方法以及应用组件模型与模拟模型之间的明显区别有助于模型的维护和升级。

由于计算速度足够快,从而保证了实时模型与实时事件同步。同样,终端用户对预测事件的反应时间也很满意。气体性质计算结果的精度可以有助于工程师做出必要的操作决定。尽管关于液体存储的结果精度目前还不清楚,但与以前此类信息完全缺失相比,这已经有了很大的改善。

参考文献

Brown,C. ,and Hyde,A. ,"Dynamic Simulation on the Shell Malampaya Onshore Gas Plant Project. "Paper presented at the GPA Europe Annual Conference,Rome,Italy(Sept. 25 – 27,2001).

La Riviére,R. ,and Rodriguez,J – C. ,Program tracks wet – gas feedstocks through two – phase offshore trunkline. " *Oil Gas J.* 103(14),54 – 59(2005).

Valappil,J. ,Messersmith,D. ,and Mehrotra,V. ,LNG lifecycle simulation. *Hydrocarb. Eng.* 10,10(2005).

Wassenhove,W. V. ,Analysis of fuel gas system startup with HYSYS dynamic process simulation. *Oil Asia J.* 18 – 20 (January – March 2003).

Young,B. ,Baker,J. ,Monnery,W. ,and Svrcek,W. Y. ,Dynamic simulation improves gas plant SRU control – scheme selection. *Oil Gas J.* 99,22(2001).

推荐文献

James,G. ,and Reeves,J. ,"Dynamic Simulation Across Project and Facility Lifecycles. "Paper presented at the 6th World Congress of Chemical Engineering,Melbourne,Australia(Sept. 23 – 27,2001).

Muravyev,A. ,Kelahan,R. ,Kowallis,P. ,and Torgesen,G. ,"Dynamic Modeling of the Plant Gas System:Process Control and Design Applications. "Paper presented at the ISA Expo 2003 Conference,Houston,TX(Oct. 21 – 23, 2003).

14　天然气处理对环境的影响

14.1　导言

当前，天然气大约占据了美国能源消耗的24%，并且预计在未来10年内这个数字还会增长。人们很期待这种现象出现，因为使用天然气排放的温室气体量远远低于其他矿物燃料。例如，与其他矿物燃料相比，天然气燃烧时释放出的温室气体和污染物更少。出现这种现象一方面是因为天然气更容易充分燃烧，另一方面是因为天然气比其他矿物燃料杂质含量低。不过，天然气的主要成分甲烷也会通过排放和泄漏而进入大气，从而直接导致温室效应。

出于环境方面的考虑，天然气被很多人视为一种重要的燃料。尽管从大气污染方面讲天然气是最好的矿物能源，但是与其他可再生的非矿物燃料或核能等相比，天然气的数量太少。然而，在目前的法律法规下，与其他所有的矿物燃料和非矿物燃料相比，基于天然气的成本低、数量多和现存的基础设施，它会占据能源消耗中更大的比重。事实上，天然气的消耗和排放量比其他矿物燃料增长得更快，到2020年前平均每年增长1.7%。然而，这意味着碳排放量减少，这也正是使用天然气的优点。考虑到气候变暖及工业膨胀和其他工业发展对环境造成的进一步伤害，世界范围内正在寻找一种温室气体排放和其他污染都比较小的能源。一般认为天然气的使用是降低碳排放量战略的关键，因为在产生的热量相同的情况下，燃烧天然气排出的碳较少。如果降低碳排放量的措施得以实施，那么天然气的需求会增长。不过，天然气消耗的过程中排放出的气体会增长，但是从全局来讲，这种增长会很微弱。

本章主要讲述天然气工业为了减弱天然气加工对环境方面的影响做出的努力，并讨论天然气的使用对环境方面的影响，包括相对于其他矿物燃料天然气的废气排放量。

14.2　天然气处理对环境的影响

天然气的处理对环境构成的危险比较低，这主要是源于天然气有比较单一和相对较纯的组分。不过，这里将讨论天然气处理厂的两种主要的排放源。

14.2.1　大气污染物排放

大气主要是氮和氧的混合物，它们占据了99%的成分，剩下的1%是水分和其他气体与物质，其中的一些物质化学性很活泼。除了氧气、氮气、水蒸气和惰性气体外，空气中的剩余成分是我们所关心的，因为它们可能影响人类、动物和植物的健康，也对气候造成一定的影响。美国1990年最后修正的《空气清洁法令》(CAA)，授权环保署对那些危害环境和公共健康的污染物标准进行规范。

有188种物质被鉴定为有毒气体和有害的空气污染物，其中铅被唯一定为污染物标准。与多数颗粒污染物或标准污染物相比，毒性气体污染物对生物危害更严重，但它所占的体积却非常小。CAA现在正在对其他有毒的气体污染物进行规范。

与其他工业一样，天然气及炼制工业的气体排放包括点源和非点源。点源排放是指塔和燃烧器出口排放，这样可以进行监测和治理。非点源排放是瞬间排放，难以进行探测和捕捉。

瞬间排放出现在整个炼制过程中，例如数以千计的阀门、管线连接处、泵和压缩机的密封处、储罐、减压阀和法兰连接处。单独的泄漏微不足道，但炼油厂所有单独泄漏的总和却是一个极大的排放源。这些泄漏会向空气中释放甲烷和挥发性有机化合物（VOCs）。公司可以设计有相对更少的组件和连接处的设施，这样可以减少"瞬间排放"的排气量，避免使用那些可能引起严重的瞬间排放的组件。当公司把瞬间排放量化时，他们会从中得到重要的信息，并用这些信息设计出最有效的泄漏修补程序。目前已经设计出定向的检测和保养程序来识别这些泄漏源并进行排序，以便及时地设计修复方案。对独立装置来说，可靠而有效的定向检测和保养计划包括如下部分：泄漏检测的方法、明确泄漏的组成成分、为泄漏的检测制订计划和相应的手段、容许的修复时间。定向检测和维护计划从调查原始资料开始识别和量化泄漏。定量评价泄漏处是很关键的，通过这项信息确定哪处泄漏严重，需要调整修复成本，然后对那些值得修复的泄漏组件进行修复。以先前的检查为基础，设计随后的检查步骤，允许操作员把注意力集中在可能泄漏的组件之上。一些天然气公司已经论证，定向检测保养程序可以有效地减少泄漏处95%的气体损失。

大多数炼油工艺装置和设备汇成一个集成单位，称为排放系统。排放系统对液体和气体进行安全处理和清除，这些液体和气体有的是从减压阀工艺装置自动排放的，有的是来自于人工从装置中抽出的。为防止在蒸汽流中再次出现污染物，通常要人工净化再循环过程中的蒸汽和冷却的水蒸气。在正常或紧急关闭之前，部分或全部装置也在排放系统关闭前被净化。排放系统是利用一系列闪光槽和冷凝器把排放物分离成蒸汽和液体组分。液体组分主要是烃和水的混合物，这些烃包括硫化物、氨和其他被送往废水处理厂的污染物。气体组分主要是烃类、硫化氢、氨、硫醇、溶剂和其他组分，这些气体有的直接排放到大气中，有的点火燃烧掉。排放系统排出的主要气体在直接排放的情况下是烃类，在燃烧的情况下是硫氧化物。

其他潜在的危险性气体污染物排放是胺处理工艺和硫回收装置的尾气流。硫回收装置的排放物主要包括硫化氢、硫的氧化物和氮的氧化物。为了防止酸性气体暴露的风险和爆炸的危险，含硫设施通常比其他不含硫装置（净气设施）要求更低的瞬时排放速率，还要求具有处置硫化氢泄漏事故的紧急应对计划。

炼化处理的另外一个排放源来自周期性更新的催化剂。这些工艺过程产生蒸汽流，其中含有较高浓度的一氧化碳、悬浮颗粒物和挥发性有机化合物——通常指天然气液态产物和天然汽油。在排放到大气之前，首先要通过一氧化碳锅炉燃烧掉这种废气流中的一氧化碳和挥发性有机化合物，然后通过静电除尘器或旋风分离器消除悬浮性颗粒。通过深井灌注除掉酸性气体的装置通常比回收或点燃酸性气体的装置排出更少的硫的氧化物。酸性注入气也会为酸性气流中二氧化碳的隔离带来额外的帮助。酸性气体处理是一项可靠的技术，目前使用的新的和旧的油气设施数目正逐渐增长。公司必须在井下地层除掉酸性气体，并确保酸性气体不会溢出并污染其他层位。为了处理高腐蚀性的酸性湿气，工人们必须对注酸气用的井筒进行特别设计。

乙二醇干燥剂也是烃类排放物的主要源头。大多数气体处理装置使用乙二醇除去气体中的水分，如果这些水分进入管线，会形成水合物并腐蚀管线。除了萃取天然气中的水以外，乙二醇还会萃取苯、甲苯、乙苯和二甲苯（简记 BTEX）分子。当加热产生乙二醇时，水和 BTEX 分子都会被驱走（Fitz 等，1987）。操作员通常会把这些排放物排到大气中。操作员用乙二醇干燥剂降低或消除排放物的方式很多。例如，用现有的干燥装置，操作员可以通过优化干燥装置减少排放物，可以把乙二醇的循环速率降低到确保足够防冻的最小要求值，也可以降低装置的温度（Burns，1999）。操作员还可以在气体进入除水装置之前消除其中的水分，这也可以降低干燥剂中乙二醇的数量及排放物的数量。如果装置操作员从再生管柱、乙二醇泵和任何气体运行装置中收集蒸汽，然后点燃或焚化这些蒸汽，它们会从乙二醇干燥剂中获得接近零点温度的排放物。其他改善乙二醇的备选方案包括：①在井场用管线加热炉加热气体使得气体温度达到0℃以上；②在封闭系统中通过分子筛脱水器把晶体加热到高于沸点温度来除水。这会释放水分和再生晶体，这样就可以重复使用。这个工艺过程将能消除蒸汽和BTEX排放物。由于是在封闭系统中进行处理，这种分子筛适合于酸性气体的脱水，因为酸性气体中硫化氢的泄漏是致命的。

为了驱动发动机、电动机和加热器，天然气加工设备里大量天然气的燃烧也是主要的废气排放源（主要是二氧化碳和氮的氧化物）。如果这些设施使用电动装置，这样就避免了就地燃烧排放。不过，如果用电需要扩张建电设施或开发新的能源，这也产生排放物，对发电站造成影响。

因为大型的天然气加工设备包含许多空气污染源，所以它们会向大气排放很多污染物。介于这个原因，当调节部门向经营这些设施的公司颁发营业许可时，它们会指定哪些处理装置可以向大气中排放污染物，有时还会设定排放极限。公司应该在其地界线内或装置附近配置空气质量监测设备，这样它们就可以检测某种空气污染。公司通常会在它们最关心的地面污染区域（也叫“最大冲击点”）配置这种装置。调节器通过监测设备确保装置按照允许的排污标准工作。

14.2.2 天然气燃烧排放

点火是用明火燃烧这种安全可靠的形式来消耗掉废气（包括硫化氢和紧急情况下需要烧掉的气体）。通常要烧掉那些不可用的或不值得回收的可燃气体。有时为了保养设备而减压时，操作气体装置的工人们处于安全目的必须进行紧急燃烧。

理论上，纯烃类的完全燃烧只产生水和二氧化碳。低效率的燃烧不会完全消耗掉所有的可燃气体，不完全燃烧的烃类和一氧化碳会伴随着二氧化碳从燃烧器中排出。如果燃烧中的废气包括杂质和液滴，那么燃烧室里会排出许多副产品。这些副产品包括固体颗粒、挥发性有机化合物如苯、甲苯、二甲苯和多环芳香烃化合物，还有少量的硫化物如二硫化碳（CS_2）和羰基硫（COS）。因为燃烧会带来潜在的健康危险和环境问题，而且还浪费不可再生资源，所以公众和政府都很关注这个问题。而且，燃烧过程中产生的噪声、气味和烟尘会影响附近居民的生活和户外娱乐。燃烧是一个会导致全球变暖和酸性沉淀的环境问题。燃烧中排放的二氧化碳和未燃烧掉的天然气会加剧温室效应及全球变暖。

在低含硫和酸的气体装置和酸性气体注入装置处的燃烧会排放出大量的气体，这会对当地空气质量产生负面效应。当出现问题时，有时不用完全关闭装置，操作员只需要长时间地燃烧掉气体，成本并不贵。操作员可以降低气体处理装置处燃烧造成的影响，方法是尽可能减小装置中燃烧气体的总体积和降低燃烧的频率和持续时间。操作员可以防止正在进行的燃烧对空气的影响，方法是按照预设间隔时间分阶段关闭所有或部分设施。这也会给操作员一些时间去解决装置运行时出现的各种问题。

火炬效率可以衡量燃烧中有多少碳转化为二氧化碳。以前的研究结果表明,火炬燃烧的效率变化很大,在62%~99%波动。目前更多的研究结果说明,如果达到设计和操作要求,平均每年的气体燃烧效率会超过95%。气体燃烧器在不受控制的条件下作业。燃烧器的终端可能会暴露于有风、潮湿和温度变化的环境,这样会降低燃烧效率且增加不确定性。其他对气体燃烧效率不利的因素有进入燃烧器的废气流的组分——各个井场不一样,还有不合理的燃烧会导致不稳定的燃烧条件。低效的燃烧通常与不完全燃烧有关,这种不完全燃烧会释放烟雾和不完全燃烧产生的烃类。在这样的条件下,对燃烧系统的检测通常会给操作成本方面带来好处,并确保了安全燃烧状态下所需要的最小净气量。通过燃烧器的检查能让操作员与燃烧顾问共同讨论具体的操作事宜,还会从经济、环境和安全的角度增强系统的性能出发检查操作过程中灵活性。为了降低整个燃烧系统的操作成本和向环境中的排放量,Miles(2001a)对如何设计一个安全的燃烧系统进行了调查。

焚烧可能是一个更有效的处理废气的方法,不过成本更高,工艺更复杂。如果操作适当的话,由于燃烧发生在封闭的容器内,而且燃烧不受风和天气的影响,还可以精确控制完全燃烧所需要的空气与燃料气的比例,所以焚烧炉的燃烧效率要比燃烧器的燃烧效率高。不过尽管焚烧炉的燃烧效率高,但是它主要是用在酸性气体的处理装置中,常规的废气处理通常不用。原因是焚烧器的安装成本太高,还要经常进行保养和监测,并且远距离的安装和操作比较困难。其他可选方案包括:①保存天然气加工装置中的废气;②把废气重新注入地层,这样可以维持生产期间的油藏压力;③可以用这些气体作电气生产中微型涡轮发电机的能源;④确保燃烧系统设计合理,构造科学,并按照纲要、实际规范或条例进行保养。目前应用的有几种可靠的经济且环保的方案。为了确保这个行业光明而清洁的未来,燃烧气的回收(零燃烧方案)是主要的措施。不过,并不是所有的情况下燃烧气回收都是可行的,基本的前提是回收的气体必须有用,天然气不充足的情况下仍能燃烧的设备是理想的。不过,将来集中发电的趋势或许会造成巨大冲击。通过对燃烧方法进行分类来解决燃烧气不可回收的问题。在所有方法中,最佳方法是阶段性燃烧。这些燃烧系统的组合及燃烧气的回收能带来经济而环保的好处(Miles,2001b)。

14.2.3 甲烷排放

甲烷是天然气的主要成分,也是释放到大气中的重要的温室气体。降低甲烷的排放量能带来经济而环保的好处。在天然气加工工业中施行甲烷减排措施能减少产品损失,降低甲烷排放量,并增加收入。

天然气加工装置中甲烷的漏失占据世界范围内甲烷排放总量的15%。甲烷的排放主要来自于正常的生产、定期的保养和系统的破裂。不同设备的排放量差异很大,排放量与装置的状况及操作和维护程序有很大关系。下面将介绍一些甲烷排放的主要来源及可选择的工艺技术和适用于天然气加工部分的实践(Fernandez 等,2005a)。

14.2.3.1 气动装置

对没有电力的工艺设施,工人们可以使用气动设备把油层和气层中的天然气送到驱动泵中,这与电动测试设备和控制仪器一样。高流量的风力设施是甲烷排放的主要来源。现有的替代技术是仍然用天然气来驱动泵和设备,而不把天然气排放到大气中。许多天然气公司通过替换、改造高流量气动设备和提高其维护,降低了甲烷的排放量,节省了成本。现场经验表明，高达80%的高流量设备可以进行改造或用低流量设备进行替换。尽管低流量设备成本更高，但是安装这些设备（最初的或者后来更新的）的公司将来会收回成本。现有电力设施的另一个可选方案是，用消除气动装置中100%排量的压缩空气系统来替换天然气气动控制系统。不过，仪表气源系统需要现场有电能。在某些情况下，对小型作业来说，用瓶装的氮气来替换仪表气源或天然气。

14.2.3.2 脱水系统

天然气处理部门的很多除水系统为了达到管线的技术规范，使用三甘醇来除去天然气流中的水分。通常为了实现这个目标，设置的三甘醇的循环速率要比要求的更高。循环过快会增加甲烷的排放。在不增加成本的前提下，操作员可以调整这个循环速率并降低脱水系统中的甲烷排放。安装闪蒸箱分离器也是一种降低三甘醇系统中甲烷排放量的方法。闪蒸箱分离器会分离出三甘醇系统中吸收的大约90%的甲烷，这样当三甘醇系统通过再生器时，甲烷就不会蒸发到大气中。

在特定情况下，干燥剂除水器是三甘醇系统比较好的备用选择。可用高成本的干燥剂脱水器来完全替换乙二醇脱水器，这样会完全消除气体排放，节省下来的燃料气可用于乙二醇再沸器（有时用于气体加热器），节省下来的气动设备中的气可用于乙二醇装置的控制器。在没有再沸器的情况下，干燥剂脱水器只有在重装干燥剂时会发生甲烷的泄漏，并且泄漏的体积甚至也远低于三甘醇系统。

14.2.3.3 蒸汽回收装置

在凝析油存储阶段，甲烷和其他气体的蒸发和聚集出现在油罐的顶部和液体之间。由于油罐中液面的波动，这些蒸汽通常会排放到大气中。在凝析油储油罐中安装蒸汽回收装置是生产公司阻止蒸汽排放的一个方法。蒸汽回收装置会吸收掉储罐中95%的烃蒸汽，或者使储罐处于低压状态。这些蒸汽随后会被送到洗涤塔进行洗涤，最后作为现场的燃料供应或被卖掉。

14.2.3.4 压缩机

天然气加工工业中，多数采用往复式压缩机。一份天然气研究院（GRI）的研究报告（U.S. EPA和GRI，1996）估计，天然气加工工业中85%的压缩机是往复式压缩机。往复式压缩机的组件要能够承受高温和震动，这种震动会使其泄漏，从而成为气体装置中最大的排放源之一。Clearstone工程公司认为压缩机封口处的排放量比GRI研究报告中估计的还高。Clearstone还认定GRI研究中（U.S. EPA和Clearstone，2002）没有明确列出阀门和连接器也是主要的气体排放源。因此，按照Clearstone公司的研究，压缩机封口、阀门和连接器是三个主要的排放源，占据了往复式压缩机90%的排放量。这个比例证明了安装活塞杆密封装置是经济有效的做法，这样每年就可能减少$10 \times 10^8 ft^3$的甲烷排放。用无油密封代替液封也从实质上降低了操作和维护成本，提高可靠性，减少了气体的污染。

与往复式压缩机相比，离心式压缩机只是比较小的气体排放源。GRI显示，一台单独的离心式压缩机比一台单独的往复式压缩机排出更多的气体。不过，由于天然气加工环节中使用的离心式压缩机数目比较少，它们排放的总体积没有往复式压缩机多（Fernandez等，2005a）。

14.2.3.5 制冷设备

这类设备只包括涡轮膨胀机和与之有关的装置。GRI研究中没有标识出这类设备，所以称为一类“新的”甲烷排放源。涡轮膨胀机总的排放量很小,不到天然气加工设备中甲烷排放总量的3%。造成甲烷排放的组件是阀门、连接器、减压阀、压缩机封口和管线开口端。

14.2.3.6 燃烧火炬

它包括处理燃烧火炬和工艺管线火炬。GRI研究中并没有把火炬视为甲烷排放源。Clearstone的数据估计燃烧火炬是甲烷的最大排放源,占据天然气加工设备中甲烷排放量的40%以上。从Clearstone的数据来看还不清楚评估时的燃烧是点燃的还是未点燃的,也不清楚燃烧槽中的气源是什么。不过,Clearstone提供了烃的总排放速率,这个速率是通过工程计算得到的而不是通过直接测量得到。假设这种气体的甲烷含量与其他组件瞬间排放的气体成分一样。

14.2.3.7 减少甲烷排放

在天然气加工设备中,人们可以通过改进工艺和装置来减少甲烷的排放,还可以通过改善管理和操作程序来实现。减少甲烷排放的方法通常分为三类:

①技术或装备升级,例如低排量的控制阀门会减少或消除装备的泄漏;

②改善管理和操作程序以降低泄漏量;

③提高管理水平,如利用改善过的测量和减排技术进行泄漏探测和测量。

天然气公司采用了很多减少甲烷排放的方法,这些技术和方法中许多实施起来成本比它们节省的天然气的成本低(Fernandeze等,2005b)。不同国家基于其物质基础和制度基础水平的不同,在天然气加工厂中采用不同的费用低廉的方法降低甲烷的排放量。不过,目前有很多费用低廉的减少排放量的方法和技术可普遍应用到天然气加工业中。

14.2.4 水污染

炼油厂也是地表水和地下水污染的潜在来源。来自于不同的生产过程的炼油污水(例如来自于冷凝蒸馏的水,产品分馏器中的筒壁回流,锅炉冲洗出来的水)严重污染了水资源。这种水在炼制过程的许多阶段循环使用,也经过了几个处理过程,包括在排入地表水之前的污水治理过程。排入地表水中的污染物要符合国家排放要求,还要受《清洁水法》(CWA)的约束。这些排放准则限制了硫化物、氨、悬浮固体颗粒和污水中可能出现的其他化合物的数量。尽管这些准则已经实施,但是过去排放的污染物可能仍然在地表水体中(Speight,2005)。

在对地表水进行管理的同时,公司必须阻止雨水和天然气加工设施中污染物的接触。它们必须合理地设计场地,确保雨水落到天然气加工设备中的中央位置,这样便于收集、储存、治理、重新使用或者以可控制的方式排放到环境中去。公司使用有效管线和二次约束系统并且继续在整个工程期监测地下水,可以保证阻止泄漏和溢出,以及迅速探测和处理任何污染事件。

14.2.5 土壤污染

与水污染和空气污染相比,炼制工业对土壤污染是次要问题。土壤污染,包括一些有害废弃物、工艺过程用过的催化剂、罐底残渣(这个可以通过循环泵和油罐内部的混合器使其最小化,以保证凝析油中的重质组分悬浮在上面而不是底部)、治理装置中的残渣、过滤用的白土、燃烧炉灰,这些污染物来自事故泄漏和井场运输过程中的溢出。这些污染物的治理方法包括焚烧、非现场的土壤治理、现场充填、非现场充填、化学固定、中和和其他方法(Speight,1996;Woodside,1999)。

14.2.6 污染防控

污染防控就是减少或消除排放到环境中的污染物。来自所有污染源的污染物，如有害和无害废物以及可调控或不可调控的化学污染物都将以废气、废水、固体废物的形式排放。所有的这些污染物都要进行治理。不过，与废水和固体废物相比，废气更难捕集。因此，排气是被释放到环境中未被处理的污染物中最主要的来源。在过去的40年中，排放到大气、土地和水中的污染物的极限受不同法规的限定。美国环保署1990年的《污染防治法案》(PPA)对污染防控给出了明确的限定，还给出了执行这些防治方案的策略。根据PPA的6602(b)章节，议会制定了如下国家政策：

①尽可能地进行污染防治和减少污染源；

②不能防治的污染物要尽可能地以安全环保的方式进行循环；

③不能防治或循环的污染物要尽可能地以安全环保的方式进行治理；

④把污染物排放到环境中去是最后的选择，但还要以安全环保的方式进行。

适用于天然气处理工序的具体措施要考虑当地的环境，并不是所有的措施在所有的情况下都适用。不过，处理环境污染问题是首先要考虑的。

污染防控可通过降低源头废物的产生来完成，一旦产生了，还可以对其使用、重复使用和回收。不过，如前所述，在决定排放物(气体、液体和固体)是否超过相关法律的许可时，环境分析起着重要的作用。

对于公司来说，在保护环境的同时也保护自己的利益(从责任、违法、不可预测的或不必要的成本考虑)，采取防止污染措施通常有利于经济利益，是一种明智的战略考虑。安装污染防控程序并不需要额外的昂贵的设备。其中一些设备是很有效的，简单而且不贵。另一些设备需要很大的资金支出，但常常可以收回成本。Speight(2005)对治理排放物的各种方法进行了描述。

14.3 天然气利用的环境影响

14.3.1 燃烧排放

天然气的主要成分是甲烷，燃烧的主要产物是二氧化碳和水蒸气。与石油及煤炭燃烧的产物相比，天然气燃烧产生不良化合物数量较少，尤其是毒性物质。毒性化合物苯是天然气的组分，但其含量很低，天然气加工装置和大多数管线公司都不会监测到它。不过，由于天然气气源不同，苯的含量也相差很大，随燃烧效率不同，苯含量介于0.4~100ppm，一部分苯氧化成二氧化碳和水，一部分没有完全燃烧，还有一部分被转化为其他的有毒化合物。

天然气是所有矿物燃料中最清洁的能源。煤和石油的分子组成更加复杂，碳、氮和硫的含量都比较高。这意味着煤和石油燃烧时释放出更多的有毒物质，包括高含碳排放物、氮的氧化物(NO_x)和二氧化硫(SO_2)。煤和燃油也会向环境中排放未燃烧的灰尘，从而污染环境。然而，天然气的燃烧只会释放出极少量的二氧化硫和氮的氧化物，没有灰尘和固体颗粒，二氧化碳、一氧化碳和其他活性烃类的含量也比较低。煤和石油装置会排放大量的固体废物——每天高达590t——同时天然气加工设备不会生成任何固体废物。由于利用率较高，天然气加工设备释放的废热也较少。

天然气燃烧释放的主要污染物是将气体加热至燃点时产生的氮氧化物。氮氧化物与空气中的烃类混合会生成臭氧，它弥漫在城市中，危害人类的健康。氮氧化物的排放会预示空气中悬浮颗粒污染,在美国每年会导致50000多人死亡(Dockery等,1994)。由于氮氧化物排放量较低,所以与天然气加工设备相比,一些可再生能源设备能更有效地改善环境。尽管现在大多数天然气装置仍然使用旧的燃烧技术,但是先进的天然气燃烧技术会明显降低氮氧化物的排放。

使用天然气作为连接未来可再生能源的桥梁,从环境的角度考虑理由如下。首先,天然气对环境的污染比可再生能源多,但是比煤和石油少。其次,天然气的供应有限,但未来几十年内,与其他可再生能源技术相比,天然气会产生更多的电力。最后,由于天然气可直接使用,所以与可再生能源相比,天然气在不久的将来会取代现在大量使用的煤。

14.3.2 酸雨的形成

酸雨是美国东部大部分都会遇到的一种污染问题,它会毁坏庄稼、森林和野生种群,还会引起人类呼吸及其他方面的疾病。在太阳光的作用下,当二氧化硫和氮氧化物与水蒸气和氧化剂发生反应时,生成各种酸性化合物,如硫酸和硝酸等,这些是构成酸雨的主要成分。像酸雨一样,雨、雪、冰、雾的降落物会把大气中一半的酸性物质带到地面,降落物中的一半是干燥的颗粒和气体。在沉淀之前,这些颗粒和化合物会被风吹出数百里地,这些沉淀物及其硫酸盐和硝酸盐衍生物有助于在酸雨等形式的最终沉淀物形成之前形成大气霾雾。落在地表的干燥的颗粒会被雨水冲走,增加雨水的酸度。

造成酸雨污染的主要成分是燃煤装置产生的二氧化硫和氮氧化物。因为天然气的燃烧不会产生二氧化硫,产生的氮氧化物也比烧煤时少80%,所以多使用天然气会减少酸雨的形成。

14.3.3 烟雾的形成

尤其是对于大城市,烟雾也是一个紧迫的环境问题。烟雾的主要成分是近地表大气中的各种污染物在光化学作用下形成的地表臭氧,形成臭氧的污染物来源广泛,包括汽车发动机的排出物、涂料和溶剂等挥发性有机化合物和烟囱的排放物。由于需要一定的热量才能形成烟雾,所以在夏季时烟雾问题最严重。

使用天然气不是烟雾形成的主要因素。与煤和石油相比,燃烧天然气产生的烟雾污染物相对较少,原因是它排出的氮氧化物较少,并且不排出颗粒物质(Speight,1993,2005)。所以在那些地表空气质量较差的地区,可燃烧天然气来防止烟雾污染。各种污染物在空气中慢慢混合并在光和热的作用下发生反应形成烟雾。风会把形成烟雾的污染物吹出很远,这就是为什么烟雾污染地与其发源地相距很远的原因。

14.3.4 温室气体排放

由于大气中温室气体的作用,太阳热量无法接近地表,因此地表温度始终保持在可供人类居住的水平。主要的温室气体包括水蒸气、二氧化碳、甲烷、一氧化二氮及几种人造化学物质,如氯氟烃(Fogg和Sangster,2003)。大多数温室气体是自然界产生的,但是自从18世纪工业革命以来,随着矿物燃料燃烧和农业活动频繁,二氧化碳和其他大气中的温室气体含量持续增加。越来越多的关注体现在如果这种增长一直持续进行下去,最终的结果可能是吸收更多的热量,这会大大影响地球的气候。因此,世界各地政府都在试图发现降低温室气体排放以及增加温室气体吸收的方法。

二氧化碳是主要的温室气体之一。尽管二氧化碳不会像其他温室气体那样有效地吸收热量(二氧化碳不是很强效的温室气体),但是排放到大气中的二氧化碳的绝对体积依然非常大,尤其是由于矿物燃料燃烧产生的。根据碳守恒原理,在美国99%的人认为排放的二氧化碳来自于矿物燃烧,其中的22%来自于天然气的燃烧。

天然气的主要成分甲烷,本身就是一种影响较大的温室气体,这个事实使得人们更加关注天然气和温室效应这个问题。由于甲烷在大气中吸收热量的能力是二氧化碳的21倍,所以它会对温室效应构成直接影响。根据能源信息署(EIA)提供的数据,尽管甲烷的排放只占全美国温室气体排放量的1.1%,但是其对全球变暖的影响相当于温室气体排放的8.5%。

水蒸气是最常见的温室气体,大约占大气质量的1%,其次是二氧化碳占0.04%,然后是甲烷、一氧化二氮和人造化合物如氯氟烃。每种气体在大气中存留的时间是不同的,二氧化碳大约是10年,一氧化二氮大约是120年,一些氯氟烃甚至可达到50000年。水蒸气无处不在,在大气层内外持续循环。在估算这些温室气体对气候的影响时,每种温室气体对全球变暖的影响力(相对于二氧化碳的吸热效率)和数量都要考虑到。

石油天然气公司应该按照降低排放物的技术要求及2002年12月在加拿大制定的《京都议定书》制订并执行温室气体管理计划,这些计划应该包括几种降低排放量的方法,如通过内能效率,对排放槽和"绿色能源"的投资,还有对排出体积限制的承诺等。

14.3.5 工业及发电过程中的排放

使用天然气为工业锅炉及发电装置提供能源可以大大改善这两个装置的排放物的状况。天然气在电力工业中所起的作用越来越重要。作为高效廉价的发电燃料,天然气使用量增加会在很大程度上改善电力工业的排放状况。根据2002年国家环境监督局(NET)出版的题为"清洁美国动力装置造成的空气污染"的报告,美国的动力装置二氧化硫排放量占总量的67%,二氧化碳排放占40%,一氧化氮排放占25%,汞排放占34%。燃煤的动力装置是这些排放装置中污染最大的。事实上,只有3%的二氧化硫排放、5%的二氧化碳排放、2%的一氧化氮排放和1%的汞排放来源于非燃煤的动力装置。

天然气发电装置和天然气动力的工业应用为环保带来许多好处,包括排放物的减少、岩粉的减少、重复燃烧、废热发电、联合循环发电和燃料电池。从根本上说,发电和工业应用都需要能量,尤其是对供暖来说,都使用矿物燃料燃烧产出的能量。由于天然气本身清洁燃烧的特性,无论是与其他矿物燃料同时使用还是取代它们,都会减少有害污染物的排放。

14.4 协议及环保方案

天然气中含有很多化学污染物。可以通过分类来描述这些气体排放物,如二氧化硫、氮氧化物、一氧化碳等为无机气体,有机气体包括天然气中的烃类组分。废气的释放流量及浓度(百万分之一或者类似的单位)以及气体排放物的类型都可以在很大程度上提前确定可采用的控制技术。推荐使用的协议必须能够阻止排放物排出并减少未来的排放。天然气排放物清除的必要步骤是:①排放物的识别;②排放源的识别;③估计排放速度;④向空气中扩散转化及放空机理;⑤排放控制方法;⑥空气质量的评价方法;⑦对同温臭氧层的影响;⑧规章。

天然气工业的成员之间共同遵守一个承诺保证它们的操作合乎环境要求,而且它们所做的每一项与天然气加工有关的努力都是确保对环境的影响达到最小。这个承诺的一部分内容是自发参加以保持天然气工业最佳环境纪录为目的的环境计划。这些计划包括如下内容。

①环境保护局的天然气STAR计划。这个计划由环境保护局资助,目的是降低甲烷的排放(一种潜在的温室气体,来自于石油天然气工业),通过改进技术,积累工作经验,提高维护

和分布网络的检测,以减少泄漏和排放。

②美国石油学会 APISTEP 计划。美国石油学会有一个叫 STEP(当今环境合作关系的策略)的计划。这个计划用于鼓励石油工业成员按照它们的方针和原则进行环保工作,并制订确保安全的、符合环境要求的操作计划。

除了上述计划,美国天然气工业正在进行一项国际计划,其目的是分享各自环境保护的“最佳经验”。通常,这个计划由处理重大环境问题的机构来完成。

除了参与保护环境健康的企业为环境所做的努力外,联邦政府也颁布了一系列法律来确保自然环境受到保护并一直持续下去。环境保护局是联邦政府保护人类健康及自然环境的主要机构。环境保护局依照美国环境保护法律制定并实施了一些环境保护条例,并倡导了许多以降低污染和保护环境为目的的自愿的且有教育意义的计划。

14.5 环境管理系统

如前所述,考虑到当前的环保政策和宗旨,各组织越来越关注通过控制其活动、产品及服务对环境的影响来取得和证明其良好的环保行为。出于这个目的,制定了 ISO14001 标准,该标准为各组织提供高效的环境管理系统,这个系统可与其他管理要求结合,帮助各组织达到环保目标和经济目标。这个标准让各组织制定符合当前环保政策及宗旨的管理程序,并评估这些程序的有效性,并向其他组织证明这些程序所取得的成绩。该系统的总体目标是支持环境保护及污染防治,达到社会经济学要求的平衡。

各组织应该不断检查并改善其环境管理系统,以达到在环境保护方面取得总体进步的目的。在正常的间隔期内,管理部门要检查其环境管理系统以确保其持续的稳定性和有效性。检查的规模要广泛,尽管不是每次都要检查所有元素,但检查过程仍要持续一段时间。

参考文献

Burns, D. J., “Minimizing Benzene Emissions from Glycol Dehydrators.”

Paper presented at the Benzene Emissions Conference, Calgary, Alberta, Canada (January 27, 1999). Dockery, D. W., et al., Acute respiratory effects of particulate air pollution. Annu. Rev. Public Health 15, 107 – 32 (1994).

Fernandez, R., Robinson, D., and Aggarwal, V., “Methane Emissions and Reduction Opportunities in the Gas Processing Industry.” Paper presented at the 84th Annual GPA Convention, San Antonio, TX (March 15, 2005a).

Fernandez, R., Petrusak, R., Robinson, D., and Zavadil, D., Cost – effective methane emissions reductions for small and midsize natural gas producers. J. Petr. Technol. 35 – 41 (June 2005b).

Fitz, C. W., Hubbard, R. A., and Campbell, J. M., Quick manual calculation estimates amount of benzene absorbed in glycol dehydrators. Oil Gas J. 72 (Nov. 23, 1987).

Fogg, P. G. T., and Sangster, J. M. (eds.), “Chemicals in the Atmosphere: Solubility, Sources, and Reactivity.” Wiley, Hoboken, NJ (2003).

Miles, J. D., “Toward Zero Flaring: A Practical Approach to Cost Reduction and Environmental Benefit.” Paper presented at the 80th GPA Annual Convention, San Antonio, TX (March 2001a).

Miles, J. D., “A Flare Gas Recovery System.” Paper presented at NEL Flare Gas Metering Seminar, Aberdeen, UK (May 2001b).

Speight, J. G., "Gas Processing: Environmental Aspects and Methods." Butterworth Heinemann, Oxford, England (1993).

Speight, J. G., "Environmental Technology Handbook." Taylor & Francis Group, Philadelphia, PA (1996).

Speight, J. G., "Environmental Analysis and Technology for the Refining Industry." Wiley, Hoboken, NJ (2005).

U. S. EPA and GRI, "Methane Emissions from Natural Gas Industry," Vol. 8. NTIA, Springfield VA, Publication No. EPA-600/R-96-080h (1996).

U. S. EPA and Clearstone Engineering Ltd., "Identification and Evaluation of Opportunities to Reduce Methane Losses at Four Gas Processing Plants." GRI-02/0119 (2002).

Woodside, G., "Hazardous Materials and HazardousWaste Management." Wiley Interscience, New York (1999).

15 天然气处理厂设备效益最大化利用

15.1 导言

随着能源成本的提高,操作灵活性要求的增强,天然气装置成本回收和收益最大化变得越来越困难。基于此,提高装置的实用性和利用率成为一个持续性的需求。考察和分析世界上一些最好的天然气装置的技术和赢利状况是很有意义的事情。通过分析,总结了一些适用于很多设备、能保持其良好性能状态的关键性的生产与商业策略。本质上讲,天然气装置运行的过程就是应对各种变化的过程。集输压缩机的堵塞和停机、天气的变化、市场需求的改变都会对稳定运行构成巨大压力,保证收益则是更加困难。对大多数装置而言,保证稳定运行是前提,但应对措施还必须有一定的灵活性。要树立实际、有效的目标,那就是既能够处理可预见的变化,还要经受的起安全、环保、赢利等方面的不可预见的挑战(DeVries 等,2001)。

影响收益的主要因素具体如下:

①由于为运行波动、系统扰动提供操作裕度造成的能源与产量连续低效;

②由于设备不在最佳状态下运行造成的能源与产量连续低效;

③由于设备运行波动期间的能量耗损造成的能源及产量的低效;

④操作和维护产生的人力成本 - 性能差的设备需要更多的人力投入和相对较高的工资水平;

⑤设备的完整性;

⑥工艺及设备的可靠性;

⑦设备实用性差造成的低产量;

⑧维护保养;

⑨安全性。

在大多数装置中,不仅成本高,装置性能也较差。因为技术因素影响着装置的运行效果,为了确保避免这些问题的出现,所以有必要加深对所有技术因素的理解,弄清楚各个因素的相互影响及其在经营状况中的地位。应用综合性方法才能实现这一目标,这种方法应用了多领域工程师的各种技能,并结合了鲁棒性能模拟工具。技术评估要包括对技术本身产生的风险进行评估和理解,比如腐蚀性环境对设备造成的损坏及糟糕的产品设计带来的运行效率低下。在一个囊括天然气处理运行各个技术领域的团队内,专业技术的整合可以识别所有的技术风险及相互影响。

资产管理者面对的其他商业问题,可以从他们自己那里得到答案(Howell,2004)。

①资产是按计划运转的吗? 怎么知道?

②正在选择的是寿命期内提高资产的最佳方案吗?

③正在实现的目标是面向资产运行资本的回收吗?

④所有行为符合日益严格的健康、安全与环保政策吗?

⑤能否可靠地进行预测，自信地进行配置，科学地去优化？

⑥是否能从模拟及工程投资模型中获得价值？

⑦怎样有效地组织无效资本？

⑧关注数据还是技术？

在保证产品质量的同时，通过过程优化实现生产能力及产量的最大化和能量消耗的最小化是另一个可行的途径。过去的10年中，随着能快速、可靠地运行复杂软件的强大而经济的计算能力的普及，许多工具的应用由可能变成了现实。

本章将会描述一种未来的集成天然气装置，并给出实现装置收益最大化的设计方案。

15.2 运行策略：一体化的天然气处理厂

研究发现，先进的天然气装置必须进行技术集成。

①影响组织行为的策略；

②集成信息的策略；

③遥控及无人操作的策略；

④操作性能监测；

⑤资产管理；

⑥过程优化的实施。

在开发出新的组织行为及操作模式之前，只是增加技术常常会降低天然气装置的性能，而不是改善其性能。

尽管数字技术革命可以很好地促进整个行业的发展，然而开发集成的天然气装置只有新技术还不够，它需要整合策略结构、文化、系统及商业操作，或许还有更为重要的人的行为。一个有远见的企业，要想把握住“数字价值”，必须树立一种革新的意识，通过革新结合从卖方获得技术技能来保持其强大的领导力。

装置的操作人员希望把全局操作及能源供应链集成一张有内聚力的图片。整体的企业资源规划系统会给公司提供其所需的资源，来达到更好的供需平衡，从而提高效率，降低产品剩余量，降低信息技术基础设施的整体成本。目前的困难是制定生产者主要依赖于操作、规划设计、项目管理、工作流程、文档管理、行政信息和决策支持、调度、数据库管理、数据仓库等，能用来加强企业内部系统的知识，解决更多领域内容的方案。

这个行业必须利用有力、有效的数字技术创造的机会。

15.3 组织行为与信息策略

理解和管理组织行为是有效运行的重要元素。有效的管理和人与技术相互匹配是保证企业文化转变到支持现代的生产制造策略的关键因素。目前，研究总结了四种典型的组织文化（Neumann，1999），这些文化包括对变革强烈抵触的文化到为某种理由而寻求变革的文化等。

15.4 组织行为模型

本节将给出两个有研究价值的、针对工厂生产的不同方面的模型，这两个模型都试图阐明信息及管理活动对工厂生产的影响。图15－1所示的模型图中列出了各种影响工厂生产的主要因素及其结构。该模型有以下特点：

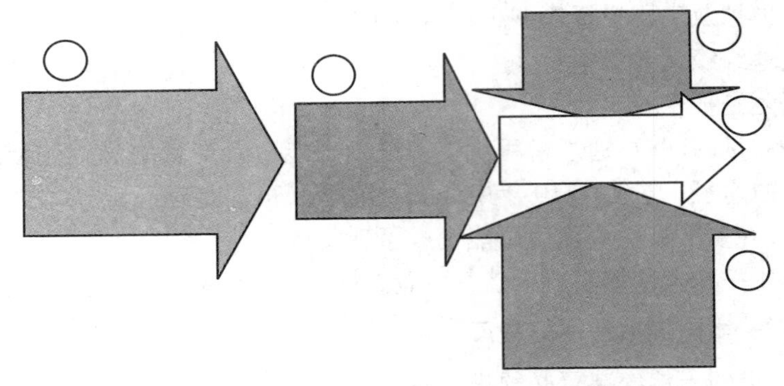

图 15-1　工厂操作的主要流程图(DeVries 等,2001)

①在没有外界干扰的情况下,模型具有自我学习、自我改进的特点;

②各种操作受执行能力的限制,这些限制因素包括与操作相关的有形资产,军事中称"备用状态";

③经典的个人需求等级(Mazlow,1968),包括生存、饥饿和归属感,也会应用到工厂操作中。

15.4.1　信息质量

为了获得最大利润,天然气加工企业对信息技术的高度依赖性是十分高的。为了保证信息的质量及更好地利用这些信息,天然气加工企业需要安装电子数据收集系统来辅助处理和收集这些大量的数据和信息。此外当前的工厂生产模型已经不能满足多学科交叉配合工作的要求,迫切需要一种新的生产模型的出现改善目前的状况。

以往生产模型可以解释,在接收到"良好的"信息的情况下,为什么人和组织行为还会有不一致的行为。例如,工作人员会因改变部件和主要设备的操作方式而受到处罚,然而电子决策提供的模式可能增加了出现问题的可能性。另一个例子是把某个性能越来越差的装置或部件的性能报给市场和其他工厂,这会刺激装置的管理者隐瞒信息并抵制提高装置性能的计划。

电子决策模型也有缺点,比如电子决策模型会影响工厂技术管理,即质量低劣的信息会被遗弃,难以使用的信息也不会使用。信息质量的等级划分是十分必要的,信息质量属性包括如下几点:

①可用性(信息链是否损坏);

②及时性;

③前后关系的正确性;

④精确性;

⑤正确的方向;

⑥易于理解。

如果汽车油量计只显示使用油量的 75%,那么司机就不会相信它了,它会被否定掉。以此类推,在天然气加工装置中,信息必须非常可靠。

天然气加工企业会根据实际的情况倒转供应链的序列。例如多数情况下,市场部门不会对加工装置的萧条及当前的波动进行合理的反馈,因为这种波动比预期的要慢。相反,操作部门会缺乏即时、合理调节工具来避免对加工装置的不良投入和使用。通常这种计划之间的差距被归类于“操作隔阂”。

目前,信息和资料的网络互连在市场上呼声较高,大多数的企业都在关注这项技术。信息和资料的网络互连对于提高企业处理效率大有好处,不过其弱点也是显而易见的,由于联网后信息的可靠性会变差,那么将会影响到系统的可靠性。过去计算机行业里流传的一句话叫做“向计算机中输入无用的数据,则输出的数据也将是无用的”,这句话对于现代信息技术策略来说尤其正确。现代信息技术策略至少包含七层的信息处理组件,应用时需要注意以下两点。

①信息和管理决策一样,都是以传感器为基础。传感器精度越低,则得到的信息质量就会越低。目前传感器加上高级的信息处理软件组成的系统已经应用到烃处理装置的控制过程中。传感器本身也有一定的缺陷,一旦传感出现了检测漏洞,那么基于传感器的数字网络也同样会受到殃及,最终导致系统的可靠性降低。

②大多数组件及软件包可以在线处理诊断性信息(主要用来表示信息的可靠性)。不过,大多数系统的设置不会把这些诊断信息与计算集成起来。如果从系统七个组件中每个组件的信息可靠度都达到95%,那么所有信息的平均可靠度不会超过69%。即使把组件的可靠度提高至99%,也只会使所有信息的最大可靠度达到93%,这样会严重影响到企业供应链管理的效率。因此,在系统中我们要尽量全面运用“智能”来保持在线信息质量状况的完整性,即质量最优化及检修事故的时间最小化。

15.4.2 信息观念

很多的信息都可以制作成相应的图表,这样就能清晰地看出信息中各个数据之间的相互关系,进而体现了装置的特征。以下将介绍几种反映装置性能的几种图表类型。

15.4.2.1 二维曲线及图表

压缩机是烃处理的主要设施,为了避免溢出,限定一定的流量非常重要。压缩机的压力增加太小作用微乎其微,并且会影响产量,最有效避免溢出的方式是大幅地增加压力,使产量接近溢出极限。通常技术人员会给出压力及流量的数据或柱状图,根据经验找到溢出线并确定操作点的位置。然而“溢出线”的位置会随着气体状态的改变而改变,此时就需要根据时间的变化,标出各个时间点的溢出线及操作点。以此类推,这个方法对于蒸馏和反应器温度图同样适用(图15-2)。

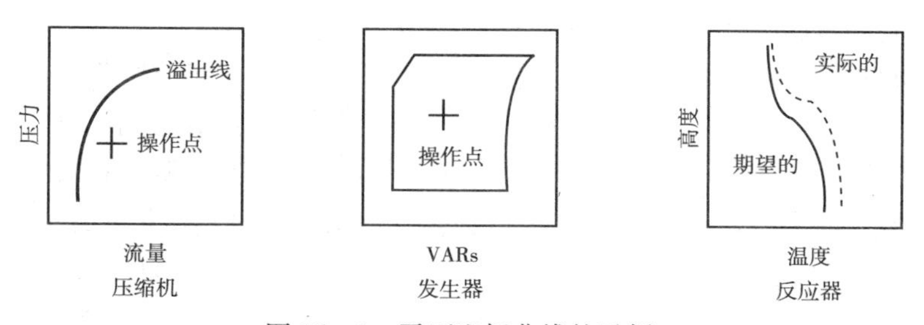

图15-2 平面坐标曲线的示例

15.4.2.2 趋势预测

当控制装置的软件运行出现问题时,为了避免发生事故,操作员就应该关闭控制软件。通过将一种尖峰信号加速转化到最佳状态,控制软件将使装置一直处于理想状态。趋势预测要求工作人员经常检查流出动态曲线,因此如果曲线安全,那么程序系统将会继续正常操作。

15.4.2.3 动态特性测试

操作者和管理者会提前了解到系统性能方面的信息和目标,但是这些信息通常是不能直接应用的(图15-3)。理想情况下,在每次实际动态测试过程中,高级操作人员和管理阶层都需要实时地监测系统的目标以及系统的各项参数指标。那么在这种情况下,由制造生产策略改变而进行的调整越来越快和越来越容易。例如,当需求降低时,为了抓住市场机会使成本降到最低,就要将最大的产量变成最大的生产率。

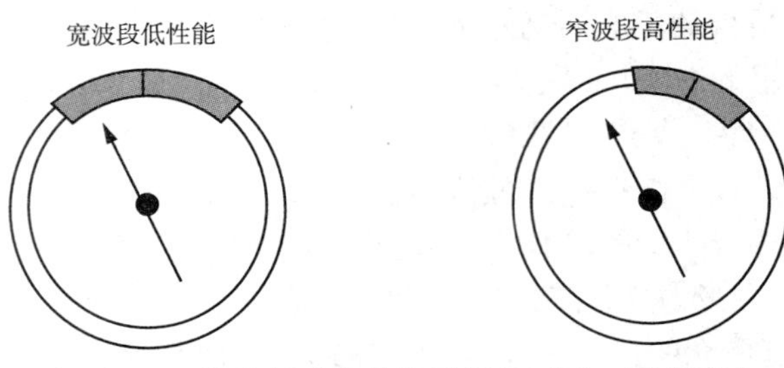

图15-3 仪表板动态特性示例(DeVries等,2001)

15.4.2.4 性能参数

在加工具有较长操作周期的任务时,尤其是该任务涉及转型期时,最终加工厂的生产效率往往较低(在没有合适的工作人员情况下会变得更差)。为了取得更好的生产效率,一些能够反映质量问题的某些因素必须应用到程序中,例如将燃料和原料在线混合,就能够为特性模型提供一套参数和工序,这就可以使操作员在运行过程中修改批料从而避免返工。

15.4.3 执行能力

一个企业想提高自身的工作效率、提高自身的竞争力时,那么它必须能够更准确地认识目前的执行状况和与目标的差距。企业所要寻找的差距不同于直接显示出背后的成本与价格的每月的财务报告,它需要一整套精炼的、有效的信息来描述方方面面的因素。这些因素包括可靠性、规模、质量和产量,并且还可以通过不同的形式来表述。应用不同的形式来表述周期时间、运转周期、可靠性时可能更为实用。例如,将安装时间从整体的5%减少到2.5%,实际上就是减少了50%,这比表述利用率由95%提高到97.5%更有说服力。

一些处于初步阶段的复杂操作的研究项目已经开始进行了,该研究准备证实内部价格、原料价格、设备、内部产品,这些因素不具有足够的可信度,甚至不足以产生任何影响。从活动成本的角度出发,试着增加直接费用的比例,结果将会导致产品成本加权到其他成本上去,这种情况下使得单元经理人没有办法实现产量最大值。因为成本是相对固定的,所以最大产量是唯一的自由度,这与现代的生产策略是不相兼容的,当现代的策略要求灵活地调整产量的优先性、工作方法、工作效率,以此来吸引和保留重要客户,以及赢得更多可赢利的长期合同。

判断一个企业执行能力的一个重要标准就是处理计划与计划之外的干扰事件的能力。如果企业不能跟上因供应商和用户间紧密的对应关系变化的步伐,那么该企业目前的生产策略就是失败的。不同层次的准备工作,如图15-4所示。

如图 15－4 所示，约束性是最低级别的准备状态。操作失误、仪器故障、原料质量问题以及其他不可预见因素可能使生产停工或返工，不过这类因素产生的破坏还不足以导致人员伤亡、设备损害或环境污染物的排放。运用传统的信息策略，这种水平的准备状态是可以达到的。

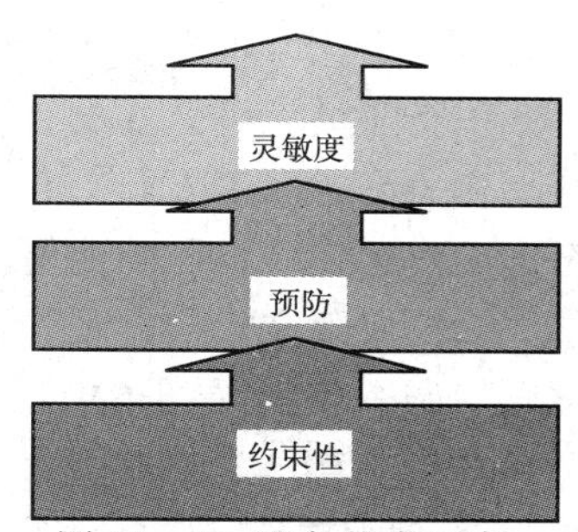

图 15－4　准备状态层序
(DeVries 等，2001)

①遗失或缺乏从传感器到供应链软件组分的整合。

②信息质量诊断的最小化。

③性能信息的最小化。

④个体或资产进行微小调整以抵御干扰性冲击。

⑤应对或预备的维护策略。

如图 15－4 所示，预防是一种在遭到意外破坏时尽可能避免影响产量和产品质量的准备状态。然而，预防措施不能始终对生产速度波动、原料质量问题、产量变化以及其他类似的可预料干扰保持有效。通常情况下，预防措施只是一种尽可能稳定设备以达运行水平的手段。这种准备状态水平要求更加先进的信息策略。

①组件与能稳定链接到供应链的软件的适当组合。

②信息质量的优质管理。

③生产单元和资产良好匹配。

④全面地预定维护水平。

⑤更好的工作信息。

如图 15－4 所示，灵敏性能够在原料质量问题、生产速度变化和复合产品波动的情况下，依然能够为系统提供广泛快速改变而不减少产量、不降低产品质量的预定水平。因为具有较大的灵敏性，则许多设备一直得到预定的"保护"以至于它可以优于其他设备。这个预定水平要求最为先进的信息策略。

①最严密的程序系统和传感器组合标准。

②可驱动的工作信息和在线运行建议的优质模型。

③以可靠性为中心的信息技术维护政策。

④合理调配技术工人，以及公司的其他职位上的员工。归根到底人才是第一要素，这些技术人员是许可程序(process licensors)、信息和自动化技术的关键提供者。

许多运行过程都希望通过添加更多知识信息来努力打破"约束"以达到预定的"灵活"标准，但是都会具有"约束"特征(最小集合)，这是一个潜在的危害。现代生产策略意味着各组分之间的结合质量与信息组分本身的质量一样重要或者是更为重要。

相比传统方法会将问题过于简单化，由于技术因素及技术性商业化因素两方面的相互作用导致目前的方法十分复杂。运用市场平台，消除薄弱环节、维护以及彻底的临界状态检查都被应用于提高加工装置的性能。

以上每一种手段都趋向于针对资本运营的一个特定因素。这些方法产生使得加强后的决策缺乏对资本运行和整体商业影响的完全理解，从而造成错失机会，资本投资失误，并且只有短期不可持续的利益，进而会造成净资产的减少并增加设备寿命周期费用的最糟糕的状况。

15.4.4　需求的组织级次

通过改变思想和购买新设备来开发企业文化不仅是错误的，而且实际上有损于进一步地发展企业文化。本文主要关注以下几点。

①企业员工可能并没有意识到自己的知识水平与得到安全性、财富以及归属感觉或崇敬感是相关联的。工人们一心想通过提升自己职位来实现高工资、高待遇,而并没有脚踏实地努力工作去实现自己的期望。

②反风险文化与直观管理理念、执行标准以及其他类似的应用于大团队的管理策略格格不入。调查表明,员工的工作表现可以用来维持竞争,而非激励团队进步。

③企业和员工都对生存担忧。企业是否会倒闭?是否会裁员?企业员工学习进步的愿望要与企业的需求相结合,这样才能使知识随团队的进步而优化。

目前动态性能测试研究领域还没有一个有效的,尤其适合工业生产的组织行为模式。动态性能测试研究中两个关键的问题是传统组织结构的出现已经很多,它尝试分离个体和部门、花费和账目。

在花销清算账目里,如何以正确的方式分配花销是十分复杂的一门学问。例如,在出现花费结余时,设备主管或运行主管很可能将生产最大化,而这有可能与目前的生产要求截然相反;公用事业、原料和产品的内部价格(信誉度较低)会刺激中级管理层的工作偏向错误的方向。每当出现这种情况时,管理人员对关键的性能指示剂(KPIs)重新定义是十分必要的。针对这种情况,目前美国劳动部和一些大公司都引用了一种叫做动态工作计量的方法。

Vollman 等(1998)将管理策略与计量方法相结合开发了一个模型。这个模型被称为 Vollman 三角,如图 15-5 所示。

企业内部的管理人员开发自己的三角关系以支持管理方法,受开发人员操作能力等所限,其三角关系如图 15-6 所示。这样的三角关系在企业内部的所有阶层都会存在,其目的就是确保一个操作水平稳定的计量小组(不多于 4 人)能维持适当的作业质量。如果企业内所有的操作小组都能维持这种三角关系结构,那么企业顶级管理和现代生产策略的调整将更加容易。

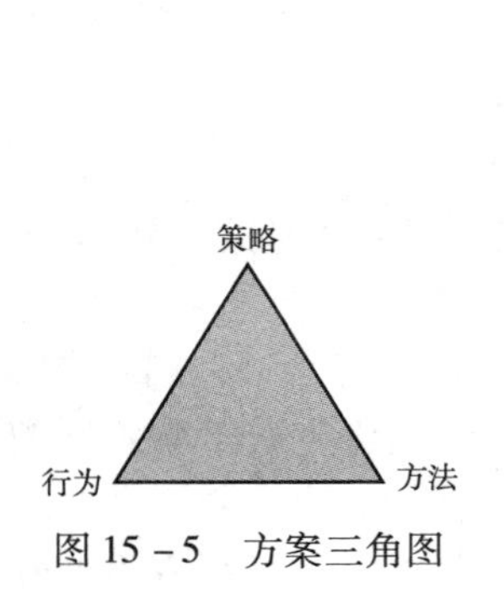

图 15-5 方案三角图

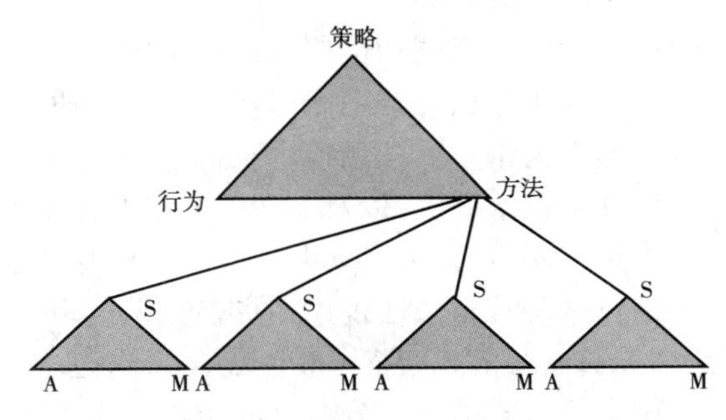

图 15-6 次一级三角关系图的应用

S—策略;A—行为;M—方法

前文介绍的组织方法很可能引发相关因素之间的相互冲突,因为更高的产量和质量通常要以消耗效率为代价,或者各自都有一个最佳值。现在员工都知道这些目标之间是这样相互作用的,那么他们之间有关改善性能的讨论就变得更加有效。就生产操作本身而言,几天或几周前发生的事已经变成遥远的历史。

15.4.5 行为

工作表现的重要方面就是工作文化、工作保障和职业变动性。世界的许多地区,工作人员只靠知识、经验、技能并不足以取得晋升。很多文化都不包含开放式的工作信息共享、可视化管理技巧等。因此,信息策略需要进行调整以反映当前的人力资源策略,从理论上来说,只有这两方面协调发展,才能取得世界级的业务水平。

另外一个严峻问题即是企业的传统。对于一个有全新组织机构的新企业而言,创建一支新的团队或新的工作方式都很容易。正确的信息策略对企业的发展影响十分巨大,通过比较每个人都能看出自己的工作表现与当前目标之间的差距,而且也都能理解快速变化的原因,正如需要效率最大化时,由最大化产量到最小化产量的变化。

15.5 成功的信息策略

通过目前的技术,准确地测量设备流程中的压力、速度、质量、流量是很有意义的,然而最终决定事物的主要特征是其本身属性,测量信号只是起到辅助的作用。石油炼制的基本流程是从原油(分子不是太短就是太长)中提炼低价值的组分使其变为有价值的组分(长度是中等的分子)从而提高产量。以往的原油中不同分子含量的测量方法不成熟,测量精度不够。目前,一种叫做“碳族芳香烃”的测量新技术可以解决测试精度不准的问题,准确的测试结果为管理层提供了决策的依据,从而就会避免不必要的麻烦(催化剂降解、腐蚀作用)。

测试的方法和理念十分重要,合理的测试方式有助于从压力、流量的角度出发对性质本身进行考虑,从而更好地促进企业文化的发展。以下是信息策略的具体内容:

①评价组织用来支持预期的生产策略和运用信息促进企业文化的准备状况;

②由于组织体系的需要,对信息策略进行分阶段改革;

③采取适当的方法为全方位实施策略所要采取的行动提供直接支持;

④利用正确的信息使质量、准确性和理解力达到最大化;

⑤管理信息的真实性和准确性。

数据集成和可视化在以后将会一直是数字化资源领域的关注焦点。一些新型的应用将从数据收集方面来提高知识收集能力。

15.6 信息技术下的生活

通过使用和推进“智能”设备(例如可靠的维护中心或工作监测中心),能够避免外界条件的干扰,从而实现公司运营的先进策略。智能传感器传送的信息量十分惊人,是普通传感器的10倍左右。在使用了智能传感器后,公司职能部门处理信息的能力显著提高,处理信息的数量照以往大幅增加。在工厂运营中,信息技术还需要与软件技术、优化技术相结合才能最大地发挥各自的功能,实现最优化生产。

如果组织在供应链管理技术上投入资金,那么组织将致力于“灵活的”准备就绪水平和基于团队的工作运转文化。组织也可通过改变商业运行方式降低采购成本或使用现代生产策略来增加销售回报。

目前管理者越来越多地关注高水平的信息管理,根据信息管理的需要,企业的管理人员开发出了一些应用于信息管理的新术语,如图15-7所示。

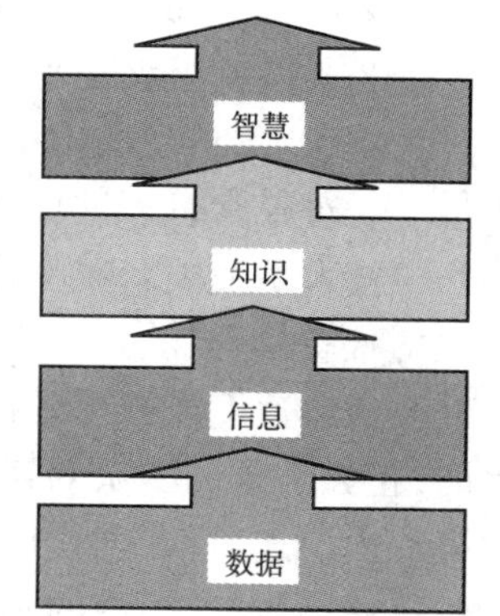

图15-7 信息层次
(DeVries 等,2001)

这类新术语的定义如下。

(1)数据。传感器和人工键盘输入的原始信息。

(2)信息。已证实的有效数据及能够提高信息可靠性的方法。

(3)知识。对信息目标和约束条件进行比较,知识的作用是指导人们如何去做事情。

(4)智慧。由实践、客户的满意程度、供应链管理以及一些其他的工作准则来引导。

很多企业的主管人员花了大量的时间去处理信息,忽略了知识和智慧的重要性。然而,要想使所获的信息具有较高的质量,那么企业必须拥有一个符合现代化生产策略灵敏性要求的管理手段。

15.7 现代设备运行展望

一个工厂或企业要想实现生产运行效率最大化,则必须要满足以下四个方面的工作才能实现。

①要求操作人员、值班班长或工程师严密关注生产情况,随时进行操作上的决策;

②要求值班班长、工程师能够根据每月采购、每月交易和每月账目情况进行较大规模的战略决策;

③要求工厂的管理人员能够根据跨年的管理方式、采购和账目情况来制定关键性的决策;

④每小时、每周、每个月的定时监测是满足以上各种决策的最低要求。

运行决策包括设备设定工作点和设备开关的设定。这些决策需要考虑到目前商品的价格,比如燃料、电、设备的利用率以及环境的约束。不仅如此,环境约束可能还是累加性的。

战略决策包括维护进度时间表、预期要求、生产计划、预期排放以及贸易。在做关键性决定之前,需要对未来投入、预算及对供应商和消费者之间的长期合约谈判进行评估。要有计划的追踪监测并与实际工作相比较,比如资源使用过程、基于实际成本的账目核算、流动资金和对公用设备的监测工作。

提高对信息的本质和感性认识有助于更高效地改变一个组织的文化,通过上述实例,以下的五个关键问题必须指明:

①实施的可能性;

②运行的准备状态;

③所需的组织体系;

④建立“可变的”的信息作为改变的催化因素;

⑤对正常事务进行测定。

技术是发展企业文化最有效的工具。企业的发展及其正常运作需要不断努力提高的运行准备状态、适当的人力资源策略和真实可信的信息交流。信息传播的可靠性、时效性、简便性以及传输速度能够提升机构之间的对话水平和交流能力。企业文化对这些改变的影响是巨大的,正如一支团队认知到需要提高能力,他们就会快速学习采用何种工作方法来完成任务。

由上述可知,现代工业信息技术策略可以促进企业文化进而获得生产成功。另外,坚持关键策略、保持高标准的对话水平、提高团队活力是实现成功的必由之路。

15.8 运行策略

大型设备能够集合十个控制室的功能,使工厂产品生产率提高15%。然而应用大型设备的目的并不是减员，而是提高系统的机动性，因为改变传统运转方式对于大团队而言更加的困难。大型设备应用的优点已在东南亚的野外丛林工地、美国、加拿大以及非洲北部的山区偏远地带得以证实。应用大型设备必须注意以下几点：

①对所有的控制和监控设备进行远程控制，保证安全可靠性以及计算机在线访问；

②高级警报管理系统在运行受到干扰期间能够实现动态过滤警报，从而使“报警指示器”避免出现低级错误；

③稳定的技术可以帮助机组抵抗各种干扰。

15.9 基于模式的资产管理

最近几十年来，模拟实验室得到了很快的发展。大型油气田产品实验室是一个复杂的系统，各因素之间存在着动态的、高度错综的关系，在这种条件下系统中需要同时满足控制、最优化系统的技术条件和商业参数显得不太可能。为了能够有效地处理这些复杂问题，完整的工作流程及资产管理模式都是非常重要的。

资本管理技术是大型天然气处理厂工程技术中建立实时数据平台不可或缺的重要元素。处理和生产模拟模型将从工程专家领域转变到管理者、操作者、商业发展、合约和金融方面。对实时和对将来的资产绩效的分析和预测将成为资产管理模型领域的一个现实。而这种成套的综合资本，也将会成为一种缓慢严格且快速模拟循环形式的动态模型。

实验室模拟由来已久。实验室模拟在连续整合了复杂的热动力学方式、水力模拟、机组运行等工作情况后，其在稳定状态和动态模式中已取得预期的效果。目前实验室模拟的发展已取得了很大进步，以至于在工程范畴里动态的开启或停止模拟已变成应用十分普遍的技术。动态模拟就如同一个运转的“真实工厂”，工厂通过一些不同部门来实现所谓的工厂先进的过程控制和商业分析。

实验室模拟、操控、最优化、操作人员培训、工程合作和学科计划这些相关的技术的应用较为分散。为了克服这种分散带来的问题，首先要采用整体资本模型，即通过一种“黏合剂”将整体其他部分逐层黏合在一起形成统一的综合应用模式。

新观念最先应用在软件团队在制定工作流程的方法中，这种新的解决办法可使资产从一系列选择出的软件接口中模型化，并将第三方技术引入一般环境，从而建立整体资产模型。这样就可以应用于工程和商业中来判别扩大资产范围的机会。

资产管理系统可以建立一个入口环境使复杂的资产模式变得更加直观、更具对比性，并且使用共享的离散数据进行分析。此外，资产管理系统还可通过已获证实和认可的企业平台信息总线技术进行事件管理。资产管理的可视性和技术流程包括预测分析、生产记录卡、工作流程管理、生产报告、资本计划和报表，而这里所谓的报表计划是可用于统一的、全公司范围及其最基本情况的运行，同时保证了快捷、明智的决策制定。

15.10 优化

经济的波动、环境条件的改变及处理程序的变化给工厂实现最大利润带来了巨大的困难。由于天然气市场行情不断变化，使得天然气加工企业越来越多地依赖具有强大分析能力的决策技术和管理程序。决策技术和管理程序能够更好地制订和执行全厂生产计划，从而避免天然气市场快速变化带来的供应形势的不稳定。

决策技术与最优化条件和工厂的模拟能力相结合,具有较强的适用性,可以用来分析不同的方案。采用先进的模型和最优化方法来解决系统中存在的控制和最优化方面的难题,对天然气处理工厂的最优化设计有着深远影响。

①很多处理厂缺乏生产能力。对于一个缺乏生产能力的天然气加工厂而言,解决生产能力的最优化设计是当务之急。

②现代操控技术进步带来的新机遇。例如,预测控制模型提升了自动化水平,并且为建立高水平的最优化系统提供了方向。

③服务技术与系统的整合。电子化模拟油田为石油天然气生产运行提供了新的视野,然而该技术必须与天然气处理技术相关。

④技术预测部门为全体职员提供资讯。

⑤计划和控制程序模型扮演核心角色。

⑥建立市场动态模型,与相应的计划相结合。制订的计划取决于工厂控制系统的设计和运行,应当能够反映工厂的生产能力和产量。

⑦在处理控制体系、实施最优化技术及规划水平的过程中,逐渐形成层与系统之间的信息流。

⑧自我调整及强化系统能够最优化其他参数。

⑨通过规定工序来加强限定。

15.10.1 优化工具

如前文所述(第12章),通过应用自动化智能控制能够实现系统最优化,使得天然气加工厂的利益最大化。工厂生产能力和目前运转性能的评定需要一个成熟的模型。理论上讲,成熟的动态模型能够培训操作者、组建控制方案,可以在不同条件下对工厂产能进行实时监测。

预测设备模型是已存在稳态模型的延伸,而稳态模型是最优化策略的关键因素。通常预测设备模型被用来维持产生长期效益,实现短期成本补偿。

实时控制模型可以从高精度动态模型中建立,该模型对构建有效模型与实际数据进行对比非常必要。通常,实时控制模型需要适调以实现足够的强化控制。

15.10.2 优化替换方案

天然气生产过程的优化替换方案包括:

①提高调节控制能力;

②多变量预测控制能力;

③神经网络操纵系统;

④单机模拟操作程序;

⑤即时连续模拟;

⑥即时线性方程最优化选择;

⑦线性规划;

⑧基于网络最优化选择。

神经网络的控制器与多变量控制的控制原理十分相似,不同的神经网络的控制包含了从采集的数据中进行“学习”的过程。此外,神经网络控制器在处理非线性方面要优于多变量控制器且调试和维护成本较低。

神经网络的模型仅在其训练的数据范围内有效。一旦超出神经网络的适用范围,那么其所得到的结果就不再准确。

从20世纪90年代中期开始,炼制厂和化工厂均多次尝试使用神经网络控制程序。不过相比先进的可调节控制系统和多变量控制程序,神经网络控制技术均处于劣势并未体现出可实施性。

通常情况下,单机模拟程序是用来研发一个固定的或动态的程序模型。编程人员使用单机模拟系统去设计程序、排除程序故障,通过考察一系列的假设情况来评估程序的健全性进而扩大系统的兼容性。

单机模拟程序一般不支持即时的运行决策。每次使用时,它必须根据实际的工厂运作条件进行更新校正。它不如基于方程式的最优化程序稳定,同时在运行可靠性和速度方面也存在很大问题。

一些生产单机模拟程序的公司提供了一个廉价的、基于序列的最优化程序。这类最优化程序是基于精确、稳态模型程序的模型,其典型特点是价格比较便宜并有在线服务的功能。然而单机模拟最优化程序的缺点也是突出的,其内部收敛时间较长、技术稳定性不够,方法技术的次序性也限制了系统的使用范围,系统要求购买硬件和软件、安装、调试和现场维护,并且要求专门的资源来支持。

方程式优化程序用固定的系统模型作为最优化系统基础,同时包括一个自动校正系统。方程式方法使优化程序能快速且稳定地执行,这样有利于运行大规模工程计算问题,例如普通采集系统中的多装置输入优化。

方程式优化程序需要一个硬件平台,一套昂贵的软件系统并需要专业的工程技术服务来安装、调试和维护技术。方程式优化程序所执行的闭合循环需要安装一个多变量操作系统来达到有效的最优化目标。

联网的方程式优化程序与多变量控制器是炼化工业实现最优化系统的最低标准。目前,大部分炼化企业正在大力发展这项技术以提高企业的利润。不过,方程式优化程序与多变量控制器结合技术仅对大型的天然气处理工厂有效,适用的范围并不十分广泛。

线性规划常常被用来评估原料和供应链的选择方案。线性规划是一种单机方案,建立在假设的供应链情况基础之上,其特点是价格相对低廉。线性规划提供了生产程序的一个线性流程图,但并不能为操作者提供具体的指导(Roop 等,2002)。

基于网络的最优化应用意义非凡,它能有效地为天然气加工处理工业提供优化程序。然而,即使是应用了网络技术,由于采集数据的时间滞后,计算出的最优化结果及对最优化建议可能跟不上天然气生产过程的变化节奏。

另外一种办法是应用在线监测工具来预测多种工况下的最佳操作点。在线监测工具自带的控制板和图形指示器用来显示当前工厂运作情况与最优化运作之间的差距。然而这类工具可能不会提供通过改变哪些参数来达到最优化运作的建议。

15.11 工业相关性

在接下来的10年里,在天然气生产和运输及加工工艺的设备上将会有更广阔的发展。天然气生产要想获取最大利益,则必须优化、提高设备的利用率。在过去的几十年中,先进的控制技术和加工工艺在提高工艺自动化水平方面意义重大。例如,在炼油厂中的基于预测控制模型（MPC）方式和实时最优化（RTO）得到更广泛的应用（Qin 和 Badgwell，2003）。先进的控制技术和加工工艺为工厂提供更稳健的运行方式，增加了天然气的产量，最终为天然气加工行业带来了巨额的利润。近年来，由于运用了更好控制的手段和决策支持工具天然气加工行业取得了较大的进步，其中决策支持工具的实质就是最优化软件。目前，预测控制模型技术（MPC）和实时最优化技术（RTO）还不够普及，然而这个领域具有强大的长远发展潜力。天然气加工厂面临的另外一个问题是如何调整工厂的各项运作以快速地适应市场的动态变化，因此灵活性对于天然气加工厂非常重要。要实现工厂的灵活性，则必须应用先进的最优化工具和高效的预测计算技术，精确地计算每天、每周、每月，甚至更长时间段内工厂的生产能力。另外，计算过程中考虑应用新型处理装置的设计和改进方案所带来的问题非常重要。投资最优化处理过的天然气加工处理项目一般都会在短期内收回成本（Moen，2004）。

将独立的设备单元组建成为完整的工厂并不是简单地将所有的设计进行罗列，这过程中将会面临更多的操作控制问题。设备之间的交叉联合、分支和循环流动为整个系统提供了更多的灵活性，但同时系统的操作也变得更加复杂，而且在缺乏计算机为基础的决策工具的支持下几乎不可能将一系列这种复杂设备的全部潜能加以利用。因此，需要结合最优化技术发展一种新的决策支持工具，能够快速、精确地实现程序测算模型，并构建信息流。在此基础之上，还需要进一步发展有关大范围、多领域控制的技术（Skogestad，2004）。

15.12　技术难点

天然气加工企业可能有以下几种不同的运作模式。

（1）普通商业方式。数字技术、信息技术、控制技术、最优化技术等高新技术仅仅用于降低成本、提高回收率、提高生产率，但是企业的商业模型、竞争策略和结构关系没有产生本质改变。

（2）远大目标。能够合理地利用最新数字技术、实时消化最新理念的公司往往具有强大的竞争力。新技术的投资包括软件和信息技术方面的重要投资，也伴随着企业文化和管理方式的改变。在这种情况下，要求领导者能够在高级的技术操作和模式化软件方面提出新颖并有创造性的解决方案。

（3）共存关系。有些人可以运用进行总体控制的解决方法来优化生产并在更大的工业背景下保持平衡发展。这就要涉及第三方的技术咨询顾问和合作人共同解决，这种方法是一种创新的方法。

对于大部分公司而言，以上三方面都有涉及的发展方式是最好的发展路线。

将来复杂的天然气处理装置的基础是工程模拟，并以集合的资产模式和基于商业的资产组合观点来实现。上游能源工业中的数字革命是从历史的、基于日程安排的、系列式的操作向实时的，使寻找开采石油天然气资本能同时进行的操作程序的一种转变。实时资料，结合突破性软件的应用再加上日益变快的计算机就可创造一个动态且快速反馈的系统模型。这些动态模型与远程传感器、智能井以及自动化生产和设备控制共同运行，将使操作人员前所未有地看到设备是如何运作的，并能精确地预测出要达最大化产量和管理油田开发还需要做什么。

15.13　解决方法

系统的最优化理论是一门复杂的学问，而对于天然气加工厂这种包含多学科交叉操作的大型企业来讲，要实现最优化更是难上加难。市场动态和供求状况是一个工厂的运行之前必须考虑的事情，工厂要运作就难免出现这样或那样的问题。比如，繁冗的操作、系统的最优化都会给企业运行带来问题。

公司员工的最主要任务就是为项目的决策提供必要的支持，其中项目的决策包括最优化测算、工序测算以及测量数据处理等一系列的任务。公司员工可能来自工厂运营者、生产计划者、销售人员、维护人员、程序工程师、管理者等真正的操作人员，也有可能是工厂操作经验、操作技术等虚拟体。

在设计工厂最优化目标时，市场因素、能力计划及日程安排也应纳入并予以重视，因为这些因素对最优化层次及程序控制之间的垂直整合提出了新要求。一般情况下，最优化系统可能有很多层次，比如典型的实时最优化系统就是一个多层次组成的系统。在评估计划和生产力时，为了在特定阶段内计算出最佳的处理目标，实时最优化条件选择层次可能会被上级层序访问存取。

针对程序测算要求的不同对最优化系统进行分级，那么就会产生不同性质和不同要求的最优化选择问题，包括解决方法、根本的程序测算和数据处理几方面，例如，对来自计划方面的一个方法是从空洞的或极端简单的程序模式开始，并会根据计划要求改进模式。

最优化系统中利用合适的程序块和控制等级体系的分隔处理是核心问题。通过应用全厂范围的控制方法来构建对装置单元的控制，最优化系统可以实现将未知扰动因素和模式的不确定性的影响最小化（Skogestad，2004）。第一个阶段中的一个重要输出是为程序控制确定一个高标准目标。另一个重要问题是开发一种方式来选择在最优化方法和过程控制层序之间改变的变量。这是一个控制结构设计任务，要关注于选择最适合点控制建立条件的变量，以达到有未知干扰、模型参数、测量误差情况下完全适合程序最优化目标。将控制过程分割成适当的部分和层序也是这个工作的一部分。

当前程序控制技术的进步为人们解决问题提供了一个新的视角。伴随着模型基础预测控制器的运用，高水平的程序约束条件信息可以和最佳层序进行交换而不是在最佳层序描述约束方程。

如何有效地使用模型是一门很深的学问，这个问题完全可以在独立的项目中作为拓展的研究课题。例如，详细的处理模型本质上就是一种工业实践，模型的程序中包括每个工序单元中的精确的热动力学和详细的现象表述。然而对于使用了细节动态模型的培训模拟软件而言，它的本质就与详细的处理模型大不相同了。总体上讲，设计的模型重复率很低，并且由于有不同的模式路径和不同的模型数据描绘，模型的程序内容通常无法移植。模型基础预测控制中使用的模型一般通过对程序本身的实验收集，且与其他两类模型无关。对于实时最优化方法，通常使用固定的模型，有时，也会使用一些有精确建模的模型工具。对于生产力评估来说，模型能够正确地表述系统的潜在瓶颈现象尤为重要。

15.14 其他创举

当前天然气加工程序的几种自主管理方法包括维护管理、矿场信息处理、工作程序最优化、调整设计和采纳方案。

在项目中，公司要想提升等级，就要理解技术也要对技术进行升级。通过进行全方位的调研后做出谨慎的选择。

在不断的竞争和探索过程中,一些工作人员的工作深入到了标准技术的范畴。标准技术的出现能够平衡行业之间的激烈的竞争。大多数应用标准技术程序的公司都在极力推荐使用该技术,并坚信标准程序是一种有用的工具。

通过全面地利用第二波技术,一个公司使其后勤服务部门快速实现了现代化,从而在销售、管理(SG&A)方面降低了8%~10%的成本。一般情况下,一个大企业的管理及办公室费用的成本估计占整个企业花费的10%。因此,如果管理及办公室的费用减少10%,那么整个公司的花费将会降低1%。

15.15 结论

集成运行环境的作用是直接将管理策略转化为生产工作,其主要包括以下几部分:

①原材料的利用率要最优化;

②产量最大化;

③计划、运行和监测周期要完全统一;

④快速对存在的问题进行识别和改正;

⑤全面了解运行因素(短期或长期的);

⑥操作人员要明确共同的目标并且要对工作足够地熟悉。

生产管理系统是一个集成计算机和信息处理的平台。生产管理系统建立在信息充分交互的基础之上,因为信息的互畅有助于使设备运行达到最佳状态。生产管理系统的最关键的原则是使每个人的工作价值最大化,使得公司员工工作更加出色。

项目运营体系用来保证项目周期计划、评测、分析、修正,然后再计划这样的生产循环。项目运营过程中,员工需要对操作进程有所见证和测定,从而保证项目正常运行并可以从中学到东西。

完整的生产/管理系统是一个计算机、网络和应用的集成平台,它可提供数据和方法来分析形势、确定解决方案以及追踪项目进程。生产/管理系统将许多独立运行的自动化系统结合起来,弥补存在的缺口使整个系统达到一个较高的生产水平。生产/管理系统跨越了程序控制和合资商业系统之间的鸿沟,给日常生产提供了强有力支持。

为了达到这些目标,生产管理必须具备以下条件。

①作为一个单独的、综合性的实时和商业信息来源,生产管理要对应所有的运行情况并要适用于相应的员工。这意味着对生产管理需要对所有数据提供长期存储(例如历史过程、实验、计划、生产和发货数据)、融合并获取这些数据。

②生产管理作为用户获取信息的主要工具。一般情况下,生产管理都会应用比较人性化的软件系统,方便用户进行查找。

③生产管理系统往往集合了大规模的计算机系统和应用软件系统。大多数的技术体系或工具体系都有一定的局限性,然而生产管理系统则可以结合这些技术体系或工具体系形成最优化的大系统。

④生产管理系统提供大量问题和事件的标准影像、报道。与其他系统不同,生产管理系统将有其报道的特殊性,它的报道突出非常规性、卓越性、机遇性,并且将实际结果与建立的计划和经济关键业绩指标KPIs进行比较。

⑤生产管理系统可以在实现数据容量最小化的同时使信息含量最大化。通过使用性能指

标和数据，利用图表的形式展示数据包含的信息。

⑥在某些情况下，生产管理系统应从经济角度展示操作数据。生产管理系统中根据对整体效益的影响来对事件、问题和偏差进行排序，排序中可能会包括减少行为或后继活动偏差的指示。

⑦生产管理系统能够提供使用户来开拓和求索自己想法的分析工具。企业整体运营的价值并不是来自于展示目前运作情况的数据，而是来自于人们寻求提高目前运行水平的方式。

⑧生产管理系统能够促进企业交流和工作流程。因为 KPIs 系统只能用来帮助工厂运营、解决生产问题，然而完成一个具有一定规模和复杂程度的整体生产/管理系统的项目，会产生另外的与生产不相干的问题。

为了解决好这些问题，需要注意以下几点：

①平衡需要跨越部门间界限才能进行个体应用的选择；

②提供一个单独的、易懂的外观，这对用户获取源自系统但属于其他部门的数据尤为重要（“单格儿玻璃”）；

③使用最新的信息系统技术，随着其可操作化程度提高，操作人员能够同化和管理这项技术。

集成是整体大于部分之和的真实例证。在一个真正的集成生产管理体系下，天然气加工厂对产品的属性、质量及贯穿天然气厂生产运营始末的利益率几方面都有着深远影响。

Kennedy 等人（2002）曾对某些部分采用上述优化策略的天然气加工厂中进行过分析。另外 Kennedy 还列举了一些在突尼斯、挪威、尼日利亚和印度尼西亚等地的天然气加工处理项目的情况。

天然气加工领域的将来属于那些勇于克服困难、敢于提出见解、善于将新技术加工业结合起来的人们！

参考文献

DeVries, S., Lennox, K., and Poe, W., “Maximize The Profitability of Your Gas Plant Assets: The Integrated Gas Plant of The Future,” Paper presented at the GPA Europe Meeting, Amsterdam, The Netherlands (Sept. 27, 2001).

Kennedy, J. M., Saunders, A., and Poe, W. A., “Reducing Human Inter - vention in Gas Processing,” Paper presented at the 81 st GPA Annual Convention, Dallas, TX (March 12, 2002).

Mazlow, Abraham H., “Toward a Psychology of Being,” Van Nostrand Reinhold (1968).

Vollman, T. E., Berry, W. L., and Whybark, C., “Manufacturing Planning and Control Systems,” 3rd Ed. Richard D. lrwin, Home - wood, IL (1998).

Moen, Ø., “Machine Means for Design, Control and Economic Optimiza - tion of Polyolefin Production Processes and their Products,” Keynote at Escape - 14, Lisbon, Portugal (May 16 - 19, 2004).

Qin, S. J., and Badgwell, T. A., A survey of industrial model predictive control technology. Contr. Eng. Pract 11, 733 - 764 (2003).

R Ø mo, F., Tomasgard, A., R Ø vang, L. B., and Pedersen, B., “Optimal Routing of Natural Gas in Pipeline Networks,” SINTEF Report, SINTEF Industrial Management, Trondheim, Norway (2003).

Skogestad, S., Control structure design for complete chemical plants. Comput. Chem. Eng. 28, 219 - 234 (2004).

Howell, A., "Obtaining Value from Oil and Gas Model Based Asset Management," Paper presented at the GPA Europe Spring Meeting, Dublin, Ireland (May 19 - 21, 2004).

Roop, M., Leger, J., and Hendon, S., "Alternatives To Optimize Gas Processing Operations," paper Presented at the 81st GPA Annual Convention, Dallas, TX (March 11 - 13, 2002).

Neumann, R. W., "Managing Your Gas Processing Plant Fundamentalist, Fashionable, Farsighted or Fantastic!" Paper presented at the 78th GPA Annual Convention, Nashville, TN (March 1 - 3, 1999).

推荐文献

"Improving Operational Performance by Integrating Technology, Information and Culture." ARC Insights #2001 - 013AP (March 14, 2001).

Bullin, K. A., and Chipps, J., "Optimization of Natural Gas Gathering Systems and Gas Plants," paper presented at the 84th GPA Annual Convention, San Antonio, TX (March 13 - 16, 2005).

16 天然气处理厂项目管理

16.1 导言

项目管理就是将知识、技能、工具和技术应用于一个项目中，从而能够实现满足或超出投资人对此项目的需求和期望的过程。项目主管（项目协调员或项目领导）的主要工作是对每天的项目活动做出调整。一旦需要对项目活动做出调整，那么就要求项目主管能够理解项目中繁冗的前后关系并具有平衡以下几者之间冲突的能力：①可用资源和预期用量之间的冲突（尤其是质量、时间、成本方面）；②不同的投资者优先权之间的冲突；③确定需求量和项目范围；④项目交付的质量和数量。对于设计和制造类的项目管理而言，由项目可行性研究而制定的项目管理原则、项目管理原则技术应当贯穿项目设计、制造的全过程。特别是对于项目开发的早期，优质的项目管理对获取质量、成本和生产规划有很大作用。

本章内容涉及了天然气处理工业中资本管理项目的方方面面，并着重地介绍了天然气项目的最佳实际管理方式的应用问题。此外，本章回顾了一些项目管理中应用较为成熟的操作标准和已公认的操作方式。最后，本章给出了作者对那些地处偏远并且操作较复杂的天然气装置项目的独特见解。另外本章同样包括了源于应用在位置比较偏远工厂的相对复杂操作的一些关于天然气装置项目的独特思考。

16.2 项目管理概述

对一个项目的管理通常按照以下几个步骤进行。

第一步，项目定义，即确定概念性的结构和满足既定用途的部件。

第二步，项目范围，即确定要完成项目章程所必须执行的任务，同时要搞清该项目不包含哪些内容。

第三步，项目预算，即确定容许预算加上意外情况使之与项目章程和范围相匹配。

第四步，项目计划，即确定完成工作的策略和任务。

第五步，项目目录，即使项目的计划、步骤正规化。

第六步，项目执行与跟踪调查，即记录或调查已完成的项目任务、工作量、时间以及所耗费的成本来保证项目按计划进行。

第七步，项目终结，即最终测试、检查，并根据投资者的满意度进行偿付。

成功的项目往往需要高效的管理，高效的管理模式包括：①清晰的目标；②一个良好的项目计划；③出色的交流能力；④项目系统的可控制性；⑤投资者的支持。如今，公司的项目管理需要拥有高素质的综合人才来处理并管理海量的项目问题，并且这些高素质的综合人才还要有跨越所有关键管理领域的能力。

16.3 产业形势展望

天然气处理厂项目管理包括规划、设计、工程技术、建设和装置的投入使用，然而其关键因素则包括在EPC（设计、采购、施工）之中。目前，许多大公司都惯于采用自己公司授权的EPC

或授权工程技术顾问公司来完成整个项目管理。相比之下,规模较小的公司几乎都是采用将EPC运作转包给其他公司的项目管理方式。不过对于那些关键的技术设备,大多数公司还是采用直接指定并获取(或者监督那些操作)的方式,这样能够保证技术兼容性和运输等方面有足够的交货时间。例如,在天然气设备项目中压缩机和驱动器将会被甲方公司优先指定并选出。

一个在天然气处理工业中成功的项目不仅要有经济效益,还要具有安全、可靠、可预测、稳定并且环保的操作特征。

天然气加工处理是在石油和天然气行业运营赢利的方式下提供的一项服务。石油和天然气的运营目标是创造出一个具有高利用率的体系并以安全、质量稳定且环保的方式生产出畅销产品。另外,天然气的运营系统还应能够适时而变来应对市场并提供各种处理方案,从而提升该装置的竞争优势。

天然气处理设备往往由石油天然气生产商所有,他们认为天然气处理设备首先应该能够满足石油天然气生产,其次才是作为一种增值手段。特别是在美国当前的商业状况下,独立的天然气加工处理公司都在竞相获取大量的天然气从而形成天然气收集系统。目前,天然气加工处理公司与石油天然气生产商之间最流行的一种合同方案是以"收益百分数"安排制定的。在这一方面,那些能够为石油和天然气生产者提供最大收益的加工商都具有优势,问题的关键是处理好原料最高利用率和最低成本下的最大回收率之间的关系。

16.4　项目管理过程

在项目的开始阶段,甲方公司将负责调研该领域内出现的新型或采用新工艺的生产设备的经济和商业分析,进而获得董事会的认同和资金分配。在对生产设备的深入认识和资金投入的基础之上,整个项目规划将会得到优化。接下来,甲方公司将会启动项目并着手设定目标。设定的方案目标通常记录在基本备忘录(DBM)之中,该种备忘录收录的范围包括设备操作参数以及所有的项目关键步骤的设计指导和规则。最后,甲方公司将从EPC承包商和那些有可能竞标成功的投标者那里征求投标。某些情况下,甲方公司与EPC承包商互相协作、相互讨论,从而确定项目的类型和项目的规模。此外,双方会根据承包模式(固定资产、额外成本、风险承担等)或者某种可协调的方式来预先协定一个合适的项目费用价格。EPC承包商公司的主要任务是对设计、采购、施工负全方位的责任,或者仅负责设计、采购而把施工工作留给其他公司完成。EPC公司将与甲方协商建立评估体系和进度表。项目管理对EPC公司的经营规模没有限制,因为每个公司的运用方式大同小异,不同的是每个公司所拥有的专业技术和经验。即使还有某些不足也没关系,因为项目咨询师和承包人将全方位弥补EPC公司的资源或技术专长上的短缺。另外甲方公司也会派遣工作人员进入承包商单位进行管理过程的监控,这些工程技术专家将会监测项目的进程,防止违反操作计划,同时保障工程的质量,最后还可以在主要项目中对公司员工进行培训。

在缺乏天然气加工处理项目经验的国家和地区实施这项复杂、庞大的工程项目,需要在授予EPC承包权之前进行可行性研究及前端工程设计(FEED)研究。通常在这种条件下,甲方公司都会请那些具有一定资格的工程咨询公司来担任项目的可行性研究和前端工程设计研究。然而,最佳的前端工程设计研究方案有可能就在参加EPC公司投标的承包商中。

EPC公司与甲方公司必须紧密地协作以确保项目成功。项目初期,大多数的甲方公司都会派技术人员进驻 EPC 公司,这些员工的主要任务是为项目提供专业技能指导并且审查 EPC 公司交付使用的产品。这种做法的目的是确保在当前的项目投产方式和运营程序下不会有严重问题出现。通常情况下,如果有经验丰富的技术人员,公司都会把操作技术人员与所构建工作紧密结合。类似于操控人员的关键任务是要将投资者想要的操控原理传达给承包商工程师,从而为古板的纯加工行业带来新的活力,这样通过工程规格和机械产品就可以看出一个行业的发展前景。董事会将全盘地考虑甲方提供的对新技术、新生产设备的经济分析,并对此进行确认和调拨资金,最终整个项目将会被确定下来。

16.4.1 项目管理目标界定

项目管理程序的第一步是规划业务程序和制定项目目标。业务程序和项目目标可以由时间和预算来设置,但是如果该项目没有定义一个明确的商业目标,那么该管理程序就不能认为是一个成功的项目管理程序。除此之外,项目团队必须向商业投资人(甲方公司)明确以下问题:

①天然气处理厂的最终储量和每日可供给的量;

②天然气处理厂加工出的产品类型;

③天然气生产计划日程表;

④天然气的生产压力、温度及组分;

⑤天然气的压力、温度、组分与时间的关系;

⑥产品价格状况;

⑦专业规范;

⑧产品如何进入市场;

⑨当地的环保政策;

⑩当地安全政策;

⑪相关的公路、桥梁、装卸设备和员工住宿几方面的基础设施;

⑫当前应用的操作方法和维护人员的技术水平。

由于大部分天然气处理厂服务于石油和天然气生产厂家,因此在制定项目管理程序中需要通过油藏工程、采油气工程和天然气市场之间相互协作来找到上述问题的答案。如果天然气加工处理商之间的竞争较为激烈,那么此时这种能够获取加工处理与销售合同的协作关系(例如经济学家、律师和谈判者)便显得非常关键。

16.4.1.1 项目章程

项目章程是一个为项目管理提供支持的文件,特别是项目章程可以授权项目管理者来指导项目并且根据项目要求分配资源。项目章程中简单地陈述了项目的名称和项目的目的,提出了项目管理者的名字,同时对各级管理部门进行了阐述。项目章程由高级管理人员和各项目加盟公司共同签订,并应广泛发放给每个对该项目有兴趣的人,从而为项目的发展提供巨大的动力,大力提倡对项目初级阶段的关注并鼓励提出质疑,加强项目管理者的权威性,进而尽可能地吸引其他有兴趣和有实力的股东加入到这个项目中。

项目所有者可以是石油天然气公司的一个合资企业,并指派其中某个加盟公司作为项目操作者。通常情况下,项目章程由所有的项目合伙方共同签署,并要在支出授权(AFE)允许项目预算或支出初始阶段预算的条件下完成。

16.4.1.2 项目团队的角色和责任

项目团队的规模和组成依赖于项目的复杂程度,然而几乎所有的项目团队的基本组成和其责任都应包括以下几点。

(1)项目管理者。项目管理者对于项目发展状况、进程、预算和供给负有责任,另外项目管理者还要评价各种方案、确定投资回报情况、谨遵公司政策、筹集资金、收集项目内部和外部情报、选择合适的承包商、维持项目规划和预算、评估交付项目的质量状况、进行项目风险评估及避险准备、创造项目的上升机遇、对甲方进行汇报以及制作项目完结报告。

(2)经营所有者代表。因为在项目执行期间其目标可能会改变或需要变动,所以经营所有者代表的主要任务就是负责保证项目的执行能够遵循商业目标。

(3)工厂管理者。应该尽早委托工厂管理者来处理一些生产运营问题和维护问题。

(4)项目工程师/建造工程师/启动工程师。项目工程师、建造工程师、启动工程师在一些规模较小的项目中可能只充当一个角色,而在大项目中则具有多重角色。工程师(或工程师团队)要负责项目目标所涉及的技术要求,也要负责对承包商竞标的技术进行评价。工程师(或工程师团队)作为项目建设中的业主公司代表要负责对建设验收员的管理、规划构建、操作设备的更新、操作员的培训、装置性能的确定以及核查项目存在的漏洞等。

(5)收购代表人。收购代表人要对承包商竞标与合同协商商业评价负责。

(6)加工工程师。在项目开展过程中,加工工程师要对其他的加工方案进行评价,协助项目的技术目标并对承包商的投标进行评估,同时还要对操作人员进行培训以及准备启动工厂的事务。

(7)环境工程师。环境工程师要对在项目中遇到的环境问题进行审查并提出建议,这些建议包括环境技术要求方面和环境许可要求方面。

(8)安全工程师。安全工程师受委任来检查项目中的安全问题并提出建议,安全工程师的工作主要包括专业技术方面和危险解释评估工作方面。

(9)采油、采气或油藏工程师。采油、采气或油藏工程师应该能够评价任何在项目过程中遇到的石油、天然气生产方面问题。

(10)设备设计者。对于大型项目而言,设备设计者要求能够辅助项目经济问题的处理并且还能参与联系经济厂房和市场事务。

16.4.2 承包策略

承包步骤和策略分为很多种。承包的第一步是前端的工程设计。在第一步中,甲方公司的工程师或工程承包商通过前端的工程设计来评价加工处理过程并选择合理的开发项目的技术规格。前端的工程设计完毕之后,一个有明确目标的承包过程就此展开。不过有些时候,承包的第二步是针对项目的设计、采购和施工。承包步骤的每一步都可以看作是一个总结,价格可以认为是最终目标。从消耗资源方面看,整个承包步骤也可看成是时间或花销的合同。不过,对于某些类似于风险承担和收益分享等模式的承包合同,承包商和项目所有者之间的风险和收益相对比较均匀。

16.4.3 总体估算与规划

许多生产公司都有自己的一套预算评估体系。不过有些专业的预算公司能以预算和概念性方法来评价工程方案和机械设计,准确率一般在±(30%~40%)。

当项目使用了合适的处理方式、选择了独特的位置或者可用性资源时，则可能会雇用工程公司来评价可替换方案并确定预算评估量。在对概念性处理方式和机械设计做出评估和选择后，工程技术公司将会承担前端的工程设计。具体技术规格和解决方式的要求则由前端工程设计提供。

概念性评估和生产规划应考虑以下几点：

①位置；

②操作员及其可操作性；

③施工能力；

④专业资料。

要考虑到被选地点是否有水源和电力系统，另一个需要考虑的问题是是否有便利的设备、公路、水路。另外，充足的劳动力资源也是选址时要考虑的因素。比如有些地方难以找到有经验的操作员，只能雇到缺乏经验且受教育程度较低的操作员。为了克服合格员工匮乏的问题，就需要加强员工的技能培训。一般来说，在项目培训中使用具有高逼近性的模拟方式是非常好的办法，尤其对那些雇用了缺乏经验员工的工厂。另外，即使那些雇用了经验丰富且受教育程度高的员工，然而这些员工也能不熟悉该工厂的创新型处理方式，这种情况下工厂就应该提供额外的培训计划，不过这样的培训会影响项目成本和进程。

无论在什么情况下，都要把组建设备的能力交代清楚。例如，直径大、体形高的罐装设备需要具有相应合适空间的生产车间，此外装载成品的车运和铁路运输设备也应交代清楚。

有些情况下，需要在现场装配罐装设备或者需要在车间装配大量的罐装设备。电动马达、蒸汽涡轮机、天然气涡轮机以及天然气引擎将受到支持这些装置运行的基础设备的可利用性影响。比如没有电力供应，则需要有生产或辅助生产设备，那时将会需要建造或建立热电联供厂，这些情况必须要在项目成本评估和进程中声明。

在天然气加工处理厂的建设中经常要用到诸如硫化氢、二氧化碳、汞和水这些专业材料并要考虑到那些原材料的可用性和运输能力。有时金属包层和内衬可作为贵重和稀有合金的替代品。另外，如果现场不能应用焊接工艺，或者没人会焊接技术，这样的麻烦事也必须写进项目计划之中。

在建设承包的招投标和中标过程中，对于主要承包商的成本估算和项目进程将集中在构建能力上，因此成本估算和项目进程将是非常具体和广泛的。然而，在运营公司看来，全面的项目进程规划必须考虑非建设性因素，诸如许可证、执照和其他的一些政府的特殊要求，以及人员配备、账目情况、内部问题以及供应商与客户的合同等。

如果需要调整项目的具体内容，那么先前的项目成本评估将会失效，成本评估的不确定性大约下降10%～15%（这里包括10%偶然因素）。一种针对成本评估鉴定百分率（90%，50%，10%）的概率方法也被广泛用于阐述成本的不确定性（McIntire，2001）。

16.4.3.1 灾害及可操作性分析

尽管没有硬性的规定，灾害及可操作性分析等一些类似的分析手段也是一种好方法。通过灾害及可操作性分析可以得到满足系统可靠性操作的阀、管线、测试设备和仪器的种类和安装数量。

图16－1展示了石油和天然气生产项目管理的步骤和路径，图中可见灾害及可操作性在

整个计划步骤(可行性 FEED)使 EPC 的承包、施工、装配操作应用于和最终的装置投产中的重要性。从一个步骤进入到下一个步骤需要通过一个关口,即通过结合资金、技术方案、项目优先性来制定决策和书面合同。通常这种合同由项目所有者(还有其他的持股人,比如政府权威机构)以 AFEs 的形式签订,并可作为一种积极的促进因素在项目预算的步骤之后继续开展。为了简明易懂,图表仅提供了从一个步骤到另一步的线性过程,但在实际生产中,项目的早期阶段经常有对工作的循环和反馈,这都需要对设计进行调整等操作。

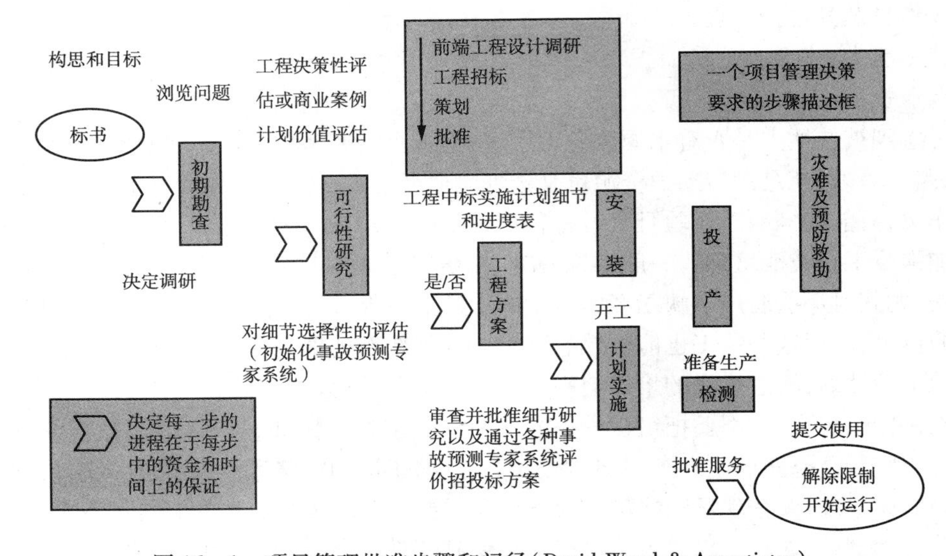

图 16-1 项目管理批准步骤和门径(David Wood & Assoctiates)

16.4.3.2 进程规划和成本评估软件

现有的软件可用于计算理论上的成本和时间评估,其还可应用于细节评估和运用精密项目网络优化分析方法的复杂项目网络。大多数采购和建设承包商都有他们自己的惯用工具。较小型的承包商和运营公司可能会使用专门出售那些工具的厂家供应的产品。对于规模较大的项目,一种越来越普遍的方法是将蒙特卡罗模拟分析法和关键路径分析法结合应用,联合每个项目并将项目作为一个整体来进行产生成本和时间的概率评估(Wood,2001)。

16.4.4 项目执行安排

一个成功的项目需要具备一个合理的计划,并且要严格按照计划行事。项目计划是以简明的方式表述出来的基本规则。项目计划能够用来控制和衡量项目进度,还能用来处理一些突发事件。有些单位有以前做过的有关工程的项目计划数据库,在这种条件下根据以往的经验来指导当前的决策和项目计划效果十分不错。不过想取得较好的效果的话,还需要数据库中能够在项目执行期间和竣工以后都有高质量的记录。

不过无论多么相似,也不会有两个一模一样的项目,那些包含过去经验的数据库中的重要信息对现在的计划也很重要。有必要了解一些以前项目需要的特殊要求以及如何与现在项目相适应。过去的数据库与现在的数据库可能有以下几点不同:

①地点、机构的办事效率、距离遥远程度、劳动力成本等;

②项目团队的组成,包括专业技术、时间、团队成员的地域分散性、文化差异、组织附属机

构/忠诚度;

③项目范畴;

④目前通货膨胀的影响和雇员利用率的经济状况。

项目计划应该适当、易于理解,完整并且能够反映该项目的规模和复杂程度。项目计划应该包括以下几个要素(Hauge 和 Cramer,2002):

①一个项目章程;

②项目时间表;

③责任框架;

④项目计划预算;

⑤主要目标日程的里程碑;

⑥风险管理策略。

16.4.5 项目保证措施规划

通常情况下,我们都是以项目成本、进度规划和技术性能的形式来定义一个项目目标,来衡量项目成功与否。为了准确地掌握项目执行的情况,通常都会在现场测量确定目标完成时间、预算和预计的技术性能。衡量这个项目成功与否的方法应包括在一个能够追踪到实际情况、目标、项目完成日期和显著的成本变化的系统之内。同样我们也应时刻关注技术期望值,并在项目进程中对其一致性进行检查。

16.4.6 责任体系

项目是一个由大量人员和组织协同努力而实现的共同目标,管理则是一个多样化的团队,团队的人员可能会来自数个地区(和国家),团队工作会出现各种各样的困难。责任体系是一种有价值的项目管理工具,可以用来解决这些困难。责任体系明确了每个人应尽的责任,同时也增强了每个人的责任感。责任体系也应当与项目时间线相对应,如表 16-1 所示。

表 16-1 左侧一栏列出了项目要求的全部任务,所有团队成员(例如,项目经理、项目工程师、安全工程师、装置管理员、收购代理人)都被列在表的顶部栏中。每一格中的代码表示团队成员参与了这一行代表的任务。例如,选择与项目相应的代码,关键是要清晰地确定每项活动中有谁参与,弄清楚谁来负责、谁来签署。通过这样的表示方法,每一个参与者都能够明确自身的职责。

表 16-1 典型的责任模式

任务	项目团队成员				
	承包人	业主/运营商	1	2	3
1	A	S	P	—	—
2	—	A	S	P	I
3	—	A	S	P	—
4	A	S	P	—	—
5	A	S	P	I	I
6	A	S	P	—	I
7	—	A	S	—	P

注:S 表示签字、A 表示负责、P 表示主要责任、I 表示输入。

16.5 项目控制因素

项目计划包括进度时间表和成本控制两个重要因素:一方面进度时间表要确保项目能严格地按照预定的日期完工,由于项目中的进度往往交错进行,则进度时间表便形成了一种网络;另一方面成本控制可确保项目成本与预算相匹配。

16.5.1 项目时间点控制

为了能顺利地完工,项目被分成了很多独立任务,项目进度时间表如下(Greer,2002):

①提出关于项目的详细见解;

②监测已完成及待完成的工作;

③记录每个任务中人力、消耗时间和成本的情况;

④明确并赋予每个团队成员责任;

⑤使团队成员明白如何融入大环境。

时间表里展示了一系列的形式和原则,最普遍的原则是确定完成项目的日期以及关键日期。一般情况下,初步预算出的项目竣工日期是通过反复计算项目偶然因素来进一步确定的。时间表里往往包含明确的任务计划,这些任务计划必须及时完成,不能使项目落后于进度表结束日程。如果这个规定限期无法实现,那么就得采用加速计划。不过,大多数加速方法需要额外的开支。这种情况下,管理人员常常会采用任务加班,以及承包商奖金激励制度等方法来刺激工人加快进度,早日完成计划。

当项目中关键的任务明确了以后,接下来的子任务和辅任务也就明确了。在一个大项目中,助理项目经理负责来完成任务和子任务,而总项目经理负责协调助理项目经理之间的活动。关键任务、主任务、子任务通常显示在"甘特表"(Ganttchart)中。甘特表能够清晰地呈现前者(任务必须在开始下一任务之前完成)和后者(任务在完成前一任务后开始)的相关性。通常情况下,主要的项目可交付使用和卖方与承包商结账完毕都是项目中里程碑式的标志性事件。通过向主管专家咨询的方法承包商可以得到一份执行任务责任人保证的评估书,这便是承包商所投目标的最佳任务分析。

在项目进行过程中,可能会有一些附加或临时的任务,这些附加任务对项目任务的正面影响、负面影响都应该被考虑。如果项目进度需要修改时,项目经理则需要从项目所有主要股东那获得一个书面形式的修订计划协议书。修改合理的进度表应作为项目常规报告的一部分。这类报告周期可能是周或月,这取决于项目的方案或进程。

16.5.2 风险管理

每个项目本身都有风险。在项目管理中,"风险"指一种不确定的事件或不可预料的情况而产生的结果。风险一旦出现,它将在项目目标和项目成本、进度、质量等方面产生一个积极的或消极的影响。由上述可知,项目的成败往往用成本、进度时间表及技术性能来衡量。那么项目风险管理的主要任务则是,在一个项目计划或任务中提供一个分析、控制那些已确定的威胁和机遇的系统方法来增加完成项目目标的可能性。项目风险管理的应用是多样化的,有来自经营者(业主)方面,也有来自承包商方面的。通常,项目风险管理会将许多不同的活动结合在一起,这些活动可以分为以下几条(Hauge 和 Cramer,2002)。

①与日常的鉴定、评估、不确定性控制等有关的活动,也就是说风险管理操作与影响最终实现项目目标的风险有关。这类风险管理基于分别评估每种风险的定性方法。

②与实现项目任务定期评估有关的活动，也就是对完成预定项目任务在进度、预算或运行上进行可能性评估。定期评估必须使用一个基于累加关键性不确定因素的定量方法。

③与分级评定一系列选择性决策/解决方案有关的活动，也就是在相应的项目目标中评估符合他们客观需要的不同选择。这种分级是概念设计步骤中主要决策的典型表现形式。

风险管理是项目执行成功的关键一环，但是它经常被不当的工作进程和方法影响。对不同的风险因素和这些不同的风险因素如何影响预定的项目目标有一个全面的了解，对于制定成功的项目管理和决策具有重要意义。项目风险管理是一个在一个具体的项目中分析和管理风险的系统方案，它增加了实现项目目标的可能性。通过项目风险管理人们可以了解更多的风险以及它是如何影响项目目标的信息。据此，决策者可制定可行的风险策略和行动方案来缓解潜在的威胁并利用潜在的机遇。项目风险管理基于分析技术，技术的选择取决于信息的质量和项目风险管理决策的主题。日常使用的风险目标管理一般基于威胁与机遇的矩阵计算。考虑到大量的不确定信息，项目风险管理分析通过成本－收益分析来提供更直接的决策支持。

天然气加工处理项目常常以巨大的投资、紧密的时间进度、没有现成的生产实践经验为特征。天然气加工处理项目可能会产生高风险，但同时也会带来高回报。

16.5.2.1 项目风险管理方法

结构化方式对执行风险管理十分重要。在很多公司中，真实透明的风险管理框架正成为一种制度要求，这也正成为公司对如何通过他们的机构（公司风险管理 ERM）或更广泛的公司部门（enterprise－wide basis）来实现自己的风险管理的法定要求。确保项目风险管理的方法与 ERM 框架保持一致非常重要（Wood 和 Randall，2005）。项目风险管理程序通常被划分为以下五个基本步骤（Hauge 和 Cramer，2002）。

（1）启动和对焦。启动包括明确的项目目标在内的风险管理程序。这赋予了个人在风险管理中的角色。

（2）不确定性识别。识别影响项目任务的风险。制定责任人以评估和缓解各种风险。

（3）风险分析。估测每种风险发生的可能性和风险发生给项目带来的相应结果。基于风险评估，以临界状况将来进行风险分类。

（4）计划执行。赋予每项操作的职责和交付日期，这种合理的操作能够减轻大部分风险造成的后果。

（5）监控。如果必要的话，一旦有最新的风险评估和相应的新行动计划及相关信息，就应该复查。

通常，项目开始时就会进行“启动及对焦”这一步，而其他四个步骤交互进行。项目中最初的项目风险管理有以下目的（Hauge 与 Cramer，2002）。

①评价和识别能够对项目造成重大影响的隐患，如日程安排、成本目标及项目交付后的情况。这些风险管理行为应有助于项目日常的例行管理，并在关键决策时帮助制定有效决策。

②开发和制定一个框架、程序及步骤，以确保在整个项目过程中引入并执行风险管理。

③调整框架、程序和步骤，使其与项目其他程序的配合流畅且合乎逻辑。

项目风险管理程序应由一系列支持这些程序的方法协助进行。

16.5.2.2 风险回应计划

风险应对计划可以充分地发挥（最大化）事件积极的一面及积极的结果，并尽可能地避免

(最小化)不利事件对项目任务的可能性和结果。风险应对计划能够识别项目中潜在的风险、风险的影响程度,最后是怎么应对每种风险。创建一个风险应对计划第一步是识别项目中潜在的风险。项目组成员应参照项目章程、项目进度时刻表及预算,齐力协作识别潜在的风险。通常,项目相关成员首推实践经验来判别项目中潜在的风险。常见的风险包括以下几种。

(1)技术风险。如使用不成熟的技术。

(2)项目管理风险。如时间或资源的不合理分配。

(3)组织风险。如不同任务在资源使用上发生冲突。

(4)外界风险。如更改合作方或承包商的优先控制权。

(5)结构风险。如人工短缺、停工或恶劣天气。

16.5.2.3 开发风险应对策略

世界上没有任何一种事先准备的方法能够避免所有可能发生的风险,但对发生概率大、影响严重的风险准备好相应的应对方案是有必要的。这些应对方案的有效性取决于该方案使项目的风险降低还是增大。以下是几种风险应对策略(HRDC,2003)。

(1)回避策略。改变项目计划方案以降低风险或保护项目目标不受风险影响。例如,使用成熟技术而不用过于新的技术。

(2)转移策略。将风险管理及其后果转移给第三方。风险转移通常意味着要付额外费用给承担风险的一方。例如,采用价格固定的合同。

(3)减缓策略。将不利事件发生的可能性影响降低到合理范围。早期采取行动比发生风险后进行补救更为有效。例如,寻找项目合作者,增加项目资金来源。

(4)接受策略。不要更改项目方案来处理风险。消极的接受是不采取行动,积极接受包括制定风险发生时的应急方案。例如,在不引起别人注意的条件下,拟定一些可替换的原材料供货方的清单。

因为并非是所有的风险在项目开始时都很明显,所以应定期在项目组会议上讨论出现风险的可能性。同样,用积极的心态看待风险非常重要,很多风险除了不利影响外还隐含着机会,应当识别这些机会,并制定相应策略以尽可能地利用这些机会。有必要将已发生过的风险及其相应的响应策略在特定风险责任风险登记中存档。

16.5.2.4 项目风险管理的定性评估

日常的项目风险识别、评价及控制与危险识别技术相似。风险识别包括收集并检查可能影响实现项目目标的潜在事件的信息,此类事件可能是一种风险或机会。为了降低被忽视的重大风险发生的可能性,应当运用所有主项目的专业技能来识别这些事件。通常重大风险会优先处理,因而只有最有可能发生且影响深远的风险才被纳入正式的风险管理程序。风险的处理优先级设置只能在项目组全面评估讨论后才开始施行。新信息可能意味着先前被认为可能性低的风险必须被纳入风险管理程序中。

根据风险或机遇发生的概率及其对每个项目目标的影响,给每个风险打分,进行评价。基于概率及影响力分数,可以评价每个风险对达成项目目标的重要程度。通常,根据每种风险对最终目标的影响程度可以将风险分为以下不同等级,例如,紧急、重要、轻微。图16-2是一个根据概率、项目成本(经济性)、项目工作量或持续时间及项目成效进行风险分类的例子。

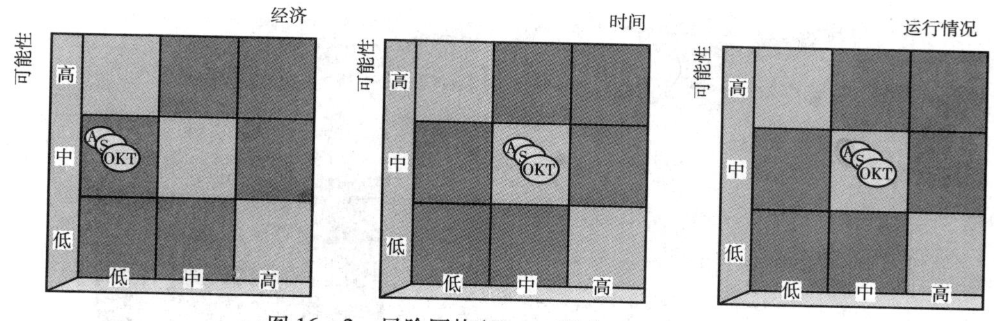

图 16－2 风险网格（Hauge 和 Cramer，2002）

基于风险的等级采取不同的行动，如确定为紧急等级的风险应立即采取行动，以将其风险等级降为重要或轻微。通常采用预防措施（降低风险概率）或纠正措施（减少风险事件影响），或两者结合来降低风险。

16.5.2.5 项目风险管理的定量评估

对项目目标的最大风险做总效应的定量计算是项目目标定期评估的必要条件。其中总效应包括方案次序、风险事件与涉及预算、日程以及可操作性的项目结构。目前市面上有几种通用的方法可用来对总预算和项目进程进行风险评估。由于各种不同方面的风险错综复杂，对它们进行整体评估更是难上加难，不过应用影像图进行分析的确是一个解决问题的好办法和好工具。

影响图中，每种风险都用一个符号（或节点）来表示，图中几种表现了各种风险与它们对实现项目目标的总体影响之间的关系。通过影响图可以得到各种风险的次序，另外隐含在图表中的总效应可以由数学方法来得到。用影响图方法将风险管理模型分成了两块：①不同风险之间的关系；②风险模型的数学方法，如风险的概率分配功能。其他确定风险等级的量化方法包括蒙特卡罗模拟和“旋风图”表示方法。旋风图（图 16－3）的好处是可以确定哪些输入参数变化时会对分析造成最大影响。这些参数有助于实现潜在结果并阐述项目如何受这些参数变化的影响。按次序或重要性改变输入参数，进而得到输入参数对项目造成的影响。这样做可以了解哪些参数值得进行深入研究，从而确定它们的变化是怎样影响项目目标的。

16.5.2.6 风险处理模型

整体风险管理程序模型并不完整，它遗漏了以下最重要的两点（Hauge&Cramer，2002）：

①没有直接表明外界组织及其处理过程与该模型的相互作用；

②没有直接表明该模型与其他外界程序的相互作用。

应当给出风险管理程序模型与其他程序之间的相互关系，从而使新的风险管理程序无缝整合到现有的组织和其他程序中（如 ERM 框架），这样做的目的是减少过多的方案修改。通过举行周管理会议并评估周风险报告，将这个风险管理程序纳入到组织中，因而不需要举行新的风险复查讨论会，只需在现有的日程安排中加入一附加项。

由于风险管理中各方利益不同，各方对风险管理程序有着不同的观点。风险缓解策略包括对成本的核查，它有可能引发二级风险。根据风险管理目标、事先通知相关单位风险的重要性、项目预算及现有资源调整调查成本与二级风险非常重要。

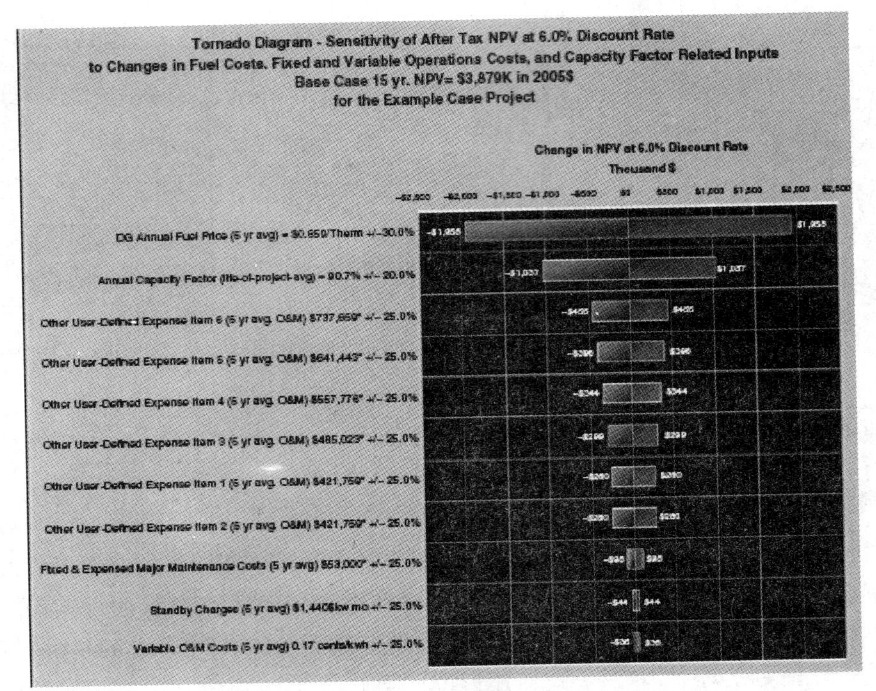

图 16－3　典型的旋风表(由 Palisade 风险评估软件得出)

16.5.2.7　与其他管理程序相互影响的项目风险管理

风险管理与其他常规管理程序有很大的相似之处(HRDC,2003):

①项目变动管理;

②公共许可管理;

③HSE 管理;

④决策门管理。

风险管理与常规管理在确定条款、评估各条款紧急性、确定相应的行动、随后的紧急性评估和相应的方案确定上存在着相似性。在制定风险管理程序和确定风险管理程序方案时,可利用这些相似性。

在项目生命周期的各个不同阶段,风险管理程序应保持不变。用来评价日常风险、核算满足已确定的项目目标的能力、排列可供选择的决策等级的不同风险管理技能也将保持不变。

在判定天然气项目投资机会等级时,需要考虑很多因素,例如,收入、成本(各种成本:资金支出、运行成本等)、日程(项目各项任务的日程安排及里程碑完成日程)、税收和折旧、HSE(满足各项规定及公司要求)、结构稳定性(满足设计要求)、运转中的因素(设计达到可用性要求)。

然而,在项目生命周期中,已有的有关风险信息的质量、编写及优先化信息的能力,以及风险管理活动支持的各项决策都会发生变动。一个可信赖的风险管理程序必须要由具备制定决策的各阶段知识的人员来完成。因为随着项目的进行,所需的能力会发生变化,所以不可能在整个项目中由同一人担任风险管理者。不论由一个还是多个风险管理者或一个小组进行风险管理,在风险登记册上存档分析活动和结果,并与项目小组内部成员及项目股东进行广泛的交流都是非常关键的。

16.5.2.8 其他避免风险的方法

其他避免风险的方法包括以下几种(Hauge&Cramer,2002)。

①防止成本超额。购买成本超额保险。这类保险主要应用在基础设施,比如修建桥梁、公路、设备存储仓库等。

②监管风险。有针对广泛的政策或监管风险的保险。它可在项目实施和商业开发阶段赔偿因监管要求变化或对项目理解的政治立场变动而引起的损失。

③稳定的资金来源。除了可以使用传统的保险市场外,也可利用资本市场和非典型的保险组织来将行业风险转移给金融机构,金融机构的运作将风险最小化。在项目初期还本之前,资本市场对特定数量产品适当控价来帮助减小项目资金风险早已屡见不鲜了。

④混合的风险解决方案。混合的风险解决方案与传统政策相比,可带来更深入细致的防护。相比传统政策而言,混合的风险解决方案更能解决一些特殊方面的风险,扩大了方案的适用范围。

16.6 质量保证

评估项目能否满足要求的一个重要方面就是项目的质量。几十年来,质量保证一直是非常受重视的问题。一个建造方案体现出的质量意识是确保该方案的能中标的关键因素。如果一个项目的目标越繁冗,那么质量方面的结果就越需要进行计划、设计、实现和监测。质量保证一词的含义包括质量政策、质量管理、质量控制功能,它们联合起来确保最终结果能够满足要求。质量保证的目标是通过采用有效成本的质量控制系统和外界的监测与审查来确保质量。质量计划是一个项目完整实施方案的一部分,“质量计划”一次最多出现在相关质量活动的规划中。在项目的每一层面,资源与技术计划都反映了质量计划活动的结果。质量控制就是确保完成的任务符合质量要求,它体现在每一项任务的发展生命周期中。质量控制的实现是通过质量复查、项目复查及产品测试对每项任务进行检验并根据标准得到质量等级。质量保证需要在采纳某种等级的质量控制上达成一致。质量保证与质量控制与项目及整个组织策略息息相关,不过在决定采用什么机制时,考虑到项目三方代表的利益很重要。

任务的定义包括目的、形式及任务的其他组成部分。一个明确的任务还应同时列出或涉及适用这项任务的质量标准。为了更好地跟踪项目所要求完成的任务,项目计划应明确任务的定义。每个任务定义可适用于一个特定项目或已知类型的任务。一个复杂任务的定义中可以对形成这项任务的层次体系分开进行描述。

质量标准可以将一个任务的特征量化,进而能够实现随时测量该项任务的质量情况。一个成熟的标准十分地重要,通过标准能够准确地定位产品、已完成任务的质量等级。通过测试目标满足率便可确定该产品或任务的质量标准。质量标准一般要客观、定量地表述,不能主观或没有意义的笼统地表述,如“快速回应”或“可以维持”。

项目日程安排中应该包含质量计划(所有与质量相关的活动)。忽视质量要求的结果往往导致不能按期完成质量方面的工作,从而严重影响项目所需达到的质量水平或整体预算或者对两者都造成影响。

质量控制与质量要求有关,它包括检验方法、过程中检验与最终检验,通过上述三个指标来判断产品是否满足质量要求。质量控制包含一定的质量标准,应用在控制变动、质量复查、项目审核及产品测试中。

应在关键的决策日期及重要发货期(如转动设备与重要设备装船时)前,安排进行复查,例如,在装船前对工厂里的汽轮机进行检修,而不应在运输到达现场后再进行检修。一旦到达现场后,甲方要求对设备进行修改,那么还必须把设备运回,这将导致影响严重的延期。

许多顶级的工程咨询公司实行完整的职业健康安全(QHSE)管理系统,并将其用到整个项目过程中。让所有员工明白 QHSE 的四部分(质量、健康、安全、环保)对确保取得最终的成功非常重要,并且 QHSE 影响着每个人及预算、日程安排和影响项目决策的风险问题,因而这些公司这样做是很恰当的。当然天然气处理工程管理中也应该采用这种早就成熟了的办法。另外,管理层与技术层之间相互督查也很重要,管理层不仅要检测工程质量,也应检测工程进度。

16.7　试行与开工

新设备或组件的调试与动工对任何操作工程来说都是非常重要的阶段。设备调试的周期有时候会很长,往往造成项目的延期。为了避免因调试周期较长导致的项目延期,项目组会启动一个专门的计划来协调项目调试。项目开工运行之前,公司需要对工厂的工作人员进行设备和程序方面的培训。目前,使用模拟设备对员工进行培训十分流行,这种培训方法更接近真实的生产设备。这样培训出的具有大量熟练操作经验的员工大大地节省了开工的时间,无形中也就抵消了模拟设备的投资。目前比较流行的一种说法是,让工厂的员工更早地参加到项目的设计与工程过程中效果明显,这样做能够更容易地得到操作控制逻辑方法。

设备生产厂家及操作者应对设备进行全面检查,找出当前设备存在的缺陷,并由建造人进行审查,并每天登记记录。在安全开工之前,必须彻底地清洗设备。具体的操作步骤为:通入处理气或惰性气,如 N_2 除去易爆的 O_2,所有的高处出风口都应打开并使用便携式氧气分析仪器检测仪,直到检测不到 O_2 时,才可关上这些出风口,通过打开罐底部的排液口排除多余的水与其他液体,直到清洗气由排液口排出。

建造单位、施工单位及工艺设计单位需要紧密协作确保工厂开工运行。如果设备还有一定缺陷,则必须事先通知使用单位,并派人快速解决这些问题。一般情况下,甲方会提出扣押施工项目的部分质保金一段时间(如 6 个月或 1 年),以激励承包方能够更积极地处理项目中出现的问题。

16.8　运行与评估

天然气加工厂运行项目的最后阶段是进行调试并评价系统的性能,其中包括设备在一定时间内装置的运行能力。承包方和甲方都会选择在投产之前测试其设备性能,这时完成项目的必然要求。在这个过程中,需要算出每一程序及每个设备的能力,并把它作为工厂运行中的额定工作能力。值得提醒的是,装置的设计能力与额定工作能力是两回事。许多情况下,实际的设备尺寸要胜过额定工作能力对应的设备尺寸,这样做的目的是满足紧急事件处理的要求。

将装置的性能与缺陷做了详细测评后存档,这些资料对以后工厂需要扩建,了解有关工厂中装置运行能力的信息非常有价值。另外这些资料中提到的装置的缺陷还可以作为以后改建升级的参照。

16.9　项目结束

除了前面提到的评价活动,还应对项目的另外一些状况进行复查,复查内容如下:

①哪些设备工作正常;
②哪些设备工作不正常;
③项目实际成本是多少;
④项目实际的工程进度;
⑤哪些地方还需要修改完善;
⑥会发生哪些风险及哪些风险需要注意(项目风险等级表中已记录);
⑦应用的风险缓解策略是否达到其目标;
⑧构建项目及运作项目的经济性怎样;
⑨根据复查结果,项目经理应写一份项目总结报告,内容包括项目结束后的复查结果及对以后类似项目的建议。

16.10 结论

一个合理的计划对项目成功至关重要。详细、系统化、协作是计划的三大要素,也是保证项目成功的基础。然而时移世易,计划赶不上变化,有时候项目管理工作者需要不断调整计划以适应变化的需求。对于项目经理而言制订以下三个方面的计划是十分重要的:①在预算范围内准时完成应交付项目,并且项目质量达到甲方与股东的要求;②项目小组成员需要对项目完成的目标有清醒的认识;③项目组成员应该了解项目的关键条例,并能够参与项目交付工作。项目经理需要时刻督促手下的员工,增加他们的紧迫感,将他们的注意力转移到项目最终目标、交付时间上来,从而保证项目按时、高效地完成。这时候,项目管理人员要经常检查项目的进展状况、召开会议、提醒员工确保项目的成功。项目管理人员首先需要在自己脑海里形成整个工程的蓝图,然后把工程蓝图与手下的员工进行细节交流,从而在大家脑海中形成一幅清晰的结构流程图,进而使大家往同一方向努力。

项目需要甲方明确同意并签字。附带有甲方与重要股东正式签名的意见或建议,在项目交付评价时应作为参考。在工厂装置或设备项目建造过程中应该邀请工程监理对工程进行检查。

风险管理是项目管理的一个重要责任,所有重大风险都应备有应急方案。

工厂装置或设备进入服务阶段后,天然气处理项目就算完成了,项目完成后需要一起提交可操作性评估报告。

参考文献

Greer, M. ,"The Project Manager' s Parter: A Step - By - Step Guide to Project Management,"2nd Ed. Human Resource Development (HRD) Press, MA(2002).

Hauge, L. H. , and Cramer, E. ,"Project Risk Management in Deepwater Field Developments. "Paper presented at the Deep Offshore Technology (DOT) Conference, New Orleans, LA (2002).

HRDC,"Introduction to Project Management Principles. "Learning Module, Office of Learning Technologies, Human Resources Development Canada (HRDC) , Canada (2003).

McIntire, P. , Cost estimating challenges face frontier projects. Oil Gas J. 99, 33(2001).

Wood, D. A. , Probabilistic methods with simulation help predict timing, costs of projects. Oil Gas J. 99(46), 79 - 83, (2001).

Wood, D. A. , and Randall, S. ,"Implementing ERM. "Oil Gas J. Part 1:8 - 23, 103, 11(March 21) and Part 2:20 - 26, 103, 12(March 28)(2005).

推荐文献

Cleland, D., and Kerzner, H., "A Project Management Dictionary of Terms." Van Nostrand, New York (1985).

Clough, R. H., Sears, G. A, and Sears, S. K., "Construction Project Management," 4th Ed. Wiley, New York (2000).

http://www.asapm.org/l_compmodel.asp

http://www.coso.org

http://www.michaelgreer.com

http://www.pmforum.org/library/glossary/index.htm

http://www.pmi.org/prod/groups/public/documents/info/pp_pmbok2k_conf.asp

Pinto, J., and Taylor, J., "Essentials of Project Control." Project Management Institute, PA (Sept., 1999).

Wysochi, R., and McGray, R., "Effective Project Management: Traditional, Adaptive, Extreme." 3rd Ed. Wiley, Indianapolis, IN (2003).

附录Ⅰ　含水烃类体系的三相闪蒸计算

在模拟化学物质与石油程序中，遇到的最重要的工程问题之一是多相分离闪蒸问题。现有的闪蒸计算法可简单准确地计算油、气、水三相共存的多组分系统中平衡时的相平衡（Mokhatab，2003）。

这种三相闪蒸算法是基于每一相中每一组分相同速度的热动力状况。得出的相组分值应用状态方程可更好地改进分布系数。状态方程可用来成功地描述油藏原油凝析气的特性，然而水/原油的相特性不能由状态方程成功预测。研究表明，与蒸汽－液体－液体区中三相闪蒸计算的实验数据相比，使用现有的 Shinta 与 Firoozabadi（1995）联合模型的算法，得到的结果更可靠、更好。

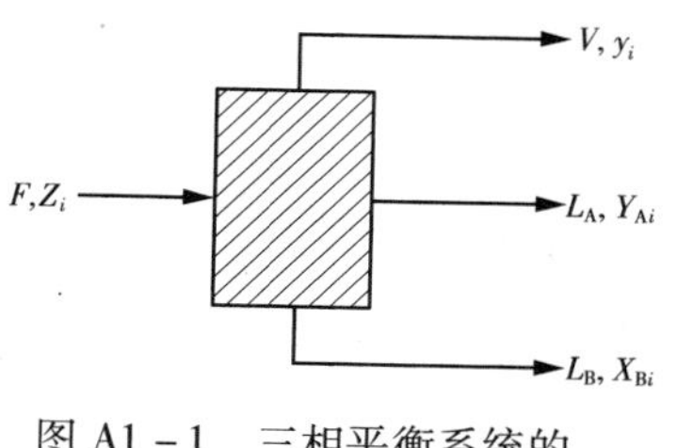

图 A1－1　三相平衡系统的总体模型

图 A1－1 为一个三相平衡系统的总体模型。设想各相相互处于热动力平衡状态，在所有的三相中任一组分都可出现。

根据闪蒸器中的总体积组分物质守恒得出：

$$F = L_A + L_B + V \tag{A1－1}$$

$$FZ_i = L_A X_{Ai} + L_B X_{Bi} + V_{yi} F \tag{A1－2}$$

式中，F 是进料的总物质的量，mol；L_A 为富烃液的总物质的量，mol；L_B 为富水液体的总物质的量，mol；V 为蒸汽的总物质的量，mol；Z_i 为进料中 i 组分的物质的量，mol；X_{Ai} 为富烃液相中 i 组分的物质的量，mol；X_{Bi} 为富水液相中 i 组分的物质的量，mol。

每一相中各组分的关系式必须满足

$$\sum_{i=1}^{n} X_{Ai} = \sum_{i=1}^{n} X_{Bi} = \sum_{i=1}^{n} Y_i = 1 \tag{A1－3}$$

式中，i 代表每一组分；n 为组分的序号。每相组分平衡式为可写成以下表达式（Peng 与 Robinson，1975）：

$$K_{Ai} = \frac{y_i}{X_{Ai}} = \frac{\phi_i^A}{\phi_i^V} \tag{A1－4}$$

$$K_{Bi} = \frac{y_i}{X_{Bi}} = \frac{\phi_i^B}{\phi_i^V} \tag{A1－5}$$

式中，K_{Ai} 为富烃液相中组分 i 的平均比；K_{Bi} 为富水液相中组分 i 的平均比；ϕ_i^A 为富烃液相中组分 i 的逸度系数；ϕ_i^B 为富水液相中组分 i 的逸度系数。

联合式（A1－1）与式（A1－5）可得出：

$$\sum_{i=1}^{n} x_{Ai} = \sum_{i=1}^{n}\left[\frac{Z_i(1-K_{Ai})}{\frac{L_A}{F}(1-K_{Ai})+\frac{L_B}{F}\left(\frac{K_{Ai}}{K_{Bi}}-K_{Ai}\right)-K_{Ai}}\right] \tag{A1-6}$$

$$\sum_{i=1}^{n} x_{Bi} = \sum_{i=1}^{n}\left[\frac{Z_i K_{Ai}}{\frac{L_A}{F}(1-K_{Ai})+\frac{L_B}{F}\left(\frac{K_{Ai}}{K_{Bi}}-K_{Ai}\right)-K_{Ai}}\right] \tag{A1-7}$$

$$\sum_{i=1}^{n} y_i = \sum_{i=1}^{n}\left[\frac{Z_i}{\frac{L_A}{F}(1-K_{Ai})+\frac{L_B}{F}\left(\frac{K_{Ai}}{K_{Bi}}-K_{Ai}\right)-K_{Aj}}\right] \tag{A1-8}$$

这些方程式结合起来可确定三相系统的相性质与体积特性。

Peng 与 Robinson(1980)提出下面的三相闪蒸计算式:

$$\sum_{i=1}^{n} x_{Ai} - \sum_{i=1}^{n} y_i = 0, [\sum_{i=1}^{n} x_{Bi}] - 1 = 0 \tag{A1-9}$$

假如已知平衡比和总组分,可同时使用修正的 Rachford 与 Rice(1952)迭代法解出上面的方程式,它需要给出平衡初始值,从而可以尽快且尽可能可靠地应用迭代法。Rachford 与 Rice(1980)采用 Wilson(1969)的平衡比校正方法,给出起始的 K_A 值如下:

$$K_{Ai} = \frac{P_{ci}}{P}\exp\left[5.3727(1+\omega_i)\left(1-\frac{T_{ci}}{T}\right)\right] \tag{A1-10}$$

式中,P 为系统压力,psia;T 为系统温度,℉;P_{ic} 为 i 组分的临界压力,psia;T_{ci} 为 i 组分的临界温度,℉;ω_i 为 i 组分的离散系数。

为确定起始 K_B 值,Peng 与 Robinson(1980)提出下列表达方式:

$$K_{Bi} = 10^6\left(\frac{P_{ci}T}{PT_{ci}}\right) \tag{A1-11}$$

图 A1-2 为三相闪蒸算法的逻辑框架。这种方法中,可应用 Peng 与 Robinsin(1976)状态方程得出非极性混合物的逸度系数,请注意,在状态方程联合中,组分(如水)的压缩系数分为以下物理、化学两部分(Prausnitz 等,1986):

$$Z = Z^{ph} + Z^{ch} - 1 \tag{A1-12}$$

物理压缩系数 Z^{ph} 可由修正的 Peng 与 Robinsin(1980)状态方程得出。可用 Shinta 与 Firoozabadi 联合模型估算(A1-12)等式中的 Z^{ch}。同样,每一相中组合成分的逸度系数为化学、物理两部分引起的总和,见下式(Anderko,1991):

$$\ln(\phi_i Z) = \ln(\phi_i^{ph} Z^{ph}) + \ln(\phi_i^{ch} Z^{ch}) \tag{A1-13}$$

其中化学逸度系数可由 Shinta 与 Firoozabadi(1995)联合模型获得。在应用状态方程联合式时,应注意,只需要水、烃的相互作用系数,非烃成分及烃含量。这是因为算法通常对它们非常敏感,因此,在这种方法中,应用了 Nishiumi 与 Arai(1988),Peng 与 Robinsin(1980),Shinta

与 Firoozabadi(1995)建议的相互作用系数。

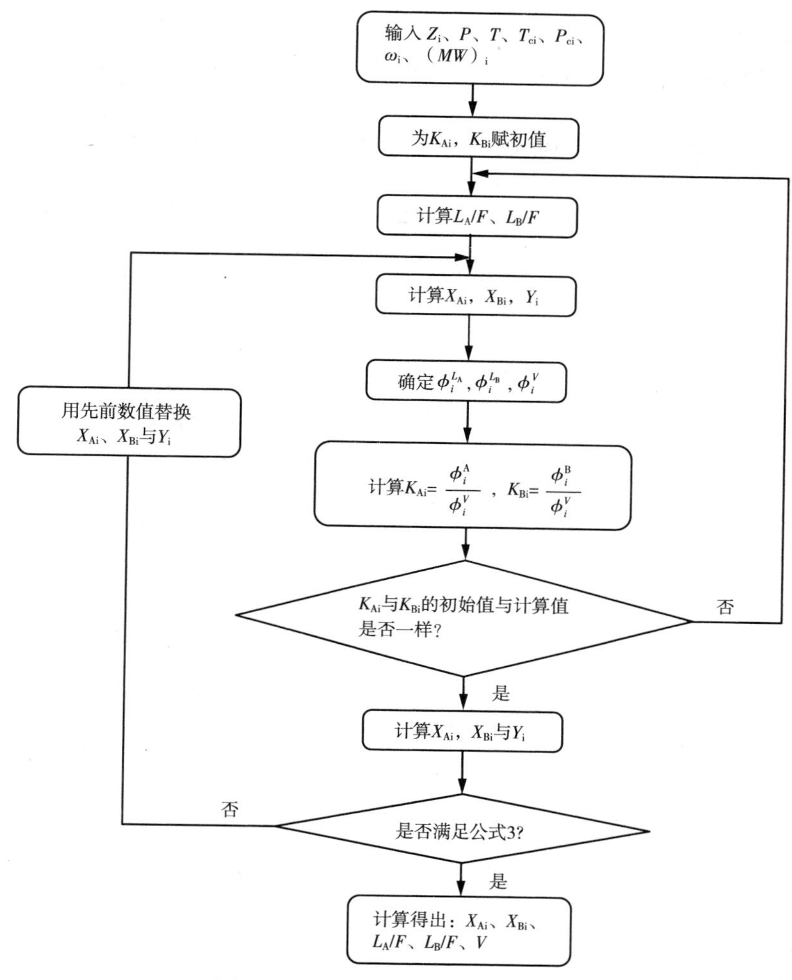

图 A1 - 2　三相闪蒸计算的逻辑表

参 考 文 献

Anderko, A. , Phase equilibria in aqueous systems from an equation of state based on the chemical approach. Fluid Phase Equilib. 65, 89 - 110(1991).

Mokhatab, S. , Three - phase flash calculation for hydrocarbon systems containing water. J. Theor. Found. Chem. Eng. 37(3), 291 - 294(2003)

Nishiumi, H. , and Arai, T. , Generalization of the binary interaction parameter of the peng - Robinson Eos by component family. Fluid Phase Equilib. 42, 43 - 62(1988)

Peng, D. Y. , and Robinson, D. B. , Two and three - phase equilibrium calculations for systems containing water. Can. J. Chem. Eng. 54, 595 - 599(1976)

Peng, D. Y. , and Robinson, D. B. , "Two and Three - Phase Equilibrium Calculations for Coal Gasificaiton and Related Process. " ACS Symposium Series, Thermodynamics of Aqueous Systems with Industrial Applications, 133, 193

(1980)

Prausnitz, J. M. , Lichtenthaler, R. N. , and Azevedo, E. G. , "Molecular Thermodynamics of Fluid – Phase Equilibria," 2nd Ed. Prentice – Hall, Englewood Cliffs, NJ(1986)

Rachford, H. H. , and Rice, J. D. , Procedure for use of electronic digital computers in calculating flash vaporizationg hydrocarbon equilibrium. Trans. AIME 195, 327(1952)

Shinta, A. A. , and Firoozabadi, A. , Equation of state representation of aqueous mixtures using an association model. Can. J. Chem. Eng. 73, 367 – 379(1995)

Wilson, G. , "A Modified Redich – Kwong Equation of State, Application to General Physical Data Calculation. "Paper No. 15C Presented at AIChE 65th National Meeting, Cleveland, OH(4 – 7 May, 1969)

附录Ⅱ　换算系数

长度

$1m = 39.37in = 10^6 \mu m$

$= 10^{10} \mathring{A}$

$1in = 2.54cm$

$1ft = 30.48cm = 0.3048m$

$1mile = 5280ft = 1760yds$

$= 1609.344m$

质量

$1lb_m = 453.6g = 0.4536kg = 7000grain$

$1kg = 1000g = 2.2046lb_m$

$1slug = 1lbf \cdot s^2/ft = 32.174lb_m$

$1US\ ton = 2000lb_m$

$1long\ ton = 2240lb_m$（英制）

$1ton = 1000kg$（公制）

力

$1lbf = 4.448N = 4.448 \times 10^5 dyn$

$= 32.174poundals$

$= 32.174lb_m \cdot ft/s^2$

$= 1lbw$

能量

$1J = 1W \cdot s = 1kg \cdot m^2/s = 1N \cdot m^3$

$= 10^7 dyn \cdot cm = 10^7 erg$

$1Btu = 778ft \cdot lbf = 252cal$

$= 1055J = 10.41lit \cdot atm$

$1hp \cdot h = 2545Btu$

$1kW \cdot h = 3412Btu$

$= 1.341hp \cdot h$

功率

$1hp = 550ft \cdot lbf/s$

$= 33000ft \cdot lbf/min$

$= 746W = 0.746kW$

气体常数

$R = 1.9859Btu/(lb \cdot mol \cdot {}^\circ R)$

$= 1.9859cal/(gr \cdot mol \cdot {}^\circ K)$

$= 0.73024atm \cdot ft^3/(lb \cdot mol \cdot {}^\circ R)$

$= 1545.3ft \cdot lbf/(lb \cdot mol \cdot {}^\circ R)$

$= 10.732psia \cdot ft^3/(lb \cdot mol \cdot {}^\circ R)$

$= 0.082057lit \cdot atm/(gr \cdot mol \cdot {}^\circ K)$

$= 82.057atm \cdot cm^3/(gr \cdot mol \cdot {}^\circ K)$

$= 8314.5Pa \cdot m^3/(kg \cdot mol \cdot {}^\circ K)$

或 $J/(kg \cdot mol \cdot {}^\circ K)$

$= 8.3145kJ/(kg \cdot mol \cdot {}^\circ K)$

压力

$1atm = 14.696psia$

$= 2116lbf/ft^2$

$= 29.92inHg$

$= 760mm$

$Hg = 760Torr.$

$= 1.013bar$

$= 33.9ft\ H_2O$

$= 1.013 \times 10^5 Pa$

$= 101.3kPa$

$1Pa = 1N/m^2 = 10^{-5} bar$

体积

$1ft^3 = 7.4805U.S.\ gal$

$= 6.23\ Imperial\ gal$

$= 28.317\ lit$

$1m^3 = 1000lit$

$= 264.2U.S.\ gal$

$= 35.31ft^3$

$1bbl = 42U.S.\ gal(oil)$

$= 5.615\ ft^3$

$1lit = 1000cc$

密度

$\rho_{水} = 62.43 lb_m/ft^3$

$= 1000 kg/m^3$

$= 1 g/cm^3$

$= 8.346 lb_m/US\ gal$

$\rho_{水银} = 13.6 g/cm^3$

温度

$°F = 1.8(°C) + 32$

$°R = °F + 459.67$

$= 1.8(°K)$

动力黏度

$1cP = 0.01 Poise = 0.01 g/(cm \cdot s)$

$= 0.01 (dyn \cdot s)/cm^2$

$= 0.001 kg/(m \cdot s)$

$= 0.001 Pa \cdot s$

$= 0.001 N \cdot s/m^2$

$= 2.42 lb_m/(ft \cdot h)$

$= 0.0752 slug/(ft \cdot h)$

$= 6.72 \times 10^{-4} lb_m/(ft \cdot s)$

$= 2.09 \times 10^{-5} lbf \cdot s/ft^2$

$1 Pa \cdot s = 0.0209\ lbf \cdot s/ft^2$

$= 0.672\ lb_m/(ft \cdot s)$

运动黏度

$1 St = 1 cm^2/s = 0.0001 m^2/s$

$1 ft^2/s = 929\ St = 0.0929 m^2/s$

力—质量转换系数

$g_c = 1\ kg \cdot m/(s^2 \cdot N)$

$= 1 g \cdot cm/(s^2 \cdot dyn)$

$= 32.174 lbm \cdot ft/(s^2 \cdot lbf)$

$= 1 slug \cdot ft/(s^2 \cdot lbf)$

重力加速度

$g = 32.2 ft/s^2$

$= 9.81 m/s^2 = 981 cm/s^2$

(随高度和经度变化而略有不同)

附录Ⅲ 流体物性

表1 碳水化合物和天然气的性质

(GPSA,1987)

组分	分子式	相对分子质量	沸点(1 atm)	蒸汽压力 100°F (psia)	临界		流体相对密度(60/60°F)	体积比(ft^3/lb)
					压力(psia)	温度(°F)		
甲烷	CH_4	16.043	-258.73	(5000)[a]	666.4	-116.67	0.3[a]	59.135[a]
乙烷	C_2H_6	30.070	-127.49	(800)[a]	706.5	89.92	0.35619[c]	37.476[c]
丙烷	C_3H_8	44.097	-43.75	188.64	616.0	206.06	0.50699[c]	36.375[c]
异丁烷	C_4H_{10}	58.123	10.78	72.581	527.9	274.46	0.56287[c]	30.639[c]
正丁烷	C_4H_{10}	58.123	31.08	51.706	550.6	305.62	0.58401[c]	31.790[c]
异戊烷	C_5H_{12}	72.150	82.12	20.445	490.4	369.10	0.62470	27.393
正戊烷	C_5H_{12}	72.150	96.92	15.574	488.6	385.8	0.63112	27.674
正己烷	C_6H_{14}	86.177	155.72	4.960	436.9	453.6	0.66383	24.371
正庚烷	C_7H_{16}	100.204	209.16	1.620	396.8	512.7	0.68820	21.729
辛烷	C_8H_{18}	114.231	258.21	0.537	360.7	564.2	0.70696	19.580
癸烷	$C_{10}H_{22}$	142.285	345.48	0.061	305.2	652.0	0.73421	16.326
氮气	N_2	28.013	-320.45	—	493.1	-232.51	0.80940[d]	91.413[c]
氧气	O_2	31.999	-297.33	—	731.4	-181.43	1.1421[d]	112.93[c]
二氧化碳	CO_2	44.010	-109.26[b]	—	1071	87.91	0.81802[c]	58.807[c]
硫化氢	H_2S	34.08	-76.50	394.59	1300	212.45	0.80144[c]	74.401[c]
水	H_2O	18.0115	212.00	0.950	3198	705.16	1.00000[d]	175.62[c]
空气	混合	28.9625	-317.8	—	546.9	-221.31	0.87476[d]	95.557[c]

(GPSA,1987)　　续表

组分	偏心因子 ω	可燃度极限（占空气混合物体积百分数）		发热量 60°F 下 1 atm(Btu/scf)		凝固点 1 atm(°F)	蒸发释放的热量 1 atm 下(Btu/lb)
		下部	上部	净值	总值		
甲烷	0.0104	5.0	15.0	909.4	1010.0	-296.44^f	219.45
乙烷	0.0979	2.9	13.0	1618.7	1769.6	-297.04^f	211.14
丙烷	0.1522	2.0	9.5	2314.9	2516.1	-305.73^f	183.01
异丁烷	0.1852	1.8	8.5	3000.4	3251.9	-255.82	157.23
正丁烷	0.1995	1.5	9.0	3010.8	3262.3	-217.05	165.93
异戊烷	0.2280	1.3	8.0	3699.0	4000.9	-255.82	147.12
正戊烷	0.2514	1.4	8.3	3706.9	4008.9	-217.05	153.57
正己烷	0.2994	1.1	7.7	4403.8	4755.9	-139.58	143.94
正庚烷	0.3494	1.0	7.0	5100.8	5502.5	-131.05	136.00
辛烷	0.3977	0.8	6.5	5796.1	6248.9	-70.18	129.52
癸烷	0.4898	0.7	5.4	7189.6	7742.9	-21.36	119.65
氮气	0.0372	—	—	—	—	-346.00^f	85.59
氧气	0.0216	—	—	—	—	-361.82^f	91.59
二氧化碳	0.2667	—	—	—	—	-69.83	246.47
硫化氢	0.0948	4.3	45.5	586.8	637.1	-121.88^f	235.63
水	0.3442	—	—	—	—	32.00	970.18
空气	—	—	—	—	—	—	88.20

a:临界点以上,外推或估计

b:升华点

c:在饱和压力下,60℉

d:在标准沸点下

e:气体在60°F下,流体在标准沸点下

f:在三相点压力下

表2　制冷剂物理数据

(Ludwig,1983)

制冷剂	沸点 1 atm(°F)	临界温度 (°F)	临界压力 (psia)	凝固点 (°F)
二氟二氯甲烷,CCl_2F_2	-21.6	233.6	596.9	-252.0
一氟三氯甲烷,CCl_3F	74.7	388.4	635.0	-168.0
一溴一氯二氟甲烷,$CHCl_2F$	48.0	353.3	750.0	-221.0
二氟一氯甲烷,$CHClF_2$	-41.4	204.8	716.0	-256.0
三氟三氯乙烷,$CClF_2CCl_2F$	117.6	417.4	495.0	-31.0
二氟四氯乙烷,$CClF_2CClF_2$	38.4	294.3	474.0	-137.0
二氧化碳,CO_2	-108.4	37.8	1071	-69.9
氨气,NH_3	-28.0	271.2	1651	-108
一氯甲烷,CH_3Cl	-10.76	289.6	969	-144
二氧化硫,SO_2	14.0	314.8	1142	-99
二氯甲烷,CH_2Cl_2	103.7	421	640	-143

表 3 气体比热的近似比值(*K* 值)

气体名称	化学符号	相对分子质量	*K* 值 14.7psia 下		密度 14.7psi 60°F 下 (lbs/cu · ft)
			60°F	150°F	
单原子气体	He, Kr, Ne, Hg	—	1.67	—	—
多原子气体	O_2, N_2, H_2 等	—	1.4	—	—
乙炔	C_2H_2	26.03	1.3	1.22	0.0688
空气	—	28.97	1.406	1.40	0.0765
氨气	NH_3	17.03	1.317	1.29	0.451
氩	A	—	1.667	—	0.1056
苯	C_6H_6	78.0	1.08	1.09	0.2064
丁烷	C_4H_{10}	58.1	1.11	1.08	0.1535
异丁烷	C_4H_{10}	58.1	1.11	1.08	0.1578
丁烯	C_4H_8	56.1	1.1	1.09	0.1483
异丁烯	C_4H_8	56.1	1.1	1.09	0.1483
二氧化碳	CO_2	44.0	1.3	1.27	0.1164
一氧化碳	CO	28.0	1.4	1.4	0.0741
四氯甲烷	CCl_4	153.8	1.18	—	0.406
氯气	Cl_2	70.9	1.33	—	0.1875
二氟二氯甲烷	CCl_2F_2	120.9	1.13	—	—
二氯甲烷	CH_2Cl_2	84.9	1.13	—	0.2215
乙烷	C_2H_6	30.0	1.22	1.17	0.0794
乙烯	C_2H_4	28.1	1.25	1.21	0.0741
氯乙烯	C_2H_5Cl	64.5	1.13	—	0.1705
烟道气	—	—	1.4	—	—

续表

气体名称	化学符号	相对分子质量	K 值 14.7psia 下		密度 14.7psi 60°F 下 (lbs/cu·ft)
			60°F	150°F	
氦	He	4.0	1.667	—	0.01058
正乙烷	C_6H_{14}	88.1	1.08	1.05	0.2276
庚烷	C_7H_{16}	100.2	—	1.04	0.264
氢气	H_2	2.01	1.41	1.40	0.0053
氯化氢	HCl	36.5	1.48	—	0.09650
硫化氢	H_2S	34.1	1.30	1.31	0.0901
甲烷	CH_4	16.03	1.316	1.28	0.0423
一氯甲烷	CH_3Cl	50.5	1.20	—	0.1336
天然气(近似)	—	19.5	1.27	—	0.0514
一氧化氮	NO	30.0	1.40	—	0.0793
氮气	N_2	28.0	1.41	1.40	0.0743
一氧化二氮	N_2O	44.0	1.311	—	0.1163
氧气	O_2	32.0	1.4	1.39	0.0846
戊烷	C_5H_{12}	72.1	1.06	1.06	0.1905
丙烷	C_3H_8	44.1	1.15	1.11	0.1164
丙烯	C_3H_6	42.0	1.16	—	0.1112
二氧化硫	SO_2	64.1	1.256	—	0.1694
水蒸气	H_2O	18.0	1.33*	1.32	0.04761

* 212°F 下。

编辑自“空气和天然气压缩会谈，第四系列”，沃辛顿公司和往复式压缩机计算资料数据库珀贝西默公司(1956)。

表4 天然气处理化学物的物理性质

(GPSA,1998)

组分	单乙醇胺	二乙醇胺	三乙醇胺	二乙二醇胺	二异丙醇胺
分子式	$HOC_2H_4NH_2$	$(HOC_2H_4)_2NH$	$(HOC_2H_4)_3N$	$H(OC_2H_4)_2NH_2$	$(HOC_3H_6)_2NH$
相对分子质量	61.08	105.14	148.19	105.14	133.19
沸点760mmHg下(℃)	170.5	269	360(分解)	221	248.7
凝固点(℃)临界常量	10.5	28.0	22.4	-12.5	42
压力(kPa)(绝对值)	5985	3273	2448	3772	3770
温度(℃)	350	442.1	514.3	402.6	399.2
密度20℃下 g/cc	1.018	1.095	1.124	1.058 15.6℃	0.999 30℃
(kg/m^3)	1016 15.6℃	1089 15.6℃	23 15.6℃	57 15.6℃	
相对密度 20℃/20℃	1.0179	1.0919 (30°/20℃)	1.1258	1.0572	0.989 在 45℃/20℃
比热 15.6℃下 [kJ/(kg·℃)]	2.55 20℃	2.51	2.93	2.39	2.89 30℃
导热系数 20℃下[W/(m·℃)]	0.256	0.220	—	0.209	—
蒸发潜热(kJ/kg)	826	670	535	510	430
反应产热(kJ/kg) 酸气	760mmHg	73mmHg	760mmHg	760mmHg	760mmHg
H_2S			-930	-1568	—
CO_2			-1465	-1977	—
黏度(mPa·s)	24.1 20℃	350 20℃	1013 20℃	40 16℃	870 30℃
		(溶液质量百 分数90%)	(溶液质量 百分数95%)		198 45℃ 86 54℃
折射率 N_d 20℃	1.4539			1.4598	1.4542 45℃
闪点,COC(℃)	93	138	185	127	124

表 5 甘醇和甲醇的物理性质

(GPSA,1998)[a]

组分	乙二醇	二甘醇	三甘醇	四甘醇	甲醇
分子式	$C_2H_6O_2$	$C_4H_{10}O_3$	$C_6H_{14}O_4$	$C_6H_{18}O_5$	CH_3OH
相对分子质量	62.1	106.1	150.2	194.2	32.04
沸点 *b* 760mmHg,下(℃)	197.3	244.8	285.5	314	64.5
蒸汽压 77°F(25℃)下 (mm Hg)	0.12	<0.01	<0.01	<0.01	120
密度 77°F下 (25℃)(kg/m³)	1110	1113	1119	1120	790
凝固点 (℃)	-13	-8	-7	-5.5	-97.8
倾点 (℃)	—	-54	-58	-41	
黏度,(cp)					
77°F(25℃)	16.5	28.2	37.3	44.6	0.52
140°F(60℃)	4.68	6.99	8.77	10.2	
比热 77°F(25℃),[kJ/(kg·K)]	2.43	2.30	2.22	2.18	2.52
闪点 (℃) (PMCC)	116	124	177	204	12

a 此性质是纯净化物或典型产物的实验结果,不能混同或认为是标准的。

b 甘醇在大气沸点温度下分解。近似分解温度为乙二醇,165℃;三甘醇,207℃;二甘醇,164℃;四甘醇,238℃。

表6 三甘醇水溶液相对密度[①]

T(°F)	相对密度 T/60°F 下 $= A + Bx + Cx^2$, x 是三甘醇的百分含量		
	A	B	C
-50	1.0502	1.8268E-3	-5.2009E-6
0	1.0319	1.7466E-3	-4.8304E-6
50	1.0121	1.5247E-3	-2.8794E-6
100	0.9920	1.7518E-3	-5.4955E-6
150	0.9804	1.5410E-3	-4.3884E-6
200	0.9627	1.4068E-3	-3.5089E-6
250	0.9413	1.3205E-3	-2.7991E-6
300	0.9177	1.2511E-3	-2.0848E-6

注:①联合碳化物和塑料公司,“三甘醇”。

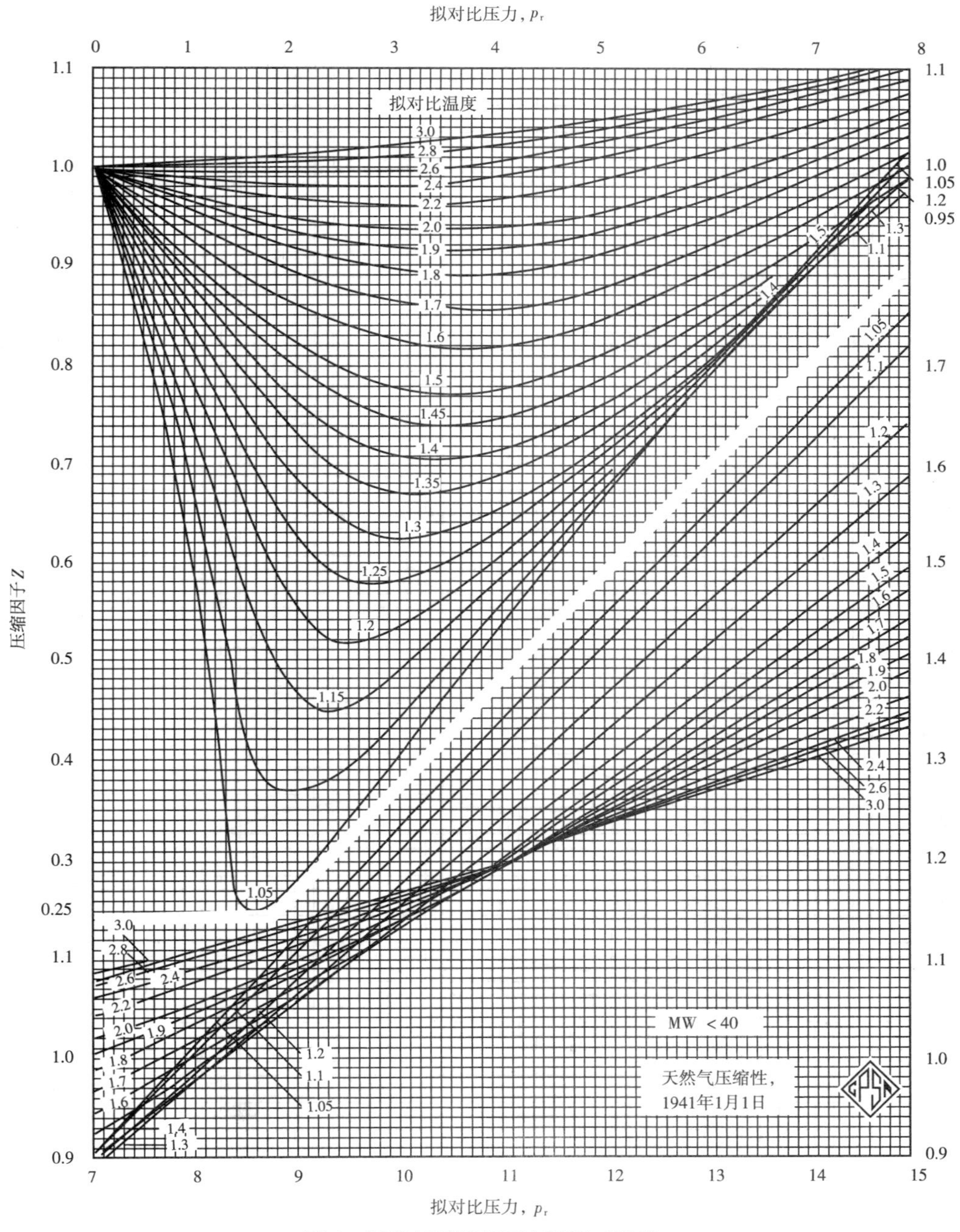

图 1 天然气压缩因子（GPSA，1998）

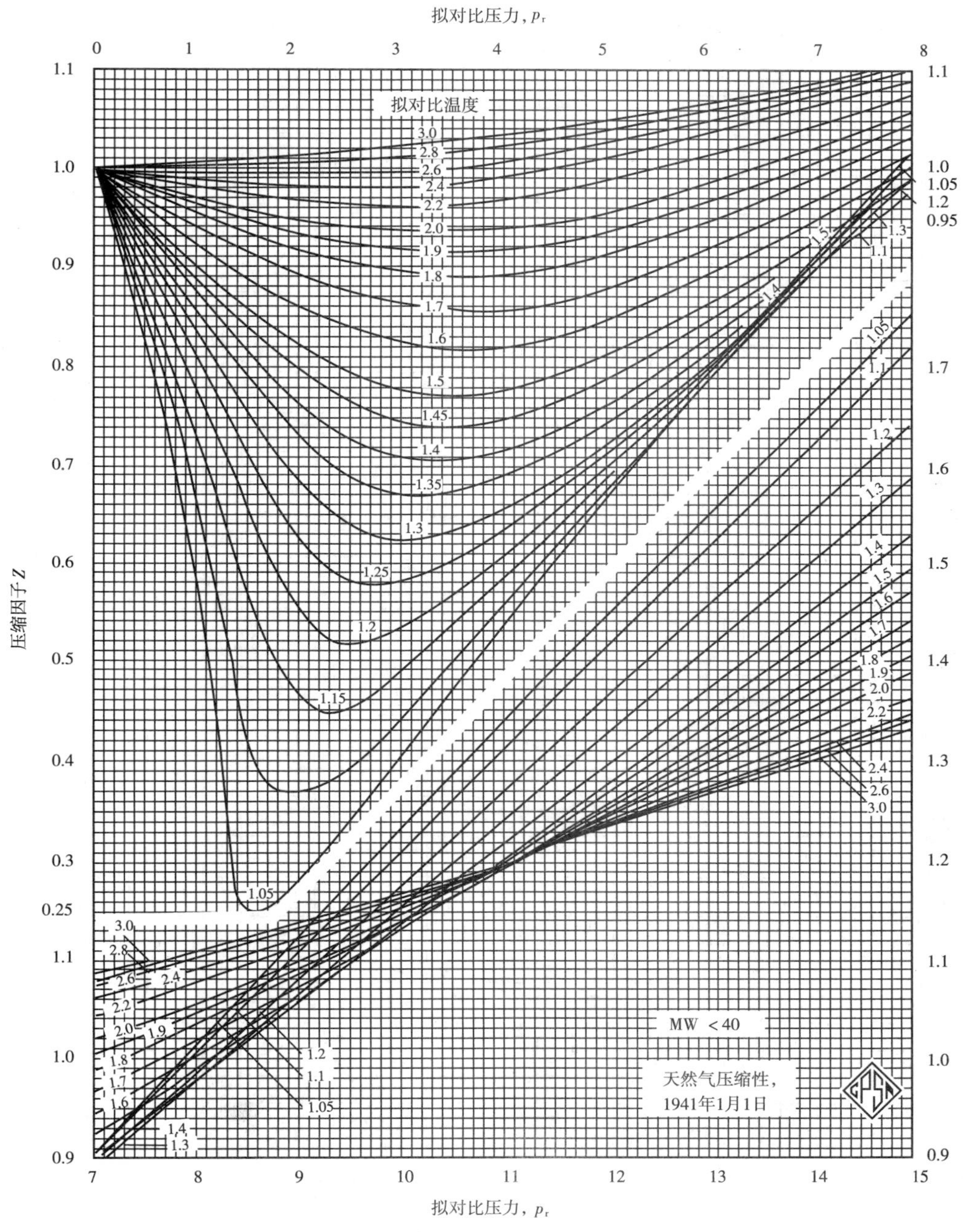

图1 天然气压缩因子（GPSA，1998）

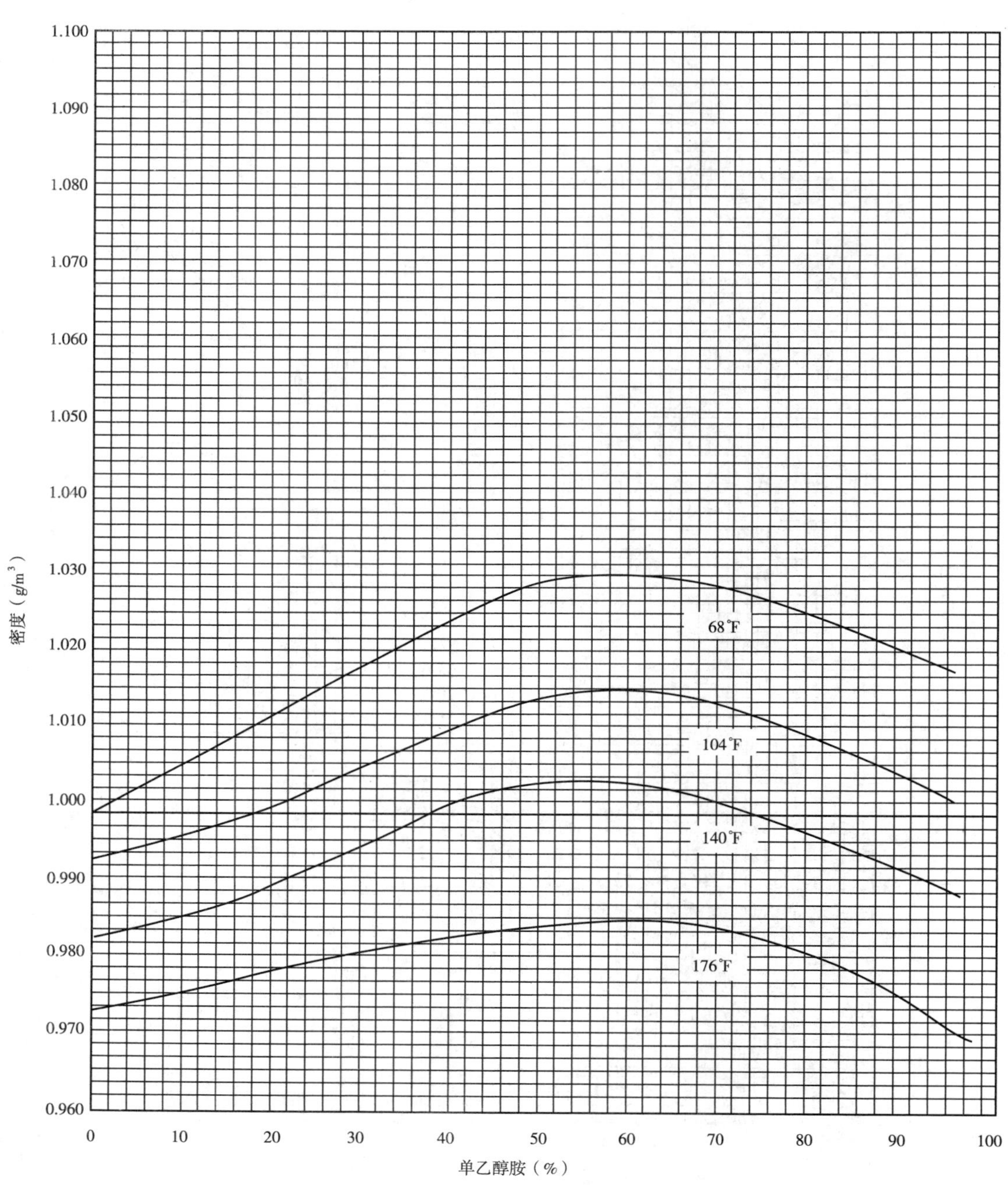

图2 单乙醇胺溶液密度

(天然气处理手册,据陶氏化学公司,1969)

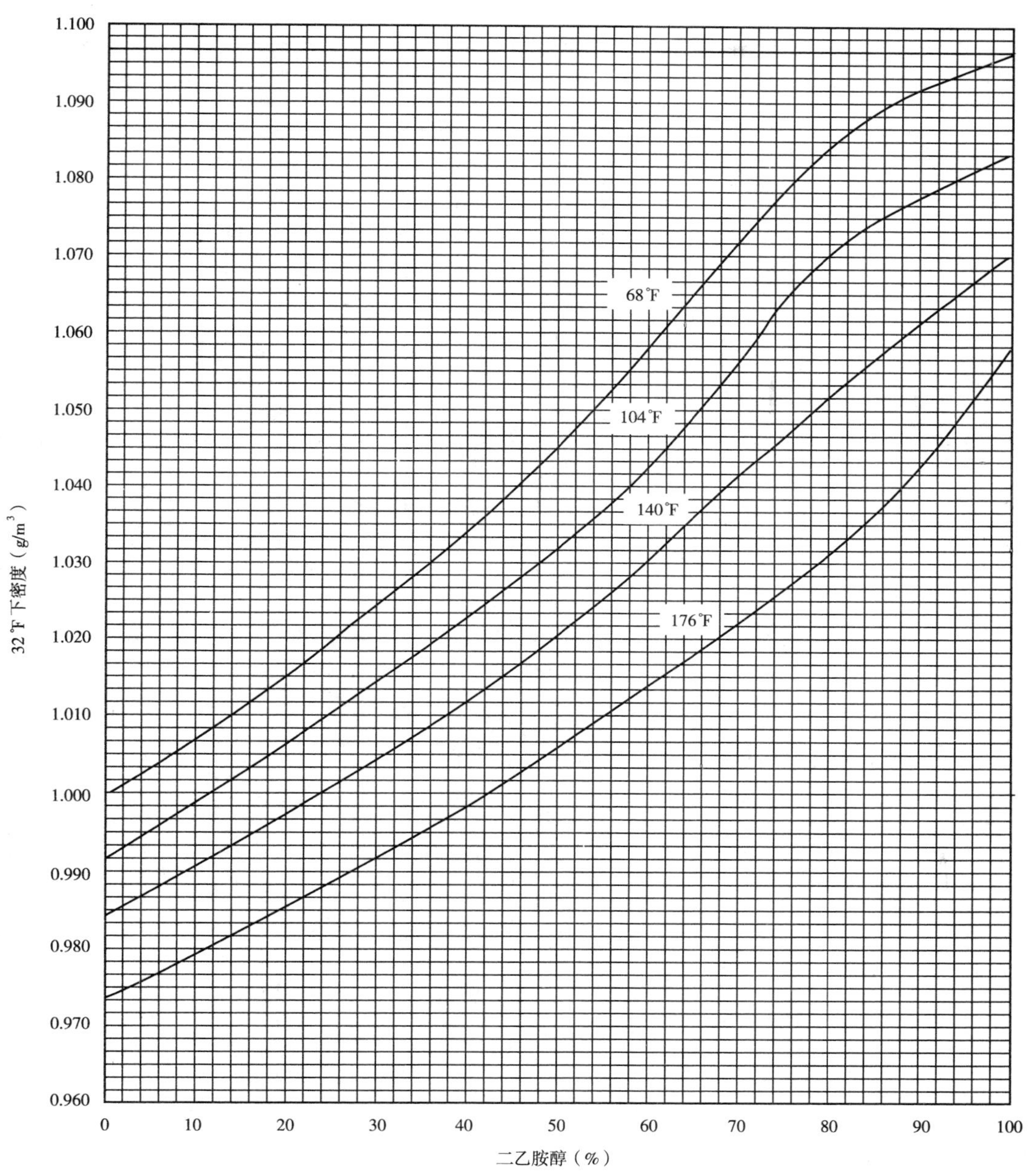

图3　二乙胺醇水溶液相对密度

（天然气处理手册，据陶氏化学公司，1969）

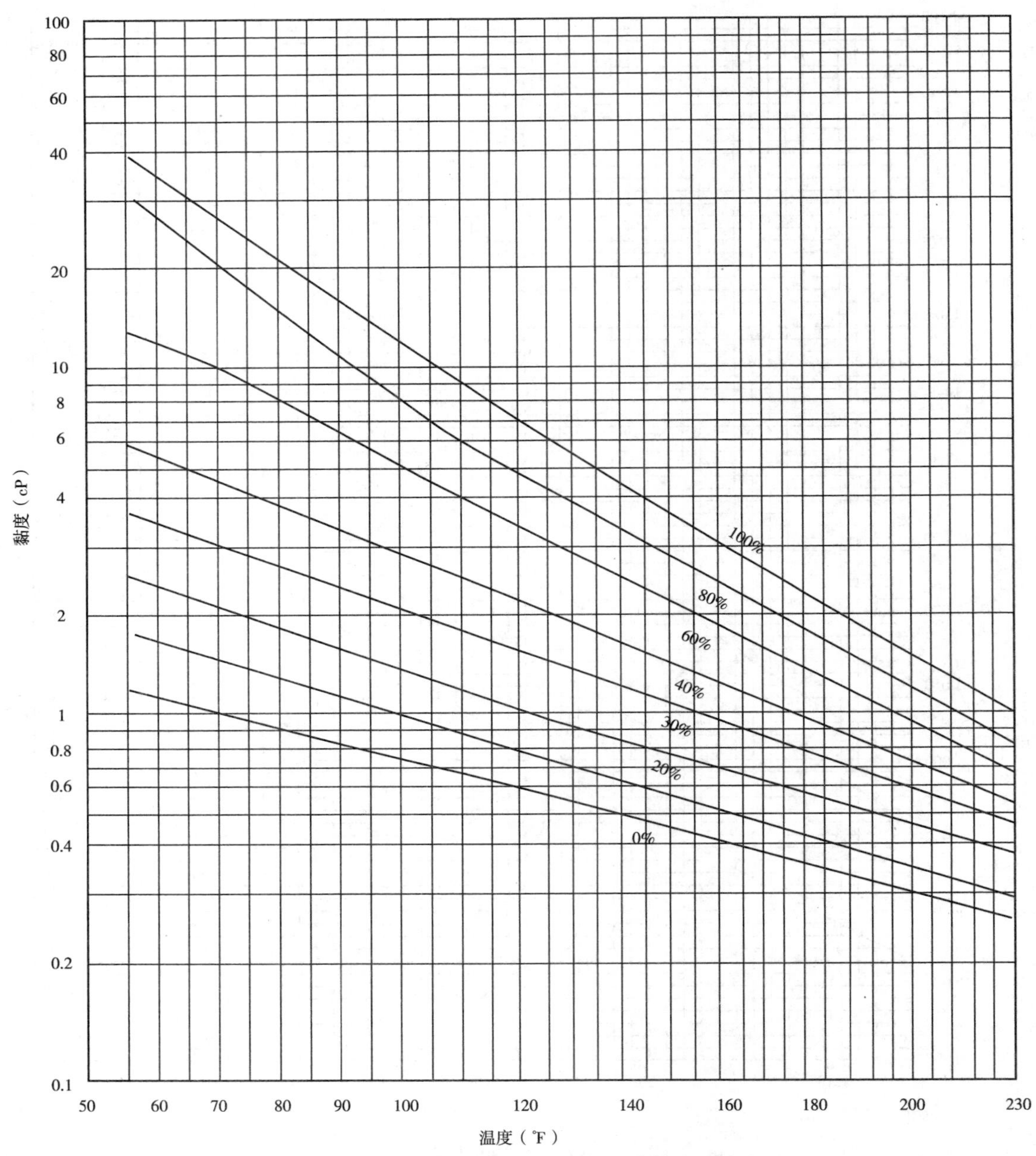

图4 单乙醇胺水溶液黏度与其含量百分数的函数关系
(天然气处理手册,陶氏化学公司,1969)

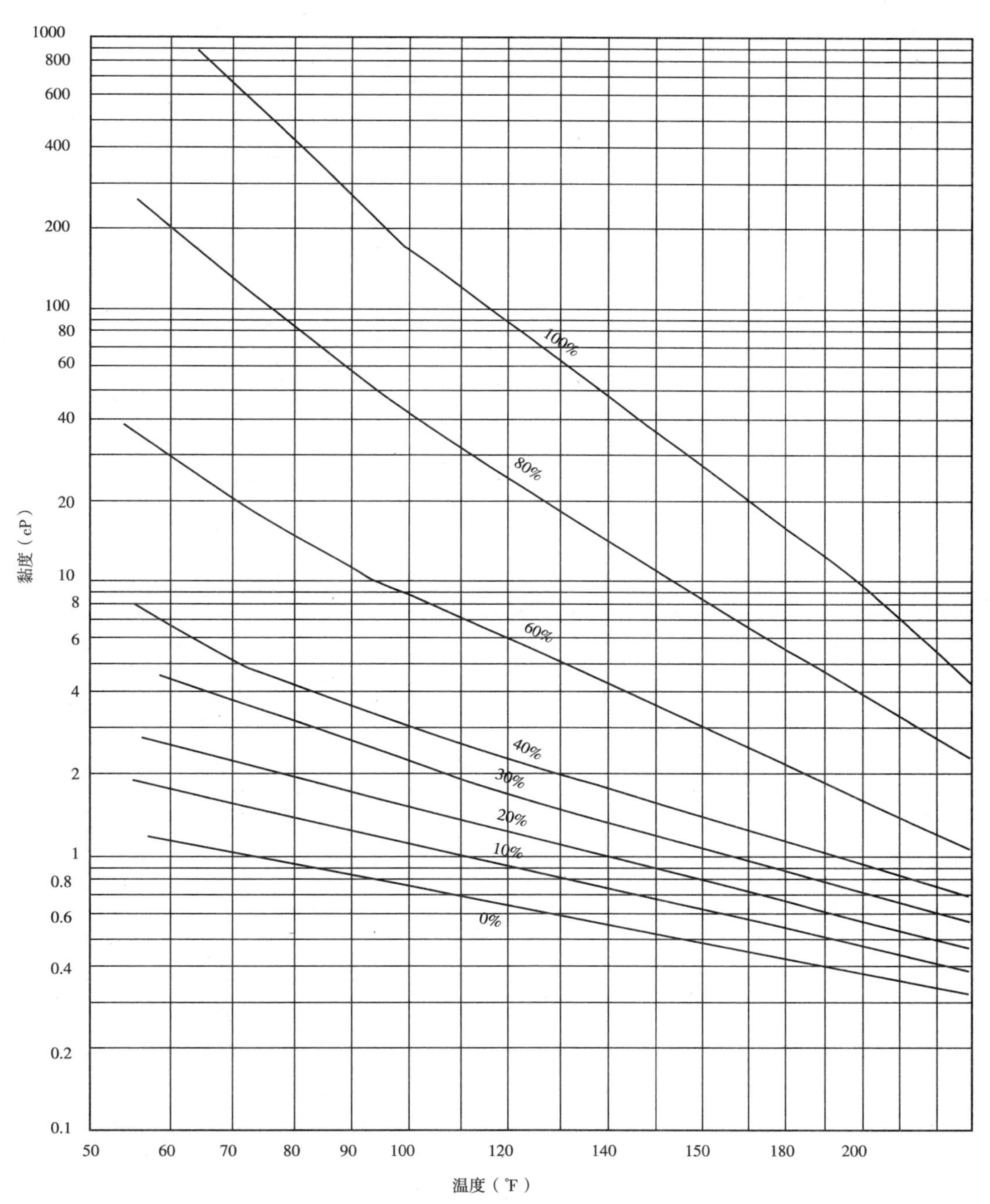

图5 二乙胺醇水溶液相对密度与其含量百分数的函数关系

（天然气处理手册，陶氏化学公司，1969）

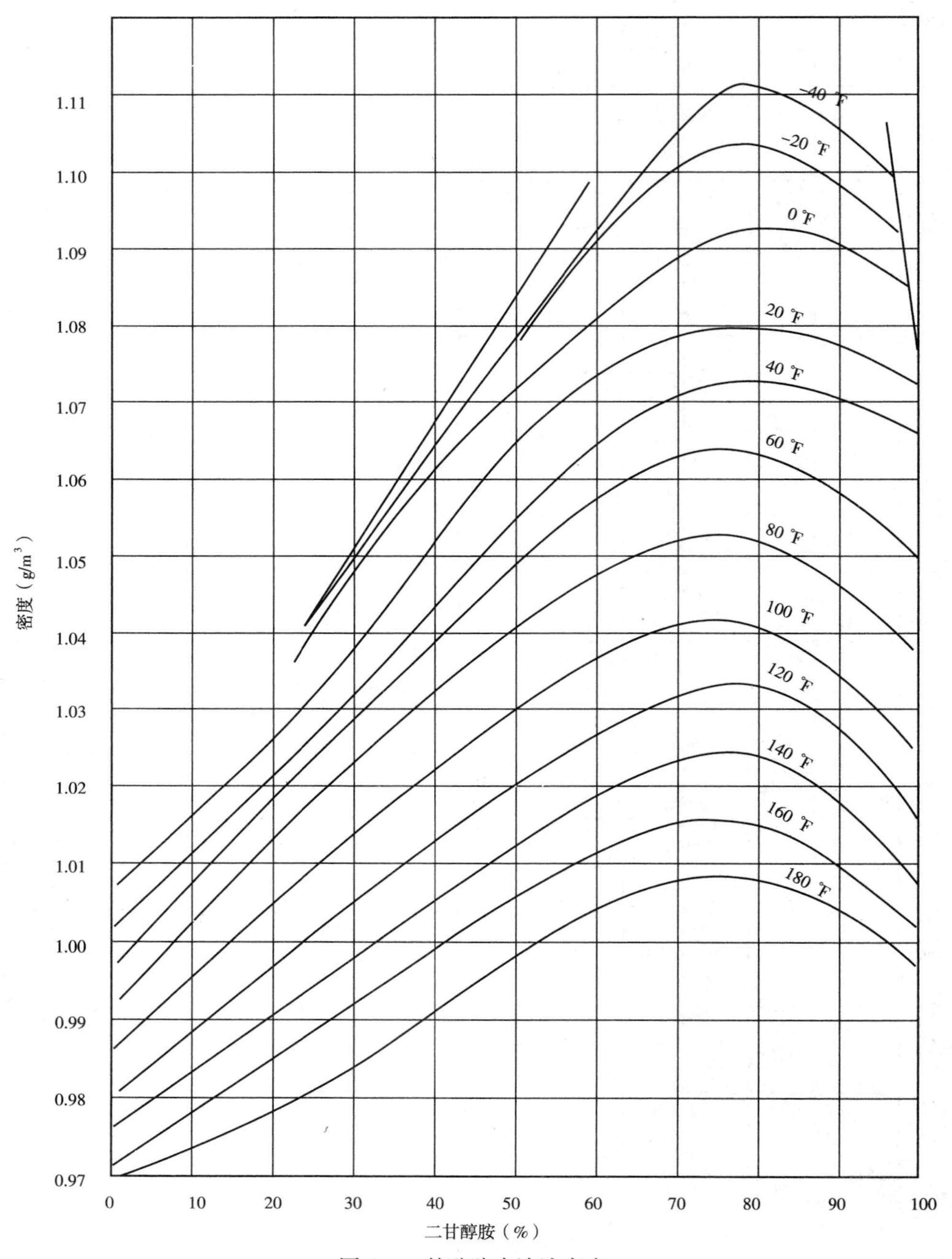

图6　二甘醇胺水溶液密度

（天然气处理资料手册，杰斐逊化学公司，1969）

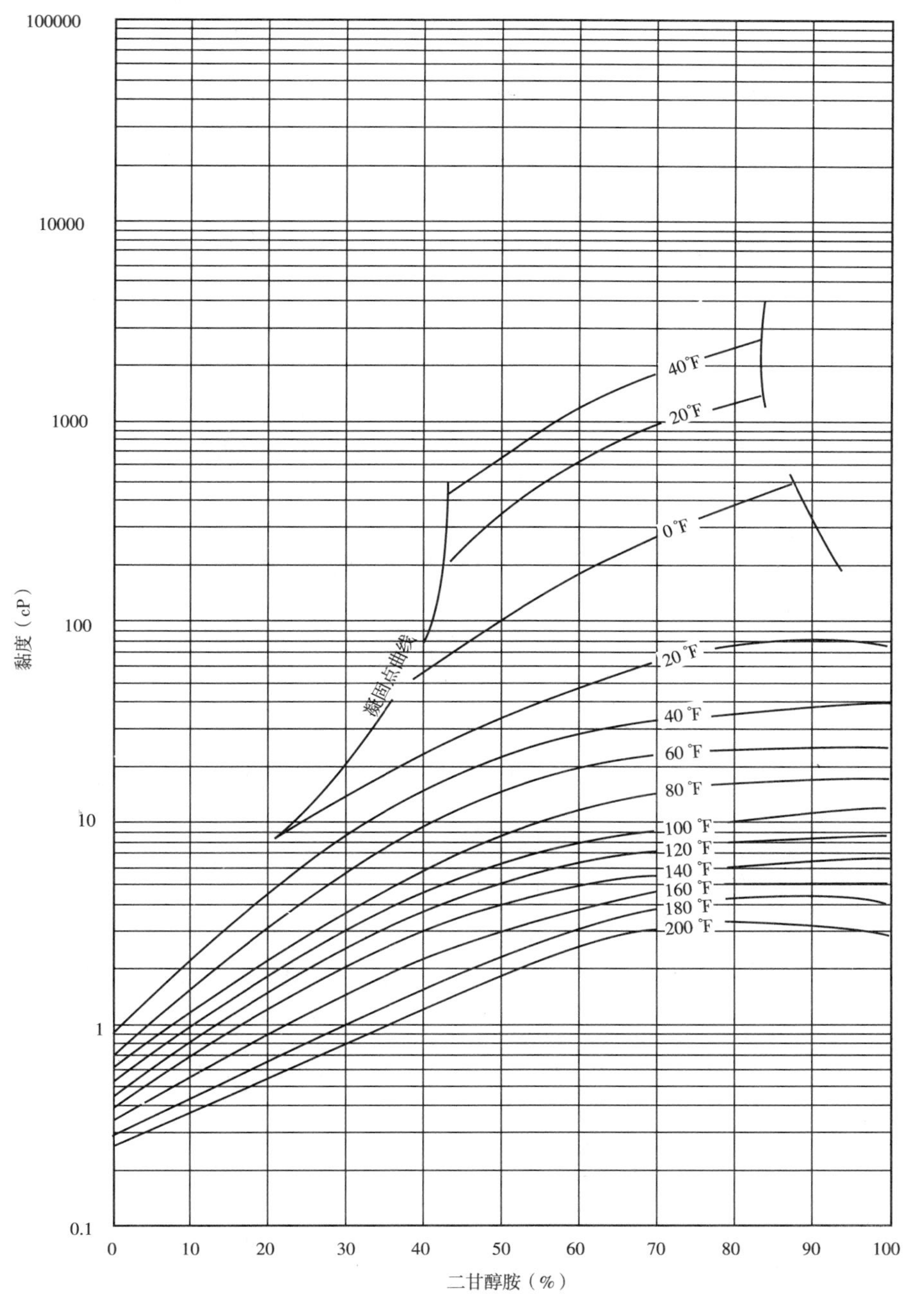

图7　二甘醇胺水溶液黏度

（据天然气处理资料手册，杰斐逊化学公司，1969）

国外油气勘探开发新进展丛书（一）

书号：3592
定价：56.00 元

书号：3663
定价：120.00 元

书号：3700
定价：110.00 元

书号：3718
定价：145.00 元

书号：3722
定价：90.00 元

国外油气勘探开发新进展丛书（二）

书号：4217
定价：96.00 元

书号：4226
定价：60.00 元

书号：4352
定价：32.00 元

书号：4334
定价：115.00 元

书号：4297
定价：28.00 元

国外油气勘探开发新进展丛书(三)

书号：4539
定价：120.00 元

书号：4725
定价：88.00 元

书号：4707
定价：60.00 元

书号：4681
定价：48.00 元

书号：4689
定价：50.00 元

书号：4764
定价：78.00 元

国外油气勘探开发新进展丛书(四)

书号：5554
定价：78.00 元

书号：5429
定价：35.00 元

书号：5599
定价：98.00 元

书号：5702
定价：120.00 元

书号：5676
定价：48.00 元

书号：5750
定价：68.00 元

国外油气勘探开发新进展丛书(五)

书号：6449
定价：52.00 元

书号：5929
定价：70.00 元

书号：6471
定价：128.00 元

书号：6402
定价：96.00 元

书号：6309
定价：185.00 元

书号：6718
定价：150.00 元

国外油气勘探开发新进展丛书（六）

书号：7055
定价：290.00 元

书号：7000
定价：50.00 元

书号：7035
定价：32.00 元

书号：7075
定价：128.00 元

书号：6966
定价：42.00 元

书号：6967
定价：32.00 元

国外油气勘探开发新进展丛书（七）

书号：7533
定价：65.00元

书号：7802
定价：110.00元

书号：7555
定价：60.00元

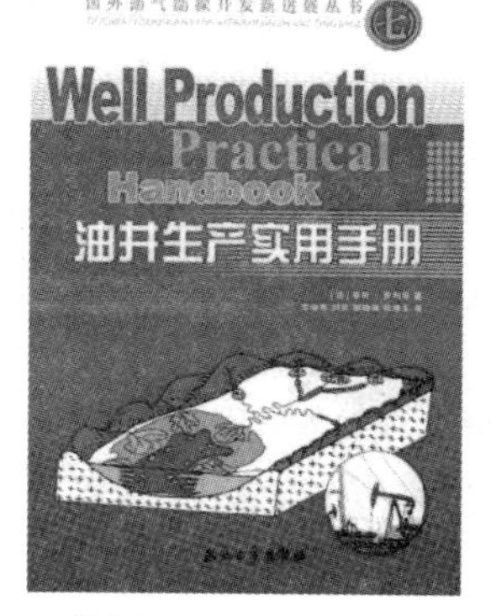

书号：7290
定价：98.00元

书号：7088
定价：120.00元

书号：7690
定价：93.00元